제7판

INTRODUCTION TO
INFORMATION & COMMUNICATION

정보통신개론

김창환·이종두·김명생 공저

B.C.Info

머리말

산업 사회를 이끌 수 있는 풍요한 정보통신 기술은 국가의 중추 신경으로써 초고속망 통신에 일익을 담당하게 될 정도로 하루가 다르게 발전하고 있으며 최첨단을 걷고 있다. 정보화는 처음에는 점진적으로 나타나 당장은 큰 변화가 없는 것 같았지만, 앞으로도 사회 문화 교육 전 분야에 많은 영향을 주며 영향력이 더 커질 것으로 기대된다.

정보화와 유비쿼터스의 물결이 가속화되면서 사회는 첨단 정보기기를 중심으로 모든 생활이 이루어질 것이다. 특히 초고속 통신망과 멀티미디어 보급이 확대되면서 미래의 가정은 단순 주거 공간만이 아닌 직장, 학교, 여가와 오락 공간으로의 역할을 수용하는 생활공간으로 자리 잡을 것이다.

결국 텔레매틱스, 정보가전, 홈 네트워킹을 통하여 서비스와 서비스, 산업과 산업이 경계를 허물고 상호 융합하는 디지털 컨버전스는 우리의 생활양식을 크게 변화시킬 것으로 예측되고 있다. 이렇게 새로운 통신서비스가 걷잡을 수 없이 진화되고 있으므로 이를 운영, 유지 및 보수해야 하는 우수한 인력이 원리와 기술적 이해를 하지 못한다면 현실에 적응하지 못하고 도태되고 말 것이다.

본 교재를 통하여 독자들은 유비쿼터스 사회를 위한 정보통신 서비스와 이 서비스를 지원하는 기반 기술에 관심을 가지도록 하였으며 다양한 주제에 대하여 현장에서의 경험한 실무와 강의를 토대로 보다 쉽게 이해할 수 있도록 집필하였다.

그러므로 본 교재에서는 이론 및 기술적 배경이 부족한 사람들과 초보자들도 쉽게 이해할 수 있도록 그림과 도표를 많이 이용하여 기술했으며, 각 장마다 내용을 요약정리하고 이해력을 돕기 위하여 연습 문제를 수록하였다. 뿐만 아니라 각 장마다 어려운 용어라고 생각하는 부분에는 '산책로'라는 블록에서 설명을 더하였다.

그러나 이와 같이 노력에도 불구하고 만족스럽지 못함을 자인하지 않을 수 없다. 앞으로 계속 노력하여 학문의 발전에 순응시켜 보다 좋은 책으로 개정되기를 바라면서 선배 제현들의 사랑스런 관심과 충고를 바라는 바이다.

마지막으로, 이 책이 나오기까지 수고하신 많은 분들께 감사드린다. 특히 출판에 적극적으로 협조해 주신 사장님과 직원 여러분, 내조를 아끼지 않는 사랑스런 아내와 아이들에게 진심으로 감사의 마음을 전한다.

저자 김창환 드림 profeng@hanmail.net

차례

제4장 정보통신 보안 95

제5장 정보통신망 121

제6장 OSI 프로토콜 149

제7장 정보 전송 기술 181

제 8 장 데이터 전송 제어 217

제 9 장 인터넷 기술 243

제 10 장 신호 271

제 11 장 근거리 통신 307

제 12 장 무선 통신 기술 329

제 13 장 네트워크 컨버전스 361

제1장
유비쿼터스 환경

유비쿼터스 컴퓨팅이란 도로, 다리, 터널, 빌딩 그리고 빌딩벽 등 모든 물리공간에 보이지 않는 컴퓨터를 집어넣어 모든 사물과 대상이 지능화되고 전자공간에 연결돼 서로 정보를 주고받는 공간을 만드는 개념으로 기존 홈네트워킹, 모바일 컴퓨팅보다 한 단계 발전된 컴퓨팅 환경을 말한다. 유비쿼터스란 라틴어로 '언제 어디서나 있는'을 뜻하는 말로서 사용자가 컴퓨터나 네트워크를 의식하지 않는 상태에서 장소에 구애받지 않고 자유롭게 네트워크에 접속할 수 있다.

유비쿼터스 네트워크를 위해서는 모든 전자기기에 컴퓨팅과 통신 기능이 부가돼야 한다. 이를 위해서는 각 전자기기가 고유한 주소를 가져야 하며 유선 혹은 무선을 통해 광대역 네트워크에 접속될 수 있어야 한다. 유비쿼터스 컴퓨팅을 실현하기 위해 유비쿼터스 네트워크는 유연하고도 확장 가능한 유·무선 통신망, 끊김없는 이동성 인터페이스, 상황 인식, IPv6, 각종 초소형 칩·센서 인프라와의 연동 등의 기술을 확보해야 한다. 특히 IPv6은 인터넷의 주소 부족을 타개하기 위해 만들어진 새로운 인터넷 주소체계로 32비트의 주소체계로 이뤄진 현재의 인터넷은 주소 고갈의 상황에 직면했다. IPv6은 기존 주소 체계의 4배인 128비트로 주소를 구성하여 주소의 숫자가 사실상 무한대에 가깝기 때문에 지구상의 모든 기기에 독립적인 주소를 부여할 수 있도록 해준다.

유비쿼터스 네트워크를 구축하기 위해서는 정보기술(IT)의 고도화가 전제돼야 한다. 그러므로 모든 기기에 통신 능력을 부여하기 위해서 컨버전스 기술의 일반화, 광대역화, IT 기기의 저가격화 등이 실현되어야 할 것이다. 유비쿼터스 시대가 열리게 되면 자동차, 가정, 실외 등의 다양한 공간에서의 IT 활용이 늘어나고 네트워크에 연결되는 컴퓨터 사용자의 수도 늘어나는 등 IT산업의 규모와 범위는 더욱 커지게 될 전망이다.

이제 유비쿼터스는 단순히 컴퓨팅 환경을 개선하는 것에만 그치는 것이 아니라 인류의 사회 문화까지 송두리째 바꿔놓을 것으로 예상된다. 유비쿼터스 환경에서 사용자는 구체적으로 원하는 것을 명시하지 않아도 필요한 서비스를 접속 방식과 무관하게 저렴한 가격으로 제공받을 수 있다. 인터넷의 빠른 확산은 언제 어디서나 접근 가능한 유비쿼터스 네트워킹의 필요성을 제기하고 있다.

먼저 유비쿼터스 컴퓨팅의 정의 및 특징을 살펴본 뒤 적용되는 유비쿼터스 컴퓨팅 기술을 구현한 뒤 지금 진행 중인 유비쿼터스 응용 서비스에 대하여 서술하고자 한다.

학습목표

1. 유비쿼터스의 개념적 고찰에 대하여 공부한다.
2. 유비쿼터스 컴퓨팅 환경 구축을 위한 기반 기술을 살펴본다.
3. 제3공간에서의 전자공간과 물리공간에 대하여 알아본다.
4. 유비쿼터스 환경을 적용하는 응용 서비스에 대하여 공부한다.

1.1 개념적 고찰

유비쿼터스는 원래 라틴어에서 유래한 단어로 '신은 언제나, 어디에나 존재한다.'는 뜻이다. IT 용어로 사용되기 시작한 것은 1991년 미국의 마크 와이저 박사가 '기술이 배경으로 사라진다.'고 주장하며 '유비쿼터스 컴퓨팅'이란 말을 사용하면서부터다. 유비쿼터스 사회가 실현되면 이동통신의 발달로 언제, 어디서나 통신서비스를 제공받을 수 있다. 유비쿼터스는 any Where, any Time, any Network, any Device, any Service의 의미를 가지고 있다.

최근에는 유비쿼터스 컴퓨팅과 비슷한 개념으로 주로 '생활 속의 컴퓨팅(Pervasive Computing)', '눈에 보이지 않는 컴퓨팅(Invisible Computing)', '끊김 없는 컴퓨팅(Seamless Computing)' 등 여러 개념이 사용되고 있다.

인터넷 물결은 이제 '90년대 구세대 흐름의 맨 끝 줄기, 과거 한때의 유행어'로 전락하고 있다. 유비쿼터스가 2000년대 초반부터 새로운 물결의 중심에 자리 잡고 세계 곳곳에서 거대한 변화를 일으키고 있기 때문이다. 유비쿼터스는 통신 · 반도체 · 소프트웨어 등 각 분야에서 축적돼 온 첨단기술이 표준화되고 저렴해지면서 우리도 모르는 사이 첨단 기술의 혜택을 값싸고 쉽게 누리게 되는 흐름을 뜻한다.

[표 1.1] 기존 IT와 유비쿼터스 IT의 특징 비교

구분	정보화시대(기존 IT)	유비쿼터스 시대(u-IT)
처리 대상	정보/지식	사물
목표	정보/지식의 유통 및 공유	기능 최적화
주요분야	정보/지식관리	공간(환경/사물) 관리
핵심기술	인터넷 네트워크	센서, Mobile
사용자	기존 사용자 중심	원격 사용자 지향
정보제공 서비스	One-Stop(통합), Seamless 서비스	보이지 않는 실시간 맞춤 서비스
개인이 추구하는 서비스	표준화된 서비스	지능형 서비스

한편, 유비쿼터스는 많은 면에서 가상현실(Virtual Reality)과 반대되는 개념이다. 가상현실은 컴퓨터가 만드는 가상 속에 사람을 끌어들여 현실 속의 사람을 가상 속에서 활동하게 하는 것이지만, 유비쿼터스 세계는 현실 세상에 컴퓨터를 침투시켜 현실 속에 있게 한다.

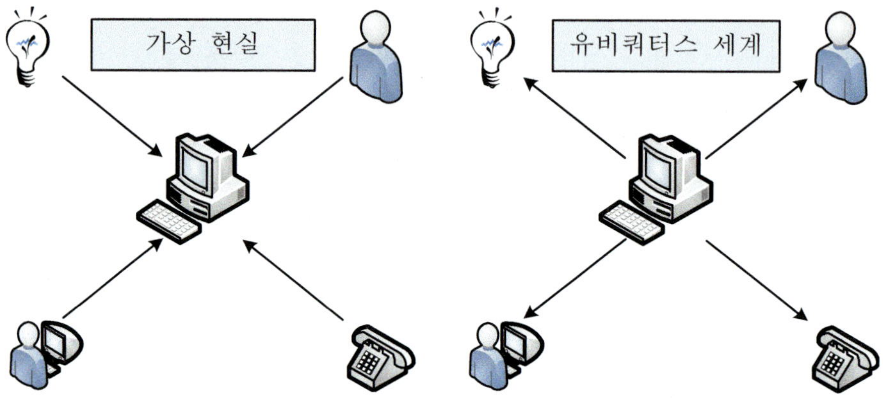

[그림 1.1] 가상 현실과 유비쿼터스 세계

1.2 구성 요소

유비쿼터스 환경은 모든 사물에 컴퓨팅과 네트워킹 기능을 이식하는 작업에서 출발한다. 유비쿼터스 컴퓨팅 환경 구축을 위한 기반 기술을 요약하면 ① 디바이스 기술 ② 네트워크 접속기술 ③ 센싱 기술 ④ 인터페이스 기술 ⑤ 암호화 기술을 들 수 있다.

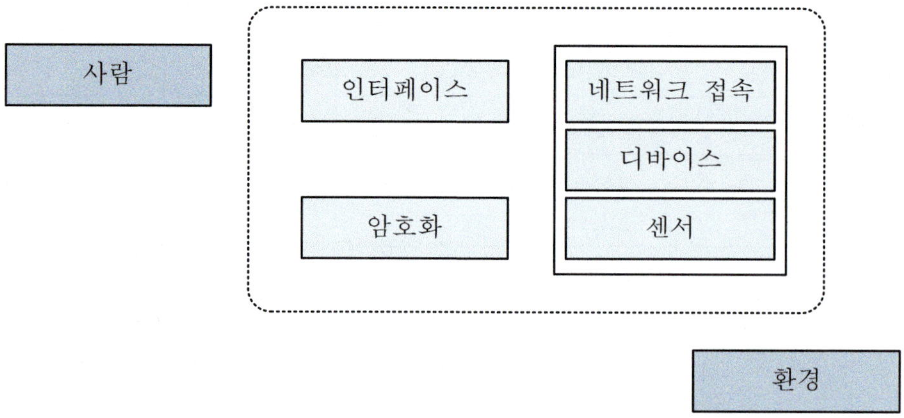

[그림 1.2] 5대 구성요소

1.2.1 디바이스 기술

여러 장소에서 멀티미디어 서비스를 받으려면 고성능의 처리장치가 필요할 뿐만 아니라 다양한 장치에 처리장치가 내장되려면 칩의 소형화, 저소비 전력화 기술도 필요하다. 이러한 디바이스를 구성하는 기술 분야로서 대표적으로 IT SoC(System on Chip)와 MEMS(Micro-ElectroMechanical Systems)이 있다.

IT SoC는 정보·통신기기의 핵심기능을 수행하는 부품으로서, 정보를 저장하는 메모리, 아날로그 및 디지털 신호를 제어·가공·처리하는 신호처리부와 내장 소프트웨어로 구성되어 있으며, 사용자의 요구를 만족시키기 위한 시스템 솔루션을 반도체 수준에서 직접 제공하는 기술 및 제품을 가리킨다.

한편, MEMS는 미세 기술로서 기계 부품, 센서, 전자 회로를 하나의 실리콘 기판 위에 집적화 한 장치를 가리킨다. 한 개의 칩에 복수 개의 기능소자 및 신호처리부 등을 집적화할 수 있어 고성능·고신뢰성을 얻을 수 있다. 또한 동시에 다량으로 제조하여 가격을 낮출 수 있다.

1.2.2 네트워크 접속 기술

지리적으로 분산된 가용한 모든 자원들을 네트워크를 통해 상호 공유 할 수 있도록 하기 위해서는 유비쿼터스 네트워크의 핵심기술, 근거리 무선 액세스 기술 그리고 슈퍼컴퓨팅을 확보하기 위한 네트워크 기술이 필요하다.

유비쿼터스 환경에서의 네트워크에서는 BcN(Broadband convergence Network)이 필요한데 패킷 기반 전송기술을 이용하여 다양한 형태의 통신 서비스를 모두 수용하고 전송할 수 있어야 하며, 각 서비스들은 표준화된 개방형 프로토콜로 상호 유기적으로 동작하며 음성과 데이터의 통합, 인터넷, 멀티미디어 등 각종 서비스가 하나의 통합 인프라 상에서 제공되어야 한다.

한편, 유비쿼터스 환경이 구축되면서 근거리 무선 액세스 기술이 급속도로 부각되고 있다. 이는 정보통신기술이 발전하면서 사용자들이 유선의 불편함을 인식하게 함에 따라 이들의 요구를 충족시키기 위해 업체들이 경쟁하여 무선 서비스를 제공하고 나섰기 때문이다.

근거리 무선 통신에 사용되는 기술 중에서 컴퓨터를 활용해 네트워크에 접속하는 분야인 무선 LAN, 이동통신기기와 주변의 정보 기기들과 정보를 교환하는 블루투스, 적외선을 활용해 가까운 거리의 정보 기기들 간의 데이터를 교환하는 IrDA(Infrared Data Association) 그리고 수 GHz대의 매우 넓은 주파수를 사용하여 레이더 등에 사용되고 있는 UWB(Ultra Wide Band)가 대표적인 예이다.

유비쿼터스 컴퓨팅에서는 분산된 자원을 연결해 하나의 시스템처럼 사용하고자하는 노력이 진행됐으며, 이를 메타 컴퓨팅 또는 P2P 슈퍼컴퓨팅이나 그리드(Grid)라고 부른다. 그리드는 '격자'라는 말에서 유래한 것으로 피어끼리 서로 연결돼 마치 격자 모양을 이루는 데서 이런 이름이 붙여졌다.

그리드 컴퓨팅은 지리적으로 분산된 PC, 고성능 컴퓨터, 대용량 저장 장치, 데이터베이스, 첨단 실험 장비, 나아가 인력 자원 등의 가용한 모든 자원들을 인터넷을 통해 상호 공유할 수 있도록 해 주는 디지털 신경망 구조의 차세대 인터넷 서비스이다. 그리드 컴퓨팅은 단일 문제를 풀기 위해 네트워크상에 있는 수많은 컴퓨터들의 자원을 동시에 이용하는 것을 말하는데, 대개 엄청난 컴퓨터 처리 사이클을 요하거나 많은 양의 데이터 접근을 요하는 과학 기술에 관한 문제들이 여기에 해당된다.

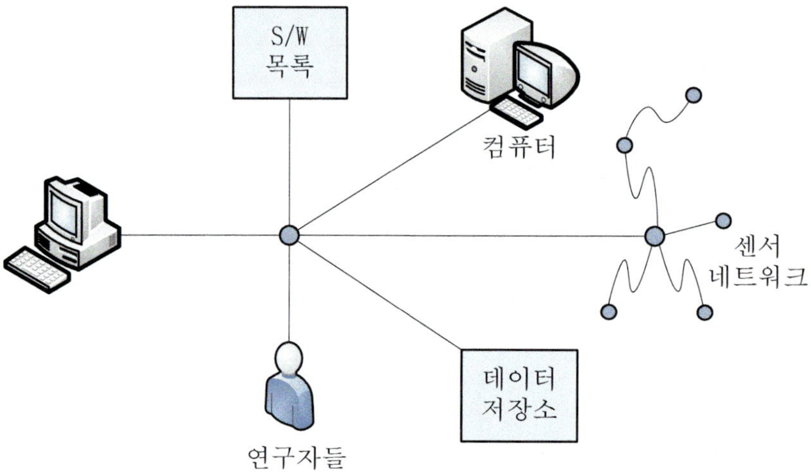

[그림 1.3] 그리드(Grid) 개념도

1.2.3 센싱 기술

센싱 기술은 필요한 사물이나 장소에 전자태그를 부착하여 주변상황 정보를 획득하고, 실시간으로 정보를 전달하는 핵심요소 기술로서 USN(Ubiquitous Sensor Network) 등과 같은 기술요소가 필요하다. USN은 우선 인식정보를 제공하는 RFID(Radio Frequency IDentification)을 중심으로 발전하고, 이에 센싱(Sensing) 기능이 추가되면서 이들 간 네트워크이 구축되는 형태로 진화되고 있다.

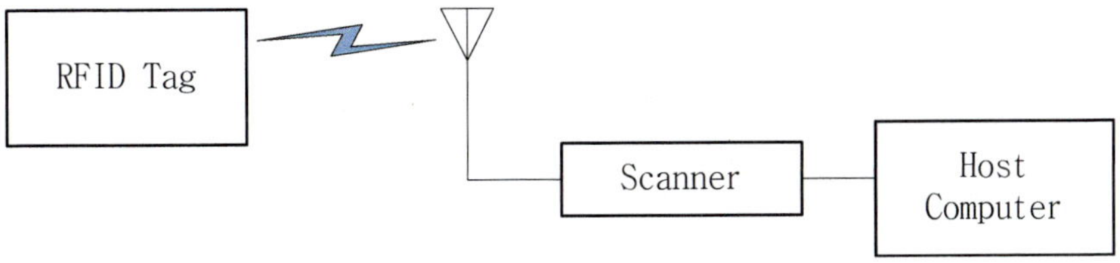

[그림 1.4] RFID 시스템의 구성

USN은 다음과 같이 5가지 기술이 합하여 형성된다.

① 브로드밴드(broadband)를 통하여 동영상을 이용하는 정보량이 풍부한 통신
② 모바일 단말기를 통한 유비쿼터스 실현
③ 상시접속에 의한 자연스러운 통신
④ 장애 없는(barrier-free) 인터페이스로 어린이, 고령자, 장애인 모두 쉽게 이용
⑤ IPv6를 채용하여 ID가 부여된 단말기 수의 대폭적 증가

앞으로는 극초단파(900[MHz])와 마이크로파(2.4[GHz])를 중심으로 인식거리가 늘어나고 가격이 저렴해지면서 유통, 물류, 환경 감지, 교통 등 다양한 분야에 적용될 것이다. 나아가 현재의 단순 인식 기능에 센싱 기능이 추가되어 의료, 안전, 국방 분야 등으로 이용이 확대되면 본격적인 유비쿼터스 네트워크의 핵심 기반으로 발전될 것으로 전망된다.

[표 1.2] 매체별 특성 비교

구분	Barcode	자기카드	RFID
인식방법	비접촉식	접촉식	비접촉식
인식거리	0~50cm	리더기에 삽입	0~5cm
투과력	불가능		가능(금속 제외)
보안능력	거의 없음		복제 불가
사용 기간	불가능	1만 번(4년)	10만 번(60년)

1.2.4 인터페이스 기술

사용자의 편리성을 고려하여 컴퓨터와 인간의 상호작용을 위한 사용자 인터페이스(User Interface)는 인간과 컴퓨터가 어떤 방식으로 이루어지는 가에 대해 인간들이 연구하는 분야가 되었다.

인간과 컴퓨터 상호작용(Human Computer Interaction, HCI)은 한마디로 사람들이 쉽고 편하게 컴퓨터 시스템과 상호작용할 수 있는 가에 관련한 학문이라고 할 수 있다. HCI는 매우 다양한 요소들을 포함하며, 그 중에서 인간, 컴퓨터 그리고 상호작용이 주요 구성 요소가 된다.

전통적인 초기의 컴퓨터는 키보드나 일반적인 커맨드 방식인 텍스트에 의존하였다. 이후에 키보드 외에도 마우스, 아이콘 등이 등장하게 되었고 2000년 이후 인공지능 기법이 많이 활용되었으며 대표적인 것이 사람의 음성을 인식하고 합성하는 방식이다.

[표 1.3] HCI 구성 요소의 주요 특징

구분	주요 특징
인간	• 자발적인 인지 능력을 가지고 있으며 컴퓨터와 조화롭게 일하고 있다. • 자신의 감성이 외부의 자극에 대해 어떻게 영향을 받는지 판단할 수 있다.
컴퓨터	인간과 협업하는 HCI의 구성 요소로서 노트북이나 디지털 TV와 같은 단말기를 말한다.
상호작용	컴퓨터와 인간의 상호 작용, 컴퓨터를 매개로 인간과 인간 사이에 발생하는 상호작용을 포함한다.

산책로

사용자 인터페이스(User Interface, UI)

사람(사용자)과 사물 또는 시스템, 특히 기계, 컴퓨터 프로그램 등 사이에서 의사소통을 할 수 있도록 일시적 또는 영구적인 접근을 목적으로 만들어진 물리적, 가상적 매개체를 뜻한다. 사용자 인터페이스는 사람들이 컴퓨터와 상호 작용하는 시스템이다.

1.2.5 보안기술

기존의 보안 요건을 그대로 적용할 경우 유비쿼터스 컴퓨팅 환경에서의 적합한 해결 방안이 될 수 없다. 유비쿼터스 환경에서는 모든 정보가 공유될 수 있고, 누구나 악의적으로 쉽게 접근할 수 있는 가능성을 가지고 있다. 즉 개인의 정보가 다른 사람에게 쉽게 유출되어 개인적인 사생활의 보장이 유실될 가능성이 많다. 그 외 해커에 의한 정보 유출, 바이러스, 컴퓨터 범죄, 프라이버시 침해, 저작권 침해 등 각종 부작용들의 증가로 이어질 수도 있다.

1.3 유비쿼터스 공간

유비쿼터스는 우리 생활 속에서 언제 어디서나 우리가 필요할 때 상황에 적합한 정보를 제공하여 우리가 살고 있는 물리적 공간을 전자 공간과 융합한다. 이것이 바로 물리적 공간과 전자공간의 결합된 제3공간이다.

유비쿼터스 공간에서는 물리적 환경과 사물 간에 정보가 이동하며, 지능적으로 정보를 모으고 해석하여 사람들이 필요로 하는 활동을 수행하게 될 것이다. 이는 물리공간과 전자공간의 장점을 공유하고 단점을 보완하여 나타나게 된다. 즉, 사람, 컴퓨터, 사물이 하나로 연결되고 최적화된 기능을 발휘하게 되는 공간이 바로 유비쿼터스의 살아있는 공간이다. 따라서 두 공간은 더 이상 상호경쟁적인 공간이 되는 것이 아니라 상호 의존적인 공간으로 인식하여야 할 것이다.

1.3.1 물리공간(Physical Space)

원자로 구성된 만질 수 있는 공간이며, 유클리드 공간(Euclid Space)으로서 실제적인 공간이다. 물리공간 중심시대에서의 컴퓨터 활용은 메인프레임이 주종을 이루고 있다. 물리공간의 네트워크는 도로망이나 철도망과 같은 네트워크형 사회간접 자본들이며, 개발핵심은 토목 및 건축기술이다.

산책로

유클리드 공간(Euclid Space)

유클리드 공간은 유클리드가 연구했던 평면과 공간을 일반화한 것이다. 이 일반화는 유클리드가 생각했던 거리와 길이와 각도를 좌표계를 도입하여 임의 차원의 공간으로 확장한 것이다. 이는 표준적인 유한차원, 실·내적 공간이다.

1.3.2 전자공간(Electronic Space)

비트를 원소로 하기 때문에 만질 수 없는 공간이며, 논리적이고 가상적이다. 전자공간은 인터넷과 웹 서비스와 같은 가상적 요소로 구성된다. 전자공간의 기능은 전자박물관처럼 컴퓨터에 가상화된 사물이 심어짐으로써 형성된다.

전자공간을 구축하는 인터넷은 이미 정보화 사회에서는 가장 중요한 사회경제적 기반으로 위치하고 있으며 특히 융합 환경에서는 전자공간이 네트워크의 중요한 기반으로 자리를 잡고 있다. 전자공간의 개발과 발전은 네트워크 기반 및 이용자 확산 그리고 디지털 격차 해소가 중요한 과제이다.

[표 1.4] 물리공간과 전자공간의 비교

구분	물리 공간	전자 공간	유비쿼터스 공간
공간 원소	원자	비트	원자+비트
공간 형식	현실 공간	논리적 공간	지능적 공간
기능 형성	물리공간에 사물이 심어짐	컴퓨터에 가상사물이 심어짐	컴퓨터가 사물 속으로 침투됨
기반 네트워크	교통망	PC와 PC를 연결하는 인터넷	사물과 사물을 연결하는 인터넷
주소체계	번지수	IPv4	IPv6
발전과제	기간산업 육성과 지역 간 격차해소	디지털 격차 해소	전자-물리공간 간의 기능연계와 격차해소

1.4 응용 서비스

인터넷의 빠른 확산은 언제 어디서나 접근 가능한 유비쿼터스 네트워킹의 필요성을 제기하고 있다. 유비쿼터스 환경에서 사용자는 구체적으로 원하는 것을 명시하지 않아도 필요한 서비스를 접속 방식과 무관하게 저렴한 가격으로 제공받을 수 있다. 따라서 유비쿼터스 네트워크는 IPv6 프로토콜을 사용하는 백본망을 기반으로 기존 IPv4 프로토콜 기반 인터넷망과 무선 액세스 기반의 기업망, 가정망 등이 연동돼 단말 이동성과 개인 이동성을 보장함으로써 각종 유·무선 멀티미디어 통신서비스를 가정과 직장은 물론 야외까지 제공할 수 있다.

유비쿼터스화가 실현되면 현실공간과 가상공간 사이의 경계가 사실상 무의미해지며 가상공간이 네트워크로 편입되면서 현실공간과 가상공간은 점점 격차를 좁혀지면서 사람들이 이러한 환경을 의식하지 못하면서 서비스를 제공받고 있으며 구체적인 예를 들면 다음과 같다.

1.4.1 웨어러블 컴퓨터(Wearable Computer)

1) 정의

Wearable Computer는 일반적으로 '몸에 지니고 다닐 수 있는 컴퓨터'라고 하는 데 휴대하고 다니면서 언제 어디서나 간편하게 사용할 수 있으며, '입는 컴퓨터'라고도 한다. 이 컴퓨터는 PDA 등 팜톱 컴퓨터의 기본 기능 외에 착용하고 있는 동안 계속 작동한다. 이용자가 요구하지 않았을 때도 수시로 정보를 알려 주기 때문에 기억 장치의 용량이 많이 필요하다. 이 컴퓨터는 대형 컴퓨터나 데스크톱 컴퓨터, 팜톱 컴퓨터로 이어지는 컴퓨터 변천사에서 중요한 자리를 차지할 것으로 보인다.

[표 1.5] 웨어러블 컴퓨터의 기본 기능

기능	내용
착용감	일상생활에서 사용하는 의복, 액세서리와 같이 착용을 의식하지 않을 정도의 무게감과 자연스러운 착용감 제공
항시성	사용자 요구에 즉각적인 반응을 제공하기 위하여 컴퓨터와 사용자간 끊임없는 통신을 지원할 수 있는 채널 존재
사용자 인터페이스	인간의 신체적, 지적 능력의 연장선상에 있어야 하므로 사용자와의 자연스러운 일체감과 통합감 제공
안정성	장시간 착용에 따른 불쾌감과 신체적 피로감을 최소화하고 전원 및 전자파 등에 대한 안정성 보장
사회성	착용에 따른 문화적 이질감을 배제하고 사회문화적 통념에 부합되는 형태와 개인의 프라이버시 보호

2) 적용 서비스

(1) 증강현실(Augmented Reality, AR)

증강현실은 실제 세계에 가상 물체를 겹쳐 보여주는 기술이며 사용자가 눈으로 보는 현실 세계에 실시간으로 가상 세계를 합쳐 하나의 영상으로 보여줘 혼합현실(Mixed Reality)이라고도 불린다.

증강현실은 3차원의 공간성, 실시간의 상호 작용, 자기 투사성의 세 요소를 수반한다. 인터페이스는 일반적으로 시각과 청각을 이용하지만, 촉각, 힘의 감각 등 다양한 인터페이스를 이용한다.

증강현실이 주목받는 이유는 궁금한 것, 원하는 것, 필요한 것은 그 자리에서 빨리 해소해야 직성이 풀리는 스마트폰 시대 소비자 트렌드와 맞아 떨어지기 때문이다. 현장에서 실시간으로 유용한 정보를 제공하는 해결사 역할을 한다.

(2) 디지털 의류

디지털 의류는 넓은 의미에서 섬유와 IT가 융합된 웨어러블 인터랙티브 일렉트로닉 텍스타일(wearable interactive electronic textile)을 지향한다. 이러한 디지털 의류를 제작하기 위해서는 기존과 다른 섬유 및 IT 융합기술이 요구된다.

초기에는 MP3 스노보드 재킷과 같이 의복단계에서 통합이 이루어졌다. 하지만 단순히 IT 부품을 옷 안으로 넣는 형태는 착용과 사용의 번거로움이 존재한다. 이후 착용감을 높이기 위해 디지털 기기를 직물에 통합하는 직물단계의 통합 연구가 이뤄지고 있다.

1.4.2 URC(Ubiquitous Robot Companion)

대부분의 기존 로봇들은 관련 기술들을 모두 한 대의 로봇에 탑재한 형태로 개발되어 가격이 비싼 반면 특화된 기능만을 가지고 있어 소비자가 선뜻 구매하기 어렵다. 또한, 고정된 기능과 콘텐츠를 내장하고 있어 단기간에 내장된 콘텐츠의 특성이 분석되어 사용자의 관심을 잃어버리는 단점을 가지고 있다.

이는 어린이들이 장난감을 구입한 직후에는 많은 관심을 가지고 놀지만 점차 장난감의 기능들에 익숙해지면 흥미를 잃는 것과 비슷하다. 이런 관점에서 로봇의 상품화를 위해서는 낮은 가격의 로봇을 개발하여 핸드폰과 같은 단말기 형태로 보급하고 이 로봇을 통해 다양한 서비스 콘텐츠를 제공할 수 있는 새로운 개념의 URC의 개념이 새롭게 제시되고 있다.

URC는 IT 기반 지능형 서비스 로봇의 새로운 패러다임으로서 "언제 어디서나 나와 함께 하며 나에게 필요한 서비스를 제공하는 로봇"이다. 기존 로봇에 네트워크 및 정보 기술 등의 IT 인프라를 최대한 활용함으로써 기존 로봇의 차별성과 더불어 편리성을 제공하고자 하는 목표이다. 이러한 URC 개념이 구현되기 위해서는 유비쿼터스 네트워크 또는 센서 네트워크, 고성능 로봇용 서버 등과 같은 하드웨어 인프라가 구축되어 있어야 하며, 이러한 인프라 상에서 구동되는 소프트웨어 인프라 또한 필요하다.

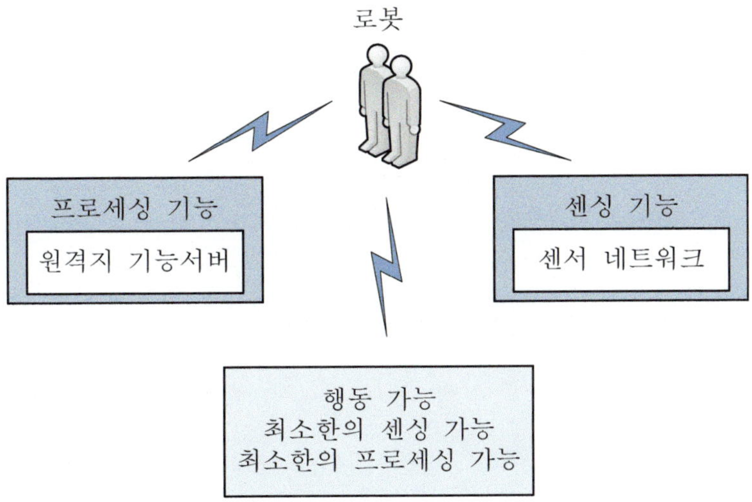

[그림 1.5] URC의 개념

1.4.3 u-Health

u-Health는 정보통신과 보건의료를 연결해 '언제, 어디서나' 예방, 진단, 치료, 사후관리 등 다양한 보건의료 서비스가 행해지는 것을 통칭한다. 이 서비스는 고도의 USN과 첨단 바이오센서를 기반으로 인간의 건강상태를 실시간으로 모니터링하며, 질병진단 및 간단한 처방 등을 원격으로 실행하여 병원에 입원하지 않아도 병원에 있는 것처럼 의료 서비스를 제공받을 수 있게 하는 고도화된 맞춤형 서비스이다.

이제 u-Health 서비스를 통해 의사가 가능한 시간에 지정된 장소에만 건강관리가 가능하던 전통적인 의료형태에서 사용자가 가능한 시간에 어디에서나 건강관리가 가능한 형태로 변화되고 있다.

또한 일상생활에서 사용자가 자신의 건강을 적극적으로 관리하는 사용자 중심의 건강관리를 가능토록 해 질병 치료가 아닌 질병 예방 중심의 의료 형태로 변경될 것이다. 기존의 의료지식은 질병의 발생에 즈음한 징후 및 상태에 기반하고 있어 u-Health를 위한 의료지식이 충분히 축적되지 않은 상황이다. 따라서 u-Health를 위한 기술개발과 함께 u-Health에 기반을 둔 의료지식의 축적이 u-Health 서비스 활성화를 위한 중요한 요인이 될 것이다.

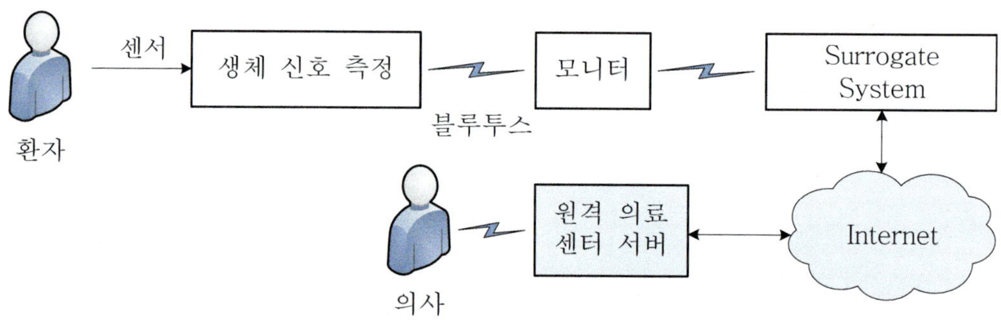

[그림 1.6] u-헬스케어 개념도

1.4.4 u-City

1) 개념

u-City는 가정과 사회에서 HA(Home Automation)와 GIS(Geographic Information System)의 차원을 넘어, IT 기반 시설과 유비쿼터스 정보서비스 등을 도시공간에 융합하여 크게는 원스톱 행정 서비스, 실시간 교통안내 시스템, 자동방범방제시스템, 작게는 무인 주정차 단속, 범인 도주로 추적 시스템 등을 실현시킴으로써 인간의 풍요로운

생활을 촉진하는 도시모델이다.

개념적으로 설명하면 첨단 IT 인프라와 유비쿼터스 정보 서비스를 도시 공간에 융합하여 생활의 편의 증대와 삶의 질 향상, 체계적 도시 관리에 의한 안전 보장과 시민 복지 향상, 신산업 창출 등 도시의 제반 기능을 혁신시키는 차세대 정보화 도시이며 국내의 발전된 정보 기술의 역량이 총체적으로 결집되고 건설, 가전, 문화와의 컨버전스를 실현하는 21세기 한국형 신도시를 뜻한다.

[표 1.6] u-City 특성

구분	내용
Smart (지능화)	• 도시 인프라와 기반 시설 등을 유비쿼터스 환경으로 관리 • 도시 기능의 지능화를 위해서 IT,BT,NT 등 연동사업이 필수적
Network (네트워크)	• 자율적 · 무의식적 정보 서비스와 상황인식의 공간정보화 구현 • 물리적 공간을 전자 공간으로 구현하는 기반
Platform (통합)	• 일반적인 유비쿼터스 서비스를 구현하기 위한 공통 플랫폼 필요 • 안전하고 편리한 서비스 활용을 보장하기 위해 데이터 센터 인프라 필요
Application (적용서비스)	• 실제 도시의 기능을 전자적 공간에서 그대로 이용할 수 있는 규격 • 공간과 기능 측면에서 유비쿼터스 환경 구현 가능

2) 적용 서비스

(1) BMS(Bus Management System) 서비스

도시 내에서 제공되는 BMS(Bus Management System) 서비스는 GPS와 무선송수신기를 장착하고 자신의 운행위치 및 상태와 배차간격, 도착 예정시간이 실시간으로 제공되며 원하는 목적지까지의 소요시간과 노선정보 등의 각종 정보를 스스로 수·발신하는 유비쿼터스 컴퓨팅 환경이다.

이제 BMS가 구축되어 시내버스는 더 이상 승객만을 싣고 달리는 단순한 교통수단이 아니다. GPS와 무선송수신기를 장착하고 자신의 운행 위치 및 상태와 배차간격, 도착 예정시간 등 각종 정보를 스스로 수·발신하는 첨단 커뮤니케이션 수단으로 탈바꿈할 수 있다.

정류장에 설치된 정보단말기와 인터넷은 물론이고 휴대폰, PDA, ARS 등 각종 정보매체를 통해 버스 도착 예정시간이 실시간으로 제공된다. 원하는 목적지까지의 소요시간과 노선정보도 직접 확인해 볼 수 있다. 더 이상 영문도 모른 채 버스정류소에서 몇 십 분씩이나 기다려야 할 이유가 없어지게 되었다.

버스 사업자 입장에서는 배차간격 유지 등 계획적인 버스운행으로 승객이 증가해 더 많은 수익을 올릴 수 있다. 정확한 배차관리, 운행간격 유지, 배차인력 절감 등으로 경영합리화를 꾀할 수 있으며 과속·난폭운행 통제가 가능해져 사고율이 줄어들고 보험료를 절약할 수 있다.

(2) UFID(Unique Feature IDentifier) 서비스

건물, 도로, 교량, 하천 등 인공 및 자연 지형지물에 부여될 전자식별자(UFID)는 쉽게 말해 사람의 주민등록번호와 같다. 새로운 아파트형 공장이 들어선다면 UFID가 부여될 수 있는데 여기에는 행정구역과 공장의 지형지물 분류코드, 도엽번호, 각 기관별 지형지물 식별자, 오류확인 등 다양한 정보들이 수록된다. 또 이 32자리의 UFID는 ASCII 또는 이진(Binary) 형태로 저장할 수 있다. 더욱이 건물, 문화재, 철도, 도로, 하천, 호수, 해안, 행정경계, 측량기준점, 지적, 등고선 등 국가 기본지리정보에 포함되는 모든 지형지물에는 UFID가 부여된다.

따라서 UFID 활용체계가 구축되면 항목, 위치, 행정구역, 지도 도엽, 관리기관 등 개별 식별자만으로도 원하는 종류의 각종 속성정보를 검색하고 출력할 수 있다.

실제로 UFID는 좌표가 아닌 지리적 식별자로서 위치 판단을 할 수 있기 때문에 LBS(Location Based Service)를 위한 필수적인 위치 식별자로도 활용된다.

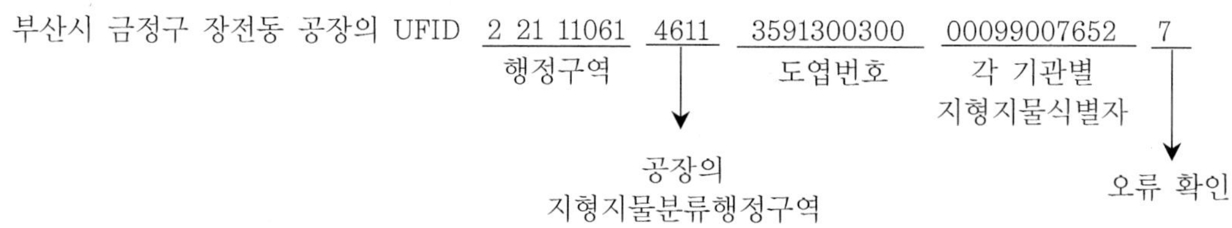

[그림 1.7] UFID의 예

또 지형지물 관리 기관별로 관리해온 데이터베이스에 UFID를 주 검색기로 사용함으로써 국가기반시설물들을 통합 및 관리할 수 있다. 개별 관리되는 데이터베이스에 동일 지형지물의 정보를 중복 입력하지 않게 돼 정보의 일관성을 유지하고 정보 수집 및 입력시 중복 투자도 막을 수 있다.

(3) 원격 신고/원격 비상 처리

사이버 아파트에서 화재 경보 벨이 울릴 때 이를 발견한 가족이 119를 소리치자 음성 인식 장치를 통해 아파트의 위층과 아래층의 가스, 전력 그리고 수도의 상황을 종합 감시하고 통제하고 있던 시스템이 차단에 들어갔고 신속히 출동한 119 소방대원들이 이를 진압하였고 화재 원인을 경찰이 원격으로 조사 처리하였다.

요 약

1. 유비쿼터스는 원래 라틴어에서 유래한 단어로 '신이 언제나, 어디에나 존재한다.'는 뜻이며 미국의 마크 와이저 박사가 '기술이 배경으로 사라진다.'고 주장하며 '유비쿼터스 컴퓨팅'이란 말을 사용하면서부터다.
2. 가상현실은 컴퓨터가 만드는 가상 속에 사람을 끌어들여 현실 속의 사람을 가상 속에서 활동하게 하는 것이지만, 유비쿼터스 세계는 현실 세상에 컴퓨터를 침투시켜 현실 속에 있게 한다.
3. 유비쿼터스 컴퓨팅 환경 구축을 위한 기반 기술은 ① 디바이스 기술 ② 네트워크 접속기술 ③ 센싱 기술 ④ 인터페이스 기술 ⑤ 암호화 기술이다.
4. 그리드 컴퓨팅은 지리적으로 분산된 가용한 모든 자원들을 인터넷을 통해 상호 공유 할 수 있도록 해 주는 디지털 신경망 구조의 차세대 인터넷 서비스이다.
5. 인간과 컴퓨터 상호작용(Human Computer Interaction; HCI)은 사람들이 쉽고 편하게 컴퓨터 시스템과 상호작용할 수 있는가에 관련한 학문이다.
6. 유비쿼터스는 상황에 적합한 정보를 제공하여 물리적 공간과 전자공간을 결합하는데 이것이 바로 제3공간이다.
7. 물리공간은 원자로 구성된 만질 수 있는 공간이며, 유클리드 공간으로서 실제적인 공간이다.
8. 전자공간(Electronic Space)은 비트를 원소로 하기 때문에 만질 수 없는 공간이며, 논리적이고 가상적이다.
9. Wearable Computer는 일반적으로 '몸에 지니고 다닐 수 있는 컴퓨터'라고 하는 데 휴대하고 다니면서 언제 어디서나 간편하게 사용할 수 있으며, '입는 컴퓨터'라고도 한다.
10. URC(Ubiquitous Robot Companion)는 IT 기반 지능형 서비스 로봇의 새로운 패러다임으로서 "언제 어디서나 나와 함께 하며 나에게 필요한 서비스를 제공하는 로봇"이다.
11. BMS(Bus Management System) 서비스는 GPS와 무선송수신기를 장착하고 자신의 운행위치 및 상태와 배차간격, 도착 예정시간이 실시간으로 제공되며 원하는 목적지까지의 소요시간과 노선정보 등의 각종 정보를 스스로 수·발신하는 유비쿼터스 컴퓨팅 환경이다.

12. 건물, 도로, 교량, 하천 등 인공 및 자연 지형지물에 부여될 전자식별자(UFID)는 쉽게 말해 사람의 주민등록번호와 같다.

연습 문제

1. 유비쿼터스의 개념을 설명하고 적용 서비스에 대하여 나열하시오.

2. 유비쿼터스 환경을 구축하는 데 필요한 핵심기술 5가지를 설명하시오.

3. 제 3공간의 구체적 의미를 자세히 설명하시오.

4. 웨어러블 컴퓨터(Wearable Computer)의 개념 및 적용 서비스에 대하여 설명하시오.

5. URC(Ubiquitous Robot Companion)의 개념에 대하여 설명하시오.

6. 다음 용어를 간단히 설명하시오.
   1) 그리드 컴퓨팅
   2) 가상 현실
   3) HCI(Human Computer Interaction)
   4) 증강현실
   5) UFID(Unique Feature IDentifier)

약 어

IT SoC(System on Chip)
MEMS(Micro–ElectroMechanical Systems)
URC(Ubiquitous Robot Companion)
BMS(Bus Management System)
UFID(Unique Feature IDentifier)

제2장 정보통신 기초 개념

컴퓨터와 더불어 발달한 정보화는 정보가 물질이나 에너지보다 획득 가치가 우월하고, 컴퓨터나 통신을 이용하여 필요한 정보를 생산하고 전달하는 것을 의미한다.

최근 우리 주변에는 반도체 전쟁, 첨단 정보 기술, 인터넷, 데이터 통신, 차세대 컴퓨터, 멀티미디어, 이동통신 등 수 년 전까지만 하더라도 생소한 용어들이 넘쳐나고 있다. 이는 현재 우리 사회가 공업사회를 지나 정보화 사회에 들어서 있음을 암시하고 있다.

이런 정보화 사회에 기반을 둔 정보통신은 단말기와 단말기, 컴퓨터와 단말기를 통신망에 접속하여 데이터를 처리하고 전송하며 교환하는 통신체계이다. 좁은 의미로 데이터 통신이라고도 한다. 데이터 통신이라는 용어는 종전에는 특화된 분야로 성격을 가졌지만 이제는 인터넷 기술을 구현함으로써 일반인들에게는 보편적인 용어로 변모하였다.

향후 정보화 사회는 지적 재산이 정보로 가공·상품화되어 초고속통신망을 통해 전 세계적으로 유통되고, 산업분야도 창의적인 지적재산권이 모든 산업을 주도하며, 사회 또한 지식정보를 중심으로 급격히 변모하게 될 것이다.

정보 통신망은 사용자간에 의미를 부여할 수 있는 정보를 상호 교환하기 위하여 복잡하게 상호 연결된 물리적 장비 및 정보의 전송 계통의 집합체로 정의할 수 있다. 본 장에서는 정보화 사회에 필수적인 정보 통신의 기초 개념에 대한 자세한 설명을 하고 정보 통신에 필요한 프로토콜을 고찰한 후 정보통신 서비스 유형에 대하여 살펴본 다음 미래 유망 정보통신 서비스를 제시하고 표준화의 필요성, 개념 그리고 표준화 기구에 대하여 설명하도록 한다.

학습목표

1. 정보 통신의 개념을 고찰한다.
2. 정보화 사회의 탄생 배경 및 개념을 살펴본다.
3. 프로토콜의 개념, 구성 요소, 전송 방식 그리고 기능에 대하여 살펴본다.
4. 정보 형태 그리고 이용 형태에 따른 정보통신 서비스에 대하여 공부한다.
5. 미래 유망 정보통신 서비스에 대하여 알아본다.
6. 표준화의 필요성, 개념 그리고 표준화 기구에 대하여 설명한다.

2.1 정보통신의 개념

2.1.1 정보

1) 개념

정보는 목적을 가지고 행동하는 인간의 활동에 직접·간접적으로 도움을 주는 지식으로, 그 형태는 음성, 영상, 데이터 등이 될 수 있다. 예를 들면, 최근 20년간의 기상청에서 수집한 여름철 평균 기온이나 강수량은 데이터이며, 이를 토대로 기상청에서 최근 20년간의 여름철 평균 기온과 강수량이 대체로 상승추세에 있으므로, 올해 여름철 기온과 강수량이 상당히 올라갈 것이라고 하는 예견은 정보가 되는 것이다.

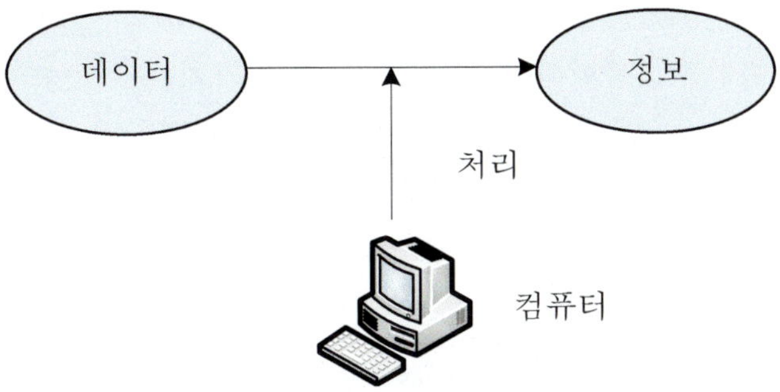

[그림 2.1] 정보 처리 기술

이러한 정보는 과학기술의 발전과 인간 사회의 다양한 요소로 인해 기하급수적으로 증가하고 있으며, 기업이나 개인에게 있어서 방대한 정보 가운데 자신에게 필요한 정보를 찾아서 일을 처리하는 것이 중요한 열쇠가 되고 있다.

[표 2.1] 데이터와 정보의 차이

데이터	정보
자료	가공된 자료
관찰이나 측정을 통해 얻은 사실이나 값으로서 정보의 원재료	어떤 목적을 위해 평가되고 가공된 데이터
현실 세계로부터 단순한 관찰이나 측정을 통해 수집된 사실이나 값	데이터의 유효한 해석

2) 정보의 특성

정보는 필요한 때, 필요한 장소에서, 필요한 형태로, 정확한 내용으로 존재할 경우 가치를 갖는다고 할 수 있다. 대부분의 경우 정보를 이용함으로써 유용한 결과를 가져올 수 있지만, 정반대의 경우도 있을 수 있다.

(1) 한시성

정보는 사용자의 의도에 따라서 그 가치가 증가하거나 감소할 수 있다. 특히 정보통신에서 기술적인 진화에 관한 경우 때로는 과거 정보가 전혀 쓸모없게 되는 경우도 있다. 그러므로 정보는 정보의 이용자가 원하는 시기에 제공되어야 그 가치를 갖는다.

(2) 종합성

정보는 개개인의 개념이 종합되어 제공할 때, 그 가치는 더 높아진다. 하나의 정보보다는 여러 개의 정보가, 개개의 정보보다는 상호간에 결합된 정보가 더욱더 높은 가치를 갖게 되어 향후 융합(convergence)의 개념이 보편화될 수 있다.

(3) 독점성

정보는 때에 따라서 희소성을 가지고 있을 수 있으며, 이와 같은 경우 정보가 공개되면 정보의 가치가 저하될 수 있다. 그러므로 정보의 소유자는 그 정보를 보호함으로 인해 정보의 가치를 높일 수 있다. 인터넷에서 정보를 보호하기 위한 핵심적인 요소로 비밀성(confidentiality), 무결성(integrity) 그리고 가용성(availability)이 있다.

(4) 이용성

정보는 쉽게 접근할 수 있고, 쉽게 매체를 통해 전달될수록 정보의 가치가 높다. 그러므로 적극적으로 이용될 경우에만 그 가치를 발휘하게 된다. 쉽게 접근할 수 있다고 하더라도 이용하지 않으면 그 가치가 없다.

(5) 결과성

정보 전송에 투자된 비용이 획득한 정보의 가치보다 크다면 정보에 대한 효율성은 그 의미를 상실하게 된다. 따라서 정보는 이용 후에 이용자가 원하는 좋은 결과를 얻어야 그 가치를 발휘하게 된다.

2.1.2 통신

1) 개념

통신이란 '공유'를 의미하는 라틴어 'communicare'의 어원에서 유래된 것으로 통신 매체를 이용하여 인간의 의사, 지식, 감정 또는 각종 자료를 포함한 정보나 데이터를 주고받는 것을 말한다.

인간이 사회를 형성하고 생활하기 위해서는 서로 간에 의사소통을 할 필요가 있다. 만일 상대가 근접해 있을 때에는 언어나 몸짓으로 통신이 가능하지만, 멀리 떨어져 있을 경우에 봉화, 소리 그리고 편지 배달 등의 수단이 초기에 사용되었다. 그 후 전기가 발명되고 전기 통신이 등장하여 전달속도가 매우 빨라졌다.

그러나 현대는 산업이 발전하면서 사회 활동이 복잡해지고 다량의 정보가 생산되어 정보의 처리가 늦어지면 그만큼 의사 결정이 늦어지고 기업의 능률이 저하된다. 그러므로 송수신점간에 전송장치를 설치하여 정보를 신속하고 정확하게 교환하는 방법으로 통신은 발전하게 되었다.

최근에는 IMS(IP Multimedia Subsystem)가 등장하여 인터넷과 유·무선 환경을 통합하여 All-IP 화하려는 경향이 뚜렷해졌다. 이제 통신 기술은 점차 유비쿼터스 IT와 융합이라는 새로운 패러다임 아래 진화되고 있다.

산책로

IMS(IP Multimedia Subsystem)

인터넷 프로토콜(IP)을 기반으로 음성, 오디오, 비디오 및 데이터 등의 멀티미디어 서비스를 제공하는 규격으로 IMS는 기본적으로 범용의 인터넷 기반 기술과 표준화된 네트워크 기능들을 사용함으로써 서비스의 가격 경쟁력 향상과 신속한 서비스 개발 및 변경을 추구한다. IMS는 액세스 네트워크와는 독립적이며, 세션 관리 기능의 개선으로 서로 다른 네트워크의 애플리케이션들이 손쉽게 연동되어 서비스 간 글로벌 연동과 유무선망의 융합을 촉진시킨다.

2) 기술적 변천 과정

정보통신의 발전 과정은 전기통신 이전의 과정으로 거슬러 올라가는데 인류가 탄생하면서부터 시작되었다. 이때 인류는 몸동작이나 언어, 각종 물리적 도구를 이용해 통신했다.

(1) 제1세대

제1세대에서는 전신이 최초의 전기통신이었는데 1837년 미국의 모스가 유선으로 연결된 두 지점 사이에서 데이터를 전기 펄스로 전송하였다.

(2) 제2세대

제2세대에서는 전화가 주로 사용되었는데 이것의 원리는 음성을 전기적 신호로 변환하여 수신 단에 전달된다. 수신 단에 전달된 신호는 이것을 다시 기계적 에너지로 바꾸고 사람의 귀에 들을 수 있게 된다.

(3) 제3세대

제3세대부터는 데이터통신의 개념이 적용되는데 이 정의는 보는 시각에 따라서 여러 가지로 표현할 수 있으나, 언어적으로 해석하면 데이터의 통신을 말한다.

데이터 통신은 송신자가 무형의 형태를 수신자에게 주거나 저장하기위해서 0과 1로 이루어진 2진 형태의 디지털 정보 단위로 변환하여 원격으로 전달되는 원격통신(telecommunication)을 말한다. 이때, 정보는 음성이나 그림, 동영상, 혹은 이들 모두가 결합된 멀티미디어로 표현되어야 하고 저장이나 전송이 가능해야 한다.

(4) 제4세대

제4세대에서는 제3세대의 데이터통신에서 진화하여 컴퓨터로 정보를 공유하는 시대가 되었다. 한 마디로 웹을 통한 통신과 컴퓨터 기술을 융합한 것이다. Web 1.0의 개념에서 진화되어 Web 2.0에서는 개발자와 사용자가 함께 참여하고 공유하며 서비스를 발전시키는 웹을 통한 융합시대가 전개되고 있다.

산책로

Web 2.0

Web 2.0은 제공된 데이터를 활용하여 사용자가 정보 생성에 참여하고 가치를 부여함으로써 누구나 다양한 신규 서비스를 생산해 낼 수 있는 '플랫폼으로서의 웹(The Web as platform)' 환경이다. 이때 '플랫폼'이란 어플리케이션 소프트웨어를 작동시킬 때 기반이 되는 운영체제의 종류를 말한다.

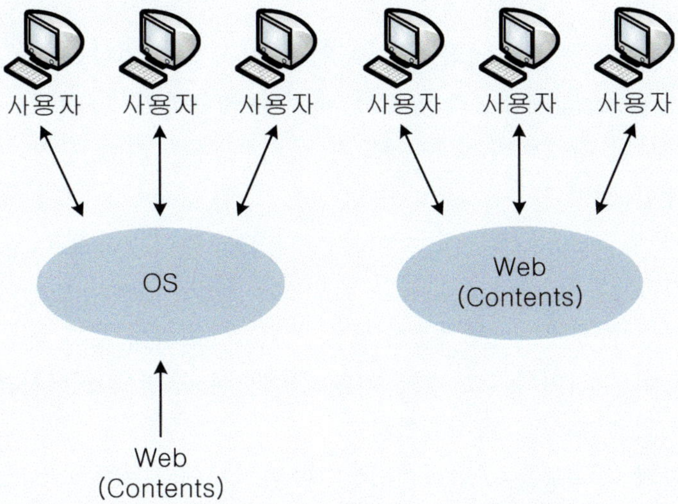

(a) Web 1.0 (b) Web 2.0

2.2 정보화 사회

2.2.1 탄생 배경

산업 혁명은 일종의 에너지 혁명으로서 석탄에서 석유로, 석유에서 현재는 원자력으로 새로운 에너지원이 등장하게 되었고, 인간의 육체적 노동이 기계로 대체되는 일대 혁명을 낳았다. 하지만 산업사회를 거쳐 오면서 물질적인 재화의 소유 여부가 행복의 기준이 되는 비인간화가 형성되었으며, 공업 제품의 대량 생산으로 인한 자연파괴, 환경오염, 교통문제 등으로 인한 대기오염 등의 다양한 분야에서 새로운 사회 구조가 싹트기 시작하였다.

이 새로운 사회 구조는 탈공업화, 탈 재량화, 지식정보 지향화 및 서비스 지향적인 사회로 이른바 정보 혁명 시대, 즉 정보화 사회를 예고하였다. 사회, 경제 및 모든 분야에서 정보, 지식 및 창조력의 소유 정도가 국력은 물론 기업 경영 등을 지배하는 정보화 사회가 도래한 것이다.

선진국들이 정보화 사회로 변천하는 이유는 다음과 같이 2가지로 생각할 수 있다.

첫째로, 과학기술, 특히 마이크로일렉트로닉스 기술의 급격한 발전에 따라 컴퓨터와 그것을 응용한 산업용 로봇, 사무자동화(OA) 기기, 뉴미디어 등의 기기나 시스템이 차차 실용화되기에 이른 점이다. 그 결과 기존 산업분야의 생산성 향상은 물론 신제품이나 새로운 서비스의 가능성이 확대되었다.

둘째로 이 기술적 가능성을 현실화시키는 데 있어서의 불가결한 사회적 욕구의 확대를 들 수 있다. 의식주에 대한 기본적 욕구가 충족되면 사람들의 욕구는 점차로 고도화, 다양화 그리고 개성화하게 되며, 그리하여 이런 변화에 대응한 상품이나 서비스를 기획하기 위해서는 많은 사람들의 창의가 필요하게 된다.

이러한 두 가지 요소가 서로 자극하여 상승작용을 불러일으키기 때문에 가속도적인 변화를 유도하게 되었다.

인류 역사가 변천하는 과정은 공간 혁명의 역사와 비슷하다. 농업 혁명이나 산업 혁명은 물리 공간(Physical Space)에서, 정보 혁명은 전자 공간(Electronic Space)에서 일어난 혁명이다. 그리고 유비쿼터스 혁명은 물리공간과 전자공간을 지능적으로 결합하여 제3공간을 창출하는 혁명이다.

공간혁명의 역사에는 산업 혁명, 정보 혁명 그리고 유비쿼터스 혁명이 있다. 산업 혁명은 물리 공간을 분화하고 공간의 생산성을 확대한 반면 정보 혁명은 시간 제약을 극복하려고 물리공간은 컴퓨터에 집어넣는 개념이다. 그러나 유비쿼터스 혁명은 전자-물리 공간을 통합하려고 컴퓨터를 물리공간에 집어넣는 개념이다.

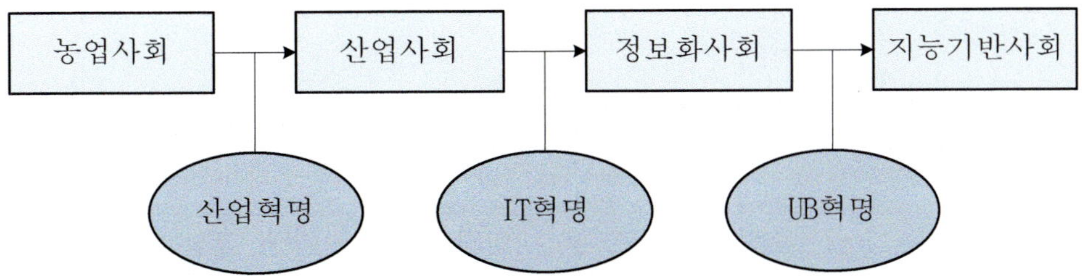

[그림 2.2] 인류 사회의 정보화 변천 과정

2.2.2 개념

정보화 사회(Information Society)라는 용어는 1962년 마흐루프가 미국 사회를 지칭하여 처음으로 사용한 것으로, 일상생활과 생산 및 소비 활동의 많은 부분이 정보의 활용과 유통에 직·간접적으로 영향 받는 사회를 의미한다.

이외에도 다양한 의미로 사용될 수 있는데 주로 다음과 같이 정리할 수 있다.

- 질과 양의 2가지 면에서 풍부한 정보가 생산되어 전달(유통)되는 사회
- 풍부한 정보의 생산 · 처리 · 전달 · 축적에 일정한 경제적 가치를 인정하고, 직접 또는 간접으로 그 비용을 부담하는 구조를 이룬 사회
- 정보의 생산 · 처리 · 전달 · 축적을 원활하고도 효율적으로 행하기 위한 정보기기나 정보 네트워크가 급격히 발달하여 보급되는 사회 등이다.

정보화 사회는 대다수 노동인구가 자동차 조립이나 강철생산과 같은 제조업에 종사하고 에너지가 중요 요소였던 산업사회로부터의 빠른 변화를 의미한다. 산업사회와 달리 정보 분야 종사자들은 정보를 생산처리하며 분배하는 동시에 정보 테크놀로지의 생산을 주 업무로 한다.

이제 정보화 시대의 사용자는 유선 광대역 네트워크와 동일한 품질의 무선 멀티미디어 서비스를 요구하며 저속에서 고속까지, 실시간에서 비실시간까지의 여러 품질의 다양한 서비스를 요구하고 있다. IMT-2000 시스템의 경우, 사용자의 변화하는 이동통신 서비스 요구에 대한 서비스 제공에 한계가 있는 것으로 판단되어 4G 이동통신 개발의 필요성이 제기되고 있다.

산책로

4G

4G라는 용어는 1~3세대의 명칭으로부터 이어져 오는 일반적인 명칭이나 현재 B3G라는 용어로 널리 사용되고 있다. 특히 이 용어는 이해관계에 따라서 다양하게 사용되고 있는데, 아시아를 중심으로 4G라는 용어가 널리 사용되며, 기존 시스템의 발전 및 통합을 강조하는 유럽의 국가들을 중심으로 B3G란 용어가 더 널리 사용되고 있다.

컴퓨터 시스템과 정보 통신 기술을 중심으로 이루어지는 정보화 사회는 국민의 가치관과 산업 사회의 성숙한 변화에 따라 정보의 중요성이 커지는 사회이다. 정보화 사회는 정보와 통신기술의 발달에 따라 정보의 전달과 처리 수단이 고도화 그리고 다양화되는 최첨단 사회라고 표현할 수 있으며 다음과 같은 특징이 있다.

① 정보와 지식이 중요한 자원으로 인식된다.
② 고도로 발달된 정보 기술로 정보의 이용이 보편화된다.
③ 정보의 생산, 전달, 가공, 축적이 활발해져 정보통신시스템의 적용분야가 다양화, 광범위가 구현된다.
④ 정보통신의 발전은 새로운 문화와 사회, 경제를 이룩하게 된다.
⑤ 농업, 공업 등의 생산 노동 인구보다 지식, 정보 산업 종사자의 수가 많아진다.
⑥ 전체 산업에서 컴퓨터와 관련된 정보 산업의 비중이 높아진다.
⑦ 반도체 기술의 발달로 첨단 기술과 기기들이 널리 활용된다.
⑧ 탈 규격화(다양화, 개성화), 탈 전문화, 탈 동시화, 탈 집중화, 탈 극대화, 분권화 현상이 나타난다.

[표 2.2] 사회 변천에 따른 특징

	농업사회	공업 사회	정보화 사회
생산 방식	토지 이용	기계 이용	정보 이용
생산 특징	• 자연 현상 이용 • 인간 노동력	• 자연현상+증식 • 기계적 노동력	• 지식에 의한 생산성 • 두뇌 인력
인간 관계	구속적인 노동력	고용된 노동력	계약된 노동력
제품 유형	농업, 수공업	제조업, 공산품	정보·지식산업, 서비스업
사회 유형	폐쇄적 사회	집중화된 지역사회	분산된 네트워크 사회

2.3 프로토콜

2.3.1 개념

컴퓨터들 간의 정보 교환을 위해서는, 어떻게 정보를 구조화하고 각 컴퓨터에 정보를 보내고 받을 것인가에 대한 사전 약속이 있어야 한다. 프로토콜은 통신을 원하는 두 개체 간에 무엇을, 어떻게, 언제 통신할 것인가를 서로 약속하여 통신상의 오류를 피하도록 하기 위한 통신 규약이다. 만약 이런 프로토콜이 없다면, 정보를 보내는 컴퓨터는 8비트 패킷으로 데이터를 보내고, 정보를 받는 컴퓨터는 16비트 패킷의 데이터를 수신하는 상황이 벌어질 수도 있다.

프로토콜을 전화 통화의 예로 들면 발신자가 착신자의 전화번호를 확인한 다음 송수화기를 들고, 착신자의 전화번호를 입력하여 착신자와의 접속을 시도한다. 이때 전화 교환망은 발신자로부터 입력되는 전화번호를 해석하여 착신자의 상태를 확인하고, 통화중이 아니면 착신자를 호출하는 호출음을 발신한다. 만약 착신자가 통화중이면 발신자에게 통화음을 송출하여 통화의 불가능을 알린다. 통화중이 아닌 착신자가 발신자와 연결되었을 경우 발신자는 상대가 통화하고자 하는 대상자인가를 확인한 뒤 통신이 성립되고 데이터 교환이 이루어진다.

이와 같이 정보의 정확한 교환을 위해서는 프로토콜의 사용이 필수적이라고 할 수 있으므로 그 자체의 의미로 해석할 때 물리적인 의미보다는 통신에 관한 제반 절차로 정의되는 논리적인 의미를 갖는다. 통신 프로토콜은 여러 계층으로 나누어진 네트워크에서 동위(peer-to-peer) 계층에서 사용하는 표준화된 통신 규약으로, 네트워크 기능을 효율적으로 발휘할 수 있도록 해야 한다. [그림 2.3]에서 이메일을 송수신하는 절차와 관련된 프로토콜의 순서를 보여준다.

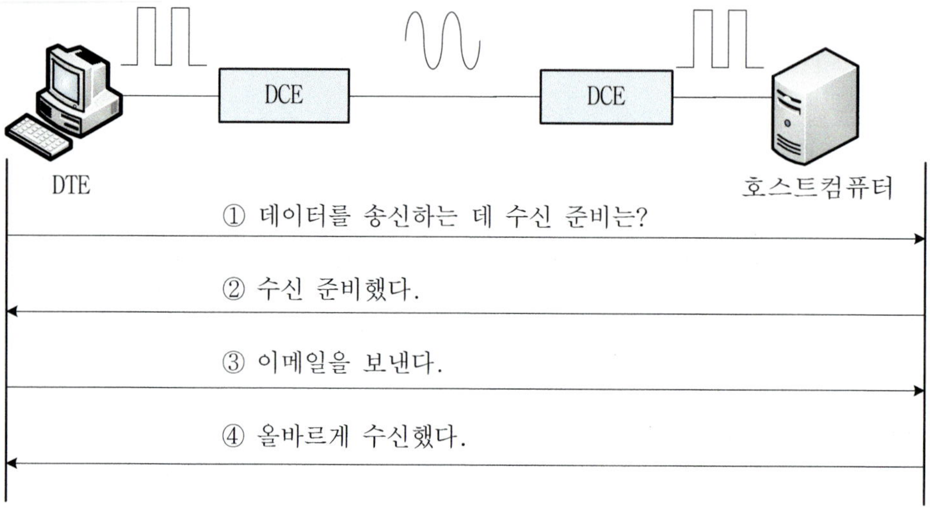

[그림 2.3] 정보 전송에 대한 프로토콜

산책로

프로토콜의 유래

프로토콜 본래의 의미는 외교에서 의례 또는 의정서를 나타내는 말이다. 외국의 국빈이 우리나라를 방문하였을 때 그 방문기사에 등장하는 프로토콜이란 단어는 국빈을 대접하는 의전절차라는 의미로 쓰인 것이다. 이러한 프로토콜의 의미를 통신에 적용한 것이 통신에서의 프로토콜이다.

2.3.2 구성 요소

1) 구문(syntax)

데이터의 형식(format), 부호화(encoding) 그리고 전압레벨 등 데이터의 물리적인 성질에 대하여 규정하는 영역이다. 예를 들면 어떤 프로토콜에서 데이터의 처음 16비트는 송신지의 주소를 나타내고, 다음 16비트는 수신지의 주소를 나타낸다.

2) 의미(semantics)

각 비트가 가지는 의미를 나타내는 영역으로 데이터에 대한 오류 제어, 동기 및 흐름 제어 등에 대한 각종 제어 절차에 대한 제어 정보를 규정한다. 예를 들면 어떤 프로토콜의 프레임 형식에서 플래그 필드는 프레임의 시작과 끝을 나타내며 제어 필드는 데이터 흐름을 제어하기 위한 필드이다.

3) 타이밍(timing)

송수신단간 또는 양단의 통신시스템과 교환망간의 통신 속도 및 시퀀스 등에 대하여 정의하며 송신자가 데이터를 20[Mbps]의 속도로 전송하고 수신자가 1[Mbps]의 속도로 처리한다면 타이밍이 맞지 않아 데이터 손실이 발생할 수 있다.

2.3.3 전송 방식

프로토콜은 원격지에 위치한 송수신자 사이의 정보를 주고받을 때 전송 방식에 대한 정의를 필요로 한다. 데이터 링크 프로토콜의 경우 크게 문자 전송 방식과 비트 전송 방식으로 나누어 볼 수 있다.

1) 문자 전송 방식

정보의 처음과 끝, 데이터 부분 등을 나타내기 위하여 문자를 사용하는 것을 말하는데 예를 들면 문자 제어 프로토콜인 BSC(Binary Synchronous Communication)에서 프레임은 2개 이상의 동기문자(SYN)로 시작되며 이 뒤에는 시작문자(STX)가 뒤따른다. 데이터의 뒤에는 종료문자(ETX)가 오며 BCC(Block Check Character)로 프레임이 끝나게 된다.

2) 비트 전송 방식

특수 문자 대신에 임의의 비트열로써 정보의 처음과 끝을 나타내고 그 사이에 비트 메시지를 넣어 전송하는 방식으로 신뢰성이 높은 성능을 제공하며 HDLC, SDLC 등이 속한다.

2.3.4 기능

프로토콜은 여러 가지 복합적인 기능의 종합으로 이루어지며, 모든 프로토콜에 모든 기능이 있는 것은 아니다. 언급한 세 가지 구성 요소는 정보 교환을 위해서 수행되는 기능에 따라 아래와 같은 구체적인 프로토콜의 기능으로 분류할 수 있다.

1) 단편화와 재결합(Fragmentation and Reassembly)

송신기에서 발생된 정보에 대한 전송 효율을 증가시키기 위해서 적절한 크기로 분할하여 전송하는 것을 단편화라고 하며 패킷 교환망의 가상 회선이나 데이터 그램에서 구현되고 있다. 송신기에서 분할된 정보는 다시 원래의 정보로 재결합되어 최종적으로 사용자에게 전달된다.

2) 정보의 캡슐화(Encapsulation)

송신기에서 발생된 정보를 정확하게 전송을 위해서 헤더(header)와 트레일러(trailer)를 각각 앞부분과 뒷부분에 부가하는 과정으로서 이것을 캡슐화라고 한다.

3) 연결 제어(Connection Control)

한 개체에서 다른 개체로 데이터를 전송하는 방법에는 두 시스템이 서로 데이터를 교환할 때 연결 설정을 하는 연결 지향형 데이터 전송과 연결 설정을 하지 않는 비연결 지향형 데이터 전송이 있다.

전자는 데이터를 송수신하는 개체 간에 연결 설정, 데이터 전송 그리고 연결 해제의 3단계로 구성되며, 데이터 전송 중 연결에 대한 지속적인 관리를 하게 된다. 한편, 후자에서는 두 개체가 논리적인 연결 없이 데이터를 보내는 방식을 취하게 된다.

4) 흐름 제어(Flow Control)

어떤 데이터를 송수신하는 두 개체 간에 처리속도가 다르면 데이터가 상실될 수 있다. 이러한 경우를 방지하기 위하여 흐름 제어를 한다. 흐름 제어 기법으로는 정지-대기(stop-and-wait) 흐름 제어로 수신 측의 확인 신호(ACK)를 받기 전에는 데이터를 전송할 수 없게 하는 기법과 확인 신호를 수신하기 전에 일정양의 데이터를 송신할 수 있는 슬라이딩 윈도우(Sliding Window) 기법 등이 있다.

5) 오류 제어(Error Control)

정보를 전송하는 과정에서 회선의 단절, 잡음, 감쇠, 혼선 등 여러 가지 원인으로 송신측에서 보낸 정보와 수신측에서 수신된 정보가 동일하지 않을 때 이를 검출하여 정정하는 기법을 말한다.

오류 제어는 오류 발생만을 검출하는 방식과 오류를 검출하여 정정하는 두 가지 방식이 있다. 전자에는 CRC(Cyclic Redundancy Checking), 패리티 비트 코드 등이 있으며 오류 정정 코드에는 해밍 코드(Hamming Code), 길쌈 코드(Convolutional Code)가 있다.

6) 순서 지정(Sequencing)

순서 지정은 패킷 교환망에서 사용되는 방식으로서 정보가 분할되어 캡슐화 과정을 거쳐 전송될 때 통신 개시에 앞서 논리적인 통신 경로인 데이터 링크를 설정하고 순서에 맞는 전달 흐름 제어 및 에러 제어를 결정한다.

7) 주소 지정(Addressing)

송수신 측의 주소를 명시함으로써 정확한 목적지에 데이터가 전달되도록 하는 기능으로 인터넷에서 각각의 호스트 및 터미널 등이 할당받은 IP 주소 등이 이에 속한다.

8) 이름 지정(Naming)

전화망에 가입된 모든 전화에 각각의 고유한 번호와 가입자의 이름이 부여되듯이 통신망에 접속된 통신기기에도 고유한 주소와 함께 정보 통신 시스템의 명칭, 즉 이름이 부여되어야만 한다. IP 주소와 함께 부여되는 고유한 이름이다.

9) 다중화 및 역다중화(Multiplexing and Demultiplexing)

다중화(multiplexing)라는 용어는 두개 이상의 저수준의 채널들을 하나의 고수준의 채널로 통합하는 과정을 말하며, 역다중화(demultiplexing) 과정을 통해 원래의 채널 정보들을 추출할 수 있다.

기본적인 형태는 시분할 다중화 방식(Time Division Multiplexing, TDM), 주파수 분할 다중화 방식(Frequency Division Multiplexing, FDM) 그리고 코드 분할 다중화 방식(Code Division Multiplexing, CDM)이 있다. 광통신 분야에서는 FDM은 광파장 분할 방식(Wavelength Division Multiplexing, WDM)으로 취급된다. 시분할 다중화 방식은 동기식이나 비동기식 중의 하나가 된다.

2.4 정보 통신 서비스 유형

2.4.1 정보 통신의 원리

정보통신이란 컴퓨터 기술과 전기 통신 기술을 혼합해 정보내용의 배열을 변경하지 않고, 송신지에서 수신지로 정보를 전달하는 것으로서, 넓은 의미로 손짓이나 몸짓에 의한 의미 전달, 언어에 의한 정보의 전달, 그리고 문자나 동영상 등의 정보를 정보통신기기에 의해 전달하는 것을 말하고, 좁은 의미로 컴퓨터와 통신위성 그리고 데이터 기기 등 특정 정보를 한쪽 개체에서 다른 개체로 전달하는 것을 의미한다.

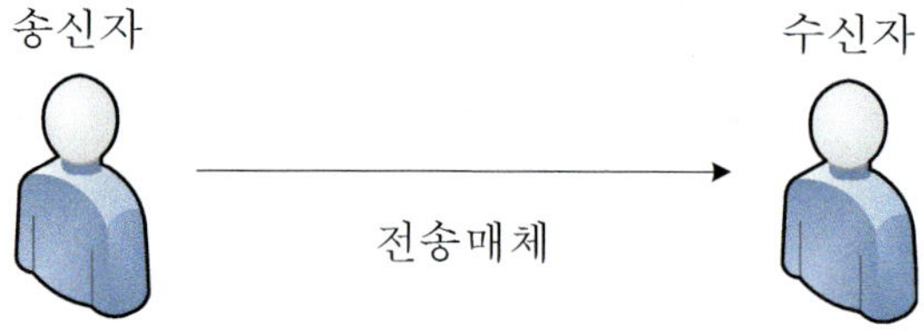

[그림 2.4] 통신 시스템의 기본 구성 요소

정보 통신 시스템의 기본 요소는 [그림 2.4]와 같이 보내는 사람인 송신자와 받는 사람인 수신자가 있어야 한다. 이와 같은 정보를 전달하기 위해서는 정보전달의 통로 역할을 하는 전송매체가 필요하다. 전송매체에는 꼬임선(Twisted Pair), 동축 케이블, 광섬유 케이블 등과 같은 유선매체 그리고 물리적 회선이 아닌 지구 대기에서 전자기파(Electromagnetic Wave)를 이용해 데이터를 전송하는 비유도체인 무선매체가 있다.

[표 2.3] 유선 매체의 비교

통신 회선	데이터 전송 속도	대역폭	중계기 설치 간격
꼬임선	4Mbps	250kHz	2~10km
동축 케이블	500Mbps	350MHz	1~10km
광섬유 케이블	2Gbps	2GHz	10~100km

마지막으로 통신을 하는 데 있어서의 기본 요소인 정보원, 전송 매체, 정보의 수신지가 갖추어졌다 하더라도 정보가 원하는 대로 전달되는 것이 아니라 정보 전송에 필요한 몇 가지 약속과 절차를 엄밀히 지킬 때에만 정보가 전달될 수 있는 것이다. 이때, 통신 장치간의 데이터 교환에 필요한 모든 규약의 집합체를 의미하는 송·수신기

간의 프로토콜이 맞아야 한다.

예를 들어 한국인과 일본인이 대화를 나눌 때 두 사람은 한국말로 대화를 할지 아니면 일본어로 대화를 할지 또는 제3국의 언어로 대화를 할지 서로 정해 놓고 대화를 해야 한다. 만약 한국인은 한국어로 말하고, 일본인은 일본어로 말한다면 두 사람은 서로 대화가 불가능할 것이다.

두 장치간의 통신을 수행하기 위해서는 언어적인 측면뿐만 아니라 다른 여러 가지 측면을 상호 맞추어 주어야 하는데, 이들을 표준화하는 것은 매우 중요한 일이 된다. 따라서 정보통신을 공부하면서 이와 같은 프로토콜을 아는 것은 상당히 중요한 일이다.

2.4.2 정보 형태에 따른 정보통신서비스

정보통신은 좁은 의미로 데이터 통신만을 뜻하나, 최근에는 음성 통신, 이미지 통신, 영상 통신 그리고 멀티미디어 통신까지 포함된다.

1) 음성 통신

일반적으로 전화망을 이용한 통신을 지칭하는 것으로, 음성 통신을 이용한 서비스로는 휴대폰에서의 음성 우편(Voice Mail)과 3자 통화가 그 예이다. 음성은 디지털 처리되어 전기 신호 및 광신호 등으로 2진 숫자의 형태로 전송된다.

2) 데이터 통신

PC 통신을 통해 파일을 주고받거나 필요한 데이터를 액세스하거나 e-mail 서비스를 이용하는 것이 데이터 통신의 한 형태이다. 원래 미국에서 빠른 정보전달이 필요한 군사작전에서 사용되었으나 최근에는 정확하고 신속한 정보제공이 요구되는 금융, 유통 그리고 행정 등에서 활용되고 있다.

3) 화상(이미지) 통신

컴퓨터나 인공위성 등의 통신 수단을 이용하여 화면상으로 서로 얼굴을 보면서 그림이나 도표, 차트, 그래픽 등의 정보전송을 의미한다. 화상은 다른 형태의 정보보다도 인간의 이해를 더욱 쉽게 접근시키는 이점을 갖고 있어, 최근 여러 분야에서 화상 통신의 이용이 급증하고 있는 추세이다.

4) 영상 통신

주로 시각 정보를 전달하는 통신에서 일반적으로 가시적인 정보를 전기 신호로 변환, 전송하고 이것을 수신 측에서 시각 정보의 형태로 충실히 재현하는 전송 방식을 말한다.

5) 멀티미디어 통신

음성과 데이터 및 화상정보의 통합 형태인 컴퓨터를 이용한 원격회의나 원격교육 등이 멀티미디어 통신이라고 할 수 있다.

2.4.3 이용 형태에 따른 정보 통신 서비스

1) 분배형 서비스

단방향 통신(simplex)의 성격을 가지고 있으며 단순 분배(사용자 제어 불능) 서비스와 반복 분배(사용자 제어 가능) 서비스로 구분할 수 있으며 그 내용은 다음과 같다.

(1) 단순 분배 서비스

방송 서비스와 같이 공급자로부터 망에 연결된 모든 가입자에게 연속적인 정보를 제공하는 서비스로서, 사용자는 단지 제공하는 서비스를 수용할 뿐이고 전달되는 정보를 제어하거나 변경할 수 없다. 이러한 서비스의 예로는 TV 방송, 단순 단방향 영상 서비스 등이 있다.

(2) 반복 분배 서비스

분배되는 정보가 일정한 단위 정보로 나뉘어져서 반복적으로 제공된 서비스로서, 각 사용자는 자신의 요구에 따라 필요한 정보를 선택할 수 있다. 이러한 서비스의 예로는 지역 사회 안내 서비스, 뉴스 및 일기 예보 서비스 등이 있다.

2) 교신성 서비스

(1) 대화형 서비스

사용자 간 또는 사용자와 컴퓨터 종단 간에 실시간 정보 전달을 위한 양방향 대화형 통신을 제공하는 서비스로서, 정보의 흐름은 양방향 대칭 또는 비대칭일 수 있다. 이 서비스의 예로는 영상 전화와 영상 회의 등이 있다.

(2) 메시지 서비스

축적 전송, 전자 사서함, 메시지 처리 등의 기능을 통하여 사용자 간에 통신을 행하는 서비스로 화상 처리 및 전자 우편 서비스 등이 있다.

(3) 검색 서비스

검색 정보 센터에 저장된 정보를 사용자의 요청 시에만 제공하는 서비스로 정보 전달 시점은 사용자의 선택에 의해서 결정된다. 이러한 서비스의 예로는 정보 검색 시스템을 통해 제공되는 서비스가 있다.

2.5 미래 유망 정보 통신 서비스

지금까지 3차원 3D는 입체안경을 쓰고 영화관에서만 즐길 수 있지만, 향후 가정에서도 입체 안경을 쓰지 않고도 편하게 즐긴다. 병원에 배치된 간병 도우미 로봇은 사람의 행동과 표정을 살펴 환자를 간호한다.

미래에 정보통신을 주도할 서비스는 크게 ① 3차원 디스플레이 ② 홈 헬스케어 시스템 ③ 무선 LED 가시광 통신이라고 예측할 수 있다.

2.5.1 3D 디스플레이

플라스틱 안경테에 빨간색·파란색 셀로판지를 붙인 적청(赤靑)안경에서 이 용도로 제작된 평면 그림을 보면 빨간색 셀로판지의 왼쪽 안경에서는 빨간색을 제거한 영상을, 반대로 파란색 셀로판지의 오른쪽 안경에서는 그림의 파란색을 제거한 그림을 눈으로 전달해준다. 그러면 한쪽 눈은 파란색 영상만을 보고 다른 눈은 빨간색 영상만을 보게 된다.

양쪽 눈에서 서로 다른 정보가 뇌에 전달된다는 것은 두 눈이 각각 다른 각도에서 서로 다른 픽셀(pixel)을 가진 물체를 보도록 인위적으로 조작한 것과 같은 효과를 내게 된다. 이런 경우 우리 뇌는 이를 입체로 인식하게 된다. 이것이 바로 초보적인 3D 원리이다.

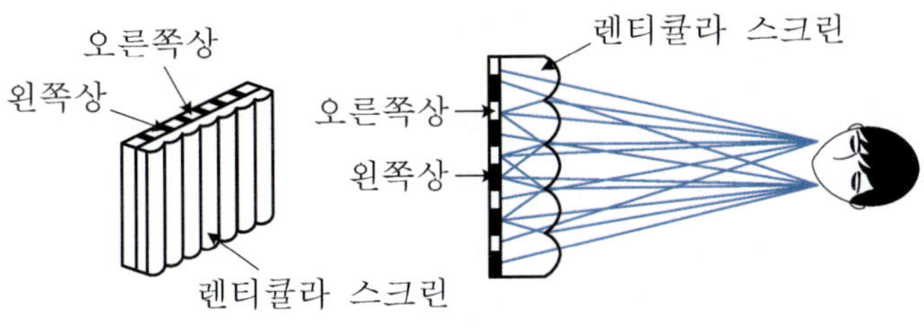

[그림 2.5] 렌티큘라판에 의한 입체화상 표시원리

2.5.2 홈 헬스케어 시스템

1) 개념

홈 헬스케어는 집에서 측정기기를 통해 측정하면, 네트워크를 통해 측정결과가 의료진에게 실시간으로 전달하고, 지속적으로 건강 상태를 모니터링함으로써 가정 내에서 1차적인 건강관리가 가능한 차세대 의료서비스를 일컫는다.

이때 사용되는 WBAN(Wireless Body Area Network)은 서비스 범위 측면에서 WLAN 그리고 WPAN 기술과 비교해서 주로 사람의 몸과 가까운 곳(3[m] 내외)에서 일어나는 무선통신 네트워크이다. 더 구체적으로는 몸 속(in-body), 몸 위(on-body), 몸 주위(off-body)에 있는 기기들 사이의 통신 및 통신망을 가리킨다. 주로 의료 분야 응용을 생각할 수 있겠으나 게임 등 보다 다양한 응용이 가능하다고 할 수 있다.

WBAN은 인체를 통신 채널로 사용하게 되므로 전자파 흡수로 인한 인체 영향에 대한 고려가 필요하고, 전달 정보의 내용도 때에 따라서는 생명과 직결되는 중요한 정보일 수 있어 전송의 신뢰성 확보가 매우 중요할 수도 있다. 또한 체내에 이식된 기기의 수명을 늘리기 위하여 전력소모를 최소화하는 방안도 고려해야 한다.

2) 적용 서비스

(1) 원격 의료 서비스

원격의료 서비스는 문진녹화 시스템과 원격의료시스템, 환자정보 보안 관련 RFID 시스템 등으로 구성되어 있다.

문진녹화 시스템은 환자의 건강상태를 사전에 문진하여 결과를 전송하고, 원격의료 시스템은 생체정보를 측정하고 화상으로 전송하는 시스템이다. 이와 같이 구성된 시스템은 보건소, 병원, 이동진료차량에 탑재되어 근로자가 병원을 직접 방문하지 않고도 보건소 및 이동 진료차량에 마련된 화상진료센터에서 컴퓨터를 통해 의료 서비스를 받을 수 있도록 구성되어 있는 것이 특징이다.

(2) 방문 간호 서비스

유비쿼터스 환경에서의 방문간호서비스는 건강측정기기, 모니터링, 방문간호지원시스템 등으로 구성되어 있다. 보건소에 상주하고 있는 방문간호사는 u-방문간호 서비스에 등록된 관리 대상자를 방문할 때 이동형 측정기기를 통해 대상자의 이력을 관리한다.

2.5.3 무선 LED 가시광 통신

1) 원리

테라급 전송 기술에는 최근 무선 LED 가시광 통신이 관심을 끌고 있다. 빛을 내는 LED(Light Emitting Diode) 조명의 특성을 활용하여 무선통신의 새로운 역사를 만들 가시광 무선통신 기술이 IEEE 802.15.7 VLC(Visible Light communication) 국제표준에서 사용되고 있다.

LED는 flicker 현상을 이용하여 빛에 오디오를 전송하도록 하고, 사람의 눈은 초당 약 100번 이상 깜박이면 깜박임을 인지하지 못하고 조명으로만 인식하게 되는 원리이다. 사람은 깜박임을 인지하지 못하지만, 수신 단말은 이러한 깜박임을 인지할 수 있다.

가시광통신은 LOS(Light Of Sight)의 성질을 갖는데 LOS는 송신과 수신간의 직선상으로 전달하는 것을 말한다. 가시광통신은 LED의 조명 빛을 가시 광으로 사용하기 때문에 LED 통신이라고도 한다. 가시광 파장(400~700[nm])을 방출하는 LED 조명기구 등의 점멸이나 명암이 디지털데이터의 주요 전송수단이다.

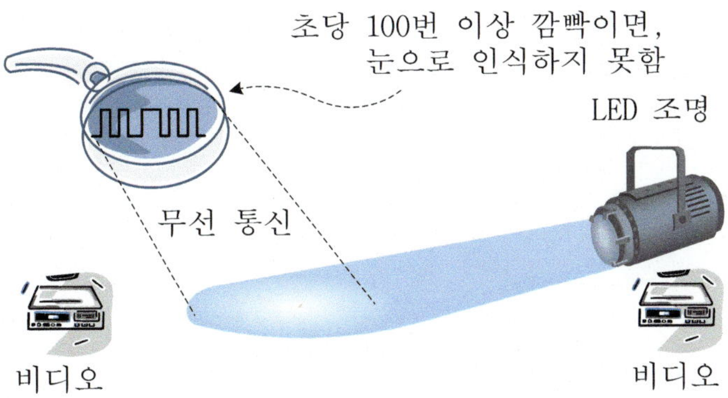

[그림 2.6] 가시광 통신의 원리

명암 변화가 초당 100회 이상일 경우 인간의 눈으로 점멸을 감지하지 못하기 때문에 조명으로서의 역할을 유지하면서 변화의 주기를 짧게 하면 고속으로 데이터를 전송할 수 있다. 이 기술은 전력선통신과 결합해 네트워크를 구현할 수 있어 인프라 구축비용이 절감되고 조명이 있는 곳이면 어디든 유비쿼터스 통신이 구현될 수 있어 RF 무선기술의 보완재로서 활용도가 높다.

2) 적용 서비스

(1) 조명광통신(Visible LAN)

기존 무선 랜이 전송용량을 높이는 데 한계가 있고 사용자가 많은 경우 효율이 떨어졌던 단점을 보완할 수 있다. 특히 비행기내에서 전파의 사용이 제한되는 등의 애로사항을 극복할 것으로 기대된다.

조명과 통신이 일체화되어 있기 때문에 추가적인 공간의 필요나 중량의 부담이 적은 것도 장점이다.

(2) 플래시 통신

야간 LED 플래시로 빛을 비추는 곳에 음성 정보를 무선으로 전달할 수 있다. 빛을 비추는 곳은 음성 정보 통신이 가능하고, 빛을 비추지 않는 것은 음성 정보 통신이 되지 않는다. 음성 방송은 모든 사람에게 들리기 때문에 원하는 정보 또는 원하지 않는 정보 모두 들리게 된다. 즉, 플래시 통신은 선별적 통신이 가능하다.

(3) 빛 색상 별로 음색을 달리하는 장난감

LED는 다양한 색을 연출할 수 있는데 색상에 따른 음색을 나오게 하여 장난감 등에 활용할 수 있다. LED 오디오 통신도 다양한 색에 의해 상호 다른 음색을 실어 보낼 수 있다. 이러한 기능을 이용하면 여러 가지 아이디어에 의한 새로운 장난감을 만들 수 있다.

2.6 표준화

2.6.1 필요성

초기에는 프로토콜의 변환을 고려하지 않고 다른 기종 간에 정보를 교환하고 통신하기가 어려웠으며, 효율적으로 이용하는 데도 한계가 있다. 그러므로 상호 접속을 위한 프로토콜의 표준화는 더욱 절실히 요구되는데 1976년 국제전신전화자문위원회(CCITT)에서는 여러 가지 프로토콜을 하나로 통합하여 제정할 것을 권고하였고, 국제표준화기구(ISO)에서 OSI(Open Systems Interconnection) 참조모델을 발표하였다. 이후 여러 가지 표준화된 프로토콜을 개발하여 발표하였고, 인터넷이 발전하면서 프로토콜의 근간인 TCP/IP도 많이 사용하였다.

이러한 표준안을 따름으로서 여러 업체에 의해 만들어진 상이한 장비일지라도 다른 부가적인 장비 없이 서로 간에 통신이 가능할 뿐 아니라 제품에 대한 대규모 시장을 형성함으로써 생산성 향상에도 영향을 끼치고 있다. 또한 정확하고 효율적인 통신을 위해서는 여러 가지 동기화해야 할 요인이 많기 때문에 네트워크 간에 여러 가지 조정이 필요하다.

2.6.2 개념

표준(standards)은 정보통신망과 정보통신 서비스를 제공하거나 이용하는 주체끼리 합의된 규약의 집합이다. ISO에서는 표준은 '사회이익의 증진을 목적으로 해서 과학기술 및 경험의 종합적 이론이나 이해 관계자의 협력과 모든 의견, 대다수의 승인에 의해서 작성된 기술 사양서(Technical Specification) 또는 그 외의 문서이고 국가, 지역 또는 국제 레벨에서 인정된 단체에 의해서 승인된 것이다.'라고 정의하고 있다.

표준화(standardization)는 표준이 되는 규약의 집합을 정립하는 활동과 조직적인 행위를 말하는데 공식 표준화와 사실 표준화로 구분된다. 전자는 ISO와 같은 국제 표준화 기구, 유럽의 ETSI와 같은 지역 표준화 기구 그리고 일본의 TTA와 같은 지역 표준화 기구가 있다. 공식 표준화 기구 간에는 표준화 절차상 수직관계가 형성되어 국가나 지역의 표준화 활동 결과를 국제 표준화 활동에 반영하거나, 국제 표준화 결과를 국내 표준화 활동과 산업체에 반영한다. 한편, 후자는 일부 업계, 포럼, 컨소시엄 등에서 만든 규격으로, 특정 기술 분야에 이해관계가 있는 통신 사업자, 방송업체, 제조업체에서 사용하고 있다.

2.6.3 표준화 기구

대표 표준화 기구에는 국제표준화기구(ISO), 전기전자기술자협회(IEEE), 국제전기통신연합(ITU) 등이 있다. 이종 산업 간의 융합 서비스가 등장하여 독자적인 영역에 대한 표준화가 희석되고 있어서 각 기구의 고유한 업무 경계가 거의 없어지고 있다.

1) ISO(International Standards Organization)

1926년 ISA(International Federation of the National Standardizing Associations)를 설립해 표준화를 시작하였다. 1946년 런던에서 25개국이 참가한 가운데 모임을 재개하고 1947년 2월 23일 현재의 이름으로 공식적인 업무를 시작하였다.

주로 각국의 공업규격을 조정 · 통일하고, 물자와 서비스의 국제적 교류를 유도하며, 과학적 · 지적 · 경제적 활동 분야의 협력을 증진하는 것을 목적으로 활동한다. 한 나라에서 한 기관만 회원으로 가입할 수 있으며 본부는 스위스 제네바에 있다. 한국은

1963년에 가입하였다.

ISO는 1980년 말경에 네트워크를 이용하여 서로 다른 기종의 통신시스템 간에 상호 접속을 할 수 있도록 정보교환을 위해 필요한 최소한의 네트워크 구조를 정의하는 OSI(Open Systems Interconnection) 참조모델을 제안했으며 뿐만 아니라 프로그래밍을 하는 과정에서 순서도를 작성할 때 기호의 의미나 사용법이 통일되지 않으면 잘못 해석될 수 있으므로 기호의 표준화가 필요한 데 30가지의 순서도 기호를 추천 규격안으로 제정하였다.

산책로

OSI(Open Systems Interconnection)

네트워크상에 있는 단말들이 다른 회사에 속해있더라도 통신의 신뢰성을 위해서 네트워크 사용의 효율성을 높이고 컴퓨터 네트워크 구조를 표준화시키는 것이 필요하게 되었다. 이러한 문제를 해결하기 위해 ISO에서 OSI 7계층을 발표하게 되었다.

2) ITU-T

(International Telecommunications Union-Telecommunication Standards Sectors)

1993년 7월부터 데이터 전송과 국제 전신전화의 표준화를 담당했던 CCITT의 명칭을 ITU-T로 바꾸었다. 원래 CCITT는 서로 다른 국가 간에 원활하게 전기통신을 체결하려고 ITC(국제 전기통신 협약)로 제정한 ITU 내에 설치한 자문위원회 중 하나로, 1956년에 발족되었다.

ITU-T는 전기 통신에 관련된 국제 협약, 표준 제정 등을 목적으로 국제 표준화 활동을 하고 있으며 몇 개의 연구 그룹으로 나누고 있는데 전화와 전신에 대한 여러 측면에서의 권고안을 만들어 내고 있다. 예로 전화전송, 전화교환, 신호방법, 잡음 등에 관한 여러 표준을 권고하고 있다.

사용하는 통신 회선의 종류, 전압, 타이밍, 커넥터 모양 등의 조건을 약속하여 표준화한 것으로 DTE-DCE 인터페이스라고 하는데 ITU-T는 데이터 통신에서 V 시리즈, X 시리즈 그리고 I 시리즈에 대한 권고안을 발표하였다.

3) IEEE(Institute of Electrical and Electronics Engineers)

IEEE는 전기전자공학 전문가들의 국제조직으로서 'I-Triple-e'(아이트리플이)라고 발음하며, 미국의 뉴욕에 위치하고 있다. 2004년 현재 150개국 35만 명의 회원으로 구성된 전기전자공학에 관한 최대 기술 조직으로 주요 표준 및 연구 정책을 발전시키고 있다.

IEEE는 1963년 전파공학자협회(IRE, Institute of Radio Engineers, 1912년 설립)와 미국 전기공학자협회(AIEE, American Institute of Electrical Engineers, 1884년 설립)를 합병하여 설립되었다. 대부분의 IEEE 회원들은 전기전자, 컴퓨터과학뿐만 아니라 물리학, 수학 같은 기초과학 전공자들도 있다.

IEEE의 802위원회에서 제시되고 현재 널리 사용되고 있는 LAN 관련 표준안을 살펴보면 다음과 같다.

[표 2.4] IEEE LAN 관련 위원회

구분	내용
IEEE 802.2	LLC(Logical Link Control)
IEEE 802.3	CSMA/CD(Carrier Sensing Multiple Access/Collision Detection)
IEEE 802.4	Token Bus
IEEE 802.5	Token Ring
IEEE 802.6	MAN(Metropolitan Area Network)
IEEE 802.11	Wireless LAN
IEEE 802.15	WPAN(Wireless Personal Area Network)
IEEE 802.16	Broadband Wireless Access

4) ANSI(American National Standards Institute)

미국 표준 협회(ANSI)는 미국의 산업 표준을 제정하는 기구이며, 여기서 제정된 표준을 또한 ANSI라고 부르기도 한다. 미국 내의 규격이지만, ISO에 앞서서 제정되는 경우도 많으며, ANSI 표준이 ISO 표준이 되기도 한다.

1972년 벨 연구소에서 C 언어가 보급된 이후로 많은 프로그래머들이 사용하였는데 C 언어로 작성된 프로그램들 사이에 차이가 생기게 되어 프로그램의 호환성이 떨어지게 되었다. ANSI에서는 이러한 문제점을 해결하기 위해 1983년 위원회를 결성하여 C 언어에 대한 표준안을 만들었다.

5) EIA(Electronic Industries Association)

미국 전자 산업 협회(Electronic Industries Alliance, EIA)는 전자 산업계 단체로 각종 조사, 제안, 규격 제정 등의 일을 하고 있다. 회원 기업으로 전자 부품 생산자에서부터 항공, 군사 산업 등 복합 시스템 메이커까지 약 300여 사가 있다.

EIA가 제정한 규격의 예로 시리얼 통신에 사용되는 RS-232C, EIA-574, LAN용 트위스트 케이블 규격인 EIA/TIA-568B 등이 있다.

산책로

RS-232C

1. 정의

패킷 교환망에서 전화선을 이용하고자 할 때 modem을 사용하는데 이때 DTE와 DCE 사이의 접속규격을 RS-232C에서 정의하고 있다.

2. 특성

① DTE와 DCE 사이에 serial 통신으로 데이터를 보내고 있다.
② 비동기식으로 데이터를 보내고 있다.
③ 쌍방향식이다.
④ 비트 레이트는 송수신 측이 모두 같은 값으로 한다.
⑤ 8비트 길이로 전송하고 있다.

요 약

1. 정보는 목적을 가지고 행동하는 인간의 활동에 직접·간접적으로 도움을 주는 지식으로, 그 형태는 음성, 영상, 데이터 등이 될 수 있다.
2. 정보의 특성에는 한시성, 종합성, 독점성, 이용성 그리고 결과성이 있다.
3. 통신이란 매체를 이용하여 인간의 의사, 지식, 감정 또는 각종 자료를 포함한 정보나 데이터를 주고받는 것을 말한다.
4. Web 2.0은 제공된 데이터를 활용하여 사용자가 정보 생성에 참여하고 가치를 부여함으로써 누구나 다양한 신규 서비스를 생산해 낼 수 있는 '플랫폼으로서의 웹(The Web as platform)' 환경이다.
5. 정보화 사회(Information Society)는 일상생활과 생산 및 소비 활동의 많은 부분이 정보의 활용과 유통에 직·간접적으로 영향 받는 사회를 의미한다.
6. 프로토콜은 통신을 원하는 두 개체 간에 무엇을, 어떻게, 언제 통신할 것인가를 서로 약속하여 통신상의 오류를 피하도록 하기 위한 통신 규약이다.
7. 프로토콜의 구성 요소는 구문(syntax), 의미(semantic) 그리고 타이밍(timing)으로 구성되어 있다.
8. 송신기에서 발생된 정보에 대한 전송 효율을 증가시키기 위해서 적절한 크기로 분할하여 전송하는 것을 단편화라고 하며 분할된 정보는 다시 원래의 정보로 재결합되어 최종적으로 사용자에게 전달된다.
9. 송신기에서 발생된 정보를 정확하게 전송을 위해서 헤더(header)와 트레일러(trailer)를 각각 앞부분과 뒷부분에 부가하는 과정으로서 이것을 캡슐화라고 한다.
10. 연결 지향형 데이터 전송은 데이터 전송 중 연결에 대한 지속적인 관리를 하게 되며 비연결 지향형 데이터 전송은 두 개체가 논리적인 연결 없이 데이터를 보내는 방식을 취하게 된다.
11. 어떤 데이터를 송수신하는 두 개체 간에 처리속도가 다르면 데이터가 상실될 수 있다. 이러한 경우를 방지하기 위하여 흐름 제어를 한다.
12. 오류 제어는 송신측에서 보낸 정보와 수신측에서 수신된 정보가 동일하지 않을 때 이를 검출하여 정정하는 기법을 말한다.
13. 다중화(multiplexing)는 두개 이상의 저수준의 채널들을 하나의 고수준의 채널로 통합하는 과정을 말하며, 역다중화(demultiplexing) 과정을 통해 원래의 채널 정보

들을 추출할 수 있다.

14. 정보통신은 컴퓨터 기술과 전기 통신 기술을 혼합해 정보내용의 배열을 변경하지 않고, 송신지에서 수신지로 정보를 전달하는 것을 말한다.
15. Wearable Computer는 일반적으로 '몸에 지니고 다닐 수 있는 컴퓨터'라고 하는데 휴대하고 다니면서 언제 어디서나 간편하게 사용할 수 있으며, '입는 컴퓨터'라고도 한다.
16. 증강현실은 사용자가 눈으로 보는 현실 세계에 실시간으로 가상 세계를 합쳐 하나의 영상으로 보여줘 혼합현실(Mixed Reality)이라고도 불린다.
17. WBAN(Wireless Body Area Network)은 주로 사람의 몸과 가까운 곳(3[m] 내외)에서 일어나는 무선통신 네트워크이다.
18. 가시광통신은 LOS(Light Of Sight)의 성질을 갖는데 LOS는 송신과 수신간의 직선상으로 전달하는 것을 말한다.
19. 표준(standards)은 정보통신망과 정보통신 서비스를 제공하거나 이용하는 주체끼리 합의된 규약의 집합이다.

연습 문제

1. 정보화 사회의 개념과 특징에 대하여 설명하고 구현되는 서비스 종류에 대하여 열거하시오.

2. 데이터 통신의 기술적 변천 과정을 자세히 설명하시오.

3. 프로토콜의 개념과 기능에 대하여 열거하여 설명하시오.

4. 3D 디스플레이의 원리에 대하여 설명하시오.

5. WBAN(Wireless Body Area Network)의 개념을 설명하고 적용 서비스에 대하여 기술하시오.

6. 무선 LED 가시광 통신의 원리를 설명하고 적용 서비스를 나열하시오.

7. 정보통신 표준화(공식표준화와 사실표준화)를 기술하시오.

8. 다음을 간단히 설명하시오.
   1) 연결 지향형　　2) 다중화

약 어

IMS(IP Multimedia Subsystem)
BSC(Binary Synchronous Communication)
BCC(Block Check Character)
CRC(Cyclic Redundancy Checking)
WBAN(Wireless Body Area Network)
LED(Light Emitting Diode)
IEEE(Institute of Electrical and Electronics Engineers)
EIA(Electronic Industries Association)

제3장 정보통신 시스템

정보통신 시스템은 서로 멀리 떨어진 정보원과 정보 목적지 사이에서 정보를 전송·처리하려고 여러 구성 요소를 상호 유기적으로 결합한 시스템을 말하는데 기능면에서 정보전송 시스템(데이터 전송계)과 정보처리 시스템(데이터 처리계)로 구분할 수 있다. 전자는 데이터를 이동하는 역할을 하며 후자는 데이터를 가공하고 처리하며 보관하는 역할을 수행하고 있다.

한편, 데이터 전송을 위한 하드웨어와 소프트웨어의 조합으로 이루어진 정보 통신 시스템을 효과적으로 운용하기 위해서는 정확성, 효율성 그리고 보안성이 필요하다.

정보 통신 시스템에서 중요한 매체로 작용하는 통신 회선은 메시지가 전송자로부터 수신자에게까지 이동하는 물리적인 경로를 말하는데 송신기와 수신기 사이의 모든 것을 총칭하기도 한다. 이것은 한 쌍의 도체나 도선으로 구성되기도 하나 광의 빔을 광섬유로 전송하거나 공간을 통해 전자파의 방식으로 전송할 수도 있다.

전송매체에는 유선 매체와 무선 매체가 있으며 전자는 정보의 신호가 선로를 통하여 전달되므로 무선 매체보다 외부 간섭이 적어 신뢰도가 높은 정보 전달을 할 수 있으며 대표적인 예로서, 꼬임선, 동축케이블 그리고 광케이블이 있다. 한편, 후자는 장비의 이동이 빈번히 발생하거나 유선 전송로를 이용하기 불편한 지역(산악, 해안, 도서 지방이나 국가 간의 정보전송 등) 간의 정보 전송에 편리하며, 회선의 설치 및 회선 확장이 용이한 장점이 있으며 전자파를 매체로 한 자유공간과 같은 매체들이 데이터 전송을 위한 전송로로서 사용되고 있다.

본 장에서는 정보통신 시스템의 구성 요소와 필요조건을 살펴보고 통신 회선의 종류를 자세히 다루어 보기로 한다.

학습목표

1. 정보통신 시스템의 구성 요소 및 필요성에 대하여 살펴본다.
2. 정보통신 시스템의 기능적 분류를 자세히 다루어 보기로 본다.
3. 통신회선의 종류와 특성에 대하여 공부하기로 한다.

3.1 개요

기원전 600년경 호박을 비단이나 모피에 심하게 마찰시켜 조그만 실 조각을 끌어붙일 수 있다는 사실을 발견한 것이 전기 발견의 최초로 알려져 있다. 전자라는 의미의 일렉트로닉스(electronics)라는 단어의 어원인 'electron' 역시 호박이라는 의미를 가지고 있으며 전기가 주로 관원 및 동력에 이용된 이후 통신에 이용된 것은 철도 기술에 이용된 연락용이 최초이다.

그러나 제2세대의 전기통신의 발전과 더불어 컴퓨터 기술의 발전은 통신에 대한 새로운 체계 즉, 컴퓨터의 데이터 처리 능력과 통신 능력을 결합시킨 컴퓨터 통신 시스템을 태동시켰으며, 이것은 컴퓨터와 통신 기술에 대한 다양한 발전으로 인해 유비쿼터스 혁명을 실현하게 되었다.

최초 컴퓨터 통신 시스템은 1958년 미 공군이 군사적 목적으로 개발한 반자동 지상 방어 시스템(Semi Automatic Ground Environment, SAGE)이라고 할 수 있다. SAGE 시스템은 온라인 시스템으로서 미국과 캐나다 전역의 레이더, 감시정 등의 조기 경계망을 구축하여 기습공격을 조기에 신속히 대처할 목적으로 개발되었다.

1968년 미 국방성 ARPA(Advanced Research Project Agency)를 중심으로 알파넷(Arpanet)이라는 컴퓨터 망을 구성하였는데 이것이 오늘날의 인터넷의 기원이 되었으며 이어 1970년대부터는 전통적인 컴퓨터 통신 환경이 호스트 위주로 중앙 집중적인 컴퓨터 환경으로 확립되었는데 이것을 통해 터미널이 노드를 통해 호스트와 저속 연결되는 것으로 X.25에 의한 공중 패킷 교환망이 시작되었다.

1974년 IBM은 이 기종 컴퓨터간 접속을 용이하게 하기 위한 체계적 통신 표준 구조로서 SNA(System Network Architecture)를 제안하였고, 국제 표준기구인 ISO(International Standard Organization)는 이 기종의 시스템들의 '개방형(Open)' 상호 접속을 위한 7개의 계층적 구조인 OSI 7계층을 권고하였다.

1980년 후반부터는 각 회사들이 자신의 독자적인 통신망은 그대로 유지하면서 공동으로 사용할 수 있는 네트워크를 만들려는 노력이 계속 되었으며 결국 인터네트워킹 구조가 태동되었다. 이것이 바로 인터넷의 시초이며 지구를 하나의 통신망에 묶어둘 수 있는, 이른바 글로벌한 통신 환경이 구축되었으며 TCP/IP의 근간을 이루었다.

현재에 이르러서는 정보통신망의 광대역화, 양방향화, 콘텐츠의 디지털화를 통해 본격적인 융합형 서비스가 나타나고 있으며 기업 간 M&A 및 전략적 제휴 그리고 공동투자 등을 촉진시키면서 새로운 융합시대에 걸맞은 서비스로 진화를 하고 있다.

산책로

통신의 역사

미국의 모스(Morse)가 1845년 워싱턴과 볼티모어 간 64Km에 전신선을 개설 개통한 것이 세계 최초 통신서비스의 시작이다. 지난 100여 년 동안 한국은 전기통신 후진국신세를 면치 못했다. 그러나 한국은 지금 세계에서 가장 앞선, 정보화된 통신네트워크 국가로 정평이 나있다.

그런 한국이 불과 20여년 만에 세계수준의 통신네트워크를 구축한, 정보화 선진국 대열에 끼게 된 것은 무엇 때문일까. 여기에는 국력이나 정부의지보다 몇 걸음 앞서, 뚜렷한 확신에 신명을 바쳐온 몇몇 선각자의 도전의식이 국민적공감대를 불러일으켜 왔기 때문이다.

우리나라 통신의 역사를 뒤돌아 볼 때 홍철주(1834-?)는 빼놓을 수 없는 핵심인물이다. 늦게나마 조선정부가 정신을 차려 정부직제 상 통신전담 부서를 만들고 자주적인 전선가설계획 등 통신 주권을 행사하게 된 것은 1887년 3월 1일부터이다. 정부조직 안에 '조선전보총국'이란 통신전담 관서를 창설한 것이다. 이 기관 최초의 수장자리인 총판으로 임명된 사람이다.

3.2 정보통신 시스템

3.2.1 구성 요소

정보 통신은 보는 관점에 따라 조금씩 차이가 나겠지만 우리나라 전기통신법에서는 '전기통신회선에 전자계산기의 본체와 그에 부수되는 입출력장치 및 기타의 기기를 접속하고 이에 의하여 정보를 송신, 수신 또는 처리하는 통신이다.'라고 정의되어 있다. 여기서 전기통신회선이란 전기적 신호에 의해 임의의 한 지점에서 다른 지점으로 정보를 나르는 통로를 말하는 것으로 음성신호를 전송하는 전화회선이나 데이터만을 취급하는 데이터 전용신이 여기에 해당한다.

일반적으로 정보 통신 시스템은 [그림 3.1]에서 본 바와 같이 다음으로 구성되어 있다.

① 메시지 : 메시지(message)는 통신의 대상이 되는 정보, 즉 데이터이다. 텍스트, 숫자, 그림, 소리, 화상 또는 이들의 조합으로 이루어진다.

② 송신자(sender) : 데이터를 보내는 장치로서 컴퓨터, 전화기, 비디오카메라 등이 될 수 있다.

③ 수신자(receiver) : 데이터를 수신하는 장치로서 컴퓨터, 전화기, TV 등이 될 수 있다.

④ 통신 회선 : 통신 회선은 메시지가 전송자로부터 수신자에게까지 이동하는 물리적인 경로를 말하는데 트위스티드 페어 케이블, 동축 케이블, 광섬유 케이블, 레이저 그리고 무선파 등이 있다.

⑤ 프로토콜(protocol) : 데이터 통신을 통제하는 규칙의 집합으로서 통신하고 있는 장치들 사이의 상호합의를 나타낸다. 프로토콜이 없다면 마치 프랑스어로 이야기하는 것을 일본인이 이해하지 못하는 것처럼, 통신 장비가 연결되어 있어도 서로 통신할 수 없다.

산책로

전화의 유래

1876년 2월 그래함 벨이 음성을 직접 전기신호로 바꾸어 송신하고, 수신된 전기신호를 음성으로 재현하는 전화를 발명하였다. 초기의 전화 송신기는 유도식 전화 송신기였으며, 초기의 중앙전화국은 교환대 역할을 수행하였고, 송신자의 연결요구에 따라 크랭크를 수동으로 조작하였다. 또한 최초의 다이얼 전화는 1889년 미국의 스트로거가 발명하였으며, 이때부터 전화체계의 자동화를 실현하였다.

3.2.2 기능적 분류

정보 통신 시스템은 컴퓨터와 원거리에 있는 터미널 또는 다른 컴퓨터를 통신 회선으로 결합하여 정보를 처리하는 시스템을 말하며 지리적으로 원거리에 위치하는 복수의 최종 사용자 간의 데이터 통신 서비스를 제공하는 전송 설비, 전송 설비와 결합되어 있는 교환기기, 데이터 단말 장치, 데이터 회선 종단 장치로 되어 있다.

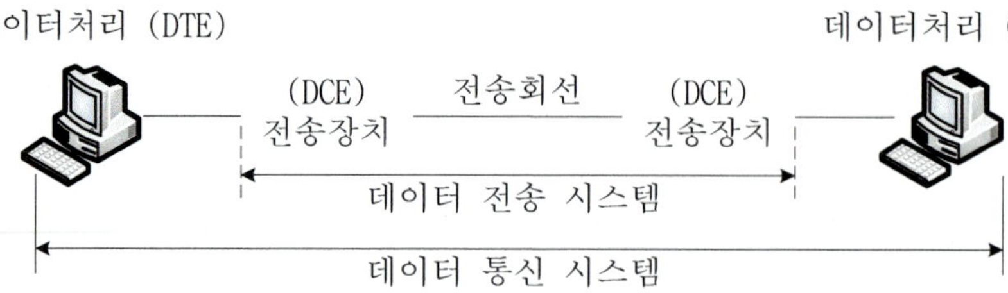

[그림 3.1] 정보 통신 시스템의 분류

원격지의 단말 장치에서 보내온 데이터를 신속히 중앙처리장치로 보내(정보전송) 처리(정보처리)하는 정보 통신 시스템을 기능적으로 간략하게 분류하면, 정보의 이동을 담당하는 정보 전송계와 정보의 가공, 처리 및 보관 등의 기능을 수행하는 정보 처리계로 나누어진다.

정보 전송계는 데이터를 중앙 처리 장치에 보내주는 역할을 하고 있으며 정보 처리계는 운반되어 온 데이터를 처리하는 데, 처리 방식은 보내온 데이터를 즉시 처리하는 즉시 처리 방식과 보내온 데이터를 저장하여 주었다가 어느 정도 양이 찬 뒤에 처리하는 배치 처리 방식 두 가지가 있다.

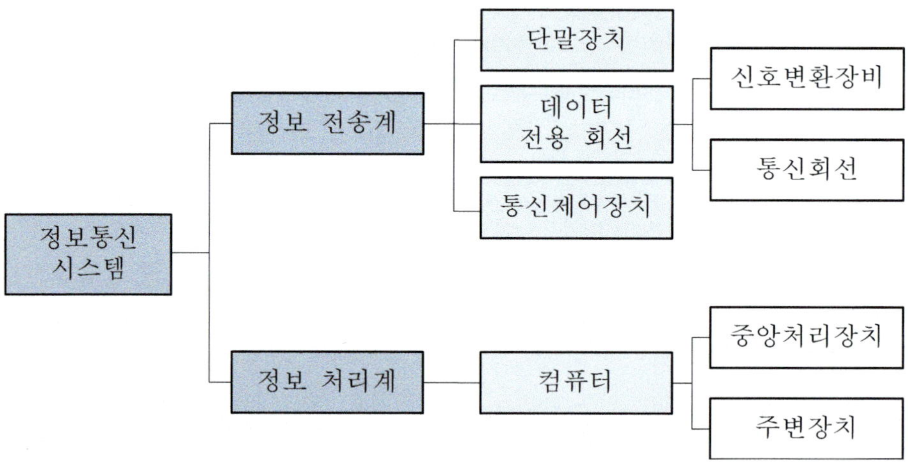

[그림 3.2] 정보통신 시스템의 구성

1) 데이터 단말 장치(Data Terminal Equipment)

통상 DTE라고 하며 전송할 데이터를 부호로 변환하거나 처리하는 장치로서 컴퓨터나 프린터 또는 터미널과 같은 디지털 장비를 말한다.

(1) 기능

① 입출력 기능
② 데이터의 수집과 저장 기능
③ 데이터의 처리기능
④ 통신기능
⑤ 통신 제어 기능

(2) 종류

(가) 일반적 분류

① 단말 장치 : 전송회선을 사용하여 주로 컴퓨터와 접속하는 단말장치이다.
② 범용 단말 장치 : 프린터 등을 조합한 단순 범용 단말 장치이다. 인쇄 장치 및 인식장치(OCR 및 OMR)가 여기에 속한다.
③ 전용 단말 장치 : 특수 목적으로 사용하는 단말 장치이다. 회계 사무용, 호텔용, 인쇄업용 등이 있다.

(나) 처리 능력에 따른 분류

① 비지능 단말 장치 : 프로그램을 수행할 수 없는 종래의 단말 장치이다. 더미 터미널(Dummy Terminal)이라고도 한다.
② 지능 단말 장치 : 프로그램이 들어 있는 하드웨어를 내장해 자체적으로 데이터를 처리할 수 있는 단말 장치로서 예를 들면 개인용 PC에 통신 기능을 부여하는 것이 속한다.

2) 데이터 회선 종단 장치(Data Circuit Terminating Equipment)

데이터 전송 장치(Data Communication Equipment, DCE)라고도 하며 DTE에서 처리된 신호를 변환하거나, 통신 회선 상에 놓여 있는 신호를 변환하는 장치로서 모뎀(modem)과 DSU(Digital Service Unit) 등이 해당된다.

DCE는 DTE로부터 나오는 2진 신호를 통신 회선에 적합한 신호로 변환하거나, 반대로 통신회선에서 들어온 신호를 컴퓨터에 적합한 원래의 2진 신호로 변환해주는 장치이다.

(1) 변복조기(MODEM)

데이터 통신을 하는 경우 컴퓨터나 단말 등의 데이터 통신용 기기를 전화 회선과 같은 아날로그 통신 회선과 접속하기 위해서 사용하는 장치로 변조기(modulator)와 복조기(demodulator)를 혼합한 변·복조 장치를 말한다.

즉, 디지털 데이터 0이나 1에 해당하는 특정 주파수가 있는 정현파형 전송 신호를 생성(변조)하거나 정현파형 전송 신호를 0이나 1에 해당하는 디지털 데이터로 변환(복조)한다.

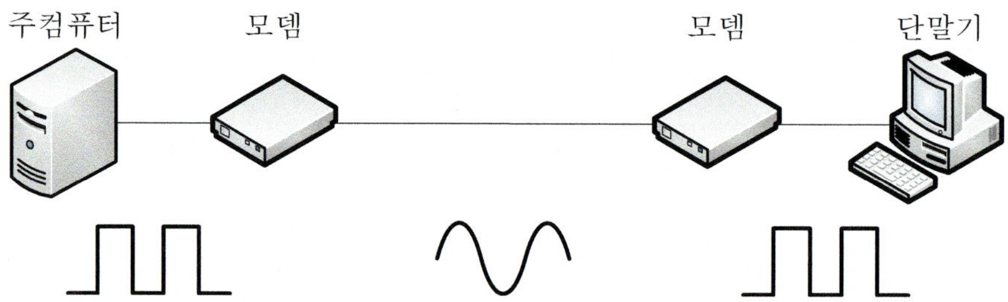

[그림 3.3] 모뎀을 통한 신호변환

(2) DSU(Digital Service Unit)

디지털 회선용의 회선 종단 장치로서 주 컴퓨터나 각종 DTE를 고속 디지털 전송로에 접속하여 데이터 통신을 하는 데 필요한 장치이다.

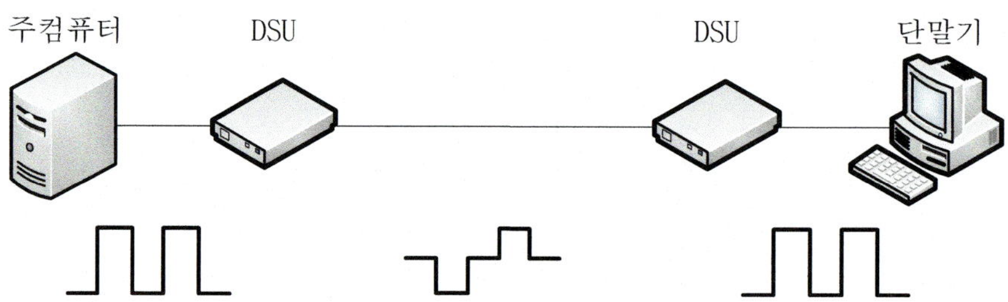

[그림 3.4] DSU를 통한 신호변환

모뎀은 통신선로에 정보를 전달할 때 아날로그 회선을 사용하지만 DSU를 사용할 때는 디지털망을 사용한다. 디지털망을 사용할 때는 신호 형식은 그대로 둔 채 먼 거리까지 전송할 수 있도록 신호 레벨을 높여준다. 즉, 디지털 회선을 이용해 디지털 데이터나 신호를 먼 곳까지 안전하게 전송할 수 있도록 단극성 신호를 복극성 신호로 변환하는 것이다.

3) 통신 회선

단말장치와 정보처리 시스템, 단말기기 상호간 그리고 컴퓨터 상호간의 물리적인 통신로를 말한다.

4) 인터페이스

사용하는 통신 회선의 종류, 전압, 타이밍, 커넥터 모양 등의 조건을 약속하여 표준화한 것을 DTE-DCE 인터페이스라고 한다.

DTE와 DCE 장치를 원활하게 작동하려면 연결기의 모양과 전압, 타이밍, 통신회선의 종류 등 여러 제반 조건을 잘 조정해야 한다. 따라서 인터페이스 조건은 표준으로 정해놓은 규약을 따른다. DTE-DCE 인터페이스 규격은 ITU-T 권고에 정의되어 있으며, V 시리즈, X 시리즈 그리고 I 시리즈 인터페이스가 있다.

[표 3.1] 인터페이스 시리즈

시리즈	내용
V 시리즈	전화와 음성 대역의 아날로그 전화 회선용
X 시리즈	패킷 교환과 회선 교환 방식의 공중 데이터망
I 시리즈	근거리 통신망과 종합정보통신망

여기서는 인터페이스를 중심으로 발신지와 목적지 간의 물리적 링크를 설정, 유지, 해제하기 위한 물리적, 전기적, 기능적 그리고 절차적인 특성을 제공한다.

(1) 물리적 특성

DTE와 DCE에 접속되는 커넥터 및 통신 회선에 접속되는 커넥터에 대한 형태와 치수 및 신호 핀의 배열 등에 대하여 규정하고 있다.

(2) 전기적 특성

신호선의 전원 인터페이스, 부하 인터페이스, 출력 전압, 전원 전압과 2진수의 논리적 표현, 한계값(Threshold Value) 등과 같은 허용값을 규정하고 있다.

(3) 기능적 특성

상호 접속 회로의 기능으로 데이터, 제어, 타이밍, 접지 등 핀마다 고유의 기능과 명칭을 규정하고 있다. ITU-T에서는 번호로, EIA에서는 영문과 숫자로 표기하고 있다.

(4) 절차적 특성

인터페이스의 기능적인 특성을 사용하여 데이터를 전송시키기 위한 사건의 순서를 규정한다.

[표 3.2] ITU-T X 시리즈

번호	내용
X.3	공중 데이터 네트워크에서의 패킷 분해·조립 장치
X.20	공중 데이터 네트워크에서 비동기 전송을 위한 DTE와 DCE의 접속 규격
X.21	공중 데이터 네트워크에서 동기 전송을 위한 DTE와 DCE의 접속 규격
X.25	공중 데이터 네트워크에서 패킷형 터미널을 위한 DCE와 DTE 사이의 접속 규격
X.75	패킷 교환 공중데이터 네트워크 상호간의 접속을 위한 노드 사이의 프로토콜

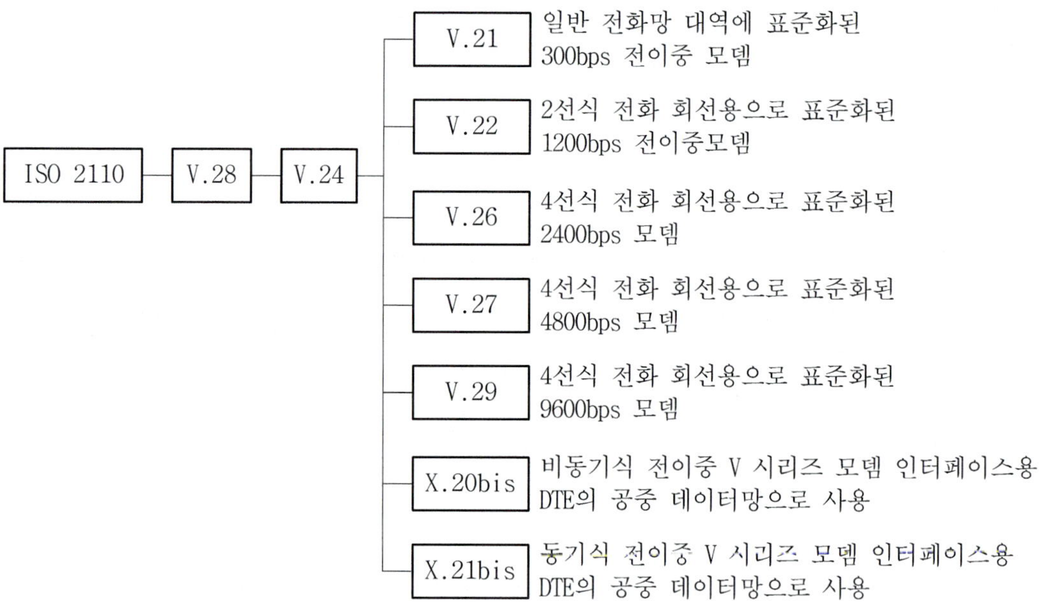

[그림 3.5] ISO 2110 규격

산책로

생활 속에서 보는 인터페이스

서울에서 부산까지 여행가기 위해서는 운송수단이 필요하다. 예를 들면, 기차를 이용할 때 반드시 필요한 것은 레일이 필요하다. 또한 고속버스를 이용할 때는 고속도로가 필요하다. 이러한 역할을 하는 것이 바로 인터페이스이다.

5) 통신 제어 장치(Communication Control Processor)

원래의 통신 처리 장치는 통신 제어 장치와 데이터의 축적 및 교환 등의 통신처리를 담당하는 소형의 프로세서를 내장한 미니 컴퓨터였으나, 최근 컴퓨터 기술의 발달로 초소형이면서 여러 가지의 통신 제어 기능 및 메시지 처리 기능을 담당하는 통신전용 컴퓨터로 발전하였다. 이렇게 함으로써 주 컴퓨터의 부하를 덜어주게 되어 데이터 처리 능력 및 통신 속도를 향상시킬 수 있게 되었다. 통신 처리 장치는 사용되는 위치에 따라 담당하는 역할과 명칭이 달라진다.

(1) 기능

컴퓨터와 단말기의 통신을 제어하는 부분으로서 다음과 같은 역할을 한다.

① 데이터를 송수신하는 일
② 다양한 제어 기능을 행하는 일
③ 오류 검출과 제어를 행하는 일
④ 자원의 효율적 이용을 행하는 일

(2) 종류

(가) 원격처리장치(Remote Processor, RP)

단말기와 접속하여 복수단말 회선의 집선 역할과 동시에 단말기 제어, 정보량의 제어 및 전송 메시지의 부분 처리 기능 등을 수행한 다음, 이를 한 가닥의 고속 통신회선에 의해 주 컴퓨터에 송신하는 역할을 한다.

(나) 전단처리장치(Front End Processor, FEP)

주 컴퓨터와 통신망 사이에 설치되어 마이크로프로세서를 내장하고 있다. 통신회선 및 단말기의 제어뿐만 아니라 전송 메시지의 검사 및 형식 변환을 행한다.

(다) 후 처리 장치(Back End Processor, BEP)

주 컴퓨터 후단에 설치되어 주 컴퓨터가 수신한 데이터 중에서 별도로 처리할 필요가 있을 때 사용되는 장치이며, 자기 디스크 기억 장치에 대규모 데이터베이스(DB)를 구성하는 디스크 처리 전용 컴퓨터이다.

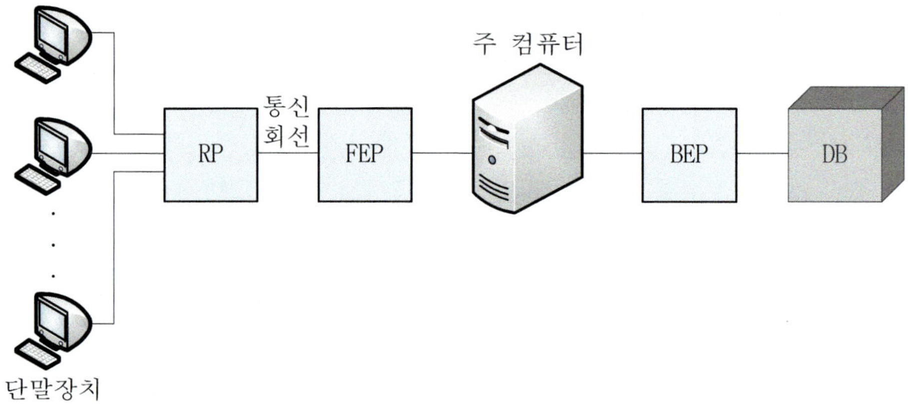

[그림 3.6] 통신 제어장치의 분류

산책로

통신제어장치의 구현방법

(1) 단일 방식

하나의 통신제어장치만 이용하는 방식으로서 수용가능 회선수와 신뢰성의 문제가 있으나 시스템의 중단가동이 심각한 영향은 미치지 않는 경우에 널리 사용된다.

(2) 분할 방식

회선수가 많은 경우 또는 예비회선이 준비되어 있는 경우, 복수의 통신제어 장치를 설치하여 수용할 통신회선을 각 통신제어장치에 분할하는 방식이다.

(3) 대기예비방식

현재 사용 중인 장치가 고장나면 통신회선을 예비 장치로 바꾸어 시스템을 정상 가동할 수 있게 하며 높은 신뢰성이 요구되는 데이터 통신 시스템에 사용된다.

6) 중앙 처리 장치

가입자의 access 요구에 비해 정보처리 및 판단, 제어를 행하는 곳으로서 제어 장치, 연산 장치 및 주기억 장치로 되어 있다.

7) 기억 장치

주기억 장치 및 보조 기억 장치로 되어 있으며 주기억 장치는 프로그램 정보 및 가입자 데이터를 저장하는 곳이며 보조 기억 장치는 주기억장치에서 기억할 수 없는 용량을 일시적으로 저장하는 곳이다.

3.2.3 필요조건

데이터 전송을 위한 하드웨어와 소프트웨어의 조합으로 이루어진 정보 통신 시스템을 효과적으로 운용하기 위해서는 다음과 같은 3가지 요소가 필요하다.

1) 정확성

소포를 보낼 때 비용을 줄이기 위해서는 소포의 무게가 가벼워야 한다. 이를 위해서는 소포에서 불필요한 것을 버리는 작업이 필요한데 이것이 원천 부호화 과정이다. 그리고 이 소포를 도둑들이 가져가지 못 하도록 자물쇠를 채우는 작업이 필요하며 이때 소포를 함부로 다루어서 내용물이 손상되는 것을 방지하기 위해 잘 포장을 할 필요가 있는데 이 과정이 채널 부호화이다.

채널 부호화 과정을 거치게 되면 내용물(data)이 깨지지 않은 것은 아니고 data가 깨진 사실을 알게 해 주거나(Error Detection), 깨진 데이터를 깨지기 전의 상태로 복원(Error Correction) 시켜준다.

채널 코딩은 데이터 전송에 있어서, 채널에서 발생되는 잡음에 의한 오류를 수신측이 검출 혹은 정정할 수 있도록 원래의 데이터에 새로운 데이터를 덧붙이는 방법을 말하며 에러 제어 코딩(Error Control Coding)이라고 하며 이 밖에도 동기 기술, 스위칭 기술, 어드레싱(addressing) · 네이밍(naming) 기술, 흐름 제어 기술 등이 데이터 전송의 정확성을 위해 사용된다.

2) 효율성

데이터 전송에 투자된 비용이 획득한 정보의 가치보다 크다면 데이터통신에 대한 효율성은 그 의미를 상실하게 된다. 따라서 데이터의 전송은 정확히 그리고 효율적으로 이루어져야 한다. 통신 시스템의 이용 효율을 높게 할 목적으로 압축 부호화를 수행하는데 이것을 원천 부호화(Source Coding)라고 한다.

원천 부호화는 정보의 종류에 따라 음성 부호화와 영상 부호화로 구분되는데 여기서는 음성 부호화에 대해서만 살펴보며 음성의 분석에 따라 다음과 같이 분류할 수 있다.

(1) 파형 부호화(Waveform Coding)

파형 부호화 방식의 목적은 정보 목적지에서 복원된 신호가 정보 발생지에서의 원래 신호의 모양을 그대로 보존하도록 하는데 있으며 다음과 같은 종류가 있다.

① PCM(Pulse Code Modulation)
② DM(Delta Modulation)
③ ADPCM(Adaptive Difference PCM)

(2) 음원 부호화(Vocoding)

음원 부호화에는 신호 파형의 모양을 재생해 내는 것이 아니라 사람의 귀로 듣는데 있어서 원래의 신호와 차이가 없도록 소리(sound)만을 재생한다. 따라서 보코더의 성능평가에는 신호 대 잡음비가 적합하지 않으므로 주관적인 척도인 MOS(Mean Opinion Score)를 이용한다.

(3) 혼성 부호화(Hybrid Coding)

파형 부호화와 음원 부호화법의 장점을 결합시킨 부호화 방식으로 분석할 때 파형 부호화를 사용한 후 예측 오차 신호를 최대한 그 모양을 유지하면서 그대로 전송하려는 방법이다.

3) 보안성

정보화 사회가 되어감에 따라 하루에도 수없이 많은 데이터들이 생성되고 이들 데이터가 한 곳에 존재하는 것이 아니라 다시 네트워크를 타고 여러 사람들에게 전달되고 있다. 이들 데이터는 컴퓨터가 처리할 수 있는 형태로 존재하기 때문에 가공작업을 할 수도 있다. 이때 데이터의 내용이 제 3자에게 노출되거나 변형되어서는 안 된다. 결국 시스템의 보안 문제 및 네트워크에 대한 문제가 등장하게 되었다.

3.3 통신 회선

통신 회선은 정보를 전송하는 통로로, 통신기기 사이를 연결하는 역할을 한다. 즉, 데이터를 부호화한 신호를 수신 측으로 전송할 때 이 신호가 전송되는 통로를 통신 회선이라고 한다. 꼬임선, 동축 케이블, 광케이블, 마이크로파 그리고 무선 라디오파 등을 주로 사용한다.

[표 3.3] 전송선로의 종류와 특징

구분	종류	전송 수단	특징
유선 선로	꼬임선	금속도체	• 기후 조건으로 감쇠현상 발생 • 지형에 따라 설치할 때 장애 발생 • 근거리 통신에 적합
	동축 케이블		
	광 케이블	빛	
무선 선로	마이크로파	전파	• 지형, 재해와 관계없이 전송가능 • 수신 범위가 넓어 많은 사람에게 데이터 전달 • 광대역 통신에 적합
	라디오파		

3.3.1 유선 선로

유선 선로는 한 장비에서 다른 장비로 연결 통로를 제공하는 매체를 말한다. 유선에 의한 전송매체는 정보의 신호가 선로를 통하여 전달되므로 무선 선로보다 외부 간섭이 적어 신뢰도가 높은 정보 전달을 할 수 있으며 형태로는 꼬임선, 동축케이블, 그리고 광케이블 등이 있다.

1) 꼬임선

(1) 구조

꼬임선은 구리선 두 가닥을 서로 균일하게 꼬아서 여러 다발로 묶어 보호용 피복선을 입힌 케이블로 트위스티드 페어 케이블(Twisted Pair Cable) 또는 평형 케이블이라고도 한다. 잡음신호에 대해 면역성을 좋게 하기 위해서 도선을 꼬아서 사용하며 두 도선에 유기되는 간섭 신호의 차를 줄이기 위한 것이다.

꼬임선의 도선들 각각은 접지선과 신호 선으로 구분되기 위해 특정 색깔의 플라스틱으로 절연되어 있다. 케이블 안의 특정 도선을 색깔 있는 플라스틱으로 피복하여 도선이 어느 쌍에 속하는 지를 구별할 수 있다.

심선의 연합은 회선의 상호간의 누화를 경감하고 동일 단면에 다수의 심선을 능률이 좋게 배열하였으며 이에 대한 분류는 다음과 같다.

① 페어(쌍연) : 2본의 심선을 연합하여 1개의 단위로 한 것으로 주로 시내 케이블에 사용된다.

② DM 쿼드 : 쌍연 2조를 합하여 다시 연합하여 4본의 심선을 한 개의 단위로 한 것이다.

③ 성형쿼드(Star Quad) : 쌍을 구성하는 2본의 심선이 정방향의 대각 정점에 위치하여 2조 4본 심선을 하나로 모아 연합시켜 1개의 단위로 한 것으로 쿼드 상호간의 누화 결합이 DM 쿼드보다 좋다.

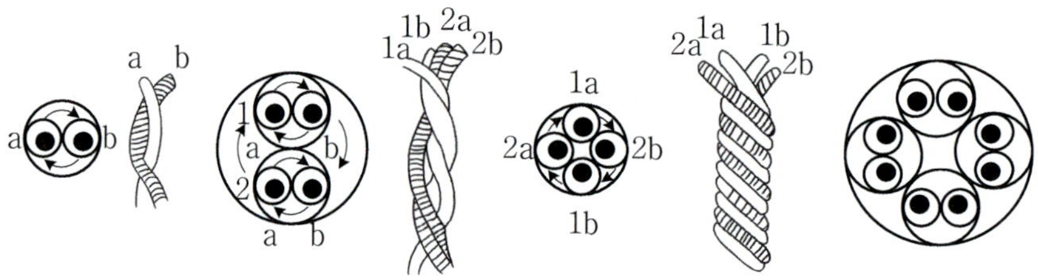

(a) 페어 (b) DM쿼드 (c) 성형 쿼드 (d) 이중 성형 쿼드

[그림 3.7] 케이블의 심선 구조

(2) 종류

꼬임선은 UTP(Unshielded Twisted Pair) 케이블과 STP(Shielded Twisted Pair) 케이블로 나눌 수 있다. UTP 케이블은 전화망에서 널리 사용되고 있으며 데이터 통신 응용에서도 많이 사용된다. STP 케이블은 간섭신호의 효과를 좀 더 감소시킬 수 있도록 만든 이중 나선 케이블을 말한다.

90년대 초까지는 두꺼운 동축 케이블은 주로 백본(backbone)용으로, 얇은 동축 케이블은 노드(node) 연결용으로 많이 활용되었으며 요즈음 UTP 케이블이 노드연결 및 근거리 백본용으로 활용하고 있다.

(가) UTP(Unshielded Twisted Pair) 케이블

도전성 물질이 많은 피복을 둘러싸지 않은 연선으로 되어 있으며 전선을 꼬아 서로 교차(이런 형태를 이중 나선(Twisted Pair)이라고 한다.)시킴으로써 도선 상호간 간섭을 최소화한다.

[그림 3.8] UTP 케이블

STP 케이블에 비해 감쇠 현상이 심하고 EMI(ElectroMagnetic Interference)에 대해서도 약한 면을 가지고 있을 뿐만 아니라 도청에도 아주 허술하다.

최근 기가비트의 전송속도를 구현하기 위해 기존의 category 5은 한계가 있어 새로운 요구를 수용할 수 있는 회선규격이 필요해졌으므로 category 6이 추가됨에 따라 6개 등급으로 분류하여 정의하고 있다.

[표 3.4] 성능에 따른 UTP 케이블 등급 분류

카테고리 분류	통신용량	용도
CAT 1	낮은 전송 속도	전화 통신 전용
CAT 2	4Mbps	음성 통신
CAT 3	10Mbps	Ethernet 10BaseT
CAT 4	16Mbps	Token Ring과 10BaseT
CAT 5	100Mbps	고속 회선
CAT 6	1Gbps	100BaseT, 기가비트 Ethernet

UTP(Unshielded Twisted Pair) 케이블의 특징으로는 다음과 같다.

① 거리 제한은 100[m] 정도가 된다.
② 가격이 가장 싸다.
③ 유연성이 가장 높으며 설치가 쉽다.

(나) STP(Shielded Twisted Pair) 케이블

외부의 전계 및 자계 또는 다른 전송선에서 유도되는 전계 및 자계로부터의 영향을 차단하기 위하여 외부를 도전성 물질이 많은 피복으로 둘러싼 연선으로 되어 있으며 케이블 자체의 값이 비싸고 다루기 어려운 점 때문에 지금은 UTP(Unshielded Twisted Pair) 케이블로 교체되고 있다.

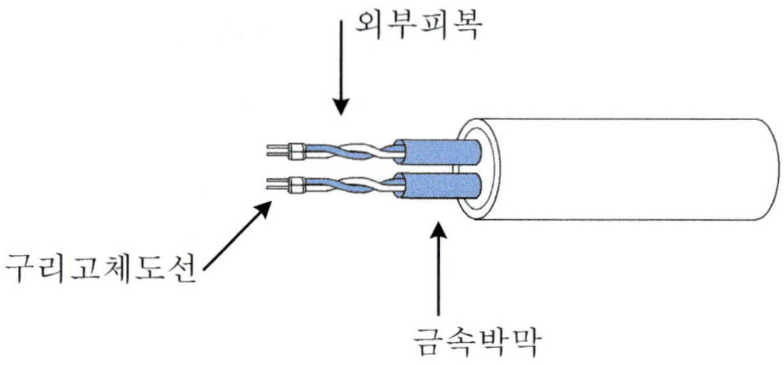

[그림 3.9] STP 케이블

회선들 사이의 누화나 전자기 유도를 줄이기 위해, 절연된 두 개의 연선(또는 구리선)을 서로 꼬아 만든다. 차폐 연선은 종종 사무용 설비에 사용된다. 가정에 설치된 좀 더 평범한 종류의 회선은 케이블은 비차폐 연선이다.

STP(Shielded Twisted Pair) 케이블의 특징으로는 다음과 같다.

① 커넥터를 사용할 때 UTP 케이블보다 설치하기가 더 어렵다.
② 감쇠에 대해 UTP 케이블보다 영향을 받지 않는다.
③ EMI에 대한 극복 능력이 우수하다.

[표 3-5] STP와 UTP 케이블 비교

구분	STP	UTP
케이블 구조	전도층이 꼬인 회선을 감싸고 있다.	전도층이 없이 꼬인 회선만이 있다.
최대 사용 길이	100[m]	
데이터 전송 속도	최대 155[Mbps]	최대 1[Gbps]
외부 간섭	외부의 간섭에 영향을 받지 않는다.	외부의 간섭에 취약하다.

산책로

통신회선

통신회선은 데이터를 전송하는 통로로, 통신기기 사이를 연결하는 역할을 한다. 즉, 데이터를 부호화한 신호를 수신 측으로 전송할 때 이것이 전송되는 통로를 데이터 전송 선로 또는 정보 전송매체라고 한다. 전화선, 동축 케이블, 마이크로파, 위성통신 등을 주로 사용한다.

2) 동축 케이블

(1) 구조

왕복 2개의 도체 가운데 하나를 동축으로 하여 그 둘레의 도체가 원통형으로 하여 내부 도체와 외부 도체로 구성된다. 불평형 케이블로서 고주파에서 정전, 전자 차폐가 우수하고 장거리 및 광대역 전송에 적합한 케이블이다.

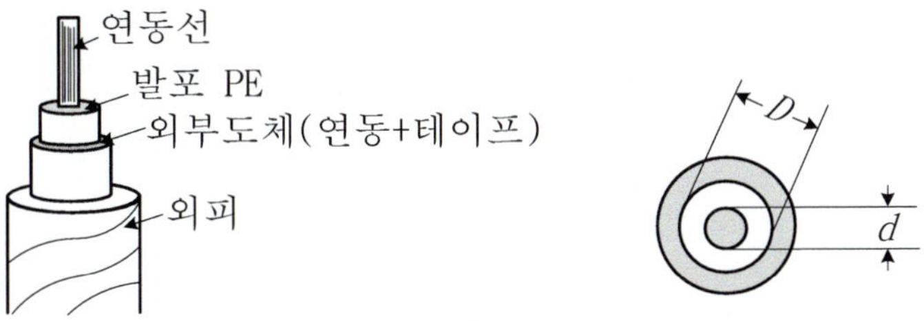

[그림 3.10] 동축 케이블의 구조

(가) 중심도체(내부)

고주파 저항이 적고 지름의 치수가 정확해야 하고, 가소성이 필요하며 코어의 중심에 삽입하여 전류를 흘리고 있다.

$$\frac{D}{d}=3.6 \text{ : 최적비 (감쇄량이 가장 적다.)}$$

(나) 절연체

PE(Poly Ethylene) 절연 테이프를 둥글게 길이 방향으로 감으며, 내부도체와 외부도체를 정확히 지지해야 하며, 굴곡, 압력 등의 기계적인 힘에 충분히 견뎌야 하고 실효 유전율이 적어야 한다.

(다) 외부도체

전류의 위로(되돌아옴), 차폐 등의 작용을 한다.

산책로

가소성

고체가 외부에서 탄성 한계 이상의 힘을 받아 형태가 바뀐 뒤 그 힘이 없어져도 본래의 모양으로 돌아가지 않는 성질. 천연수지, 합성수지 따위가 이러한 성질을 지닌다.

(2) 전송 특성

① 전파속도가 빠르고 초다중화가 가능하다.
② 고주파에서 누화 및 감쇄특성이 양호하다.
③ 내압 특성이 좋고 도체 저항이 적다.
④ 외부 도체의 차폐작용으로 고주파에서 차폐성이 우수하다.
⑤ 장거리 및 광대역 전송에 적합하다.
⑥ 전력 전송이 용이하고 TV 영상 신호에 적합하다.

산책로

임피던스의 불균등

선로의 도중에 임피던스 불균등이 있으면 반사 현상이 생기는데 그 원인은 다음과 같다.

① 내부도체의 외경, 외부도체의 내경변동
② 실효 유선율의 변동
③ 중심도체의 치우침(편심)의 영향
④ 절연체의 두께 또는 외경에 불균등한 곳이 생길 때
⑤ 절연체의 구조 또는 재질에 불균등한 곳이 생길 때

3) 광 케이블

(1) 광통신 이론

(가) 시스템 구성

전기 신호를 발광소자인 LD(Laser Diode)와 LED(Light Emitting Diode)에 의해 전광변환(E/O converter)을 해서 광파로 만들고, 광신호로 변환된 것은 광케이블에 의해서 전송을 하고, 수신측에서는 수광소자인 PD(Photo Diode)와 APD(Avalanche Photo Diode)에 의해 광전변환(O/E converter)을 하여 원래의 신호로 재생하여 통신하는 방식을 말한다.

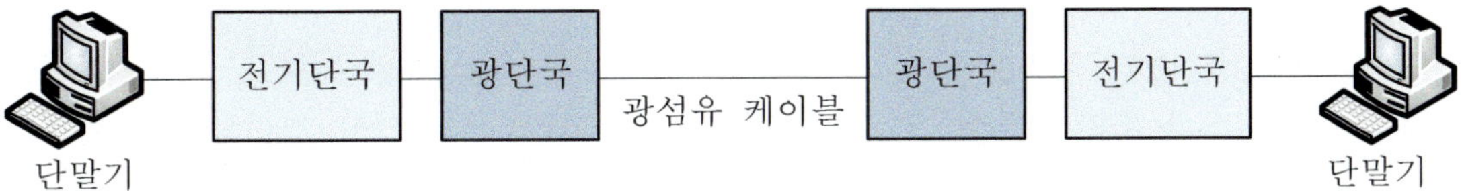

[그림 3.11] 광통신 시스템의 구성

산책로

PD(Photo Diode)

1) 원리

반도체의 PN 접합부에 광이 조사되면 자동적으로 광 에너지가 흡수되는 동시에 전기 에너지가 방출되는 원리를 가진다.

2) 특징

① S/N 비를 크게 할 수 없지만 바이어스 전압이 낮아 손쉽게 사용한다.

② 값이 싸고 저속의 간단한 단거리 광통신 시스템에 많이 이용한다.

APD(Avalanche Photo Diode)

역바이어스를 가해서 avalanche 증가에 의해 큰 광전류를 얻을 수 있으며 S/N 비가 향상된다. 장거리 광전송용에 사용된다.

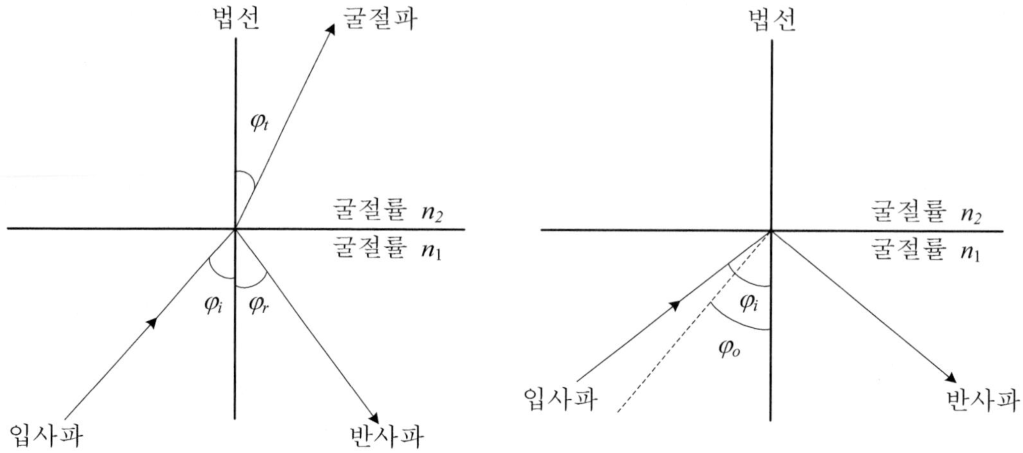

(a) 두 매질 경계면에서의 굴절 및 반사현상

(b) 전반사 현상

스넬의 법칙 : $n_1\sin\varphi_i = n_2\sin\varphi_t = n_1\sin\varphi_r,\ \sin\varphi_c = \frac{n_2}{n_1}$

[그림 3.12] 스넬의 법칙

(나) 도파 원리

코어(core) 내에 광선이 입사될 때 코어와 클래드(clad)의 경계선에 입사각이 임계각보다 크면 전반사($n_1 > n_2$) 되어 코어 내에 밀폐되어 섬유축 방향으로 전파하게 된다.

(다) 특징

(a) 장점

① 자원적으로 풍부하다.

② 기계적으로 가늘고 가볍다.

③ 도파적으로 저손실 광대역이다.

④ 전기적으로 무유도이다.

(b) 단점

① 급전선이 필요히디

② 접속 작업이 어렵다.

③ 파단 고장이 발생된다.

(2) 구조

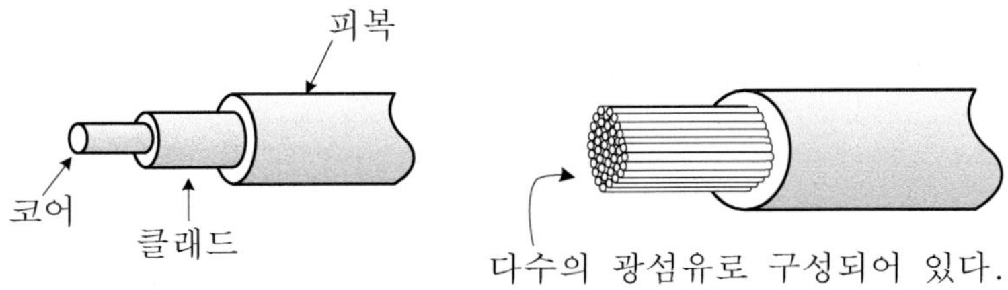

[그림 3.13] 광섬유의 구조

① 코어(core) : 높은 굴절율의 투명한 유리도선으로 빛이 통과하는 통로 역할을 한다.
② 클래딩(cladding) : 낮은 굴절률의 투명한 유리 덮개로 코어 외부를 싸고 있으며 거울과 같은 역할을 수행하여 빛은 반사한다.
③ 코팅(coating) : 코어와 클래딩을 보호하기 위해 합성수지로 만든 피복을 이용해 외부를 감싼다.

(3) 광섬유의 모드

(가) 다중모드 광섬유(Multi Mode Fiber)

(a) SI MMF(Step Index MMF)

코어와 클래드의 굴절률이 광섬유의 직경에 따라 급격히 변하여 코어 내의 굴절률 분포가 균일하며 특징으로는 다음과 같다.

① 모드 간 분산의 영향이 크다.
② 대역폭이 좁다.
③ 광파손실이 가장 많아서 광재생 중계기의 설치 간격이 좁다.
④ 광섬유 심선의 코어가 비교적 굵어서 접속이 용이하고 수광 능률이 좋다.

(b) GI MMF(Graded Index MMF)

코어의 굴절률 분포를 중심축에서 클래드 쪽으로 방사상으로 변화시켜, 입사된 빛을 코어 내부에서 단계적으로 굴절시켜 각기 입사각에 맞는 궤도로 간다. 코어 중심축으로부터 멀리 떨어진 곳은 굴절률이 작아서 빛의 속도는 빨라지고, 가까운 데에서는 반대로 늦어지므로 여러 각도에서 입사된 빛은 각기 다른 각도로 진행하지만 속도는 같게 된다.

GI MMF의 특징으로는 다음과 같다.

① 코어의 굴절률 분포가 타원형으로 되어서 모드 분산이 생기지 않는다.
② 광파 손실도 SI형 MMF 케이블보다는 적고 SMF(Single Mode Fiber) 케이블보다는 많다.
③ 전송 대역폭은 SI형 MMF 케이블보다는 넓고 SMF 케이블보다는 좁아서 수 백 [MHz]에서 수 [GHz]까지 정도이다.

(나) 단일 모드 광섬유(Single Mode Fiber)

다중모드 광섬유에서는 여러 각도로 입사된 빛이 복수 모드를 형성하여 전송되는데 반해, 단일 모드 광섬유에서는 한 개의 모드만 전송되어 입사각이 서로 달라서 생기는 도달시간차의 문제는 없으므로 초광대역 전송이 가능하다.

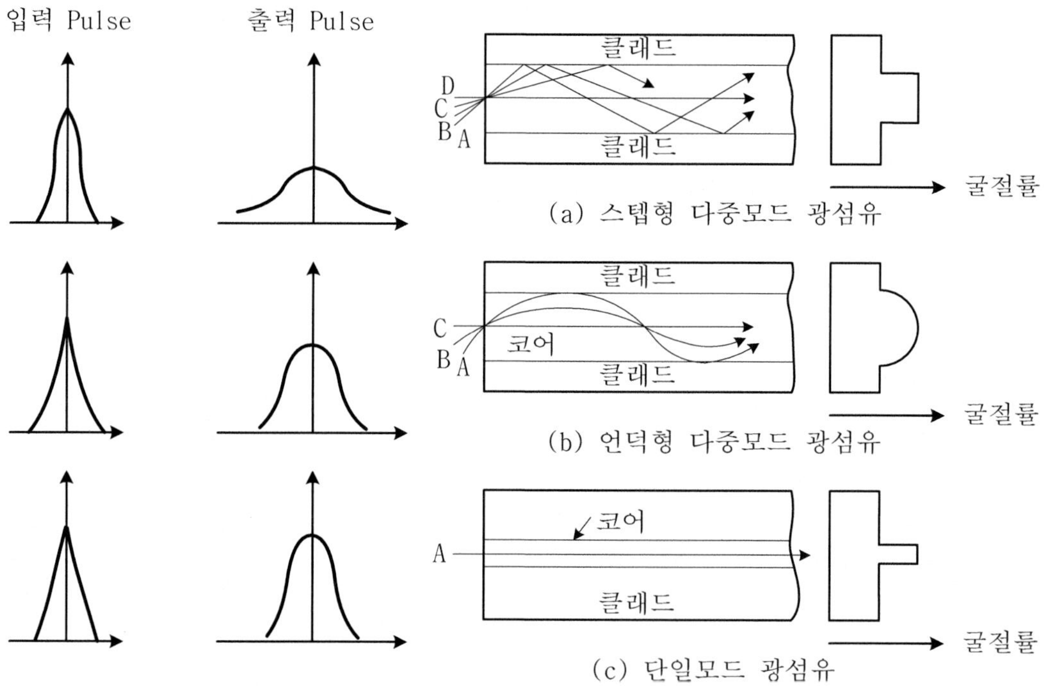

[그림 3.14] 광섬유 종류에 따른 펄스분산의 비교

(4) 분산

광섬유의 한 단에 광펄스를 입사시켰을 때 보통의 단면에서 출사하는 광은 입사한 광펄스의 시간 폭보다도 넓게 된다. 즉 광펄스는 광섬유를 통하여 전파하는 사이에 그 파형이 시간적인 벌어짐이 생긴다. 이와 같이 파형이 시간적으로 벌어지는 현상을 분산이라 한다. 분산은 발생요인별로 모드 분산, 재료분산, 구조분산의 세 가지로 크게 나눈다.

(가) 모드 분산

모드 분산은 다중모드 광섬유에서 각 모드의 전파경로가 다르므로 모드에 의해 출사단에서의 도달 시간이 다름에 의해 생긴다.

전반사하는 횟수가 많은 고차모드일수록 출사단에 도달하는 데까지 긴 거리를 전파하여야 하므로 그것만큼 긴 시간이 걸린다. 그 결과 입사할 때에는 시간 폭이 짧은 펄스에서도 모드에 의한 도달시간이 다르므로 출사단에서는 꽤 시간적으로 넓어진 펄스가 된다.

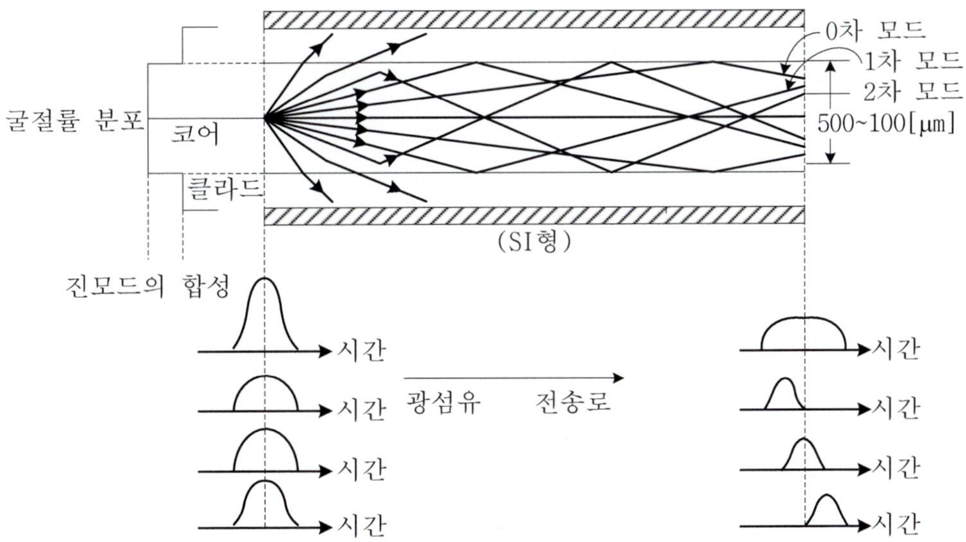

[그림 3.15] 모드 분산(SI형)

(나) 재료분산

광섬유의 재료인 유리의 굴절률은 전파하는 광의 파장에 따라 다르므로 펄스 파형이 벌어지는 현상을 재료분산이라 한다. 재료분산의 크기는 재료 굴절률의 파장 특성으로 결정되며 단일모드에서 영향이 크고 다중모드에서는 거의 없다.

(다) 구조분산

광섬유와 같이 코어와 클래드의 굴절률 차가 작은 경우에는 광이 일부 클래드 부분에 누설이 되는 현상처럼 일어난다. 어떤 파장의 폭을 갖는 광 펄스를 입사하면 파장에 의한 전파경로의 길이가 다르므로 도달시간에 차가 생겨, 펄스폭이 넓어진다. 이와 같이 펄스파형에 시간적 벌어짐을 일으키는 현상을 구조분산이라 한다.

산책로

FTTO(Fiber To The Office)

대도시의 업무 지구에 광케이블을 부설하는 일

FTTC(Fiber To The Curb)

ONU(Optical Network Unit)를 각 가정에 개별적으로 설치해야 하는 등 경제적인 문제가 적지 않은 FTTH의 단점을 보완하기 위한 광섬유의 복수 가입자 공동 이용 방식

FTTH(Fiber To The Home)

광섬유를 집안까지 연결한다는 뜻으로, 초고속 인터넷 설비 방식의 한 종류이다. FTTP(Fiber to the premises)라고도 한다.

3.3.2 무선 선로

무선선로는 물리적 회선을 이용하는 것이 아니라 지구의 대기 등에서 전자기적인 성질을 이용하여 데이터를 전송하는 비유도체다. 전자기파를 이용할 때는 신호의 주파수와 대역폭이 전기적 특성을 결정짓는 요인이 된다.

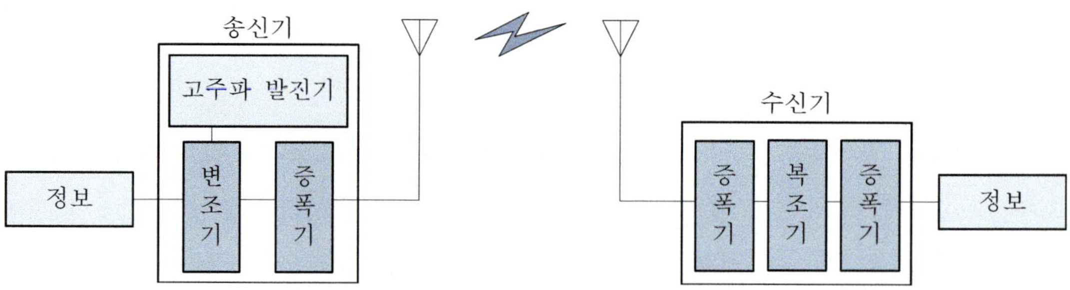

[그림 3.16] 무선통신의 기본 구성

무선통신에서는 송신 측과 수신 측이 정보를 전파로 송수신한다. 송신 측에서는 고주파 발진기로 고주파를 발생하여 변조기를 이용해 전파 신호로 변조한다. 그리고 증폭기로 증폭시켜 송신 안테나로 자유공간에 전파를 송신한다. 그러면 수신측에서는 수신 안테나로 전파를 수신한 후 전파 신호를 복조기로 복조하고 증폭기로 증폭해서 정보를 추출한다.

1) 지상 마이크로파 통신

(1) 개요

지상 마이크로파는 장거리에 대해 수십 [Mbps]의 데이터 전송속도를 제공하며 주로 장거리 통신 서비스용으로 전송 매체의 설치가 비싸거나 불가능할 때 주로 사용된다.

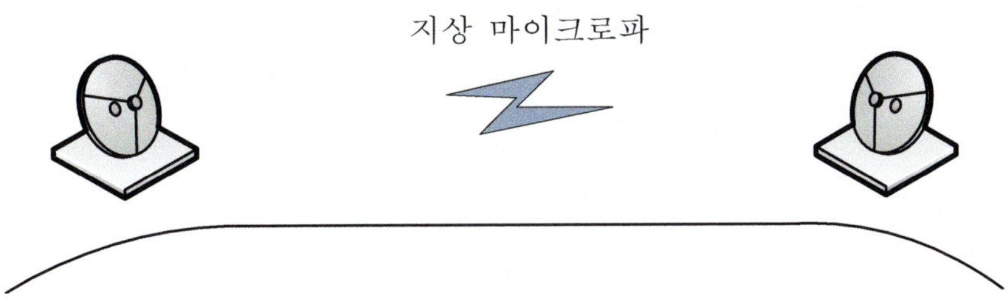

[그림 3.17] 지상 마이크로파

20~30[GHz]를 사용하는 준 밀리미터파 통신 방식과 30[GHz] 이상의 대역을 사용하는 밀리미터파 통신방식은 통화 음성을 PCM(Pulse Code Modulation) 방식으로 부호화하고 시분할 다중화와 위상 변조 방식으로 운영되고 있다.

(2) 특징

(a) 장점

① 예민한 지향성과 고이득을 가진 안테나를 소형으로 제작가능하다.

② 반송파의 주파수가 높으므로 광대역 전송이 가능하다.

③ 페이딩에 의한 레벨 변동에 강하며 변조지수를 크게 하여 S/N비를 크게 할 수 있다.

④ 가시거리 통신(Line of Sight, LOS)을 수행하므로 전파손실이 적은 고품질의 회선을 구성할 수 있다.

(b) 단점

① 수신에 불필요한 전파가 유입되어 희망신호의 수신을 방해하는 간섭현상이 발생한다.

② 비, 눈, 안개 등에 의해 자유공간에서 감쇄를 받으며 기상조건에 따라 전송품질이 시간적으로 변화한다.
③ 유지 보수의 어려움이 있다.
④ 보안의 취약성을 내포하고 있다.

2) 위성 마이크로파 통신

인공위성은 흔히 사용하는 유선 선로를 전송매체로 사용하지 않고 무선 선로를 사용한다. 그래서 전자기파를 사용하여 데이터를 전송할 수 있는데, 이 전송매체의 한 예가 바로 위성 마이크로파(Satellite Microwave)이다.

데이터는 변조된 마이크로파 빔을 지상으로부터 위성으로 전송되고, 또 위성에서 수신되어 지향성 안테나와 트랜스폰더(transponder)라 불리는 회로 장치를 이용해서 미리 정해진 목적지로 재전송된다. 대표적인 위성 채널은 아주 넓은 주파수 대역(500[MHz])을 갖고 멀티플렉싱이라고 불리는 기술을 이용해서 수백 개의 높은 전송률(전송속도)의 데이터 링크를 제공한다.

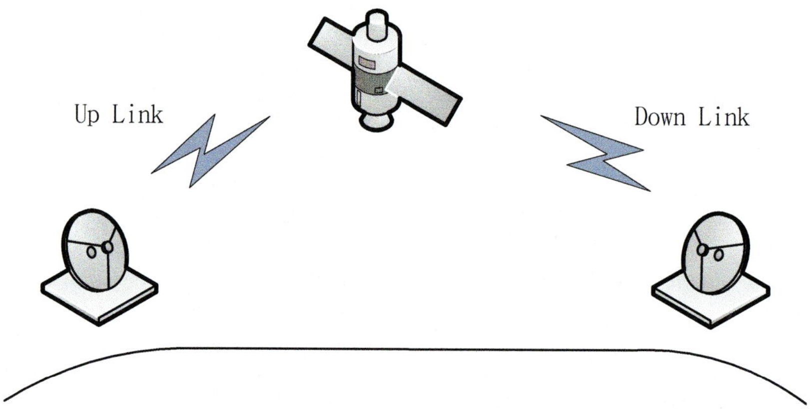

[그림 3.18] 위성 마이크로파

3) 무선 라디오파(Radio Wave)

(1) 개요

마이크로파는 방향성이지만 라디오파는 방향성이 없다. 따라서 라디오파를 이용하여 송수신할 때는 접시형 안테나가 필요 없고, 안테나를 정해진 위치에 정확히 설치하지 않아도 된다. 주로 AM, FM 라디오와 VHF, UHF TV 방송 등에 사용한다. 주파수 범위도 30[MHz]~1[GHz]로 매우 넓어 방송통신용으로 적합하다.

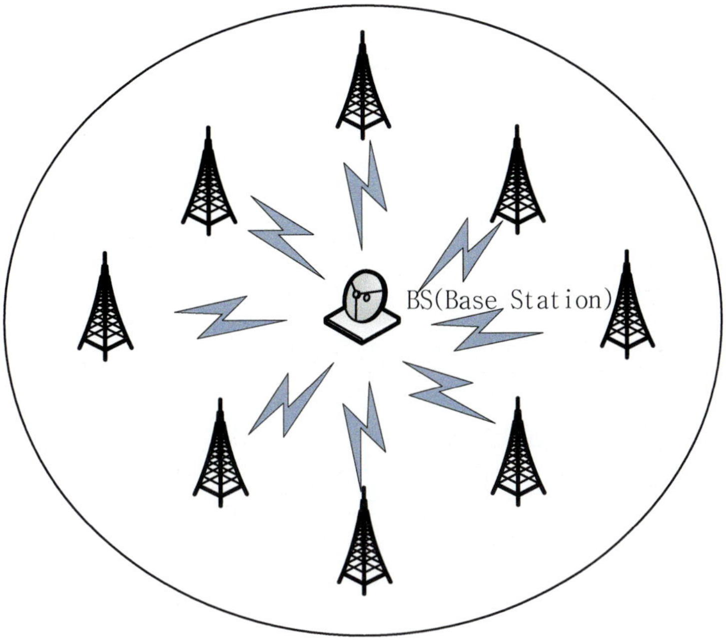

[그림 3.19] 위성 마이크로파

(2) 특징

① 단일 주파수의 경우 원거리 전송이 가능하다.

② 특정 주파수를 사용하고 있는 네트워크와 인접하지 않는 곳에서는 주파수 재사용(Frequency Reuse)을 할 수 있다.

③ 자연적, 인공적 물체에 의한 반사로 인해 많은 전송경로로 전송된다.

요 약

1. 정보 통신 시스템은 컴퓨터와 원거리에 있는 터미널 또는 다른 컴퓨터를 통신 회선으로 결합하여 정보를 처리하는 시스템을 말한다.
2. 정보 통신 시스템은 일반적으로 메시지, 송신자, 수신자, 전송매체 그리고 프로토콜로 구성되어 있다.
3. 데이터 단말 장치(Data Terminal Equipment, DTE)는 전송할 데이터를 부호로 변환하거나 처리하는 장치로서 컴퓨터나 프린터 또는 터미널과 같은 디지털 장비를 말한다.
4. 데이터 회선 종단 장치(Data Circuit Terminating Equipment, DCE)는 DTE에서 처리된 신호를 변환하거나, 통신 회선 상에 놓여 있는 신호를 변환하는 장치로서 모뎀과 DSU(Digital Service Unit) 등이 해당된다.
5. 사용하는 통신 회선의 종류, 전압, 타이밍, 커넥터 모양 등의 조건을 약속하여 표준화한 것을 DTE-DCE 인터페이스라고 한다.
6. RP(Remote Processor)는 단말기와 접속하여 집선 역할과 동시에 단말기 제어, 정보량의 제어 및 전송 메시지의 부분 처리 기능 등을 수행한 다음, 이를 한 가닥의 고속 통신회선에 의해 주 컴퓨터에 송신하는 역할을 한다.
7. FEP(Front End Processor)는 통신회선 및 단말기의 제어뿐만 아니라 전송 메시지의 검사 및 형식 변환을 행한다.
8. BEP(Back End Processor)는 주 컴퓨터 후단에 설치되어 주 컴퓨터가 수신한 데이터 중에서 별도로 처리할 필요가 있을 때 사용되는 장치이다.
9. 꼬임선은 구리선 두 가닥을 서로 균일하게 꼬아서 여러 다발로 묶어 보호용 피복선을 입힌 케이블로 평형 케이블이라고도 한다.
10. UTP(Unshielded Twisted Pair) 케이블은 도전성 물질이 많은 피복을 둘러싸지 않은 연선으로 되어 있으며 전선을 꼬아 서로 교차시킴으로써 도선 상호간 간섭을 최소화한다.
11. STP(Shielded Twisted Pair) 케이블은 외부를 도전성 물질이 많은 피복으로 둘러싼 연선으로 되어 있으며 케이블 자체의 값이 비싸고 다루기 어렵다.
12. 동축케이블은 왕복 2개의 도체 가운데 하나를 동축으로 하여 그 둘레의 도체가 원통형으로 하여 내부 도체와 외부 도체로 구성된다.

13. 광통신에서는 신호를 발광소자인 LD와 LED에 의해 전광변환(E/O converter)을 해서 광파로 만들고, 수신측에서는 수광소자인 PD와 APD에 의해 광전변환(O/E converter)을 하여 원래의 신호로 재생하여 통신한다.
14. 광섬유의 모드는 다중모드 광섬유와 단일 모드 광섬유가 있으며 전자는 SI MMF (Step Index MMF)와 GI MMF(Graded Index MMF)가 있다.
15. 광 케이블에서의 분산은 발생요인별로 모드분산, 재료분산, 구조분산의 세 가지로 크게 나눈다.
16. 무선 선로는 물리적 회선을 이용하는 것이 아니라 지구의 대기 등에서 전자기적인 성질을 이용하여 데이터를 전송하는 비유도체다.
17. 지상 마이크로파는 장거리에 대해 수십 Mbps의 데이터 전송속도를 제공하며 주로 장거리 통신 서비스용으로 전송 매체의 설치가 비싸거나 불가능할 때 주로 사용된다.
18. 마이크로파는 방향성이지만 라디오파는 방향성이 없다.

연습 문제

1. 정보통신 시스템의 구성 요소 및 기능적 분류에 대하여 설명하시오.

2. 정보통신 시스템에서 통신 제어 장치의 구현방법 및 종류에 대하여 설명하시오.

3. 동축 케이블의 전송 특성에 대하여 설명하시오.

4. 광 케이블의 도파원리를 간단히 설명하시오.

5. 광섬유의 전송 모드에 대하여 설명하시오.

6. 다음 용어를 설명하시오.
   1) DTE-DCE 인터페이스에서의 V 시리즈
   2) FTTH(Fiber To The Home)
   3) 지능 단말 장치

약 어

SAGE(Semi Automatic Ground Environment)
ARPA(Advanced Research Project Agency)
SNA(System Network Architecture)
DTE(Data Terminal Equipment)
DCE(Data Circuit terminating Equipment)
DSU(Digital Service Unit)
RP(Remote Processor)
FEP(Front End Processor)
BEP(Back End Processor)
UTP(Unshielded Twisted Pair)
STP(Shielded Twisted Pair)
EMI(electromagnetic interference)
PE(Poly Ethylene)
LD(Laser Diode)
LED(Light Emitting Diode)
PD(Photo Diode)
APD(Avalanche Photo Diode)
SI MMF(Step Index MMF)
GI MMF(Graded Index MMF)
LOS(Line Of Sight)

제 4 장

정보통신 보안

정보화 사회가 되어감에 따라 하루에도 수없이 많은 정보들이 생성되고 이들 정보들이 한 곳에 존재하는 것이 아니라 다시 네트워크를 타고 여러 사람들에게 전달되고 있다. 이들 정보는 컴퓨터가 처리할 수 있는 형태로 존재하기 때문에 수정하거나 원격지에서 가공작업을 할 수도 있다.

이때 인터넷 전화 등의 서비스에서는 IP를 도용한 위치 정보, 의료 정보 등의 개인 정보 유출에 대한 위협이 증대될 수 있으므로 이에 대한 정보보호가 시급한 실정이며 홈네트워크에서는 비허가자에 대한 통제가 요구되는 보안도 함께 고려해야 할 것이다. 또한 유비쿼터스 환경에서는 개인의 정보를 수시로 수집하여 관리하면서 필요한 정보를 수시로 제공하는데, 이러한 다량의 정보가 유출됨으로써 개인의 프라이버시에 심각한 위협이 될 수 있다.

정보 보호의 분위기를 고취시키기 위해서는 인터넷 침해 사고 예방 및 대응체계를 고도화하고, 날로 심각해지고 있는 프라이버시 보호체계에 대한 관심을 가질 필요가 있다. 프라이버시 보호를 위해서는 모든 국민이 u-Privacy 체계 구축에 동참하여야 할 것이며, 최고 수준의 개인정보보호 및 스팸 대응 체계를 구축해야 할 것이다.

이제 정보 보호 확산과 전문 인력 양성을 위해서는 정보 보호운동을 지속적으로 인내를 가지고 전개해야 것이라고 생각되며 전문 인력은 국제 수준의 정보 보호 능력을 갖춘 인력으로 양성해야 할 것이라고 사료된다.

이 장에서는 침해 유형, 침해 대응 기술, 전자 상거래 보안 기술, 컴퓨터 바이러스 그리고 응용 보안 기술에 대하여 살펴보도록 한다.

학습목표

1. 인터넷에서 발생될 수 있는 정보 보안 사고에 대하여 설명한다.
2. 네트워크 환경에서 적용되는 침해 대응 기술에 대하여 살펴본다.
3. 전자 상거래에서 사용되는 보안 기술에 대하여 설명한다.
4. 컴퓨터 바이러스에서 구성 요소와 감염 부위에 따른 분류에 대하여 알아본다.
5. 응용 보안 기술의 종류와 구현 방법에 대하여 살펴본다.

4.1 개요

유비쿼터스 환경에 접목하여 통신 환경의 성숙을 실현하고 있는 우리 사회는 BcN, u-센서 네트워크 등의 구축에 따라 주변에 산재한 컴퓨터를 자유롭게 이용하는 물리 공간에 이른바 전자공간을 적용하는 공간 지능화(Smart Space)환경을 맞이하고 있다. 개인들은 가정에서 IPTV, 원격 교육 및 의료 서비스를 제공받아 풍요로운 u-Life를 향유하고, 전자상거래가 활성화되어 중소기업을 포함한 모든 기업에 디지털 거래 행위가 확산되고 있으며, 휴대단말기로 처리되는 민원서비스, 전자투표 등 전자정부 서비스를 통해 행정의 효율성을 제고하는 등 디지털 융합화가 진행됨에 따라 개인화, 지능화된 새로운 IT 서비스의 등장으로 편리한 디지털 라이프가 확산되고 있는 상황이다.

이와 같이 정보화 사회가 되어감에 따라 하루에도 수없이 많은 정보들이 생성되고 이들 정보들이 한 곳에 존재하는 것이 아니라 다시 네트워크를 타고 여러 사람들에게 전달되고 있다. 이들 정보는 컴퓨터가 처리할 수 있는 형태로 존재하기 때문에 이들 정보를 수정하거나 원격지에 있는 이들 정보에 대한 가공작업을 할 수도 있다.

이와 같은 데이터는 컴퓨터나 네트워크를 통해서 처리하기가 쉽기 때문에 예전에 종이로 작성하던 거의 대부분의 문서들을 전자 문서화하여 사용하고 있고 작성된 문서들을 한 곳에만 저장해두는 것이 아니라 네트워크를 통해서 다른 곳으로 보내기도 한다. 그러나 정보시대는 새로운 문명의 탄생 및 발전으로 인류에게 편리함과 유익성이라는 혜택을 제공하는 한편 자연적으로 파생되는 역기능으로 인한 피해를 가져다준다. 그 편리함과 유익성에 반비례하여 매우 위험하고 파괴적인 역기능이 뒤따르고 있다.

[표 4.1] 국가 정보화 단계별 사이버 공격의 패러다임 변화

구분	1980~1996	1997~2000	2001~현재
공격 특성	디스켓을 통한 감염 파일	PC통신, e-mail을 통한 확산	자동화, 은닉화 해킹, 바이러스, 웜의 결합
공격 대상	단일 시스템	시스템 및 네트워크	
피해 지역	지엽적	국가적	범지구적
확산 시간	수년	수개월, 수일	수시간, 수십분
필요 지식	소수 전문가의 바이러스 제작	바이러스 제작 방법을 인터넷에 공개	자동 공격 도구의 공개로 초보자도 공격 가능
공격 목적	호기심	지적능력 과시, 해킹을 통한 경제적 이득	사회, 정치, 군사적 목적 등으로 확대

4.2 침해 유형

4.2.1 종류

보안 문제를 다루기 위해서는 우선 악의를 가진 사람들의 공격에 대한 분석이 먼저 필요하다. 이들 공격에 대해 몇 가지로 분류할 수 있다. 우선 부정한 행위를 저지르는 사람이 누구냐에 따라 두 가지로 나눌 수 있는데 하나는 두 통신 당사자를 제외한 제 3자가 통신 중인 정보에 대해 공격하는 경우이고 다른 하나는 통신 당사자들 중 어느 한 쪽이 상대방을 속이는 경우이다.

공격은 다음의 두 가지로 구분하는데 하나는 수동적(passive)인 공격이고 다른 하나는 능동적(active)인 공격이다. 수동적인 공격은 도청, 모니터링, 전송과 관계가 있다. 전자우편, 파일 전송, 클라이언트 서버의 변화는 모니터 될 수 있는 전송 사례들이다. 능동적인 공격은 전송된 데이터를 수정하거나 컴퓨터 시스템이 승인하지 않는 접속을 시도하는 것이다.

그러면 이와 같이 발생될 수 있는 정보 보안 사고를 정리하면 다음과 같이 요약할 수 있다.

1) 가로채기(Interception)

가로채기란 통신선로를 도청하거나 패킷을 스니핑(sniffing)하여 송·수신자 간의 데이터를 가로채서 권한이 없는 사람이 그 내용을 보는 것을 말한다.

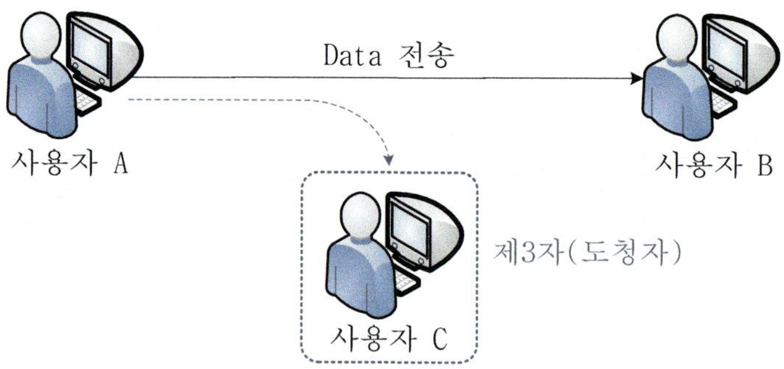

[그림 4.1] 가로채기

산책로

스니핑(sniffing)

네트워크상에서 자신이 아닌 다른 상대방들의 패킷 교환을 엿듣는 것

2) 두절(Interruption)

두절이란 송신자의 데이터가 수신자에게 전달되지 못하도록 중간에서 하드웨어와 소프트웨어를 파괴하거나 통신선로를 단절시키는 행위를 말한다.

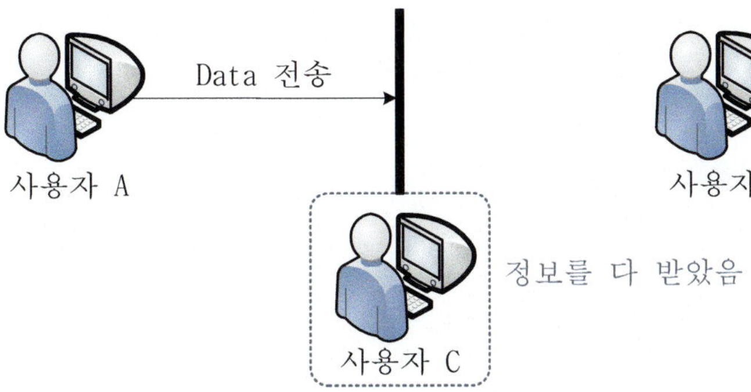

[그림 4.2] 두절

3) 변조(Modification)

변조란 송신자의 데이터를 중간에서 변조하여 다시 수신자에게 전송하는 침해 행위를 말하며 이때, 수신자는 잘못된 정보를 갖게 되거나 악의적인 작업을 하는 코드를 내장한 파일을 실행할 수 있다.

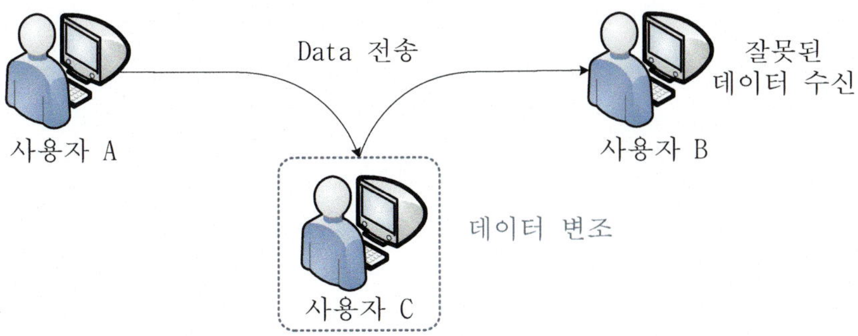

[그림 4.3] 변조

4) 위조(Fabrication)

컴퓨터 내의 시스템이나 기억장치에 있는 정보, 혹은 네트워크상에 전송되는 정보의 내용의 일부 또는 전부를 다른 내용으로 바꾸는 행위이다.

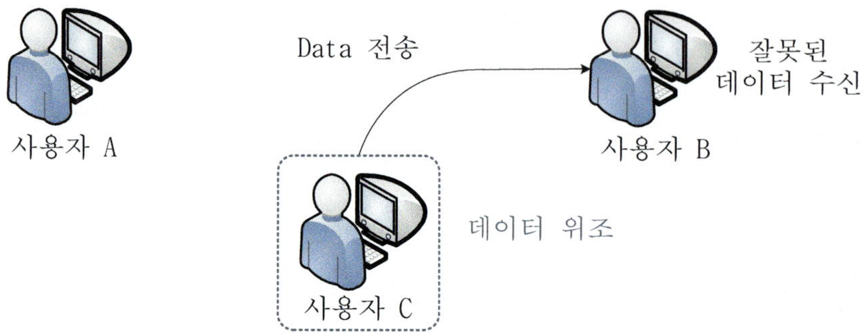

[그림 4.4] 위조

4.2.2 요구 사항

보안 문제를 다루기 위해서는 언급한 바와 같이 우선 악의를 가진 사람들이 어떤 부정한 행위를 하는 지에 대한 분석이 필요하다. 이런 분석이 있은 후에야 이들 침해에 대한 대처 방안을 간구할 수 있기 때문이다.

언급한 침해 행위에 대응하기 위해서 요구되는 기본사항은 다음과 같이 구분된다.

1) 기밀성(security)

기밀성은 정보의 소유자가 원하는 대로의 정보의 비밀이 유지되어야 한다는 원칙으로 하며 허가되지 않은 사용자에게 민감하거나 중요한 정보가 노출되어서는 안 되며 비밀성이 노출되지 않도록 반드시 인가된 자에 의해서만 접근이 가능해야 한다. 비밀성을 보장하기 위한 메커니즘에는 접근통제와 암호화가 있다.

2) 무결성(integrity)

무결성은 비인가 된 자에 의한 정보의 변경, 삭제, 생성 등으로부터 보호하여 정보의 정확성, 완전성이 보장되어야 한다는 원칙이다. 정보가 정확하게 유지되는 문제는 비밀성보다 중요도가 높다. 무결성을 보장하기 위한 정책으로 ① 정보 변경에 대한 통제 ② 오류나 태만으로부터의 예방이 있다.

3) 가용성(availability)

정당한 방법으로 권한이 주어진 사용자에게 정보 서비스를 거부해서는 안 된다는 것을 말한다. 가용성을 확보하기 위한 통제 수단에는 ① 데이터의 백업 ② 중복성의 유지 ③ 물리적 위협 요소로부터의 보호 등이 있다.

4.3 침해 대응 기술

디지털 사회에서는 정보보호 대상이 PC 중심에서 서비스로 발전해감에 따라 다양한 위협 요인이 발생할 수 있다. 인터넷 전화 등의 서비스에서는 IP를 도용한 위치 정보, 의료 정보 등의 개인 정보 유출에 대한 위협이 증대될 수 있으므로 이에 대한 정보보호가 시급한 실정이며 홈네트워크에서는 비허가자에 대한 통제가 요구되는 보안도 함께 고려해야 할 것이다. 또한, 유비쿼터스 환경에서는 개인의 정보를 수시로 수집하여 관리하면서 필요한 정보를 수시로 제공하는데, 이러한 다량의 정보가 유출됨으로써 개인의 프라이버시에 심각한 위협이 될 수 있다. 이때, 침입 대응 기술이 적용되는 시스템에 대하여 자세히 살펴보도록 한다.

4.3.1 방화벽(Firewall)

1) 개념

방화벽은 내부의 전산망을 인터넷 등 외부망과 연결하거나, 기업 내 사설망을 구축할 경우 외부 사용자 또는 기업 간 사설망의 전자 도청으로부터 내부의 중요한 기밀과 정보를 보호하기 위해 구축하는 전자 보안 시스템이다.

방화벽은 활성화된 인터넷 서비스를 접속함과 동시에 내부 네트워크의 보안 수준을 향상시켜준다. 방화벽이 없는 상태에서 네트워크 보안은 호스트 보안에 절대적으로 의존한다. 그러나 방화벽을 이용한 네트워크 보안은 전체 호스트의 보안을 동시에 강화시켜주는 장점이 있으며, 보안 통제가 한 곳에서 이루어지므로 보안 정책을 효율적으로 시행할 수 있다.

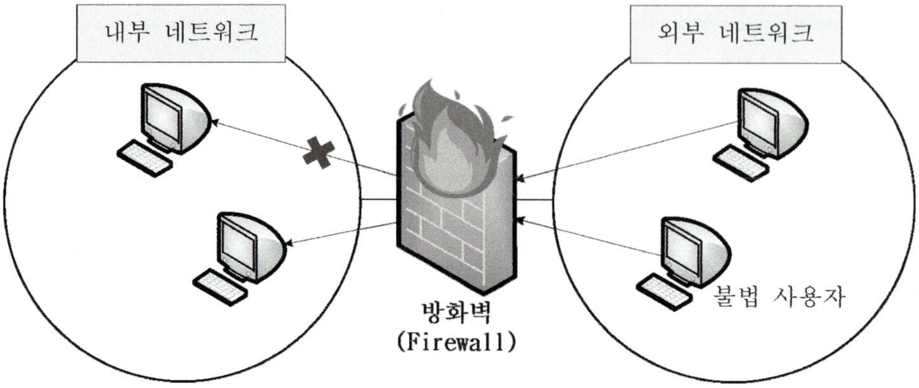

[그림 4.5] 방화벽

2) 특징

(1) 프라이버시 보호

방화벽은 내부 네트워크의 정보 유출을 방지하고, 이중(dual) DNS(Domain Name System) 기능을 지원하며, 라우팅 통제 기능을 제공함으로써 프라이버시 보호에 필요한 정보의 노출을 막아준다.

산책로

DNS(Domain Name System)

호스트의 도메인 이름을 호스트의 네트워크 주소로 바꾸거나 그 반대의 변환을 수행할 수 있도록 하기 위해 개발되었다. 특정 컴퓨터(또는 네트워크로 연결된 임의의 장치)의 주소를 찾기 위해, 사람이 이해하기 쉬운 도메인 이름을 숫자로 된 식별 번호(IP 주소)로 변환해준다. 도메인 이름 시스템은 흔히 '전화번호부'에 비유된다.

(2) 서비스 취약점 대응

방화벽은 네트워크 보인을 개선하여 인전하지 못한 서비스를 필터링함으로써 내부 네트워크는 적정 수준 이하로 위험을 줄일 수 있다. 또한 외부의 부당한 서비스를 막을 수 있는 동시에 서비스가 부당하게 사용될 위험성을 감소시킬 수 있다.

(3) 보안 관리의 집중화

다수의 호스트에 보안 소프트웨어가 분산되어 침해에 대응하기보다는 방화벽에 집중적으로 탑재되어 있는 것이 관리자의 측면에서 보면 더욱 효율적이다. 특히 OTP (One Time Password) 시스템은 방화벽에 직접 설치하여 호스트의 보안 기능을 강화함으로써 네트워크 보안을 향상시킬 수 있다.

(4) 내부 사용자에 의한 보안 침해

방화벽 시스템은 일반적으로 모든 침입 및 해킹을 차단하지 못한다. 방화벽은 외부 네트워크에서 들어오는 사용자의 접근을 통제하도록 설계되어 있어서 내부 사용자가 데이터를 불법적으로 복사하거나 다른 장소로 빼내는 것을 방어하기는 어렵다. 그러므로 내부 사용자에 의한 보안 침해나 방화벽을 거치지 않는 내부자 공격에 대해서는 다른 보안 대책을 강구하여야 한다.

4.3.2 침입 탐지 시스템(Intrusion Detection System, IDS)

1) 개념

의심스러운 행위를 감시하여 가능한 침입자를 조기에 발견하고 실시간 처리를 목적으로 하는 시스템으로서 침입을 시도하거나, 침입 행위가 일어나고 있거나, 침입이 발생한 것을 확인하는 절차를 수행하고 있다.

그러나 대부분 패턴 일치 경우의 탐지가 주를 이루고 있으며 이를 벗어난 경우의 탐지가 어려운 단점이 있다. 그러나 IDS도 방화벽과 마찬가지로 고속화와 지능화를 위한 발걸음이 빨라지고 있다. 고속 프로세서를 채택한 하드웨어 장비에 탑재하여 고속화를 꾀하거나, 보안 ASIC(Application Specific IC)을 적용한 IDS 칩을 장착하여 패킷 탐지율을 높이고 있다.

[표 4.2] IDS와 방화벽의 비교

IDS	방화벽
• 모든 IP에 대해 침입 탐지 수행 • 각종 해킹 수법을 이미 자체적으로 내장하여 침입 행동을 실시간으로 감시 · 제어할 수 있는 기능 제공 • 응용 계층에 대한 분석 수행 • 수동적인 장비라서 네트워크에 영향을 미치지 않으며 패킷을 수집해 분석을 수행하고 탐지에 더 초점을 맞춤	• 인증된 IP로의 공격은 막지 못하므로 해커들이 인증된 IP로 공격을 성공하면 방화벽은 무용지물 • 단순히 네트워크를 통한 외부 침입 차단 • 네트워크 계층에 대한 필터링 수행 • 네트워크에 영향을 미치며 차단에 더 초점을 맞춤

한편, IPS(Intrusion Prevention System)은 불법 침입이나 분산서비스 거부 공격(Distributed Denial of Service)과 같은 비정상적인 신호를 발견하는 즉시 인공 지능적으로 스스로 적절한 조치를 취한다는 점에서 방화벽이나 IDS와 다르다.

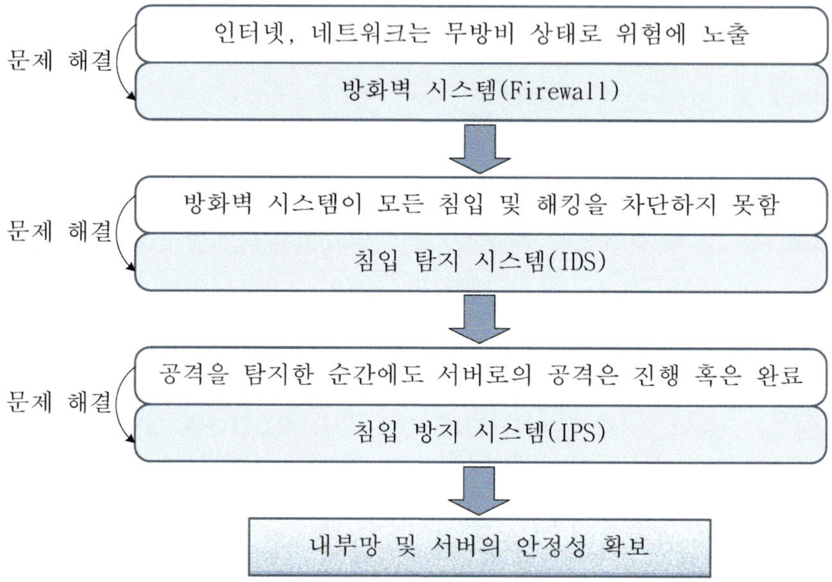

[그림 4.6] IPS의 도입배경

2) 탐지 순서

(1) 정보 수집

시스템의 모든 정보를 수집하여 다음 단계인 정보 가공 및 축약 단계로 넘기는 기능을 수행하며 호스트 로그 정보와 멀티호스트 간 로그정보 그리고 네트워크 패킷 정보 수집으로 나눌 수 있다.

(2) 정보 가공 및 축약

원시의 데이터로부터 의미 있는 정보로 가공하는 기술이며 이때 정보는 실시간 침입 판정을 위한 최소한의 정보를 의미해야 하며 자체의 감사(audit) 레코드로서의 의미를 가진다.

(3) 분석 및 침입 탐지

침입 여부를 판정하는 단계로 IDS의 핵심 기술이며 IDS의 능력을 판단할 수 있는 중요한 단계이다.

(4) 보고 및 조치

침입으로 판단되면 관리자에게 보고하고 관리자는 조치를 취하는 단계이다.

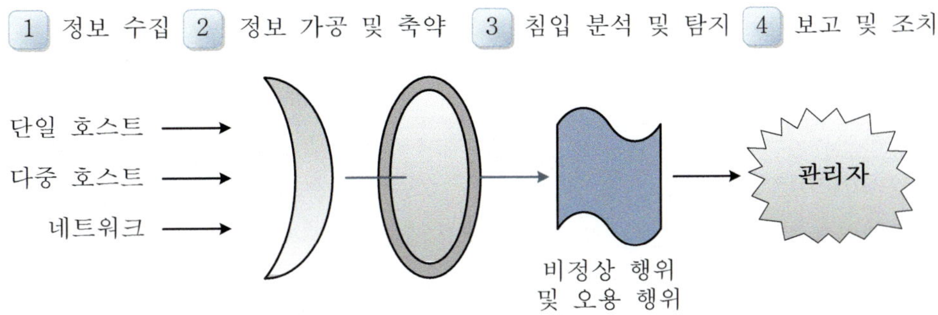

[그림 4.7] IDS 탐지 순서

4.4 전자 상거래 보안 기술

4.4.1 전자 상거래란?

전자 상거래는 전자 공간에서 전자적인 방식에 따라서 이루어지는 상거래로, 최근에는 인터넷의 급속한 확산에 의하여 인터넷 상의 전자 상거래가 활발히 전개되고 있다. 광의적인 의미로는 기업이나 소비자가 통신망에서 행하는 광고 그리고 상품과 서비스의 구매 등 모든 경제 활동으로서 즉 인터넷을 통해 소비자와 기업이 상품과 서비스를 거래하는 행위이다. 협의적인 의미로는 인터넷 쇼핑몰에서의 상품 검색으로부터 배달, 결제에 이르는 서비스를 말한다.

[표 4.3] 전자상거래와 전통적인 상거래 비교

항 목	전자상거래	전통적인 상거래
유통 채널	기업 ↔ 소비자	기업 → 도매상 → 소매상 → 소비자
거래 시간	24시간	제약된 영업시간
판매 방법	정보에 의한 판매	전시에 의한 판매
마케팅 활동	쌍방향 통신을 위한 1대1	구매자의 의사에 상관없는 일방적
고객 대응	고객 불만에 즉시 대응	고객 불만에 대응 지연
소요 자본	인터넷 서버 구입, 홈페이지 구축 등에 상대적으로 적은 비용	토지, 건물 등의 구입에 거액의 자금 필요

4.4.2 안전한 전자 상거래를 위한 요건

네트워크를 통해 정보를 주고받을 때 송신자와 수신자 사이에 존재하는 위험 요소로는 신분 위장, 도청, 문서 위조, 문서 변조, 문서 송수신 부인, 불법적인 시스템 접근, 개인 신상정보 공개 등이 있다. 이때 안전한 전자상거래를 구현하기 위해서 필요 요건들은 다음과 같다.

1) 인증(Authentication)

수신된 데이터 실체가 요구된 실체라는 것을 확인하는 과정으로서 단말기와 기지국, 혹은 클라이언트와 서버간의 상호 확인이 필요하다.

2) 접근제어(Access Control)

전자 상거래에 관련된 허용되지 않은 행동의 위협에 대항하여 자원의 이용 여부가 결정되어야 한다.

3) 비밀 보장(Confidentiality)

각 개체 간에 전송되는 정보는 암호화에 의한 비밀 보장이 되어 권한이 없는 사용자에게 노출되지 않아야 하며 저장된 자료나 전송 자료를 인가 받지 않은 상태에서는 내용을 확인할 수 없어야 한다.

4) 무결성(Integrity)

무결성이란 인증되지 않은 방법으로 거래 내용이 변형되지 않도록 하는 서비스로서 전송된 거래 내용이 인가받지 않은 상태에서는 내용의 추가 및 삭제 등의 변경이 불가능하다.

5) 부인봉쇄(Non-repudiation)

부인봉쇄란 어떤 정보에 관한 행위를 증명할 수 있는 서비스로 부인할 수 없도록 해야 하며 서명자는 자신의 서명에 내해 서명한 사실을 부성할 수 없어야 한다.

4.4.3 기반 기술

암호화는 메시지를 안전하게 보호하는 기술로서 침입자로부터 메시지 보호, 메시지 인증, 전자 서명 등의 각종 암호화 기술과 전자상거래 프로토콜에 사용된다.

1) 비밀키 알고리즘

(1) 개념

비밀키 알고리즘은 암호화된 문서를 암호화에 사용된 키를 일반에게 공개하고 개인이 비밀로 하여, 이 키를 아는 자만이 볼 수 있도록 하는 알고리즘을 말한다. 암호화 키와 복호화 키가 다르다는 성질로 인해 비밀키 알고리즘은 비대칭키 알고리즘이라고도 한다.

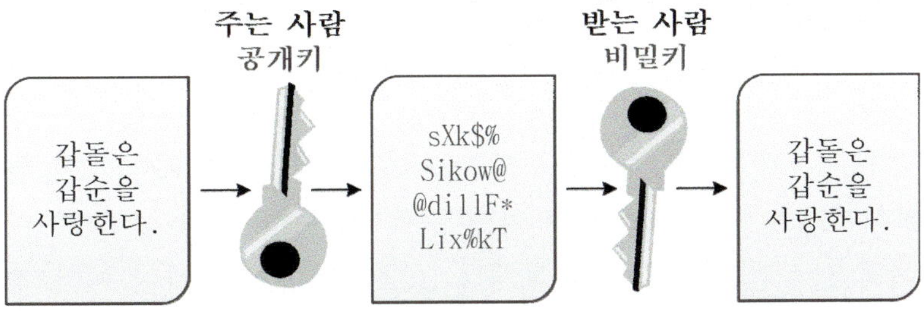

[그림 4.8] 비밀키 알고리즘

(2) 장점

① 키 관리 문제를 해결할 수 있다. 예를 들면, N명의 사용자가 키를 사용하기 위해서는 N개의 공개키와 개인키 쌍으로 충분하다.

② 서명 기능, 기밀성 등의 현대 암호 기능이 가능하다.

③ 속도가 느리므로 비밀키 암호와 해쉬 함수 등의 병행이 필요하다.

2) 해쉬 알고리즘

해쉬 함수는 임의의 길이의 비트열을 고정된 길이의 출력 값인 해쉬 코드로 압축시키는 알고리즘을 말한다. 시스템 구성 과정에서 해쉬 함수가 필요했던 이유는 데이터들의 중복 여부를 쉽게 검사할 수 있다. 대용량의 데이터가 서로 같은 내용인지를 검사하기 위해서 데이터 전체를 일일이 비교할 수 있지만 효율적인 면에서 저하될 수 있다.

일방향 함수(one-way function)는 변수를 통해 함수 값을 구하는 연산 즉 $f(x)=0$에서 x을 구하는 것을 말한다. 일방향 함수는 그 자체가 프로토콜은 아니지만 대부분의 프로토콜 구축, 특히 전자 서명 프로토콜 구축에 있어서 기초가 된다. 따라서 해쉬 알고리즘은 대칭 키 암호 시스템, 공개 키 암호 시스템과 함께 현대 암호 시스템에서 꼭 필요한 요소 기술로 자리 잡고 있다.

이와 같은 일방향 해쉬 알고리즘은 다음과 같은 세 가지 조건을 만족해야 한다.

① 해쉬 값을 이용해 원래의 입력 값을 추정하는 것은 계산상으로 불가능해야 한다.
② 입력 값과 해당 해쉬 값이 있을 때, 이 해쉬 값에 해당하는 또 다른 입력 값을 구하는 것은 계산상으로 불가능해야 한다.

4.5 컴퓨터 바이러스

악성 프로그램에는 컴퓨터 바이러스, 트로이 목마, 논리 폭탄(Logic Bomb)으로 대변되는 실행 가능 콘텐츠(Executable Contents) 등과 같이 다양한 유형이 존재하는데, 컴퓨터 바이러스가 가장 일반적인 악성 프로그램이라고 할 수 있다.

컴퓨터 바이러스는 컴퓨터의 운영 체제나 소프트웨어에 몰래 들어가 시스템이나 사용자의 프로그램에 자신을 복제하고 그 시스템과 파일들을 파괴하는 프로그램인데 다음과 같은 구성 요소와 분류 방법이 있다.

4.5.1 구성 요소

1) 검색 루틴

바이러스가 자신의 영역을 확보하기 위해서는 시스템 내의 확장 가능한 영역을 찾아야 한다. 또한, 바이러스를 안전하게 숨길 수 있는 장소를 확보할 수 있어야 하며 되도록 작아야 한다.

2) 복제 루틴

바이러스 자신을 복제할 수 있는 루틴이 필요하다. 루틴의 크기는 바이러스 코드와 목표 영역의 크기에 비례하며, 발견될 가능성을 최소화하기 위해 되도록 작아야 한다.

3) 바이러스 루틴

목표 프로그램에게 악영향을 미치는 악성 루틴이다. 즉, 감염을 시키기 위한 실행 코드이다.

4.5.2 감염 부위에 따른 분류

1) 부트 바이러스

컴퓨터를 처음 켰을 때 디스크의 가장 처음 부분인 부트 섹터(Boot Sector)에 위치하는 프로그램이 제일 먼저 실행되는데, 여기에 자리 잡는 바이러스를 부트 바이러스라고 한다.

2) 파일 바이러스

자동 실행 기능이 있는 인터넷 유틸리티의 파일이 자동 실행할 때 바이러스가 실행되는 경우를 말하며 EXE나 COM 파일 등의 실행 파일(Executable File) 등에 감염된다.

산책로

유틸리티

운영 체제에서 제공되는 것 외에 추가의 기능을 제공하는 작은 프로그램

3) 부트 · 파일 바이러스

부트 부분과 파일 실행 시 모두에 감염되는 바이러스이다.

4) 매크로 바이러스

감염된 데이터 파일을 응용 프로그램에서 불러들였을 때 바이러스가 실행된다.

4.6 응용 보안 기술

4.6.1 DRM(Digital Rights Management)

1) 개념

컴퓨터와 네트워크의 발달로 모든 정보들이 디지털화되어 가고 이렇게 디지털화된 정보들은 소속 기관이나 회사의 자산으로 인식되어 공동으로 활용할 수 있도록 저장·관리되고 있다. 집중 관리되는 정보들이 체계적으로 활용될 때 지식자산이 되어 기업의 가치를 높이고 업무의 효율성을 극대화시킬 수 있다는 측면에서 컴퓨터와 네트워크가 기업의 경쟁력 향상에 높은 기여를 하고 있다는 것은 부정할 수 없는 사실이다.

이와 같은 디지털 자산의 유출 방지를 위한 기술로서 DRM을 기반으로 하고 있는데 이 기술은 인터넷상에서 서비스되는 콘텐츠의 불법 복제나 유통을 방지하기 위해서 개발된 기술로서 사용자의 인증에서부터 제공된 콘텐츠 파일의 사용 권한, 과금 결제 서비스 및 사용 내역 관리 서비스를 제공하는 종합 콘텐츠 관리 기술이다.

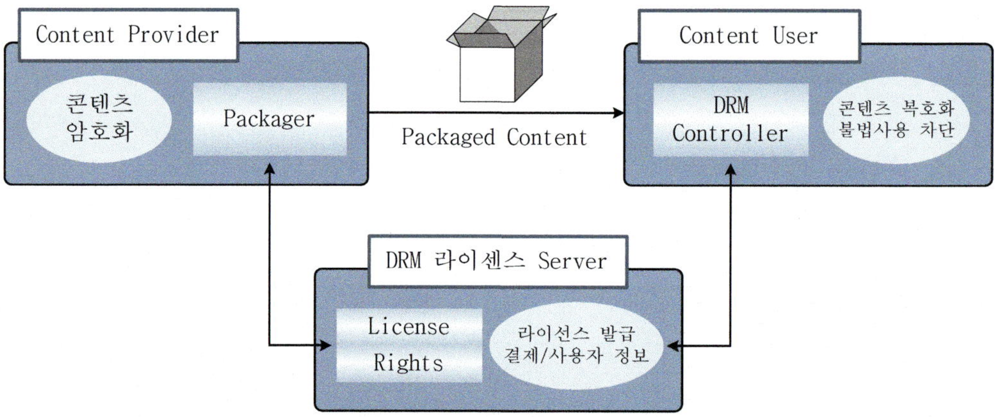

[그림 4.9] DRM의 구성 요소

2) 기술적 접근 방식

(1) 소극적인 보호기술을 사용하는 방식

허가되지 않은 사용자로 하여금 디지털 콘텐츠의 사용을 제한하지는 않지만 법적인 자각심을 유도함으로써 스스로 불법적인 행동을 자제하게 만드는 효과를 기대하게 하는 방식이다.

디지털 콘텐츠에는 저작권 정보를 표시하도록 하는 방식이나 디지털 워터마킹 또는 디지털 핑거프린팅 기술 등이 소극적 보호기술의 대표적인 예이다.

산책로

워터마킹

원래는 중세시대 교회에서 암호문을 보낼 때 사용한 투명한 그림이나 글씨를 말하며 음악 등 멀티미디어 콘텐츠에 파일 형태의 저작자 로고 및 상표 인감 서명 등을 넣어 저작권을 보호하는 형태를 가지고 있다.

핑거프린팅

기밀 정보를 디지털 콘텐츠에 삽입하는 측면에서는 디지털 워터마킹과 동일하다고 볼 수 있으나 저작권자나 판매자의 정보가 아닌 콘텐츠를 구매한 사용자의 정보를 삽입함으로써 콘텐츠 불법 배포자를 추적할 수 있도록 한다는 점에서 워터마킹과 차별화된 기술이다.

(2) 적극적인 보호기술을 사용하는 방식

암호화 기술을 이용하여 사용권한이 없는 사용자에게는 디지털 콘텐츠의 접근을 적극적으로 차단시키는 기술로 기술적 특성에 따라 사용제어(Use Control) 방식과 접근제어(Access Control) 방식 그리고 복제방지(Copy Protection) 방식으로 크게 구분할 수 있다.

사용제어 방식은 비록 사용권한을 갖고 있는 사용자라 하더라도 허가된 사용권한에 따라서 디지털 콘텐츠의 사용을 지속적으로 통제하는 방식이다. 이 방식은 디지털 콘텐츠의 생명주기 전반에 걸쳐서 지적재산권을 강력하게 보호할 수 있기 때문에 현재 많은 디지털 콘텐츠 유통현장에서 이 기술이 이용되고 있다. 협의적 의미로 사용되는 DRM이 이 방식의 대표적인 예라고 할 수 있다.

접근제어 방식은 디지털 콘텐츠에 대한 정당한 권한을 가지고 있는 사용자만이 콘텐츠에 대한 접근 및 이용이 허락되는 것으로 이 방식의 대표적인 예로는 방송 콘텐츠의 유로 채널 보호를 위해 사용되는 CAS(Conditional Access System) 기술이 있다.

복제방지 방식은 디지털 콘텐츠를 저장매체나 디바이스에 종속된 암호화키를 사용하여 암호화함으로써 비록 다른 매체나 디바이스로 콘텐츠가 복제되어도 복제된 콘텐츠를 사용할 수 없도록 하는 기술이다.

4.6.2 생체인식 기술

1) 개념

생체인식(biometrics)이란 사람의 생체적·행동적인 특성을 이용해 개인을 식별하는 학문 또는 기술을 의미한다. 개개인의 생체적 특징을 이용한 대표적인 생체인식 기술로는 지문, 얼굴, 홍채, 망막, 정맥인식 등이 있으며 행동적인 특징을 이용한 기술로는 서명, 음성인식 기술 등이 대표적인 것들이다. 이외에도 귀의 모양, 걸음걸이 등의 분석을 통한 개인 식별 기술도 활발히 연구되고 있다.

2) 도입 배경

최근 들어 생체인식 기술이 크게 부각되고 있는 이유를 수요자의 측면에서 파악한다면 크게 두 가지의 요인에 기인한다고 볼 수 있다.

첫째는 보안 및 관리 측면의 요구다. 즉 대부분의 중요한 정보들이 컴퓨터에 의해 처리됨에 따라 인터넷을 통한 정보의 교류가 활발해지고 온라인 뱅킹 등 전자상거래와 관련된 산업의 규모가 커지면서 개인의 인증에 대한 요구가 그 어느 때보다도 커지고 있다.

둘째는 편리함의 요구다. 편리성은 생체인식 기술이 열쇠나 ID, 패스워드로 대표되는 기존의 개인인증 방법과 비교해 큰 장점을 가지는 부분이다. 즉 생체인식을 이용한 개인인증을 통하면 신분증명서, 마그네틱 카드, 스마트카드, 열쇠, 패스워드 등을 지니거나 기억하는 대신 자신의 지문이나 음성 등 생체적 특징을 이용해 손쉽게 본인임을 인증할 수 있다.

이와 같이 생체인식 기술은 인간 생활에 안전함과 편리함을 동시에 제공할 수 있으며 많은 경제적 효과가 있을 수 있는 기술이다.

산책로

스마트카드

CPU 즉 마이크로프로세서와 운영체제가 내장되어 있는 IC 카드의 한 종류로서, 데이터가 내장되어 있는 EEPROM 영역은 외부와 직접 연결되지 않으며 카드발급 설계자가 디렉터리나 파일을 카드칩 내에 생성할 때마다 서로 다르게 부여한 암호키 값들로 암호화되어 있다.

3) 생체 인식 시스템의 종류

(1) 음성 인식 기술

음성은 인간에 있어서 가장 기본적이며 친숙한 커뮤니케이션 수단이다. 정보 및 통신 서비스가 고도화 및 다양화하여 거기에 접근하기 위한 단말이나 컴퓨터의 조작도 복잡해진다. 그러므로 인간에게 이야기하듯이 기계에 지시할 수 있고 그 결과를 기계가 음성으로 알려준다면 복잡한 기기 조작의 편리함을 추구할 수 있다. 그러므로 사람의 음성 언어를 기계가 자동으로 알아듣게 하는 기술인 음성인식 기술이 등장했다.

인간의 말을 컴퓨터가 인식하는 음성인식 기술 및 인간의 말을 컴퓨터로 합성하는 음성합성 기술은 점점 고도화하는 정보통신 서비스를 복잡한 조작 없이 사용할 수 있는 중요 기술로 부각되고 있다.

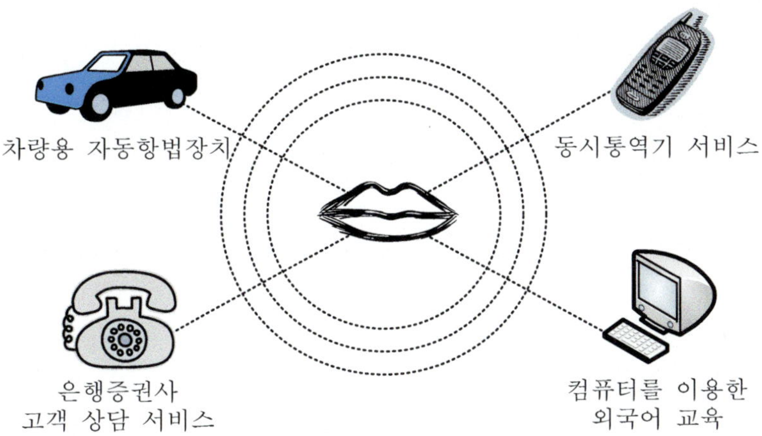

[그림 4.10] 음성인식 기술 활용 분야

(2) 지문결제 시스템

지문은 땀샘이 융기되어 일정한 흐름을 형성한 것으로 그 형태가 개개인마다 서로 다르고 태어날 때의 모습 그대로 평생 동안 변하지 않는 고유한 특성 때문에 식별 성능에 대한 신뢰도와 안정도에 있어서 망막, 홍채, 혈관 등의 수단보다 높은 것으로 평가되어 효율적인 개인 인증 방법으로 이용되고 있다.

지문은 분실 도용에 따른 보안사고의 위험성이 거의 없는 데다 결제시간을 단축시킬 수 있다는 점에서 유통 및 신용카드 업계의 주목을 받고 있다. 특히 유통매장들은 계산대에서 고객의 물품대금 결제시간이 단 몇 초라도 단축되면, 그만큼 매장의 매출한계가 올라간다는 점과 특화된 서비스를 제공함으로써 잠재고객의 호기심을 유발할 수 있다는 점 등을 지문결제 시스템 도입의 이유로 제시했다.

(3) 정맥 인식 시스템

정맥 인식 시스템은 지문이나 손 모양을 이용하는 방법에 비해 사용자의 거부감을 줄일 수 있고, 지문 또는 손가락이 없는 사람도 이용할 수 있다는 장점을 갖고 있다. 이 시스템에서는 적외선 조명과 필터를 사용해서 피부에 대한 혈관의 명암 대비를 최대화한 다음 입력된 디지털 영상으로부터 정맥 분포 정보를 추출해 데이터베이스에 저장하는 기술을 적용하고 있다.

그러나 하드웨어 구성이 복잡하고 전체 시스템 비용이 매우 높아 실용화에 어려움이 있으므로 앞으로 많은 연구가 필요하다.

4.6.3 컴퓨터 포렌식(Computer Forensic)

1) 정의

컴퓨터를 매개로 이루어지는 범죄행위에 대한 법적 증거자료 확보를 위하여 컴퓨터 저장매체 등의 컴퓨터 시스템과 네트워크로부터 자료를 수집, 분석 및 보존하여 법적 증거물로써 제출할 수 있도록 하는 일련의 절차이며 행위이다.

(1) 대응 분석

사이버 경찰청에 정보침해 사고가 제보되면, 관련 기관들은 컴퓨터 범죄 수사팀을 구성하여 침입자에 대한 신상정보를 파악하기 위해 탐문수사와 증거 수집을 시작한다. 침입자에 대하여 조사한 자료와 사이버 법규를 토대로 증거자료가 충분히 확보되면 진원지를 탐문 수사하게 된다.

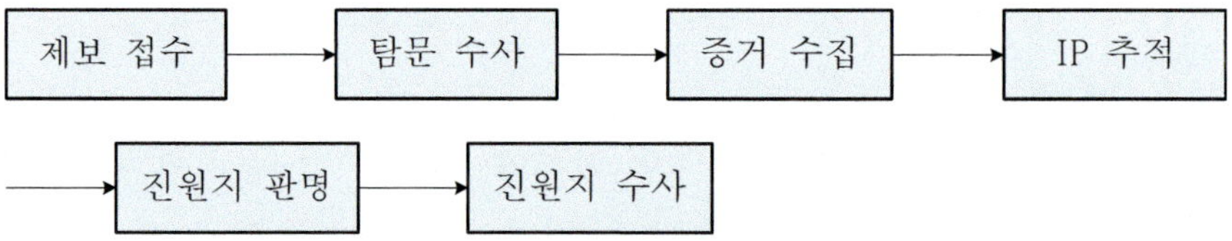

[그림 4.11] 대응분석 절차

(2) 위험 분석

위험분석은 범죄에 사용되었다고 추정하는 디지털 증거를 확보하는 것으로 침입자에게 법적효과를 발휘하는 핵심근거가 된다. 범죄가 발생했던 시간을 중심으로 단서가 되는 데이터를 분석하고 증거를 산출하게 된다. 필요한 증거가 최종적으로 산출되면 백업 디스크를 제외한 시스템 분석에 사용한 시스템의 자료를 삭제하게 된다.

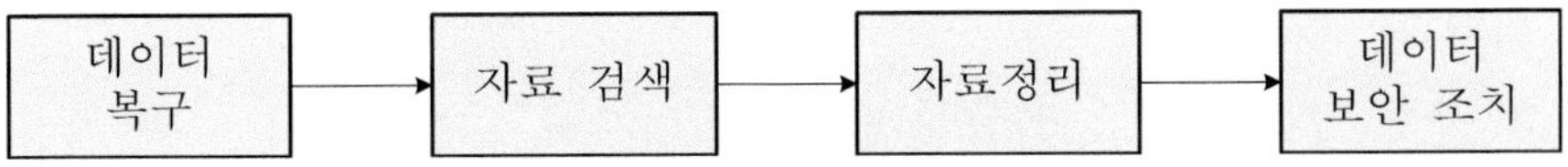

[그림 4.12] 위험분석 절차

2) 종류

(1) 디스크 포렌식

비휘발성 저장 장치인 디스크로부터 증거물을 획득 및 분석하는 컴퓨터 포렌식이다. 여기에서는 대상 디스크의 내용이 변경되지 않도록 하고 내용이 변경된 경우에 이를 발견할 수 있는 기술을 필요로 한다.

(2) 네트워크 포렌식

네트워크 트래픽에서 증거물을 획득·분석하는 포렌식 유형이다. 여기에는 프로토콜을 해석할 수 있는 기술이 필요하며, 특히 불법적으로 취득한 자료에 대하여 법적 증거력이 없음에 주의하여 수사를 진행하여야 한다.

(3) 이메일 포렌식

이메일로부터 내용 및 수신자와 발신자 정보 등을 획득 및 분석한다.

(4) 원시코드 포렌식

프로그램의 원시코드에서 작성자 등을 확인하여 (해킹 또는 바이러스) 실행코드와 원시코드의 상관관계를 규명한다.

(5) 모바일 포렌식

PDA, 전자수첩, 휴대폰 등 모바일 기기를 통한 컴퓨터 포렌식으로서, 전원이 차단되면 내장된 기록이 소멸하므로 증거물 보존에 유의하여야 한다.

3) 절차

(1) 수사 준비

수사 준비 단계는 컴퓨터 포렌식에 사용되는 각종 소프트웨어 또는 하드웨어를 준비하고 점검하는 단계이다. 컴퓨터 포렌식에 사용되는 소프트웨어를 컴퓨터 포렌식 툴이라고 한다.

(2) 증거 획득

피해사고 발생장소 또는 용의자의 컴퓨터를 압수하는 현장에서 각종 저장매체와 시스템에 남아있는 디지털 증거를 획득하는 과정이다. 여기서 디지털 증거란 디지털 형태로 저장하거나 전송되는 증거로써 가치를 가지는 정보를 말하며, 그 예로써 파일, 네트워크 패킷, 메모리의 정보, OS 또는 소프트웨어의 정보를 들 수 있다.

(3) 증거물 보관 및 이송

증거물 보관 및 이송 단계는 수집된 증거물을 안전한 방법으로 분석실 또는 보관소로 옮기는 과정이다. 디지털 증거물은 일반 증거물에 비해 보관 이송에 각별히 유의해야 한다.

(4) 증거물 분석 및 조사

증거물 분석 단계는 수집된 디지털 증거물의 내부를 확인하고 범죄에 관련된 파일 또는 정보를 획득하는 과정이다. 이러한 과정을 자동으로 처리하거나, 필요한 정보만 취사선택할 수 있는 검색 및 미리 보기 기술 들이 필요하다.

(5) 보고서 작성

컴퓨터 포렌식 절차 중 마지막 단계로 디지털 증거 수집, 운송 및 보관, 조사·분석 단계의 모든 내용을 문서화해 법정에 제출하는 단계이다.

요 약

1. 가로채기란 통신선로를 도청하거나 패킷을 스니핑(sniffing)하여 송 · 수신자 간의 데이터를 가로채서 권한이 없는 사람이 그 내용을 보는 것을 말한다.
2. 두절이란 송신자의 데이터가 수신자에게 전달되지 못하도록 중간에서 하드웨어와 소프트웨어를 파괴하거나 통신선로를 단절시키는 행위를 말한다.
3. 변조란 송신자의 데이터를 중간에서 변조하여 다시 수신자에게 전송하는 침해 행위를 말한다.
4. 위조(Fabrication)는 컴퓨터 내의 시스템이나 기억장치에 있는 정보, 혹은 네트워크상에 전송되는 정보의 내용의 일부 또는 전부를 다른 내용으로 바꾸는 행위이다.
5. 기밀성은 정보의 소유자가 원하는 대로의 정보의 비밀이 유지되어야 한다는 원칙이다.
6. 무결성은 비인가 된 자에 의한 정보의 변경, 삭제, 생성 등으로부터 보호하여 정보의 정확성, 완전성이 보장되어야 한다는 원칙이다.
7. 가용성(availability)은 정당한 방법으로 권한이 주어진 사용자에게 정보 서비스를 거부해서는 안 된다는 것을 말한다.
8. 방화벽은 내부의 전산망을 인터넷 등 외부망과 연결하거나, 기업 내 사설망을 구축할 경우 외부 사용자 또는 기업 간 사설망의 전자 도청으로부터 내부의 중요한 기밀과 정보를 보호하기 위해 구축하는 전자 보안 시스템이다.
9. 침입 탐지 시스템(Intrusion Detection System, IDS)은 의심스러운 행위를 감시하여 가능한 침입자를 조기에 발견하고 실시간 처리를 목적으로 하는 시스템으로서 침입을 시도하거나, 침입 행위가 일어나고 있거나, 침입이 발생한 것을 확인하는 절차를 수행하고 있다.
10. 해쉬 함수는 임의의 길이의 비트열을 고정된 길이의 출력 값인 해쉬 코드로 압축시키는 알고리즘을 말한다.
11. DRM(Digital Rights Management)은 인터넷상에서 서비스되는 콘텐츠의 불법 복제나 유통을 방지하기 위해서 개발된 기술이다.
12. 생체인식(biometrics)이란 사람의 생체적·행동적인 특성을 이용해 개인을 식별하는 학문 또는 기술을 의미한다.
13. 컴퓨터 포렌식(Computer Forensic)은 컴퓨터를 매개로 이루어지는 범죄행위에 대한 법적 증거자료 확보를 위하여 컴퓨터 저장매체 등의 컴퓨터 시스템과 네트워크

로부터 자료를 수집, 분석 및 보존하여 법적 증거물로써 제출할 수 있도록 하는 일련의 절차이며 행위이다.

연습 문제

1. 보안적인 측면에서 전자 상거래에서 발생할 수 있는 침해 유형에 대하여 자세히 설명하시오.

2. 방화벽(Firewall)의 개념과 특징에 대하여 설명하시오.

3. IDS(Intrusion Detection System)의 탐지 순서를 나열하고 방화벽과 비교하여 설명하시오.

4. 안전한 전자 상거래를 위한 요건을 설명하고 구현하기 위한 기반기술을 제시하시오.

5. 컴퓨터 바이러스의 구성 요소와 감염 부위에 따른 분류를 열거하여 설명하시오.

6. DRM(Digital Rights Management)의 개념과 기술적 접근 방식에 대하여 설명하시오.

7. 다음 용어를 간단히 설명하시오.
   1) 가용성(availability)
   2) 부인 봉쇄(non-repudiation)
   3) 생체인식기술
   4) 컴퓨터 포렌식

약 어

DNS(Domain Name System)
IDS(Intrusion Detection System)
ASIC(Application Specific IC)
IPS(Intrusion Prevention System)
DRM(Digital Rights Management)

제 5 장
정보통신망

정보통신망(network)은 사용자간에 의미를 부여할 수 있는 정보를 상호 교환하기 위하여 복잡하게 상호 연결된 물리적 장비 및 정보의 전송 계통의 집합체로 정의할 수 있다. 예를 들어 사무실에서 프린트를 공유하였다면 연결되는 노드들 간에는 서로 네트워크를 이룬다.

구체적으로 정보통신망은 정보통신시스템에서 정보(텍스트, 이미지 및 음성 등)를 효율적으로 전송할 수 있는 방법 중 하나로 컴퓨터 시스템, 단말기, 다중화기 등 통신장비를 상호 유기적으로 결합해준다.

정보통신망의 최종 목적은 통신비용을 절감하고 정보를 효율적으로 전송하는 것이다. 그러므로 하나의 회선에 여러 시스템을 연결하거나 몇 개의 회선을 공유하는 방식으로 운영해야 한다.

본 장에서는 정보화 사회에 필수적인 정보통신망의 구분, 토폴로지 그리고 응용분야에 대한 자세한 설명을 함으로써 정보통신망에 대한 전반적인 내용을 고찰하고자 한다.

학습목표

1. 구성 형태와 사용 목적에 따라 정보통신망을 분류할 수 있다.
2. 토폴로지의 개념과 종류에 대하여 공부한다.
3. 정보통신망의 응용에 대하여 살펴보며 기술적 내용을 공부한다.
4. 네트워크의 이용 분야에 대하여 알아본다.

5.1 정보 통신망의 구분

5.1.1 개요

사람들은 현대를 정보화 사회라고 하는데 이것은 유·무선 통신 기술의 발전과 컴퓨터 기술의 조화에 의한 당연한 결과라고 볼 수 있는데, 현대의 정보 통신 기술은 특정 전문가를 위한 것이 아니라, 누구나 할 수 있는 것이 되었으며, 우리의 일상생활에 많은 영향을 주고 있다.

오늘날 정보통신 시스템을 사용하여 근간이 되는 기술들을 정리하면 다음과 같다.

① 초고속 전송속도와 낮은 오류율을 실현하는 광케이블 기술
② 위성 및 이동통신 기술
③ 전화망을 이용한 PC 통신망 기술
④ 개인 참여를 통한 인터넷 활성화 기술

5.1.2 도입 배경

① 송·수신 장치가 멀리 떨어져 있는 경우에, 두 장치 사이에 전용회선을 설치하려면 상당한 비용이 든다.
② 많은 장치가 있고, 그들이 서로 여러 시간대에 여러 장치와의 링크(link)를 요구하는 경우에, 각 장치가 매우 적은 경우가 아니라면 각 장치 쌍에 대해 전용회선을 설치하는 것은 바람직하지 못하다.

5.1.3 이점

① 필요한 자원을 공유할 수 있다.
② 부하를 분산할 수 있다.
③ 신뢰성이 좋아진다.
④ 고장에 대한 복구가 용이해진다.
⑤ 병렬처리가 기능해진다.
⑥ 시간적, 공간적으로 제약이 적다.

5.1.4 구성 형태와 사용 목적에 따른 분류

오늘날 정보 통신의 근간이 되는 기술을 배경으로 일반적으로 망을 구성하는 형태와 사용 목적에 따라 공중망과 사설망 그리고 방송망과 교환망으로 구성되어 있다,

1) 공중망과 사설망

공중망(Public Network)이란 어떤 기관에서 소유하고 있지만 일반 대중에게 공개하여 사용하도록 하는 망을 말한다. 일반적으로 KT의 PSTN(Public Switching Telephone Network)이 있다. 한편, 사설망(Private Network)은 특정 기업체 또는 기관에 의해서만 소유되고 관리되며 그 기관에서만 사용되는 망을 말한다.

최근에는 새로운 망 형태의 서비스가 우리 생활에 많은 영향을 미치고 있으며 대표적으로는 VPN(Virtual Private Network)과 MVNO(Mobile Virtual Network Operator)가 있다.

전자는 통신 사업자에게 전용 회선을 임대하여 인터넷과 같은 공중망을 통해 사설망을 구축하는 것으로 기존 사설망의 고비용 부담을 해소하기 위해 사용하고 있다. 즉, 이는 사설망과 공중망의 중간 형태로 인터넷으로 일반 전용회선을 사용한 것과 동일한 보안상의 효과를 보인다.

가입자 자신이 공중 통신망 내에서 소프트웨어적으로 망을 정의하고 변경할 수 있기 때문에 통신망 변경 시에 물리적인 재구성이 필요 없으며, 공중망을 이용하여 마치 가입자 고유의 전용망을 소유하고 있는 것과 같은 효과를 주는 서비스를 제공하고 있다.

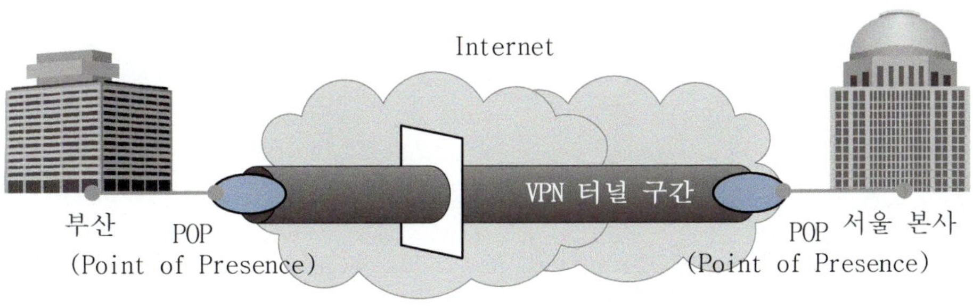

[그림 5.1] VPN 터널링 개념도

최근에는 정보기술의 급속한 진전으로 인터넷 환경이 확산되면서 사용자의 대역폭 요구량이 급격히 증가하고 있고, 일반기업에서는 통신비용 및 운영관리 비용이 증가하는 추세에 있다. 그러나 이 가상사설망은 기업의 통신망과 인터넷서비스 제공자와 연결만 하면 되기 때문에 별도로 값비싼 장비나 소프트웨어를 구입하고 관리할 필요가

없어, 기존의 사설망 연결방식보다 비용 절감 효과를 기대할 수 있으며, 일반기업에서는 확보하기 어려운 정보통신 관련 전문 기술을 활용할 수 있는 장점이 있다.

한편, 후자는 가상 이동 통신 사업자를 말하며 물리적인 이동통신 회선망을 보유하지 않고, 다른 사업자로부터 빌려 자사 브랜드로 통신 서비스를 실시하는 사업자로서 통신 품질이나 서비스 등이 기존의 통신사와 같은 제4의 이동통신 회사라고 할 수 있다. 이에 반해 자사망을 MVNO에게 제공하는 측을 이동 통신 사업자(MNO)라고 부른다.

우리나라에서는 소규모 중소기업이 선불전화를 중심으로 이미 운영 중이다. 이른바 '별정통신사'로 불리는 소형 MVNO이다. 저렴한 가격에 서비스를 제공하는 반면, 약정기간이 비교적 길다는 단점이 있다. 주로 KT의 망을 사용한다. 3G에서도 제4이동통신사 형식으로 사업자가 운영하고 있으며 SK텔레콤의 통신망을 사용하고 있다.

2) 방송망과 교환망

방송망은 한 명의 사용자에게 발생된 신호가 통신망에 접속된 모든 사용자에게 전송되는 방식이고, 교환망은 임의의 사용자가 전송한 정보가 스위치를 통해서 원하는 사용자에게만 전송되는 방식이다. 하이브리드 통신망은 위 두 가지 방식이 혼용된 통신망의 구성 방식이다.

(1) 방송망

(가) 근거리 통신망(Local Area Network)

단일 기관이 동일한 지역 내(수 Km이내의 좁은 지역)에 컴퓨터와 사무자동화기기 등을 고속 전송로를 이용하여 접속해 놓은 통신망으로 하드웨어적인 특성과 소프트웨어적인 특성으로 다음과 같이 분류할 수 있다.

① 하드웨어적인 특성

- 꼬임선, 동축 케이블, 광섬유 케이블, 무선 매체
- 전송 선로를 통한 정보 전송의 제어 방식
- 통신망과 통신 장비간의 인터페이스

② 소프트웨어적인 특성

통신 프로토콜의 집합 부분으로서 통신망에 존재하는 하드웨어를 통해서 정보를 전송하는 전송 제어 순서 등이 이에 속한다. 통신망 구성의 가장 근본적인 문제는 통신 효율의 향상으로서 전송 대역폭의 확장과 전송 선로의 공유 등을 들 수 있다.

LAN의 표준 프로토콜로는 CSMA/CD(Carrier Sensing Multiple Access with Collision Detection), 토큰 버스(Token Bus) 그리고 토큰 링(Token Ring) 등이 있다.

(나) MAN(Metropolitan Area Network)

대도시 내의 근거리 통신망들과 인터넷 백본(backbone)을 연결해주는 네트워크이다. 즉 근거리 통신망의 범위가 확대되어 네트워크가 전체 도시로 확장된 것이라고 할 수 있다.

(다) WAN(Wide Area Network)

지리적인 제한이 없으며 지방이나 전국 혹은 국제적으로 전개되는 광역 통신망

(라) 무선 통신망

라디오(radio) 통신망이라고 불리는 무선 통신망은 산, 바다 등의 통신 장애물을 극복하여 통신을 할 수 있는 장점을 가지고 있으며 사용자가 이동 중이라도 양질의 서비스를 제공할 수 있다.

무선 통신망은 단일 홉(single-hop)과 다중 홉(multi-hop) 통신망으로 분류할 수 있다. 전자는 모든 통신 시스템들이 가시권 내에 존재하는 방식으로서 임의의 한 개 통신 시스템이 전송하는 정보는 가시권(Line of Sight) 내에 존재하는 모든 통신망에 전송될 수 있다. 후자는 가시권 내의 시스템을 통하여 다른 시스템으로 정보를 전송하는 릴레이(relay) 방식을 사용하게 된다. 현재 존재하는 무선 통신망은 모두 다중 홉 방식을 사용하고 있다.

(마) 위성 통신망

위성 통신망은 통신 위성을 이용해서 지상의 중계점과 위성간의 전파를 중계하는 무선 통신 시스템으로 중계점이 우주에 있으므로 규모가 매우 큰 통신망의 형태이다.

각 중계구간별로 분류하면 우주국과 지구국과의 통신, 우주국 상호간의 통신, 우주국을 중계로 하는 지구국과의 통신으로 나눌 수 있는 데, 특히 우주국을 중계로 한 지구국간의 통신을 위성통신라고 한다. 위성을 궤도별로 분류하면 정지궤도 위성과 극궤도 위성으로 나눌 수 있다.

산책로

거리에 따른 통신망의 변천

원거리 통신망은 지리적으로 넓은 지역에 분포된 다수 사용자의 컴퓨터를 상호 연결한 망으로서 이전까지는 원거리 통신망과 근거리 통신망에 대한 정의와 구분이 쉬웠으나, 오늘날에는 통신망 장비의 급속한 발전으로 인해 이것을 구분하는 의미가 상당히 어려워지고 있다. 1980년대의 근거리 통신망은 수백 미터에서 수 킬로미터 범위 내의 통신 장비들이 연결된 물건이나 캠퍼스에 한정되었으나, 현재의 근거리 통신망은 그 범위가 훨씬 확장되었다.

(2) 교환망

(가) 회선 교환망(Circuit Switched Network)

두 사용자 사이에 전용의 통신로가 노드를 통하여 설정되어 있으므로 다른 사용자가 침범하지 못하며 전화망(Public Switched Telephone Network, PSTN)이 여기에 속한다.

(나) 패킷 교환망(Packet Switched Network)

전송로가 전용으로 할당되지 않기 때문에 여러 사용자가 데이터를 공유할 수 있는데 이때 데이터를 조그마한 패킷 조각으로 나누어서 전송한다.

각 노드에서는 각 패킷의 수신을 완료하면 잠시 저장한 후 다음 노드로 전송하며 터미널-컴퓨터, 컴퓨터-컴퓨터 사이의 통신에 흔히 사용된다.

산책로

노드

인터넷에 연결된 시스템을 가장 일반화한 용어이다. 데이터를 주고받을 수 있는 모든 시스템을 통칭한다.

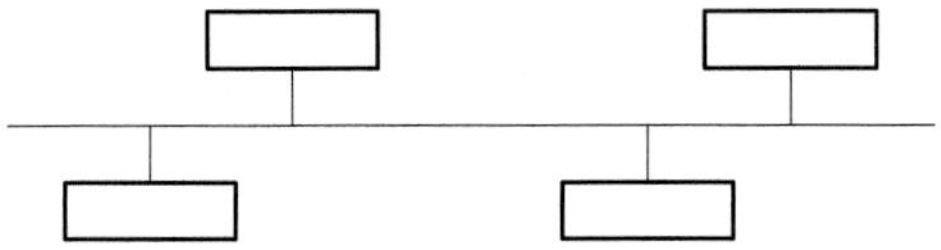

(a) 방송망

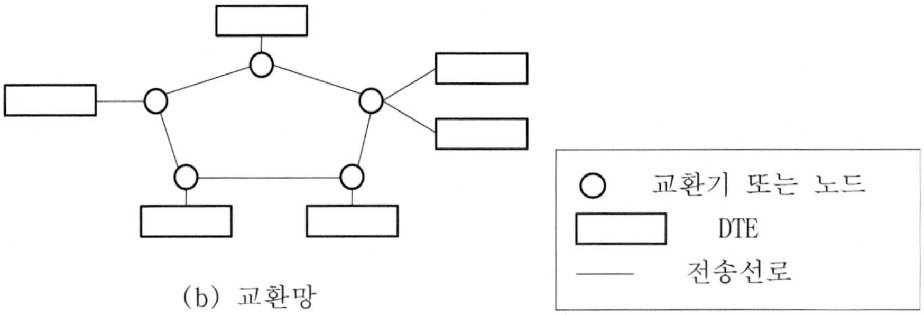

(b) 교환망

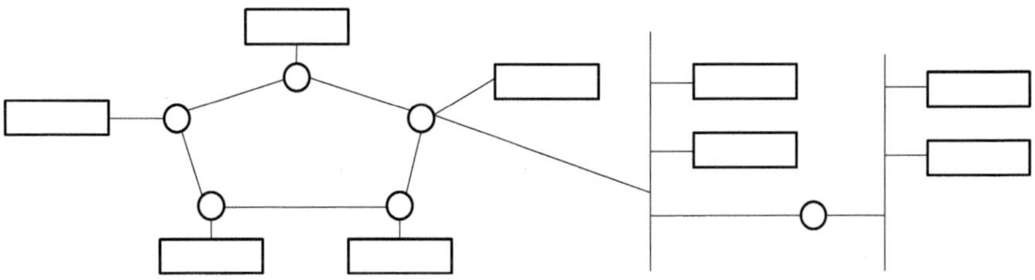

(c) 하이브리드 망

[그림 5.2] 통신망의 형태

5.2 토폴로지(Topology)

네트워크란 지역적으로 분산된 다수의 기기들을 결합시켜 상호간에 정보 전달이 가능하도록 하는 전달매체로서 노드(Node)와 링크(Link)의 집합이다. 예를 들어 사무실에서 프린트를 공유하였다면 연결되는 노드들 간에는 서로 네트워크를 이룬다. 네트워크가 구성된 경우 각 노드들은 프로토콜을 통하여 데이터와 기기를 공유함으로써 정보처리의 효율성을 더욱 높일 수 있다.

한편, 토폴로지란 네트워크에서 컴퓨터의 위치나 컴퓨터 간의 케이블 연결 등과 같은 물리적인 배치를 의미하며 다음과 같이 분류한다.

5.2.1 성(Star)형

1) 구현 방법

중앙제어노드를 중심으로 그 주위에 분산된 단말을 연결시킨 형태로서 통신망 구성의 가장 기본적인 형태이다. 따라서 중앙 노드의 신뢰성과 성능이 전체 네트워크의 성능과 신뢰성에 영향을 많이 준다. 또한 데이터를 적절한 목적지로 전송하는 중개 기능도 중앙 노드가 독점적으로 담당한다. 일반적으로 복국지 회선망이나 시외회선망에 적당하다.

2) 장점

① 보수와 관리가 용이하다.
② 전송제어 기능이 간단하다.
③ 각 단말의 전송속도에 차이를 줄 수 있다.
④ 단말 고장에 의한 영향이 적다.
⑤ 기밀성이 풍부하다.

3) 단점

① 중앙제어노드가 고장 날 때 전체 통신망이 정지된다.
② 통신망의 구성이 복잡하다.

5.2.2 망(Ring)형

1) 구현 방법

컴퓨터와 단말기에는 루프를 만들어 연결하고 데이터의 전송은 중앙제어노드에 의한 폴링과 데이터 전송 권리를 확보하는 토큰에 의한 방법을 이용한다.

산책로

폴링

중앙제어노드에서 여러 개의 단말장치에 대하여 순차적으로 송신요구의 유·무를 문의하고 요구가 있을 경우에는 그 단말장치에게 송신을 시작하도록 지령하며 없을 때에는 다음의 단말장치에 대하여 문의하게 되는 전송제어방식

2) 장점

① 공평한 통신망 서비스를 받을 수 있다.
② 통신회선이 장애가 날 때 융통성을 가질 수 있다.
③ 양방향의 데이터 전송이 가능하다.
④ 집중형과 분산형에 동시 사용이 가능하다.

3) 단점

① 단말 증가가 어렵다.
② 전체적인 통신 처리량이 증가한다.
③ 하나의 단말고장이 전체의 통신망에 영향을 준다.
④ 기밀유지가 어렵다.

[표 5.1] 성형 회선망과 망형 회선망의 비교(N:전체 호스트수)

	성형 회선망	망형회선망
교환점	1	N
전송 경로수	N−1	N(N−1)/2
회선품질	양호한 품질로 해야 한다.	저품질이라도 된다.

5.2.3 버스(Bus)형

1) 구현 방법

다수의 단말기가 하나의 전송매체를 공유하므로 전송 데이터를 모든 단말기에서 수신할 수 있다. 그러나 둘 이상의 단말기에서 데이터를 동시에 전송하면 데이터 충돌(Collision)이 발생할 수 있으므로 충돌에 따른 오류문제를 해결해야 한다.

2) 장점

① 통신회선이 1개이므로 물리적 구조가 간단하다.
② 단말의 증가와 삭제가 용이하다.
③ 단말의 고장이 통신망 전체에 영향을 주지 않으므로 통신망의 신뢰성을 높일 수 있다.
④ 방송모드이므로 경로제어가 필요 없다.
⑤ 분산제어형에서는 제어용 컴퓨터가 필요 없다.

3) 단점

① 기밀 보장이 어렵다.
② 노드수가 많아지면 망의 부하가 커져 성능이 저하된다.
③ 통신 제어 기능을 가지므로 처리량이 증가한다.
④ 분산 제어형에서는 우선순위 제어가 어렵다.

5.2.4 그물(Mesh)형

1) 구현 방법

중앙의 제어노드를 통한 중계 대신에 노드 간에 점대점 방식으로 직접 연결하는 방식의 구성 형태이다. 각 노드의 연결 상태에 따라 완전 메시(full mesh)와 부분 메시(partial mesh)로 구분된다. 그물형은 특정 통신회선에 장애가 발생하더라도 다른 경로를 통하여 데이터를 전송할 수 있다. 이러한 신뢰성 때문에 링 방식과 더불어 네트워크 백본을 구성하는 방식으로 사용된다.

2) 장점

① 신뢰성이 좋다.
② 단말 고장에 의한 영향이 적다.
③ 집중 및 분산 제어가 가능하다.

3) 단점

① 단말 증가가 어렵다.

② 통신 회선 수용이 크다.

5.2.5 트리(Tree)형

1) 구현 방법

하나의 통신 회선에서 여러 회선으로 나누어지는 구조로 되어 있으며, 단방향 전송에 적합하다.

2) 장점

모든 데이터가 중앙 제어 노드를 중심으로 라우팅되므로 중개 과정이 간단하다.

3) 단점

중앙 호스트에 문제가 발생하면 전체 네트워크의 동작에 영향을 많이 준다.

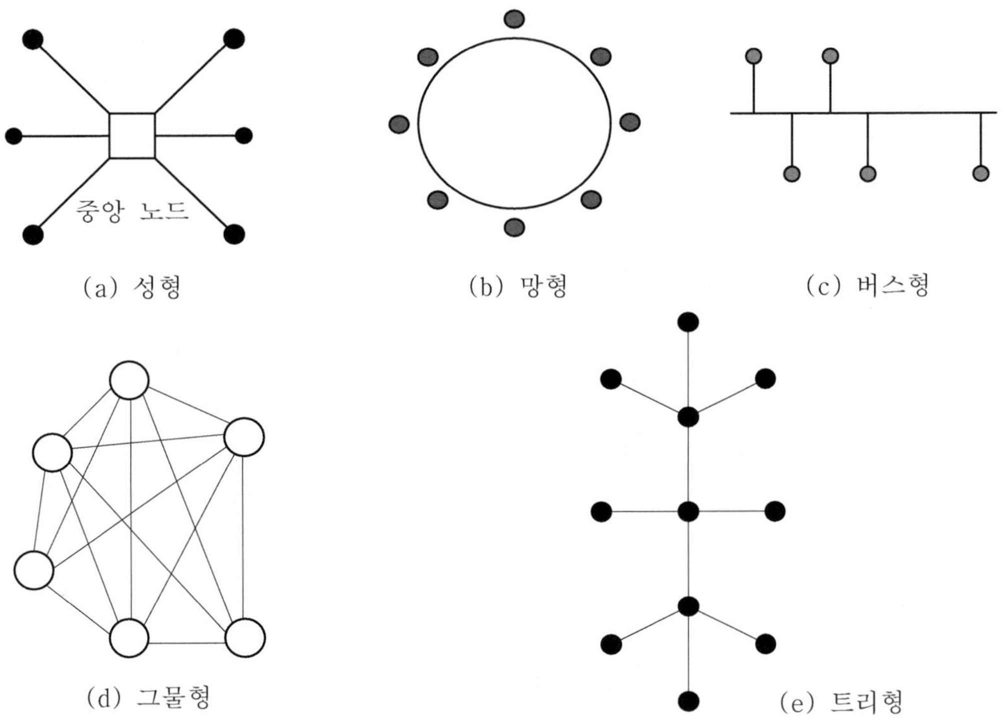

[그림 5.3] 네트워크 구성 형태

5.3 정보통신망 응용

5.3.1 ATM(Asynchronous Transfer Mode)

1) 도입 배경

정보통신기술의 혁신적 발달로 정보화 혁명이 세계적으로 진행되면서 초고속망 및 정보화가 국가 경쟁력의 핵심 요소로 등장하고 있다. 1990년대 들어 세계 각국은 정보화 시대의 사회 통합 및 경제 발전에 필수 인프라인 초고속 통신망 구축에 국가적 역량을 결집하고 있다. 그러므로 정보의 흐름과 처리가 빨라야만 앞서갈 수 있는 현실에서 기존보다 훨씬 빠른 네트워크가 필요하게 되었는데 이것이 ATM의 개발 배경이다.

액세스망은 다양한 서비스를 통합 및 수용할 수 있는 ATM 기반의 통신망과 IP 기반의 라우터 중심으로 성장하고 있으며 지금은 음성 전화와 데이터 액세스망이 통합될 뿐만 아니라 나아가 모든 서비스를 제공하는 광대역 통합망(Broadband convergence Network, BcN)이 사용되고 있다.

ATM은 원래 음성, 데이터, 및 다른 모든 것을 단일 통합 시스템으로 병합하여 모든 사람에게 모든 서비스를 지원할 수 있게 함으로써 모든 네트워킹 및 전기 통신의 문제점을 해결하려고 했으나 인터넷상의 서비스가 너무도 빠르게 진전되어 현실상의 문제점을 노출하게 되었다.

2) 교환 방식

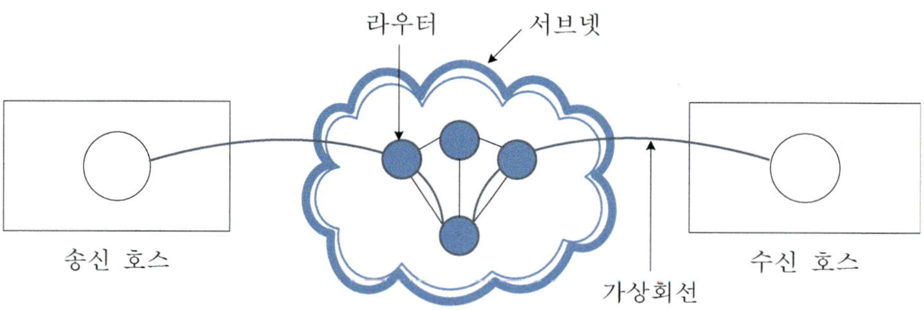

[그림 5.4] ATM 교환방식

ATM 망은 연결형이므로 데이터를 송신하려면 먼저 하나의 패킷을 보내어 연결을 설정해야 한다. 이 패킷이 서브넷을 통과하여 보내지면, 그 경로상의 모든 라우터는 연결이 설정되었다는 것을 알리기 위해 내부 테이블에 등록되고 필요한 자원을 할당한다. 전화회선의 연결은 물리 회선 연결이라고 하고, ATM의 연결은 가상 회선(Virtual Circuit)이라고 한다.

모든 셀들은 가상 회선을 따라 같은 경로를 따라 목적지까지 간다. 셀 전달은 보장되지 않지만, 그 순서는 보장된다. 셀1이 먼저, 셀2가 다음에 송신되었다면, 셀1이 먼저, 셀2가 나중에 도착한다. 절대로 순서가 바뀌는 경우는 없다. 하지만 두 셀 중의 하나 또는 둘 모두 손실될 수 있다. 이러한 손실된 셀을 복구하는 것은 상위 레벨의 프로토콜들에게 위임하여 처리한다. 셀의 복구를 처리하지는 못하지만 패킷의 손실뿐만 아니라 순서까지는 보장하지 않는 인터넷이 제공하는 QoS보다는 더 좋다.

ATM의 교환 원리를 기존의 STM(Synchronous Transfer Mode) 형태의 교환 원리와 비교하면 [표 5.2]와 같다. ATM 교환기술이 실현 가능하게 된 것은 광섬유가 전송로에 광범위하게 설치되어 이용됨에 따라 신뢰성있는 정보 전송이 가능하게 되었고, VLSI 기술의 발달로 고속 신호의 처리 및 시스템 구성이 상대적으로 용이하게 됨에 따라 ATM 교환 기술이 가능해졌다고 볼 수 있다.

[표 5.2] STM과 ATM 교환방식

항목	ATM의 교환원리	STM의 교환원리
어드레싱	셀 헤더내의 VCI값	호 설정시 결정 (타임슬롯번호)
라우팅 방법	분산제어에 의한 라우팅	중앙제어에 의한 라우팅
연결형태	공유 가상회로	전용 가상회로
제어	분산 제어	중앙제어/분산제어
점유대역폭	정보량에 따른 가변 대역폭	정보 유무에 무관한 고정 대역폭
동기	셀단위의 블록	타임슬롯단위

* VCI : Virtual Channel Identifier

3) 셀의 구조

ATM 교환방식은 패킷 교환방식과 같이 전송하고자하는 정보를 작은 크기의 Data Block으로 쪼개어 보낸다는 측면에서는 비슷하나 53[byte]의 고정 packet(cell)만을 취급한다. ATM 교환방식은 VC(Virtual Channel)와 VP(Virtual Path)의 식별자를 미리 정하여 hardware를 통하여 라우팅된다. 즉, 보낼 목적지로 전달할 경로를 설정하여 정보가 전달된다.

[그림 5.5]에서 헤더 부분은 연결 식별자로서 송신 및 수신 호스트와 중간 라우터에게 어느 셀이 어느 연결에 속한 것이라는 알려주는 역할을 한다. 각 라우터는 이 정보를 이용하여 각 셀의 경로 배정을 할 수 있다. 셀의 경로는 하드웨어적으로 할당되므로 고속으로 처리된다. 고정 크기의 셀을 가지고 있기 때문에 하드웨어 라우터를 설정하는 데 쉽기 때문이다.

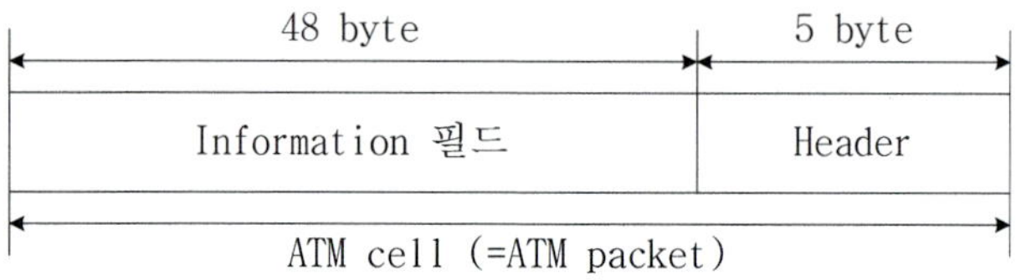

[그림 5.5] ATM cell의 구조

4) 특징

① 기존의 회선 교환기에 비해 광대역 서비스의 융통성, 회선 사용의 융통성 및 고속 정보의 처리 능력 면에서 유리하다.

② 정보의 전송량에 따라 셀을 동적으로 할당함으로써 전송망의 사용 효율을 증대시키고 고정 및 가변 속도의 서비스가 수용 가능하다.

③ 하드웨어가 하나의 셀을 다중 출력 회선으로 복사할 수 있도록 설정할 수 있다.

5.3.2 광동축혼합(Hybrid Fiber & Coaxial, HFC) 망

1) 구현 방법

현대 사회는 흔히 정보화 사회로 대변되며 모든 현대인들은 급변하는 정보화 사회의 물결 속에서 살아가고 있다. 특히 멀티미디어 기술의 발전은 이러한 정보화 사회를 더욱 앞당기고 있다.

CATV 망의 주요 트렁크 부분을 광섬유 케이블로 개선한 망으로서 CATV 방송국에서 가입자 광망 종단 장치(Optical Network Unit, ONU)까지는 광선로를 이용하고, ONU에서 가입자 단말까지는 동축 케이블을 이용하는 구성 방식이다.

HFC 전송망은 VDSL 및 ADSL 망에 비해 가입자당 구축비가 적게 들며, 원거리까지 동일한 품질로 전송이 가능하다. xDSL 망에 비해 전송거리가 길고 대역폭이 매우 커 쌍방향 전송에 적합하다는 장점을 가진다. xDSL 망은 전송거리가 수백 [m]에서 수 [km]로 제한돼 있어 사실상 아파트 등 주거 밀집 지역에만 서비스를 제공할 수 있다. 이에 비해 HFC 전송망은 전송거리가 수십 [km]로 일반 주택까지 서비스가 가능하며 서비스 신호 대역폭 제약이 없어 쌍방향 서비스에 뛰어나다.

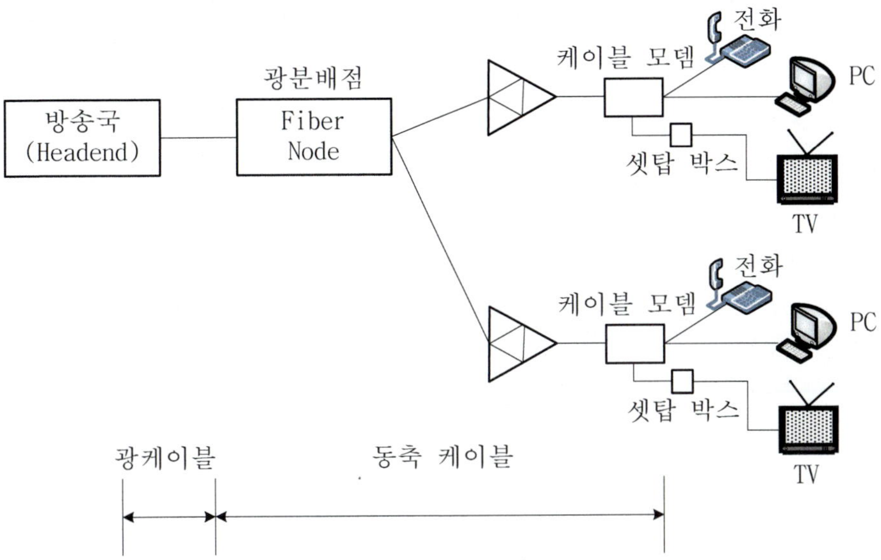

[그림 5.6] HFC 시스템 블록도

2) 물리적 계층

HFC는 비디오, 데이터 및 음성 등과 같은 광대역 콘텐츠를 운송하기 위해, 네트워크의 서로 다른 부분에서 광케이블과 동축 케이블이 사용되는 통신 기술로 크게 HE (Head End) 장비인 CMTS(Cable Modem Termination System)와 가입자 장비인 CM(Cable Modem)으로 구성된다.

HFC 물리적 망구조는 HE~Cell ONU(Optical Network Unit)간은 광 케이블형(Star형), ONU~가입자 간은 동축케이블(Tree & Branch 형)로 구성되고 있다.

HFC 망은 가입자를 셀 (Cell) 단위로 구축하여 셀별 독립된 망을 이루는 구조로 전송 표준에 하향 40/40[Mbps], 상향 30/10[Mbps](DOCSIS 2.0/DOCSIS 1.1기준)가 제공가능하다. 이에 따라 가입자 증가 또는 데이터 속도가 증가할 때 셀 분할 등이 필요하다.

[표 5.3] DOCSIS 기술 특징

구분	DOCSIS 1.0	DOCSIS 1.1	DOCSIS 2.0
특징	One class of 서비스 제공	DOCSIS 1.0과 호환 VoIP 지원 QoS 보장 기술 도입 Security 기능 강화	DOCSIS 1.0/1.1과 호환 대칭형 서비스 제공 Noise에 대한 취약성 개선
운용 현황	운용 중	1.0에서 S/W 업그레이드 가능	일부 SO 적용 1.0에서 H/W 교체로 가능
제공 서비스	인터넷 접속	VoIP 가능	인터넷 전용선(소호) 가능

여기서 DOCSIS(Data Over Cable Service Interface Specification)는 1995년 미국 Cable Labs에서 시작한 프로젝트로써, 동축케이블 상에서 IP 프로토콜을 이용하여 양방향 데이터 통신을 지원하는 기술이다.

3) 특징

HFC의 장점으로는 다음과 같이 설명할 수 있다.

① 기업이나 가정에 항상 설치되어 있는 기존의 동축케이블을 교체하지 않고서도, 광섬유 케이블의 일부 특성을 사용자 가까이 전달할 수 있다

② 가입자 망의 최종단계인 FTTH(Fiber To The Home)으로 자연스럽게 진화가 가능해 장기적으로 중복 투자가 없다.

③ 초고속인터넷서비스를 제공하며 일반전화선 모뎀에 비해 최대 수백 배 빠른 속도로 다양한 멀티미디어 서비스를 제공한다.

④ HFC망은 LAN 환경과 같이 컴퓨터를 켬과 동시에 인터넷을 바로 사용할 수 있게 되므로 별도의 접속과정이 필요 없다.

⑤ 광대역 케이블망을 이용하기 때문에 인터넷, TV 시청은 물론 디지털 TV 전환 시 양방향서비스나 T-Commerce 구현이 용이하다.

⑥ 서비스 구역이 여러 개의 Cell로 구분되어 시설되며 Cell별 독립된 망으로 구성되어 있기 때문에 가입자가 증가할 때 Cell 분할 등으로 즉각 대응이 가능하며 망의 운용이 용이하다.

그러나 단점으로는

① 동축 구간이 옥외에 설치되어 있으므로 기후 등 외부의 환경적 영향을 많이 받는다.
② 상향 잡음의 유입으로 디지털 전송망에 비교하여 상대적으로 어려움이 있을 수 있으나 망관리시스템(Network Management System, NMS) 등의 발달로 안정적인 양방향 부가서비스가 가능하다.

5.3.3 수동형 광가입자망(Passive Optical Network, PON)

1) 개요

광가입자망 기술이란 음성 전화용 동선, 케이블 TV용 동축케이블, 무선 주파수 등 전통적인 전송매체가 아닌 이론적으로 거의 무한대의 데이터를 전송할 수 있는 광섬유 케이블과 레이저 송수신 방법을 이용해 각 가입자들에게 10[Mbps] 이상의 초고속 광대역 접속서비스를 제공할 수 있는 액세스 기술을 말한다.

따라서 동선이나 동축 케이블, 무선 주파수 등의 매체를 사용하는 xDSL, 케이블 모뎀 등의 전송 기술은 광가입자망 기술에 포함되지 않으며 메트로 액세스 및 에지 구간에서 널리 사용되는 광액세스 장비인 PON이 그 예다.

전화국에서 가입자군의 중심까지는 한 가닥의 광섬유로 연결하고 여기서부터 각 가입자까지는 개별 광섬유를 사용하는 방식으로 가입자가 어떤 지역에 모여 있는 경우 전화국에서 각 가입자까지의 광케이블 구간은 대부분 겹치게 되며 가입자가 서로 가까이 모여 있을수록 경제성이 향상된다. 이 방식은 관로가 포화되거나 광케이블의 유지 보수에 많은 시간과 비용이 소요되는 데에 대한 대안이다.

[표 5.4] PON 특징

장점	단점
• N 가입자가 공유 • 1/N 경제성 향상 • 일반 가입자 지역에 적합 • 트래픽이 거의 동일한 가입자 지역에 적합	• 가입자 회선 공유로 정보 보안상 문제 존재 • 고속서비스 제공에 한계 • 가입자당 할당받은 시간이 같은 경우 전체적으로는 효율 저하

2) 시스템 구조

전형적인 구조는 FTTH, FTTC 그리고 FTTO의 접속망 구조의 공통부분은 CO (Central Office)에 위치하는 OLT(Optical Line Terminal)에서 다수의 ONU(Optical Network Unit)를 연결하는 구조로 구성되어 있다.

OLT는 일반적으로 CO 또는 POP(Point OF Presence)와 같은 통신 사업자의 전화국에 위치하고, 가입자망과 ONU 서비스 전달 노드간의 인터페이스를 제공한다.

PON의 점대다중점 연결방식은 OLT 사이트의 광폭주를 줄여주며, 고가의 OLT 장비를 많은 가입자들이 나누어 서비스를 제공받을 수 있도록 한다. 그리고 PON은 OLT와 ONU간의 통신을 위한 분기(branching) 장치로 단일 전력 스플리터(splitter)를 사용할 수도 있다.

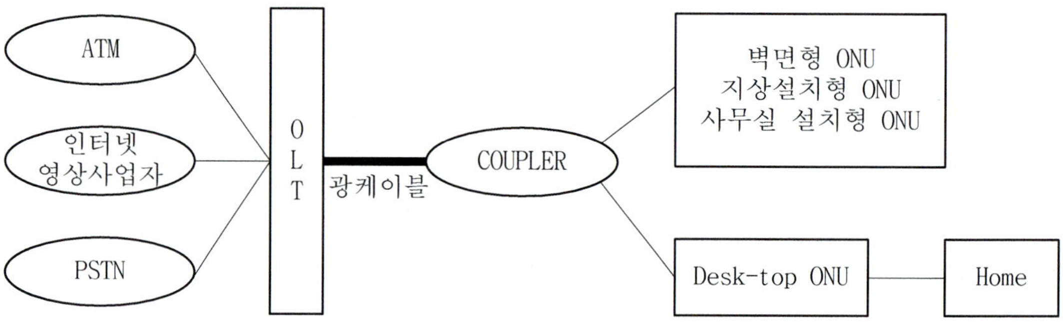

[그림 5.7] PON 시스템

5.3.4 WMN(Wireless Mesh Network)

1) 도입 배경

무선 AP를 통해 각종 단말기를 연결하는 기존의 무선 네트워크는 수신 범위를 벗어나면 연결이 끊어지는 데에 비해 WMN은 각 단말기들이 그물망처럼 연결되어 있으므로 네트워크를 혁신적으로 확장할 수 있다.

지금껏 국내에서 추진돼 왔던 u-city 구축사업은 통신 인프라 구축이 가장 큰 어려움으로 지적돼 왔다. 언제 어디서나 서비스에 접속할 수 있는 유비쿼터스 도시를 구축하려면 도시 전체에 그물처럼 신경망이 깔려 있어야 하는 것은 기본이다.

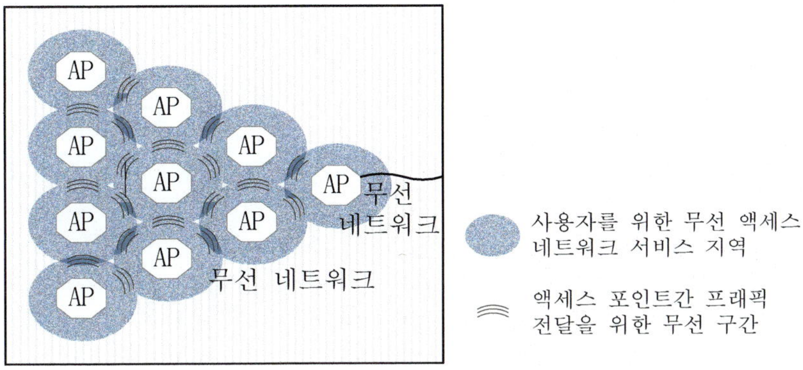

[그림 5.8] WMN 개념도

그러나 지금까지 u-city 인프라는 모두 유선통신망, 즉 광케이블을 백본망으로 썼기에 막대한 구축비용이 투입돼야 하는 것이 부담이었고, 계속해서 유선망을 관리하는 것도 비용 · 노력 면에서 부담이 크다는 것이 지자체들의 지적이었다. 그러므로 신뢰성 있는 망 구성 및 망 확장을 위해서 전 세계적으로 인정되고 u-city와 같은 대형 인프라 구축 경험이 많은 시스템 도입이 필요하게 되어 WMN을 채택하게 되었다.

2) 구현 방법

WMN은 메쉬 라우터들과 메쉬 클라이언트이라는 노드들로 이루어지는데 메쉬 라우터들은 WMN의 핵심을 이룬다. WMN 안에 있는 라우터들은 자동으로 서로를 인지함으로써 시스템 용량을 최대화하고 신호의 지연을 최소화하는 경로를 선택하는 것이 특징이다. 가령, 한 링크에 문제가 발생해도 라우터가 더 나은 경로를 찾아 트래픽을 우회시키는 것이다. 이 때문에 별도로 무선 핫스팟을 구축할 필요가 없는 것이 장점으로 평가받는 기술이다.

예를 들면, AP(Access Point)를 통해 각종 단말기를 연결하는 기존의 무선 네트워크는 수신범위를 벗어나면 연결이 끊어지지만 메시 네트워크([그림 5.9]의 B, C는 네트워크에서 벗어남)는 각 단말기들이 그물망처럼 연결되므로 네트워크를 혁신적으로 확장할 수 있다.

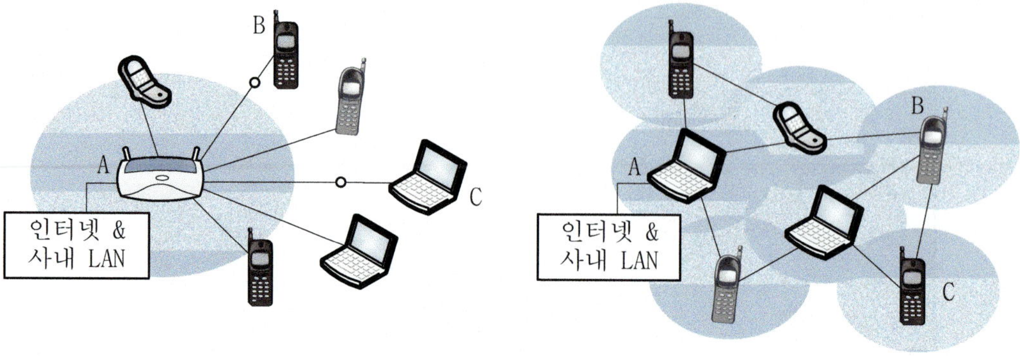

(a) 기존 무선 네트워크 (b) WMN

[그림 5.9] 기존 무선 네트워크와 WMN의 비교

노드 역할을 하는 AP(Access Point)는 옥외에 배치돼 액세스 링크를 제공하며 액세스 포인트간의 무선 통신경로인 전송 링크도 제공하고 있다. 사용자 접속용 액세스 링크는 802.11b(2.4[GHz], 11[Mbps]) 혹은 802.11g(2.4[GHz],54[Mbps]) 기술이 사용되며, 전송 링크는 이보다 더 고속인 802.11a(5[GHz], 54[Mbps])가 사용된다.

각 메쉬 노드들은 1개 이상의 홉을 거쳐 온 데이터들을 무선 전송이 되는 한도 내에서 이웃 라우터나 클라이언트에게로 전달한다. 보통 메쉬 라우터들은 이동성이 없다. 한편, 메쉬 클라이언트는 이동성을 가질 수도 있고 안 가질 수도 있다. 메쉬 클라이언트는 예를 들어 노트북 컴퓨터나 PDA 등이 될 수 있다. 보통 많은 수의 메쉬 라우터들이 무더기로 배치된다. 이것들은 벽 뒤나 건물 사이에서 서로 자동적으로 메쉬 연결을 하게 된다.

3) 종류

(1) 하드웨어 메시

액세스 포인트나 무선 라우터와 같은 장비를 사용하는 형태로서 액세스 포인트를 실내·외에 자유자재로 설치해 무선 접속 범위를 간편하게 확장할 수 있다.

특히 시·도 등의 지자체, 대단위 공장, 항만, 물류센터, 캠퍼스, 군부대 등의 무선 네트워크용으로 적합하다.

(2) 소프트웨어 메시

이동 중인 클라이언트가 주변의 다른 클라이언트와 네이버링(neighboring)을 취해 데이터를 서로 전달할 수 있도록 한다. 주변에 가까이 있거나 가시권에 있는 이웃 클라이언트가 많을수록 트래픽을 보낼 수 있는 경로와 범위가 확장되고 전송능력도 증가하게 된다.

(3) 하이브리드 메시

하드웨어 메시와 소프트웨어 메시를 통합한 형태로서 기본적으로 액세스 포인트와 같은 하드웨어 메시 노드를 이용하면서 클라이언트 위치 추적을 목적으로 소프트웨어 메시 기술을 사용한다.

4) 특성

(1) 자동 망 구성 기능

메시형 네트워크 토폴로지를 무선 환경에서 항시 자동으로 구성할 수 있으며 생존성이 낮은 기존 점 대 다점의 무선통신 방식에 비해 다중경로에 따른 통신의 신뢰성을 높일 수 있다.

소방 및 재난통신이나 군 통신과 같이 기존 통신 인프라가 열악하거나 상황에 따라 즉시 자동 구성해 통신이 이뤄져야 하는 응용분야에 유용하다.

(2) 자동 망 복구 기능

통신이 이뤄지던 노드에서 물리적 절체나 트래픽의 과부하 등으로 노드에 문제가 생기면, 현 통신망에서 최적의 새로운 라우팅 경로를 찾게 되는데 망 복구를 위해 모든 노드에서 주기적으로 최적의 무선링크를 탐색하며, 자신의 노드에서 처리되는 트래픽의 양 및 지연율들을 계산, 최적의 통신망을 구성할 수 있도록 한다.

(3) 비면허 소출력통신을 통한 광역 커버리지 네트워크 구축

무선 메시 네트워크를 이용한 망 구성은 기존 점 대 다점의 무선통신이 100이라는 전력이 필요할 때, 멀티 홉을 통해 통신 커버리지를 확장하는 무선 메시 네트워크는 33이라는 저 전력으로 3홉을 가져가면서 점 대 다점의 통신방식과 같은 커버리지를 가져갈 수 있다. 그러므로 비면허대역의 소출력 통신을 하는 무선 LAN 기반의 메시 네트워크 통신방식도 넓은 커버리지를 커버할 수 있다.

(4) 고속 로밍 기능

기존의 와이파이(Wi-Fi) 서비스는 핫스폿(Hot Spot) 형태로 제공돼 이동 중에 접속이 끊기거나 넓은 광역망을 가지기 위해 모든 유선망을 인입해야 하는 어려움이 있지만 무선 메시 네트워크는 메시 노드에 전원만 공급되면 광역의 망을 구성할 수 있다.

이상과 같은 장점들을 이용하여 WMN은 최근에 u-city의 인프라로 주목을 받고 있다. 이와 같이 WMN이 u-시티 인프라로 관심을 끌고 있는 것은 이 기술이 기존 u-city 인프라 구축의 문제점에 해결책을 제시하기 때문이다.

5) 사용 분야

- u-City 인프라
- 재난, 교육, 창고, 의료(및 헬스케어)
- 무선 홈네트워킹
- 기업 내 통신(또는 도시 내 통신)

산책로

열화현상

정보통신망을 설계할 때 반드시 고려해야 할 내용이 열화(complexing) 현상이다. 열화는 전송 왜곡의 예측 가능 여부에 따라 정상 열화 요인과 비정상 열화 요인으로 구분한다. 전자는 시간적 변동이 적으며 보상대책이 마련되어 있으며 종류로는 감쇄왜곡, 위상왜곡 그리고 주파수 천이가 있다. 한편, 후자는 시간적 변화가 크며 보상대책이 마련되어 있지 않으며 백색잡음, 누화, 임펄스성 잡음 그리고 페이딩이 있다.

5.4 이용 분야

네트워크의 효과적이고 효율적인 구성 형태를 구현함으로써 기업 및 산업 전반에 지대한 영향을 미쳤는데, 다음과 같이 다양한 분야에 응용이 되고 있다.

5.4.1 정보 검색

가장 많이 사용되는 WWW(World Wide Web)에서 디지털화된 자료를 검색하며 뉴스 검색, 자료 찾기 등이 그 예이다.

5.4.2 금융 서비스

대부분의 금융 서비스들은 네트워크를 기반으로 하는 데 신용 조회나 계좌이체를 예로 들 수 있는 데 일상생활에 밀접한 여러 가지 행위들이 IP(Internet Protocol)을 통해 이루어지므로 네트워크 보안을 소홀히 할 경우 유·무선 손실이 막대하다.

5.4.3 상업적 행위

전 세계적 고객의 수요 및 제품개발에 대한 데이터를 수집, 분석하여 제품생산에 참고할 수 있으며, 상품 및 회사 등에 대한 충분한 정보와 효과적인 광고를 제공한다.

지금까지는 정보 제공자에 의해서 정보를 제공 받은 일반 고객들이 그냥 직접 콘텐츠를 제작하는 행위가 없이 일반적으로 그냥 보기만 하는 Web1.0이 주도적이었지만 최근 Web2.0이 등장하여 정보 제공자와 사용자가 함께 참여하고 공유하며 서비스를 발전시키는 상업적 행위가 다양한 분야에 응용되고 있다.

5.4.4 E-mail

디지털화된 정보의 의사소통 방법으로 가장 많이 사용되는 네트워크 응용 방법이다. 그러나 안전한 전송을 위해서는 개인 정보에 대한 인증이 반드시 뒷받침되어야 한다.

5.4.5 자료 전송

응용 계층에 있는 서비스 요소를 통하여 네트워크상에서 서로 원하는 정보에 대한 내용을 주고받을 수 있다.

요 약

1. VPN(Virtual Private Network)에서는 통신 사업자에게 전용 회선을 임대하여 인터넷과 같은 공중망을 통해 사설망을 구축한다.
2. MVNO(Mobile Virtual Network Operator)는 물리적인 이동통신 회선망을 보유하지 않고, 다른 사업자로부터 빌려 자사 브랜드로 서비스를 실시하는 사업자이다.
3. LAN(Local Area Network)는 단일 기관이 동일한 지역 내(수 Km이내의 좁은 지역)에 컴퓨터와 사무자동화기기 등을 고속 전송로를 이용하여 접속해 놓은 통신망이다.
4. MAN(Metropolitan Area Network)은 대도시 내의 근거리 통신망들과 인터넷 백본(backbone)을 연결해주는 네트워크이다.
5. WAN(Wide Area Network)은 지리적인 제한이 없으며 지방이나 전국, 혹은 국제적으로 전개되는 광역 통신망이다.
6. 라디오(radio) 통신망이라고 불리는 무선 통신망은 산, 바다 등의 통신 장애물을 극복하여 통신을 할 수 있는 장점을 가지고 있으며 사용자가 이동 중이라도 양질의 서비스를 제공할 수 있다.
7. 위성 통신망은 통신 위성을 이용해서 지상의 중계점과 위성간의 전파를 중계하는 무선 통신 시스템으로 중계점이 우주에 있으므로 규모가 매우 큰 통신망의 형태이다.
8. 회선 교환망(Circuit Switched Network)에서는 두 사용자 사이에 전용의 통신로가 노드를 통하여 설정되어 있으므로 다른 사용자가 침범하지 못하며 전화망(Public Switched Telephone Network, PSTN)이 여기에 속한다.
9. 패킷 교환망(Packet Switched Network)에서는 전송로가 전용으로 할당되지 않기 때문에 여러 사용자가 데이터를 공유할 수 있는데 이때 데이터를 조그마한 패킷 조각으로 나누어서 전송한다.
10. 네트워크란 지역적으로 분산된 다수의 기기들을 결합시켜 상호간에 정보 전달이 가능하도록 하는 전달매체로서 노드(Node)와 링크(Link)의 집합이다.
11. 성형은 중앙제어노드를 중심으로 그 주위에 분산된 단말을 연결시킨 형태로서 통신망 구성의 가장 기본적인 형태이다.
12. 망형에서는 컴퓨터와 단말기에는 루프를 만들어 연결하고 데이터의 전송은 중앙제어노드에 의한 폴링과 토큰에 의한 방법을 이용한다.
13. 버스형에서는 다수의 단말기가 하나의 전송매체를 공유하므로 전송 데이터를 모든

단말기에서 수신할 수 있다.

14. 트리형은 하나의 통신 회선에서 여러 회선으로 나누어지는 구조로 되어 있으며, 단방향 전송에 적합하다.
15. ATM 교환방식은 패킷 교환방식과 같이 전송하고자하는 정보를 작은 크기의 Data Block으로 쪼개어 보낸다는 측면에서는 비슷하나 53 byte의 고정 packet (cell)만을 취급한다.
16. HFC(Hybrid Fiber & Coaxial) 망은 CATV 망의 주요 트렁크 부분을 광섬유 케이블로 개선한 망으로서 CATV 방송국에서 ONU(Optical Network Unit)까지는 광선로를 이용하고, ONU에서 가입자 단말까지는 동축 케이블을 이용하는 구성 방식이다.
17. PON(Passive Optical Network)은 전화국에서 가입자군의 중심까지는 한 가닥의 광섬유로 연결하고 여기서부터 각 가입자까지는 개별 광섬유를 사용하는 방식이다.
18. WMN(Wireless Mesh Network)은 각 단말기들이 그물망처럼 연결되어 있으므로 네트워크를 확장할 수 있는 대표적인 유·무선 융합의 진화 형태이다.

연습 문제

1. 토폴로지에서 성형의 구성 형태를 설명하고 장단점을 서술하시오.

2. ATM(Asynchronous Transfer Mode)의 교환 방식과 특징에 대하여 설명하시오.

3. HFC(Hybrid Fiber Coaxial)의 구현 방법 및 특징에 대하여 서술하시오.

4. PON(Passive Optical Network)의 시스템 구조에 대하여 설명하시오.

5. WMN(Wireless Mobile Network)의 개념과 특징에 대하여 설명하시오.

6. 네트워크의 이용 분야에 대하여 아는 대로 설명하시오.

7. 다음을 간단히 설명하시오.
   1) VPN(Virtual Private Network)
   2) MVNO(Mobile Virtual Network Operator)
   3) FTTH(Fiber To The Home)
   4) DOCSIS(Data Over Cable Service Interface Specification)

약 어

PSTN(Public Switching Telephone Network)
VPN(Virtual Private Network)
MVNO(Mobile Virtual Network Operator)
CSMA/CD(Carrier Sensing Multiple Access with Collision Detection)
MAN(Metropolitan Area Network)
WAN(Wide Area Network)
ATM(Asynchronous Transfer Mode)
HFC(Hybrid Fiber & Coaxial)
CMTS(Cable Modem Termination System)
CM(Cable Modem)
ONU(Optical Network Unit)
DOCSIS(Data Over Cable Service Interface Specification)
NMS(Network Management System)
CO(Central Office)
OLT(Optical Line Terminal)
ONU(Optical Network Unit)
POP(Point OF Presence)
WMN(Wireless Mesh Network)
AP(Access Point)
WWW(World Wide Web)
STM(Synchronous Transfer Mode)

제6장

OSI 프로토콜

네트워크 구조는 컴퓨터 네트워크를 구성하는 데 필요한 컴퓨터 통신 장치와 단말기 등을 포함하는 논리적 구조를 말한다. 따라서 통신 프로토콜은 컴퓨터 통신 장치와 단말기, 서로 다른 컴퓨터나 정보통신시스템 사이를 연결하여 정보를 원활하게 교환해주는 표준화된 절차이다.

서로 다른 두 시스템 사이에서 시스템의 하드웨어나 소프트웨어를 수정하지 않고 상호 통신하도록 하기 위하여 ISO에서는 기본 참조 모델인 OSI(Open Systems Interconnection)를 제안함으로써 세계 각국, 각 정보 기기 제조업체에서는 그간 각자 독자적으로 개발해 온 네트워크 구조를 지양하게 되었다.

OSI 모델은 모든 종류의 컴퓨터들 사이에 통신을 허락하는 네트워크 시스템을 설계하기 위한 계층구조를 갖는 틀인데 7계층으로 구성되어 있다. 1계층을 물리 계층, 2계층을 데이터 링크 계층, 3계층을 네트워크 계층, 4계층을 전송계층, 5계층을 세션계층, 6계층을 표현 계층 7계층을 응용계층이라고 한다.

OSI 참조 모델의 기본적인 기능은 접속되는 통신 시스템 간의 상호 작용에 대한 표준안을 규정한 것이다. OSI 모델에서 'Open'이라는 것은 접속될 수 있는 모든 시스템을 말하며 지구상에 존재하는 모든 컴퓨터 시스템 및 통신 시스템을 의미하는 것이다. 'Systems'이라는 용어는 한 개 또는 그 이상의 컴퓨터 관련 소프트웨어, 주변 장치 또는 정보를 전송하거나 처리하는 물리적 전송 시스템 등을 총칭하는 것이다.

본 장에서는 OSI 참조 모델에서 우선되는 통신망 아키텍처를 언급한 후 각각의 계층에서 구현되는 기능에 대하여 자세한 설명을 함으로써 참조 모델에 대한 전반적인 내용을 이해하도록 한다.

학습목표

1. 통신망 아키텍처의 기술적 개념과 논리구조를 살펴본다.
2. OSI 참조 모델의 계층별 특성과 역할에 대하여 공부한다.
3. 계층 간의 통신을 이해함으로써 계층별 상호 관계에 대한 인터페이스를 이해한다.

6.1 개념

OSI(Open Systems Interconnection)는 시스템 간의 상호 접속을 목적으로 하는 각종 프로토콜의 표준을 개발하기 위한 공통기반을 제공하는 것과 기존 표준과의 관계 및 앞으로 개발되는 표준과의 관계를 명확히 하는 것을 목적으로 하고 있다.

그러므로 OSI는 개방된 임의의 시스템간의 정보를 교환하기 위한 표준을 가질 수 있다는 것을 의미하며, 시스템 개발자는 이러한 표준을 기초로 하여 추가의 기능을 첨가할 수 있다.

개방(open)이란 어떤 특정 시스템의 구현기술이나 연결의 수단을 의미하는 것이 아니라, 적용 가능한 광범위한 표준을 제시함으로써 이 권고안을 따른 각각의 프로토콜들이 상호 접속 가능하도록 구현하게끔 한다는 것이다.

산책로

개방형 시스템

개방형 시스템이란 서로 다른 특성을 갖는 컴퓨터끼리 상호 연결할 수 있는 시스템을 말한다. ISO에서는 1980년 말경에 이러한 시스템에서 서로 다른 기종끼리 호환성 있게 상호 접속할 수 있도록 정보교환을 위해 필요한 최소한의 네트워크 구조를 제공하는 기본 참조 모델을 제안한 바 있다. 개방형 시스템과 반대되는 폐쇄형(closed) 시스템은 특정 회사의 내부 프로토콜만 사용하여 다른 회사의 제품과 호환성을 유지하지 못하는 시스템을 말한다.

OSI 참조 모델(Reference Model)은 OSI 프로토콜의 표준화를 위해 설정된 청사진으로서 프로토콜의 통합적, 체계적인 개발을 위한 컴퓨터 네트워크의 논리적인 구조를 규정하고 있다.

OSI 참조 모델의 목적은 다음의 3가지로 집약될 수 있다.

① 시스템 상호간을 접속하기 위한 개념을 규정한다.
② OSI 규격을 개발하기 위한 범위를 정한다.
③ 관련 규격의 적합성을 조정하기 위한 공통적인 기반을 제공한다.

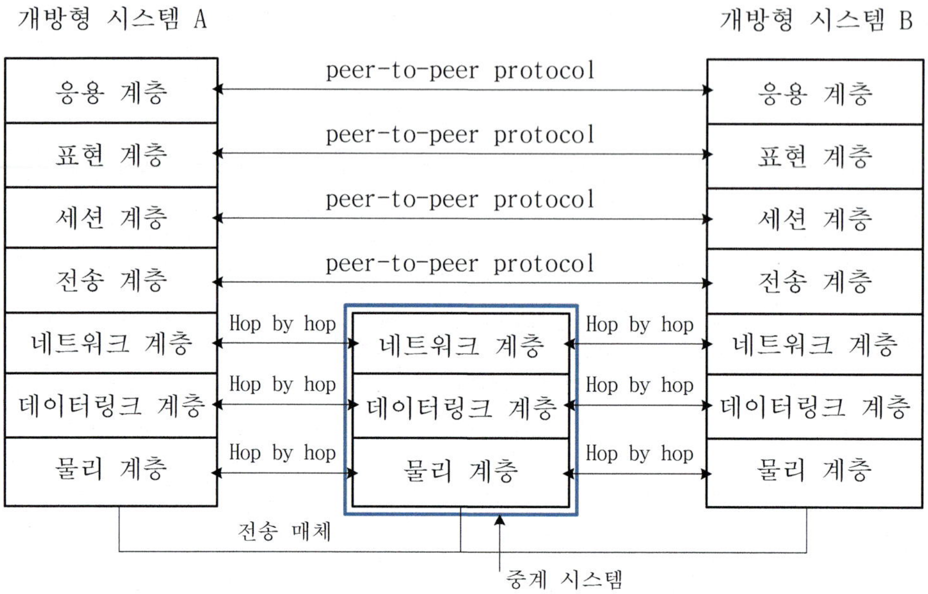

[그림 6.1] OSI 계층 구조

산책로

OSI 7계층 프로토콜의 역사

OSI 7계층 프로토콜은 1977년 ISO(International Standards Organization) 위원회에서 제정한 것으로, 네트워크 구조를 표준화하는 개방형 시스템 사이의 상호 접속과 관련된 규정이다. 이 모델은 1983년에 완성하였는데, 이것이 X.200으로 알려진 국제 네트워크 표준 규약이다.

프로토콜은 광대역에서 사용하는 모델로서 시스템 간 상호 접속에 관한 규정을 정의하며 관련 규격의 적합성을 조성하는 공통 기반 구성을 마련하고 있다.

OSI 7 계층의 역할을 간단히 대별해보면 다음과 같이 요약할 수 있다.

[표 6.1] OSI 7계층의 기능과 역할

계층			역할
하위 계층	1	물리 계층	물리적, 전기적, 기능적, 절차적 특성이 있는 정보들을 물리적 매체를 통해 전송
	2	데이터 링크 계층	실제 회선을 이상적인 회선을 만들기 위해 오류 제어 및 접근 제어
	3	네트워크 계층	통신 노드에서 다양한 경로를 설정하고, 메시지 등을 라우팅하며, 망 노드 간에 트래픽 제어
인터페이스	4	전송 계층	종단 간에 오류제어와 흐름 제어를 수행하여 신뢰성 있는 정보 전송
상위 계층	5	세션 계층	송신측과 수신측 사이에서 프로세스를 서로 연결 · 유지 · 해제하는 역할을 한다.
	6	표현 계층	송신측과 수신측 사이에서 서로 다른 부호 체계의 변화와 표준화된 데이터 형식 규정
	7	응용 계층	사용자에게 직접 제공하는 서비스로서 제반적인 응용 작업 등의 서비스 제공

본문에서는 통신망 아키텍처 및 논리구조를 살펴보고 각 계층별 기능에 대하여 자세히 설명하도록 한다.

6.2 통신망 아키텍처(Network Architecture)

6.2.1 기술적 개념

통신망 아키텍처는 다른 기종의 컴퓨터나 다양한 단말 등을 통신 회선으로 연결하여 이들 상호 간의 자유로운 통신의 실현을 목표로 하는 체계화된 개념이다. 구체적으로는 이들 상호 간의 통신 기능을 몇 개의 계층으로 분할하여 모델화하고, 그 계층마다 프로토콜을 규정하고자 하는 것이다.

다시 말하면, 네트워크 아키텍처는 하나의 용도로 사용되는 단일 프로토콜이 아닌 다수의 용도로 사용되는 프로토콜들을 서로 유기적으로 결합한 프로토콜들의 집합체라고 할 수 있다. ISO의 OSI, IBM사의 SNA(System Network Architecture) 등이 대표적인 예이다.

산책로

통신망 아키텍처의 목적

① 지리적으로 분산된 컴퓨터나 단말간의 정보 교환
② 컴퓨터 자원의 공동 이용
③ 컴퓨터 시스템의 신뢰성 향상
④ 분산처리에 따른 비용 성능비의 향상

일반적으로 통신망 아키텍처는 구성 요소의 모델화, 프로토콜의 계층화 및 자원의 가상화를 기술적인 개념으로 구성하며 그 내용은 다음과 같다.

① 구성 요소의 모델화 : 구성 요소의 모델화는 프로토콜의 설계와 확장에 많은 유연성을 부여할 수 있으며 OSI 참조 모델에서는 시스템 사이의 접속을 논리적으로 나타내려고 다음 기본 요소 4가지를 정의한다.

- 응용 객체 : 상호간에 정보를 교환하며, 사무 처리 등을 수행할 수 있는 주체로서 응용 프로그램이나 단말장치의 운용자 등이 해당한다.
- 개방형 시스템 : 응용 프로세서 간에 통신이 가능하도록 통신 기능을 제공하는 장치로서 호스트 컴퓨터, 단말 장치, 통신 제어 장치 등이 있다.

- 물리 매체 : 정보와 신호를 교환할 수 있게 해주는 전기적 매체로서 통신 회선, 채널 등이 있다.
- 접속 : 응용 객체 사이를 논리적으로 연결해주는 통신회선이다.

② 프로토콜의 계층화 : 프로토콜의 계층화는 통신망 구조를 구성하는 프로토콜들을 기능별로 분류하여 그 범위를 설정하는 것으로 프로토콜에 대한 오류의 수정이나 새로운 기능의 추가가 용이해진다.

③ 자원의 가상화 : 컴퓨터나 단말은 기종마다 통신 제어 기능이나 소프트웨어 구조가 다른 것이 많고, 일반적으로 다른 기종을 결합하여 네트워크를 구성하는 데는 상당한 노력이 필요하다. 그래서 컴퓨터나 단말이 가진 특성을 공통적인 이미지로 보이도록 변환한다.

6.2.2 논리 구조

1) 실체(entity)

개방형 시스템의 각 계층에는 실체라고 하는 개방형 시스템간의 통신을 가능하게 하는 능동적 요소가 있다. 실체는 각 서브시스템(subsystem) 내에 두 개 이상 존재할 수 있으며, (N) 실체에 의해 부여된 역할을 수행하는 기능 요소를 (N) 기능이라고 한다.

2) 접속(connection)

개방형 시스템 A, B의 동위 실체(동일한 층의 실체 사이)에서, 프로토콜 데이터 단위(Protocol Data Unit, PDU)라고 불리는 이용자 정보 데이터를 교환하기 위한 논리적인 통신로를 접속이라고 한다.

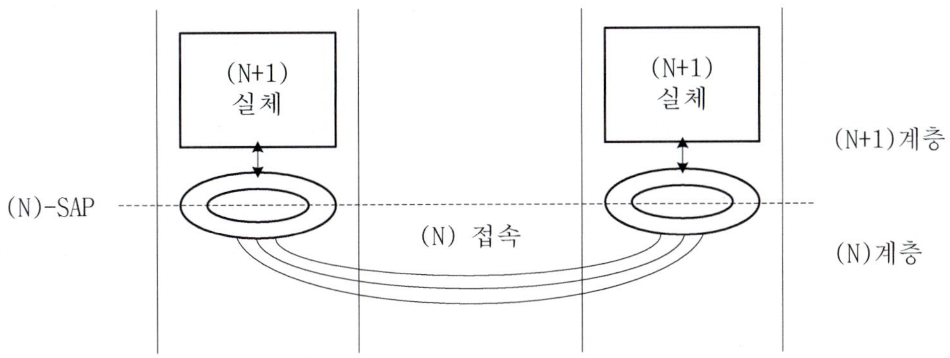

[그림 6.2] 접속(connection)

3) 프로토콜(protocol)

각 개방형 시스템의 실체(entity)는 단독으로 지정된 역할을 수행하지 않고 동일 계층에 속하는 실체와 상호 통신함으로써, 지정된 역할을 수행한다. 이때, 구체적인 제어정보의 내용 및 형식이 각 계층 내에서 정하여지는데, 이를 (N) 프로토콜이라고 한다.

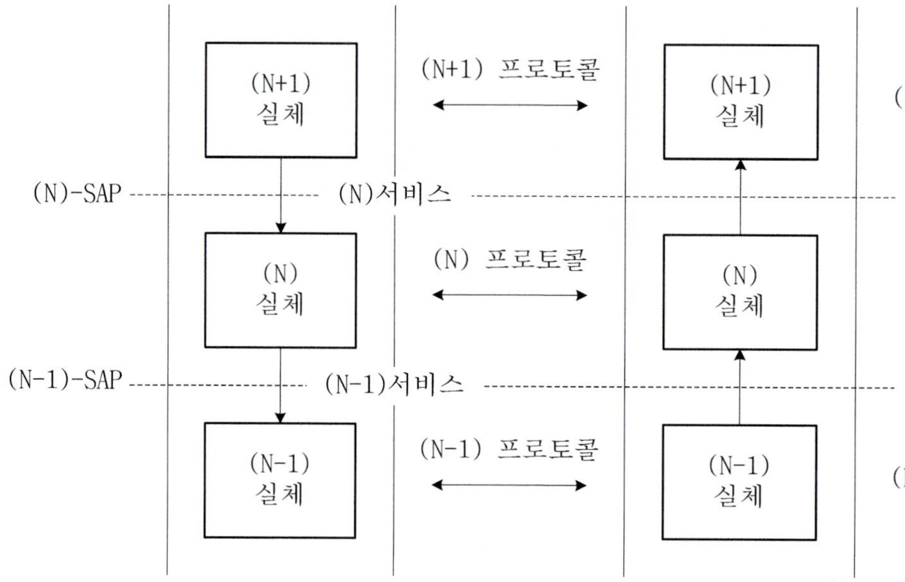

[그림 6.3] 프로토콜의 계층구조

4) 서비스(service)

(N)층이 (N+1) 층에 제공하는 통신기능을 (N) 서비스라고 한다. (N) 실체가 (N) 서비스를 (N+1) 실체에 제공하는 지점을 (N) 서비스 액세스점(Service Access Point, SAP)이라고 한다.

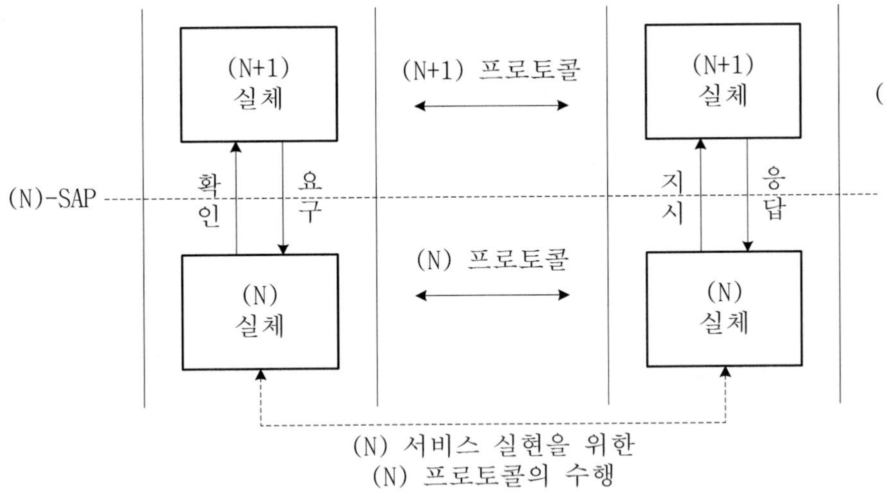

[그림 6.4] 서비스 개념

서비스는 기본 기능 요소로서 요구, 지시, 응답 그리고 확인의 4 요소가 있다.

① 요구 : 어떤 절차를 기동시키는 과정인데 서비스 이용자 측에서 수행한다.
② 지시 : 어떤 서비스를 기동하거나 또는 어떤 서비스가 다른 이용자에 의해 기동되었음을 나타내는 데 서비스 제공자 측에서 수행한다.
③ 응답 : 특정 SAP에서 이전의 지시에 따라 기동된 절차를 끝내는 과정인데 서비스 이용자 측에서 수행한다.
④ 확인 : 특정 SAP에서 이전의 요구에 따라 기동된 절차를 끝내는 과정인데 서비스 제공자 측에서 수행한다.

5) 데이터 단위

① (N)-PDU(Protocol Data Unit) : (N) 층의 동위 실체사이에서 (N) 프로토콜에 따라 송수신 되는 전송 데이터의 단위가 (N)-PDU이다.
② (N)-SDU(Service Data Unit) : (N) 접속의 양쪽 끝으로 (N) 층과 (N+1) 층의 실체 사이에서 받고 건네지는 데이터 단위가 (N)-SDU이다.

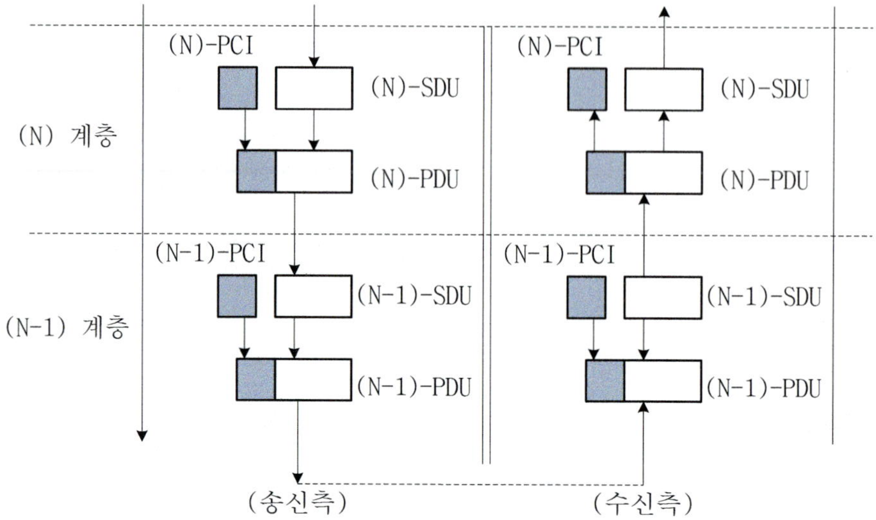

[그림 6.5] 데이터 단위

* PCI(Protocol Control Information) : 프로토콜 제어 정보로서 네트워크의 다른 지역에 있는 동위 계층에 보내지는 정보이며 그 계층에게 어떤 서비스 기능을 수행하도록 지시하는 헤더

6.2.3 특징

① 주어진 계층은 다른 계층에 영향을 주지 않고 수정되거나 기능이 향상될 수 있다.
② 계층화에 의한 모듈화는 전체 설계를 간단히 될 수 있도록 한다.
③ 다른 제어 기능들 사이의 관계는 그들이 계층들로 나누어 질 때 더욱 쉽게 이해될 수 있다.
④ 계층화되기 이전에는 필요치 않았던 기능을 반드시 이용해야 하는 경우가 있으므로 전체적인 오버헤드가 많아진다.
⑤ VLSI 기술의 발전에도 불구하고 각 계층 간의 분명한 기능 구분으로 인하여 구분된 계층 단위로 직접 회로화하여야 하기 때문에 집적화에 소요되는 비용이 더 커질 수 있다.

6.3 물리계층(Physical Layer)

6.3.1 개념

데이터 링크 계층이 통신을 수행하기 위한 물리적인 접속의 설정과 유지 및 해제를 수행하며, 신호를 송수신하는 DTE/DCE 인터페이스 회로와 제어 순서, 커넥터의 규격이 포함된다.

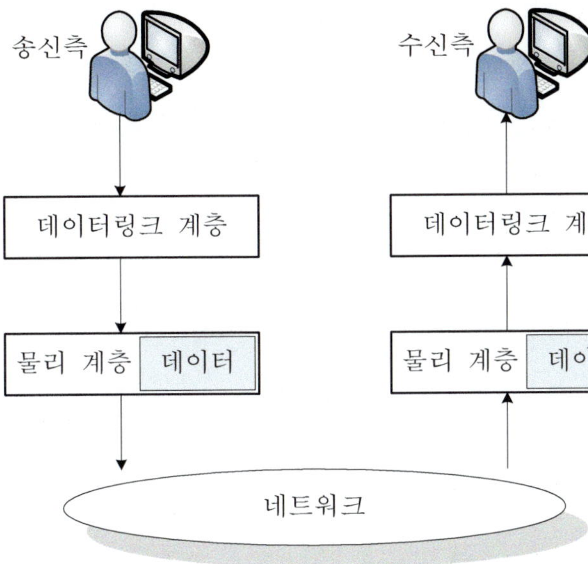

[그림 6.6] 물리 계층

6.3.2 역할

물리 계층은 데이터 링크 계층으로부터 한 단위의 데이터를 받아 통신 링크를 따라 전송될 수 있는 형태로 변환시키며, 비트의 흐름을 받아 전자기 신호로 변환하는 것과 매체를 통해 신호를 전송하는 역할을 한다.

그러므로 다음과 같은 많은 요소들이 고려되어야 한다.

① 신호 : 단극형, 복극형 그리고 양극형과 같은 신호의 종류를 결정해서 수신측에서 복조하는 데 유용한 신호를 선택한다.

② 부호화 : 하나의 문자를 나타내는 데 필요한 단위 즉, 바이트 및 비트를 표현하는 시스템을 결정한다.

③ 통신회선의 구성 : 물리매체(전송회선)와 모뎀에 연결하는 통신회선의 개수를 결정

하고 전송선의 공유 여부 및 사용 권한도 설정된다.

④ 데이터 전송 방식 : 연결된 두 장치 간의 전송 방향을 정하며 전송로 하나에 데이터 신호 여러 개를 중복시켜 고속 신호 하나를 만들기 위해서 다중화 기술을 선택한다.

⑤ 접속 형태 : 네트워크에서 컴퓨터의 위치나 컴퓨터 간의 케이블 연결 등과 같은 물리적인 배치를 의미하는 토폴로지의 형태를 결정한다.

⑥ 전송 매체 : 데이터 전송을 위한 물리적인 환경을 결정하는 것으로 트위스티드 페어 케이블, 동축 케이블, 광케이블과 같은 유선매체와 물리적인 도선을 사용하지 않고서 신호를 전송하는 무선 매체가 있다.

산책로

생활 속에서 보는 물리계층

서울에서 부산까지 여행가기 위해서는 운송수단이 필요하다. 예를 들면, 기차를 이용할 때 반드시 필요한 것은 레일이 필요하다. 또한 고속버스를 이용할 때는 고속도로가 필요하다. 이러한 역할을 하는 것이 바로 물리계층이다.

6.4 데이터링크 계층(Datalink Layer)

6.4.1 개념

데이터 링크 계층은 OSI 참조 모델에서 하위 계층인 2 계층을 말한다. 두 시스템 사이에 연결되어 있는 실제 회선을 이상적인 회선으로 만들기 위하여 오류 제어 및 흐름 제어를 한 후 상위 계층(네트워크 계층)에서 받은 비트열의 데이터로 프레임을 구성하여 하위 계층(물리 계층)으로 전달한다.

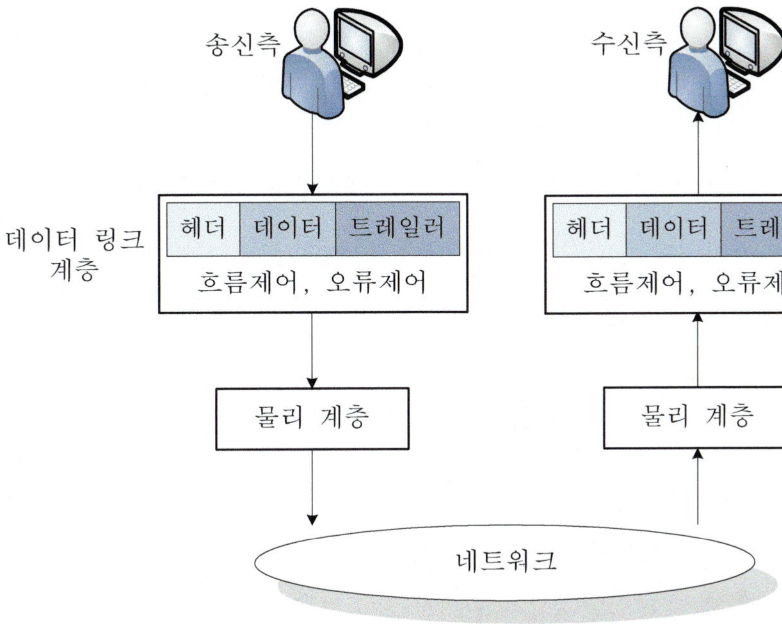

[그림 6.7] 데이터링크 계층

산책로

생활 속에서 보는 데이터링크 계층

개학날 초등학교에서 교실의 풍경은 상당히 소란스러웠다. 선생님이 학생들에게 공지사항을 전달하려고 했지만 제대로 전달할 수 없었다. 그래서 학생들은 데이터 링크를 제대로 구축하기 위해서 선생님에게 다시 말씀해달라고 부탁했다.

6.4.2 역할

데이터 링크 계층은 네트워크 계층에 접근 제어를 하기 위해서는 MAC(Medium Access Control) 방식을 구현하며 비트들을 식별하는 기능을 제공함으로써 데이터를 수신 측에 전송하는 책임을 가지고 있다. 데이터링크 계층의 구체적인 역할은 다음과 같다.

1) 인접 노드로의 정보 전달

이웃 노드 간의 데이터 링크를 설정하는 기능이다. 이때, 상위 계층에서 내려온 데이터에 주소와 다른 제어 정보로 구성된 헤더를 앞부분에 그리고 뒷부분에는 트레일러를 붙인다. 헤더 부분에는 데이터 단위의 시작을 나타내는 표시와 목적지의 주소를 포함하고 있다. 트레일러 부분은 데이터의 오류 제어를 하는 역할을 하는데 에러 검출 코드가 필요하다.

2) 오류 제어

전송로를 통해 정보를 주고받을 때 오류가 발생한다면 수신측에서 정확한 정보를 받을 수 없다. 따라서 수신된 정보로부터 올바른 의미를 전달받기 위해서는 CRC(Cyclic Redundancy Checking)과 같은 BEC(Backward Error Control)이나 해밍코드와 같은 FEC(Forward Error Control) 기술이 필요하다.

3) 흐름 제어

수신기의 노드에 패킷을 전달하고자 할 때 수신측에서 처리할 수 있는 양보다 과도하게 많을 때 데이터 링크 계층은 이를 처리할 수 있도록 데이터의 양을 조절한다. 흐름 제어 방식에는 ARQ(Automatic Request Control)이 있는데 정지 대기(stop-and-wait) 방식과 선택적(selective) 방식이 있다.

4) 접근 제어

서로 다른 시스템이 동일한 링크에 연결되어 있을 때 그 링크를 어떤 시점에서 점유하고자 할 때 접근 방식을 제어하고 있다. 유선 매체에서는 CSMA/CD(Carrier Sensing Multiple Access/Collision Detection)이나 Token Ring 방식이 있으며 무선 매체에서는 CSMA/CA(Carrier Sensing Multiple Access/Collision Avoidance) 방식이 있다.

6.4.3 전송 제어 단계

전송 제어 방식은 컴퓨터와 컴퓨터 사이나 단말기와 컴퓨터 사이에서 정확하게 정보를 송수신하려고 미리 약속해 놓은 규정으로서 데이터링크 계층에서 반드시 필요하다. 데이터 송수신, 회선 접속과 상대방 확인 등 데이터를 올바르게 전송하는 일련의 절차를 전송 제어 절차라고 하며 이에 대한 단계는 다음과 같다.

(1) 1단계(데이터 전송 회선 접속)

교환회선에 접속되고 있을 때 필요하며 수신 어드레스를 송출하고, 통신회선 즉 물리적인 전송로를 접속시킨다.

(2) 2단계(데이터 링크 확립)

접속된 회선 상에서 직접 통신하는 상대끼리 이어주는 논리적인 통신로인 데이터 링크를 설정하는 단계이며, 폴링/셀렉션 방식과 컨텐션 방식 등의 송신권 제어로 데이터를 전송할 수 있는 상태가 된다.

(3) 3단계(정보 전송)

설정된 데이터 링크를 사용하여 데이터를 상대에게 전송한다. 이때 잡음에 의한 데이터 오류를 검출하여 재송신으로 복원시키기도 하고 메시지 순서 제어로 중복이나 분실이 발생하지 않도록 한다. 이를 위해서 응답 제어로 바르게 수신했는가를 확인하면서 데이터 전송을 진행시킨다.

(4) 4단계(데이터 링크 종결)

데이터 전송이 종료되면 상대와 확인한 뒤 데이터 링크를 절단하여 초기 상태로 복귀시킨다.

(5) 5단계(회선 절단)

연결된 회선을 절단한다.

[표 6.2] 교환회선과 전용회선에서 전송 제어 단계

<table>
<tr><th>단계</th><th>전송 제어</th><th>교환 회선</th><th>전용 회선</th></tr>
<tr><td>1단계</td><td>회선 접속</td><td rowspan="5">○</td><td>×</td></tr>
<tr><td>2단계</td><td>데이터 링크 확립</td><td rowspan="3">○</td></tr>
<tr><td>3단계</td><td>정보 전송</td></tr>
<tr><td>4단계</td><td>데이터 링크 해제</td></tr>
<tr><td>5단계</td><td>회선 전달</td><td>×</td></tr>
</table>

6.5 네트워크 계층(Network Layer)

6.5.1 개념

네트워크 계층은 OSI 참조 모델에서 하위 계층인 3계층을 말하며 통신 노드에서 다양한 경로를 설정하고, 메시지 등을 라우팅하며, 망 노드 간에 트래픽을 제어한다. 시스템 간에 안전하게 데이터를 전송하려고 상위 계층(전송 계층)에서 전달받은 데이터를 하위 계층(데이터 링크 계층)으로 전달한다.

물리 계층과 데이터 링크 계층은 인접한 시스템 간에 링크 대 링크(link by link) 서비스 프로토콜을 제공하지만, 네트워크 계층은 전송 계층에서 수행하는 종단 시스템 간의 엔드 투 엔드(end to end) 통신을 지원한다.

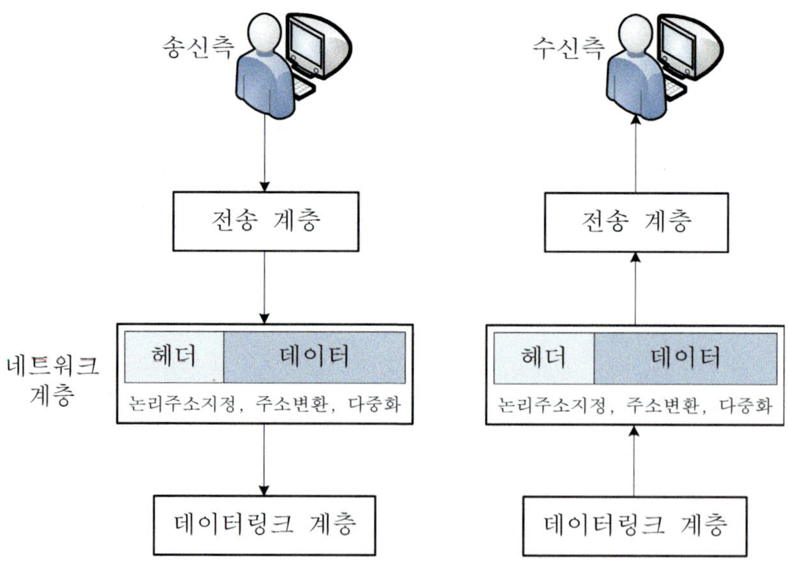

[그림 6.8] 네트워크 계층

6.5.2 역할

OSI 참조 모델의 3번째 계층인 네트워크 계층은 패킷 네트워크를 통한 두 DTE 간의 인터페이스뿐만 아니라 사용자 DTE의 패킷교환 네트워크에 대한 인터페이스 역할을 하며 구체적인 내용은 다음과 같다.

1) 라우팅(routing)

라우팅(routing)은 어떤 네트워크 안에서 통신 데이터를 보낼 경로를 선택하는 과정이다. 이때 송신지에서 수신지까지 데이터가 전송될 수 있는 여러 경로 중 가장 짧은 거리의 전송 경로를 선택한다.

2) 주소변환

수신지의 IP 주소를 보고 다음으로 송신되는 노드의 물리 주소를 찾는 기능이다.

3) 순서 제어(Sequence Control)

송신 측에서 데이터를 보낸 순서대로 수신 측에서 받지 못할 때 순서를 제어한다.

4) 다중화

하나의 물리 회선을 사용하여 동시에 많은 장치들 간의 데이터 전송을 수행하는 기능이다.

6.5.3 네트워크 서비스

1) 접속형(Connection Oriented, CO)

논리적인 통신로를 설정한 후 네트워크가 접속된 상태에서 데이터가 전송되며 데이터 전송이 끝나면 통신 회선을 절단한다.

네트워크 접속의 설정 단계, 데이터 전송 단계, 접속의 해제 단계의 3단계를 가지고 있으며, 대표적인 예로는 패킷 교환망의 X.25 프로토콜이 이에 속한다.

[그림 6.9] X.25 데이터망

산책로

X.25

DTE와 DCE 사이의 접속 규격으로 패킷교환망에 적용되는 데 계층별 기능은 다음과 같다.

① 물리 계층 : 단말기나 패킷 교환기와 전송 장비간의 물리적 접속을 제공한다.
② 프레임 계층 : HDLC(High-level Data Link Control) 프로토콜의 부분 조합인 LAPB (Link Access Procedure Balanced)를 사용하여 에러 없는 전송을 제공한다.
③ 패킷 계층 : OSI의 네트워크 계층과 동일한 계층으로 통신을 하고자 하는 DTE간에 가상회선을 제공한다.

2) 비접속형(ConnectionLess oriented, CL)

수신측의 동위 계층과의 접속을 위한 논리적인 통신 회선을 설정하지 않고 전송 단위인 프로토콜 데이터 단위(Protocol Data Unit)를 전송하는 방식이다.

네트워크의 접속 개념이 아닌 비접속형 네트워크 서비스를 실현하기 위한 것으로서 LAN, 고속 장거리에 있는 특정 사용자에 의한 폐역 이용성이 강한 위성 회선망에 적용된다.

6.6 전송 계층(Transport Layer)

6.6.1 개념

전송 계층은 하위 계층을 구성하는 각종 통신망의 품질의 차이를 보상하고 통신에 적합한 2개의 종단 프로세스 간에서 투과적인 데이터 전송을 보장하는 계층이다. 전송 계층 간에는 중간 시스템이 존재하지 않으므로 전송 계층 간의 피어 투 피어(peer-to-peer) 통신 기능을 수행한다. 1~3 계층은 시스템 사이에서 발생하는 통신, 4~7 계층은 프로세스 사이에서 발생하는 통신이다.

네트워크 층 이하에서는 확실히 데이터를 전송할 수 있을 지의 여부를 보증할 수 없지만 전송계층에 맡겨 두면 전송해야 할 데이터는 확실히 상대방에 도착할 수 있도록 신뢰성 있는 전송 제어를 한다. 한편, 데이터 링크 계층이 하나의 전송 매체에 연결되어 있는 두 시스템을 연결하는 데 비해 전송계층은 전체 망의 종단에 연결되어 있는 시스템을 연결한다.

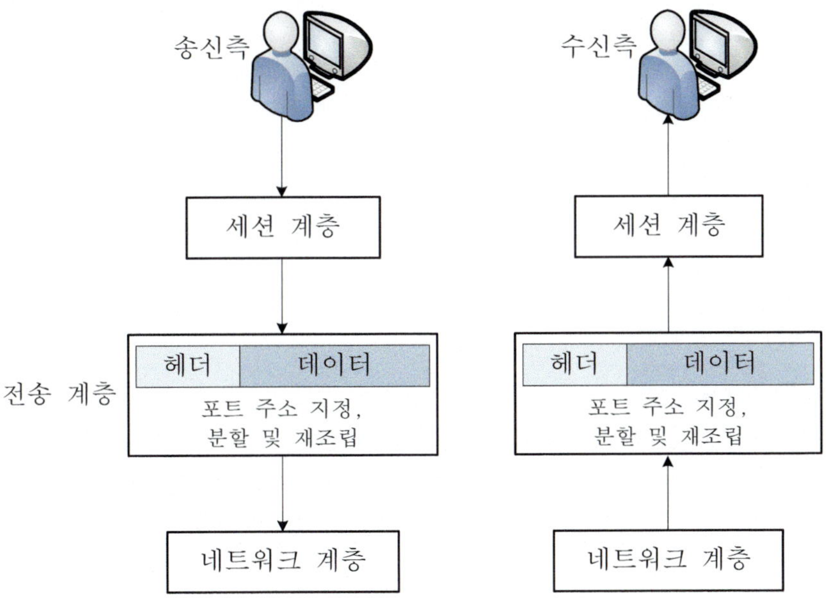

[그림 6.10] 전송 계층

6.6.2 역할

전송계층에서는 프로세스 간에 정보를 전송하려고 상위계층(세션계층)에서 받은 데이터를 패킷 단위로 분할하여 하위 계층(네트워크 계층)으로 전달한다. 이때 전송계층에서 수행되는 중요한 역할은 다음과 같다.

1) 종단간(end-to-end) 메시지 전달

종단간 메시지 전달은 단순히 한 컴퓨터에서 다른 컴퓨터로의 전달이 아니라 한 컴퓨터의 응용프로그램(프로세스)에서 다른 컴퓨터의 응용프로그램(프로세스)으로의 전달을 의미한다.

2) 분할과 재조립

송신하려는 데이터를 상위계층에서 받을 경우 전송 할 수 있는 크기(세그먼트라고 부른다)로 나누어(segmentation) 각 세그먼트에 번호를 할당하여 목적지에 도착하면 세그먼트 번호를 보고 세그먼트를 재조립한다. 이때, 세그먼트 번호는 수신지의 전송계층이 수신된 데이터를 정확한 순서로 재조합하게 하고 송신시 잃어버린 패킷들을 발견하고 재송신할 수 있게 하는 기능이다.

3) 연결제어

두 시스템이 서로 데이터를 교환할 때 연결 설정을 하는 경우를 연결 지향형 데이터 전송이고 연결 설정을 하지 않는 경우를 비연결 지향형 데이터 전송이라고 한다.

4) 목적지의 주소 지정

송신지에서 사용하는 응용프로그램의 포토번호와 수신지에서 사용하는 응용프로그램의 포트번호를 헤더에 넣어 전송한다. 수신측에서는 이 데이터의 수신된 포트번호를 보고 이 데이터를 사용할 응용프로그램을 판단하고 상위 계층으로 올려 보낸다.

6.7 세션 계층(Session Layer)

6.7.1 개념

송신 측과 수신 측 사이에서 프로세스를 서로 연결, 유지 및 해제하는 역할을 하는데 업무 내용에 따르는 다양한 응용 기능의 요구를 충족시키기 위한 전송 제어 기능을 표현 계층에 제공하며, 이를 위하여 세션 접속을 설정하고 데이터 제어(송신권 제어, 동기 제어 등)를 수행한다.

예를 들면, 한 이용자가 다른 쪽의 프로세스와 대화하기를 원한다면 이 대화를 형성하기 위해 양단간의 연결을 설정해야 한다. 일단 연결이 완료되면 순차적인 방법으로 대화(dialogue)를 관장하여 대화의 흐름이 원활히 이루어지도록 동기에 대한 기능을 제공하거나 전이중 혹은 반이중 전송과 같은 데이터 전송 방향을 결정하는 등의 기능을 제공한다.

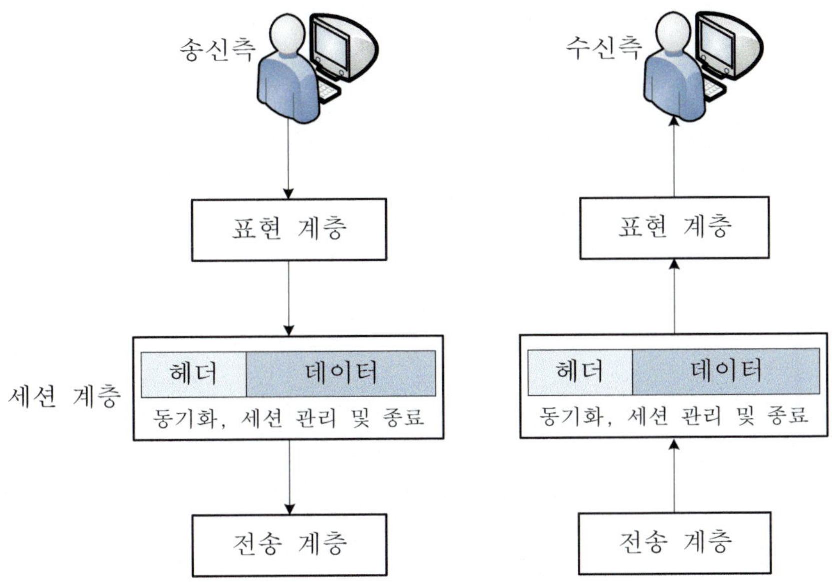

[그림 6.11] 세션 계층

6.7.2 역할

세션 계층은 사용자와 전송 계층 간의 인터페이스 역할을 하면서 사용자 간의 데이터 교환을 조직화시키는 수단을 제공하며 구체적인 역할은 다음과 같다.

1) 동기화

소동기점(Minor Synchronous Point)과 대동기점(Major Synchronous Point)을 이용하여 대화 동기를 조절하는 데 이에 대한 자세한 기능은 다음과 같다.

(1) 소동기점(Minor Synchronous Point)

하나의 의미 있는 어떤 대화를 하기 위하여 사용하는 것으로 많은 페이지로 이루어지는 문서를 전송하는 경우의 각 페이지의 단락 양에 대해서 이 소동기점이 대응하여 붙어있다.

(2) 대동기점(Major Synchronous Point)

일련의 데이터 교환을 대화 단위로 구성하기 위해서 사용되고 이 대동기점에서는 반드시 이전에 전송된 데이터를 확인한다. 하나의 대화 단위 종료와 다음 개시를 나타내어 상대에게 통지하고 확인한다.

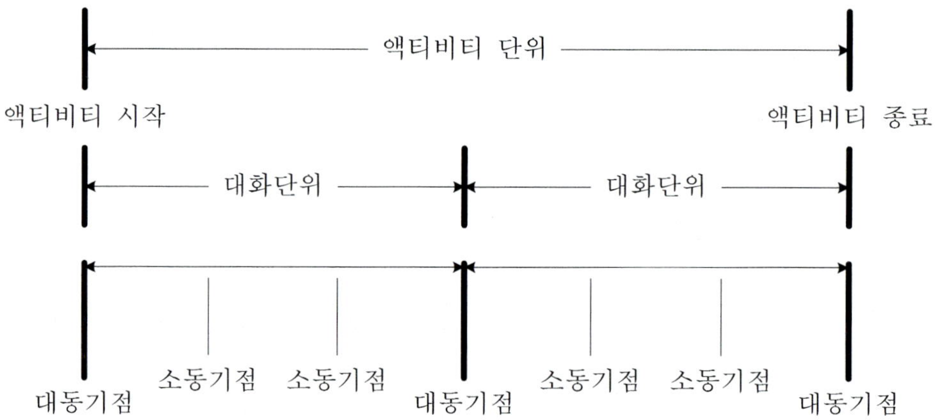

[그림 6.12] 세션 계층의 동기점

* 액티비티(activity) : 의미 있는 대화의 집합이고, 일련의 작업을 구별하기 위해서 사용되며, 일시적으로는 단 하나의 액티비티가 하나의 세션 커넥션에서 제어된다.

2) 토큰(token)

서비스 사용자에게 배타적으로 서비스를 사용할 권리를 부여하며 한 순간에 한 사용자가 임의의 서비스를 사용할 수 있도록 동적으로 할당된다. 사용자들 사이에서 세션이 설정되었어도 토큰을 사용할 수 없으면 사용자는 세션에 참가할 수 없다.

토큰은 대화 관리와 전이중, 반이중 연결을 지원하는 데 이용되며 모든 세션 서비스 기능에서 토큰이 이용되는 것은 아니며 데이터 교환 절차, 특정 사용자 대화의 해제 그리고 동기 기능의 지원에 대한 특정 기능에만 사용된다.

6.8 표현 계층(Presentation Layer)

6.8.1 개념

표현 계층에서는 응용 계층에 사용하는 추상구문의 요구에 맞춘 전송구문을 정하여 실제 데이터를 전송할 때 그들 정보 형식 간을 변환한다. 다양한 비트 형태들을 표현할 수 있는 데이터를 전송 구문(Transfer Syntax)이라고 하며 전송 구문과는 달리 응용 계층에서의 데이터의 표현을 추상 구문(Abstract Syntax)이라고 한다.

목적에 따라 예를 들면, 서로 다른 두 사용자가 자신의 응용프로그램이 통신하는 동안에 한 사용자는 ASCII를 사용할 수 있고 다른 사용자는 EBCDIC 코드를 사용할 수 있도록 표현 계층에서는 허용한다.

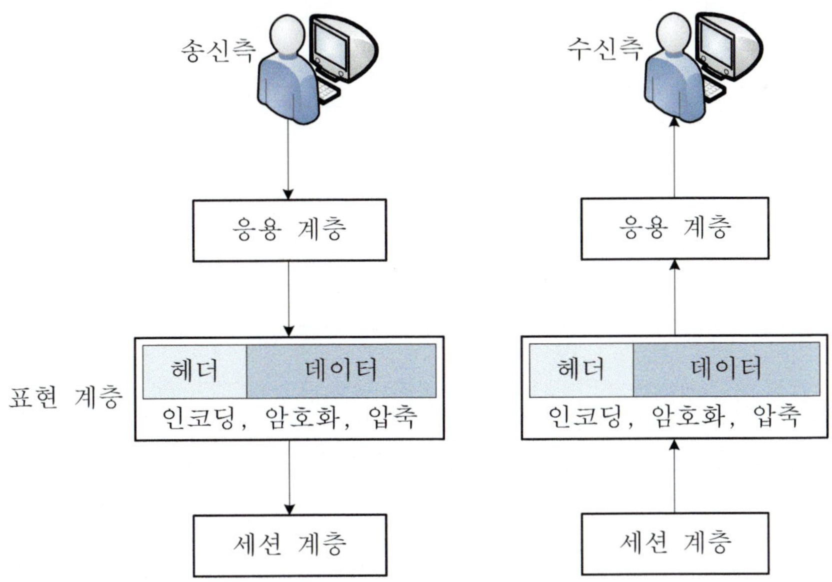

[그림 6.13] 표현 계층

6.8.2 역할

표현 계층에서는 송신측과 수신측 사이에서 서로 다른 부호 체계의 변화와 표준화된 데이터 형식을 규정한다. 즉 데이터의 표현을 제공하며 구체적인 역할은 다음과 같다.

1) 구문 변환

송신자가 사용하는 메시지의 형식을 수신자가 해석 가능하도록 미리 정의된 형식으로 변환하며, 수신지에서는 수신자가 이해할 수 있는 형식으로 변환한다.

산책로

구문(syntax)과 의미(semantics)의 관계

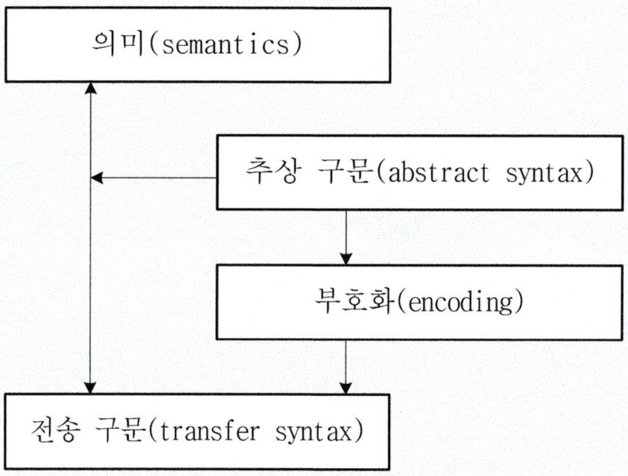

2) 암호화

인터넷을 통한 데이터 전송 도중에 발생할 수 있는 데이터의 누설 등의 위협으로부터 데이터를 보호하기 위하여 암호화와 복호화를 통하여 데이터의 보안성을 제공한다.

3) 압축

표현 계층에서의 데이터 압축은 데이터를 더 적은 저장 공간에 효율적으로 기록하기 위한 기술, 또는 그 기술의 실제 적용을 가리킨다.

크게 데이터를 더 작은 크기로 변환시키는 인코딩 과정과 저장된 데이터를 다시 불러와 원래 데이터 형태로 복원시키는 디코딩 과정으로 이루어진다.

6.9 응용 계층(Application Layer)

6.9.1 개념

응용 계층은 OSI 참조 모델에서 최상위 계층인 7계층을 말한다. 사용자에게 직접 제공하는 서비스로 제반적인 응용 작업 등의 서비스를 제공한다. 추상 구문을 정의하며, 7계층이므로 프로세스 간의 통신에 속한다.

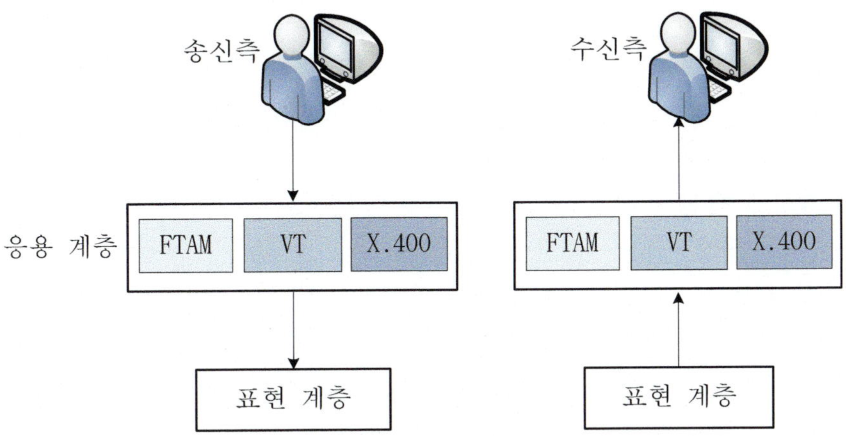

[그림 6.14] 응용 계층

6.9.2 역할

OSI 참조 모델의 7번째 계층인 응용 계층은 최상위 계층으로서 최종 사용자 응용 프로세스를 지원하는데 다음과 같은 역할을 하는 응용 계층 프로토콜들이 있다.

1) 가상 터미널(Virtual Terminal, VT)

(1) 목적

실제 터미널을 가상 터미널로 변화시키는 기능을 가지고 있는데 이때 사용하는 프로토콜로 인해 로컬에서 원격 시스템으로 로그온이 가능하게 해준다.

(2) 기능

① 두 응용레벨 엔티티들 사이 간의 연결의 설정 및 유지
② 연결을 통해 이루어지는 허용 가능한 동작을 교섭함으로써 대화 제어
③ 터미널의 상태를 나타내는 자료 구조의 생성과 유지
④ 실제 터미널 문자들과 표준화된 표현사이의 번역

2) FTAM(File Transfer Access and Management)

ISO 8571로 표준화된 프로토콜로서 이기종 컴퓨터 간에 파일 전체를 전송한다든지 어떤 컴퓨터 시스템의 프로그램에서 다른 시스템의 파일에 접근하거나 파일의 생성, 삭제 등의 관리를 행하는 기능을 제공한다. 이를 요약하면 다음과 같다.

① 파일 전송 : 파일 전체 정보를 다른 파일로 전송
② 파일 액세스 : 파일 내용 일부분을 읽기, 기록, 삽입, 추가
③ 파일 관리 :
- 파일 관리 작성 또는 삭제
- 파일 속성에 관한 정보 조작

3) 디렉터리 서비스

전자 디렉터리 서비스를 전달하는 일련의 컴퓨터 네트워크 표준으로 X.500을 많이 사용하고 있는 데 인터넷 액세스가 가능한 사용자는 누구라도 활용 가능한 글로벌 디렉터리의 일부가 될 수 있도록 조직 내의 사람들을 전자적인 디렉터리로 개발하기 위한 표준방식이다.

X.500 시리즈는 ITU-T가 개발하였고 디렉터리 서비스는 X.400 전자 메일 교환과 이름 검색을 지원하기 위해 개발되었다.

이에 대한 특징으로는 다음과 같이 설명할 수 있다.

① 디렉터리 구현 및 서비스를 위한 광범위한 표준 규격을 제공한다.
② 비교적 안정적인 규격으로 향후 개정의 가능성이 별로 없다.
③ 규격이 방대하고 복잡하여 구현이 어렵고 시간이 많이 소요된다.

4) 전자 우편

송수신자가 서로 전자우편을 사용하기 위해 필요한 메일 전송 및 저장 기능을 제공하는 데 X.400을 주로 사용하며 MHS(Message Handling System), 즉 전자우편을 위한 데이터 통신 네트워크에 대한 표준을 정의하고 있다.

요 약

1. OSI 모델은 모든 종류의 컴퓨터들 사이에 통신을 허락하는 네트워크 시스템을 설계하기 위한 계층구조를 갖는 틀인데 7계층으로 구성되어 있다.
2. 개방형 시스템이란 서로 다른 특성을 갖는 컴퓨터끼리 상호 연결할 수 있는 시스템을 말한다.
3. 네트워크 아키텍처는 다른 기종의 컴퓨터나 다양한 단말 등을 통신 회선으로 연결하여 이들 상호 간의 자유로운 통신의 실현을 목표로 하는 체계화된 개념이다.
4. 실체(entity)는 각 서브시스템(subsystem) 내에 두 개 이상 존재할 수 있으며, (N) 실체에 의해 부여된 역할을 수행하는 기능 요소를 (N) 기능이라고 한다.
5. 개방형 시스템 A, B의 동위 실체(동일한 층의 실체 사이)에서, 프로토콜 데이터 단위(Protocol Data Unit, PDU)라고 불리는 이용자 정보 데이터를 교환하기 위한 논리적인 통신로를 접속이라고 한다.
6. 각 개방형 시스템의 실체(entity)는 동일 계층에 속하는 실체와 상호 통신함으로써, 지정된 역할을 수행한다. 이때, 구체적인 제어정보의 내용 및 형식이 각 계층 내에서 정하여지는데, 이를 (N) 프로토콜이라고 한다.
7. (N) 실체가 (N) 서비스를 (N+1) 실체에 제공하는 지점을 (N) 서비스 액세스점(Service Access Point, SAP)이라고 한다.
8. (N) 층의 동위 실체사이에서 (N) 프로토콜에 따라 송수신 되는 전송 데이터의 단위가 (N)-PDU이다.
9. (N) 접속의 양쪽 끝으로 (N) 층과 (N+1) 층의 실체사이에서 받고 건네지는 데이터 단위가 (N)-SDU이다.
10. 물리 계층에서는 물리적인 접속의 설정과 유지 및 해제를 수행하며, 신호를 송수신하는 DTE/DCE 인터페이스 회로와 제어 순서, 커넥터의 규격이 포함된다.
11. 데이터 링크 계층에서는 실제적인 선로를 이상적인 선로로 가상화하기 위해서 오류 제어 및 흐름 제어가 필요하다.
12. 네트워크 계층은 통신 노드에서 다양한 경로를 설정하고, 메시지 등을 라우팅하며, 망 노드 간에 트래픽을 제어한다.
13. 전송 계층 간에는 중간 시스템이 존재하지 않으므로 전송 계층 간의 피어 투 피어(peer-to-peer) 통신 기능을 수행한다.

14. 세션 계층은 송신 측과 수신 측 사이에서 프로세스를 서로 연결, 유지 및 해제하는 역할을 한다.
15. 표현계층에서는 응용 계층에 사용하는 추상구문의 요구에 맞춘 전송구문을 정하여 실제 데이터를 전송할 때 그들 정보 형식 간을 변환한다.
16. 응용 계층은 사용자에게 직접 제공하는 서비스로 제반적인 응용 작업 등의 서비스를 제공한다.

연습 문제

1. OSI 참조모델(Reference Model)의 개념과 목적에 대하여 설명하시오.

2. 네트워크 아키텍처의 기술적 개념에 대하여 표현하시오.

3. 물리계층의 개념과 역할에 대하여 구현하시오.

4. 데이터 링크 계층에서 일반적인 전송 제어 절차에 대하여 설명하시오.

5. 네트워크 계층에서 네트워크 서비스에 대하여 설명하시오.

6. 전송 계층을 다른 계층과 비교하여 설명하시오.

7. 세션 계층의 동기점에 대하여 구현하시오.

8. 응용 계층에서 구현되는 서비스 종류에 대하여 열거하시오.

9. 다음을 간단히 설명하시오.
   1) 실체(entity)
   2) PDU(Protocol Data Unit)
   3) 토큰(token)
   4) 표현계층

약 어

OSI(Open Systems Interconnection)
SNA(System Network Architecture)
PDU(Protocol Data Unit)
SAP(Service Access Point)
PCI(Protocol Control Information)
CRC(Cyclic Redundancy Checking)
BEC(Backward Error Control)
FEC(Forward Error Control)
ARQ(Automatic Request Control)
CSMA/CD(Carrier Sensing Multiple Access/Collision Detection)
CSMA/CA(Carrier Sensing Multiple Access/Collision Avoidance)
CO(Connection Oriented)
CL(ConnectionLess oriented)
HDLC(High-level Data Link Control)
LAPB(Link Access Procedure Balanced)
VT(Virtual Terminal)
FTAM(File Transfer Access and Management)
MAC(Medium Access Control)
SDU(Service Data Unit)

제 7 장

정보 전송 기술

네트워크는 데이터 통신의 기본 개념인 한 지점으로부터 다른 지점으로 데이터를 전송하기 위해 존재하며 데이터 통신 시스템은 여러 가지 하드웨어와 소프트웨어로 구성된다. 서로 떨어져 있는 당사자들 간의 데이터 통신은 컴퓨터들의 연결, 전송 매체 및 네트워킹 장치들로 이루어진 네트워킹이라는 과정을 통해 이루어진다. 네트워크는 근거리 통신망(LAN)과 광역통신망(WAN)이라는 두 영역으로 나뉜다. 이 두 가지 네트워크는 서로 다른 특성과 기능을 갖는다.

정보통신 시스템에서 반드시 필요한 컴퓨터의 발전은 업무, 산업, 과학 및 교육에 있어서 지대한 변화를 가져온 후 통신 링크를 통하여 더 많은 양의 데이터를 더 빠르게 전송할 수 있게 되었다. 그 결과, 다자 간 통신, 통화 대기, 음성 메일 및 발신자 번호 확인과 같은 전화 서비스를 포함한 추가적인 기능을 사용할 수 있도록 진화하고 있다.

한편, 전송 매체를 이용해 데이터를 전송할 때는 한꺼번에 많은 사용자가 제한된 전송선로를 사용하므로 이것을 효율적으로 사용할 수 있는 정보 전송 기술이 필연적이다. 또한 전송할 때 발생하는 감쇄, 잡음 등 손상을 최소화하는 정보 전송 기술도 필요하다.

본 장에서는 네트워크 실무에 적응하기 위해서 물리적인 네트워크 구성요소들과 회선 연결 방식을 이해해야 한다. 그러므로 회선 구성 방식과 필요한 전송 기술에 대해서 살펴본 뒤 인터네트워킹 기술에 대해서 이해하도록 한다.

학습목표

1. 회선 연결 방식을 통신회선의 개수, 통신회선의 접속 그리고 전송방향에 따라 이해하도록 한다.
2. 회선 교환망의 구성 원리 및 신호방식에 대하여 살펴본다.
3. 패킷 교환망의 도입 배경, 구성 원리 및 회선 설정 방식에 대하여 공부한다.
4. 다중화 방식의 개념과 기술적 방법에 대해서 설명한다.
5. 인터네트워킹 기술의 의미와 구현 방법에 대해서 공부한다.

7.1 회선 연결 방식

7.1.1 통신회선의 개수

통신회선은 물리매체(전송회선)와 모뎀에 연결하는 통신회선의 개수에 따라 2선식과 4선식으로 분류된다.

1) 2선식(2 Wire)

2선식은 신호선과 공통 접지선이 선 2개로 구성되며, 양방향 통신에서는 동일한 전송로를 사용하여 신호를 전송한다.

2) 4선식(4 Wire)

4선식은 신호선과 공통 접지선이 선 4개로 구성되며, 2선식과 달리 양방향 통신에서는 신호의 전송 방향에 따라 전송로를 분리하는 방식을 사용하기 위해서는 별도의 전송로를 사용한다.

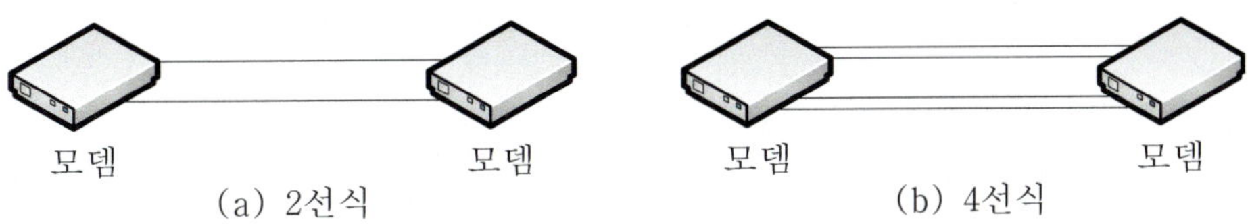

[그림 7.1] 통신회선의 개수에 따른 방식

7.1.2 통신회선의 접속

1) 점-대-점(point-to-point) 방식

중앙의 컴퓨터와 터미널이 일 대 일로 연결되는 가장 단순한 방식으로 컴퓨터와 터미널 사이에 언제든지 통신이 가능하며 통신회선으로서 전용회선과 교환회선 모두 가능하다. 전송되는 정보량이 많은 경우에 유리하고 고장 발생 시 보수가 유리한 장점이 있다.

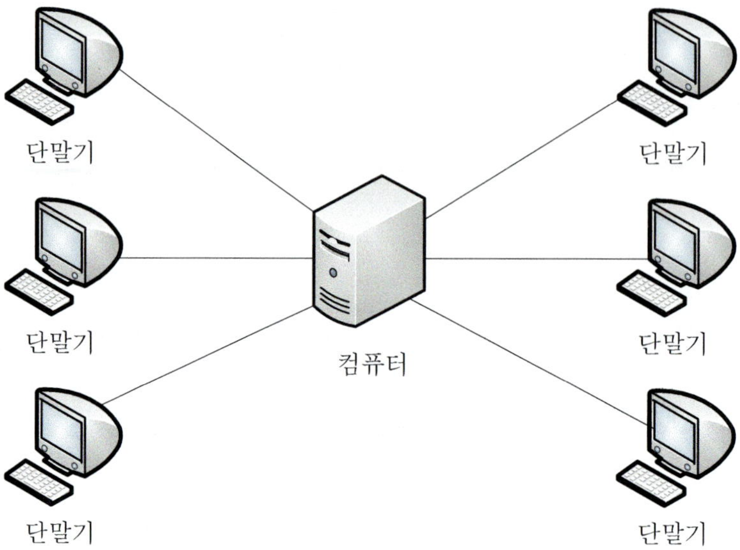

[그림 7.2] 점-대-점 방식

2) 분기(multipoint, multidrop) 방식

컴퓨터 시스템에 연결된 하나의 전용회선에 단말기가 여러 대 연결되어 컴퓨터에서 데이터를 수신할 때는 동시에 수신한다. 컴퓨터가 주국이 되고 터미널이 종국이 되며 데이터의 전송은 폴링(polling)과 셀렉션(selection)에 의해 수행된다.

컴퓨터는 방송하는 형태로 한 회선에 연결된 모든 단말기에 데이터를 전송하게 되나 점-대-점 방식과는 달리 단말기는 주소를 판단하고, 블록을 기억하는 버퍼 기억 장치를 가지고 있어서 수신된 모든 고유한 주소와 단말기 자신의 주소를 비교하여 주소가 일치된 단말기만 데이터를 수신하게 된다.

비교적 적은 양의 데이터가 분산되거나 동일한 방향으로 회선 사용률이 낮은 터미널이 분산되어 있을 경우에는 매우 효과적이지만 동일한 지역에 데이터가 집중되어 있는 경우에 비효율적이다.

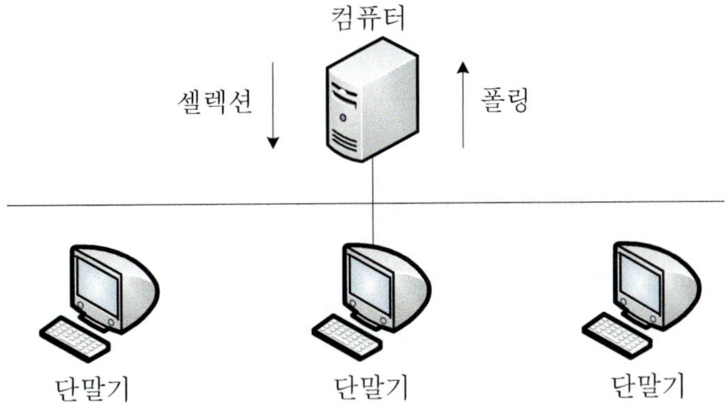

[그림 7.3] 분기 방식

3) 집선(concentration) 방식

일정한 지역 내에 여러 대의 단말기가 설치되어 있는 경우에 지역 중앙에 집선 장치를 설치하여 여러 대의 터미널로부터 전송되는 비교적 낮은 속도의 데이터를 일단 집선 장치에 축적한 다음 데이터를 모아 고속으로 컴퓨터에 보내는 방식으로 통신 회선을 효율적으로 사용할 수 있으며, 분기 방식처럼 단말기의 회선 사용률이 낮을 때 적합하다. 여기서 집선이란 집선 장치의 입구보다 출구 개수를 적게 하는 것이다.

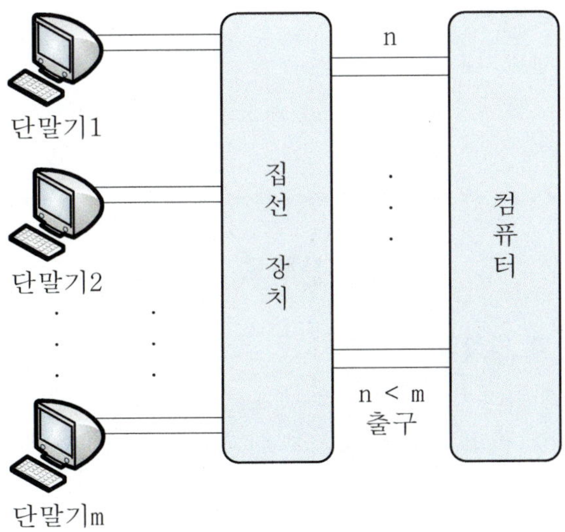

[그림 7.4] 집선 방식

4) 다중화(multiplexing) 방식

다중화 방식이란 몇 개의 저속 신호 채널들을 결합하여 하나의 물리적 통신 회선을 통하여 전송하고, 이를 수신측에서 다시 본래의 신호 채널로 분리하여 전달하는 방식을 말한다.

회선 다중 방식은 집선 회선 방식과 사용방법이 비슷한데 분할된 각각의 통신 회선을 여러 대의 터미널이 공유하지 않으므로 회선 사용률이 높은 단말기에 적용 가능하며, 통신 용량이 클수록 단위 통신용량당 가격이 저렴하다.

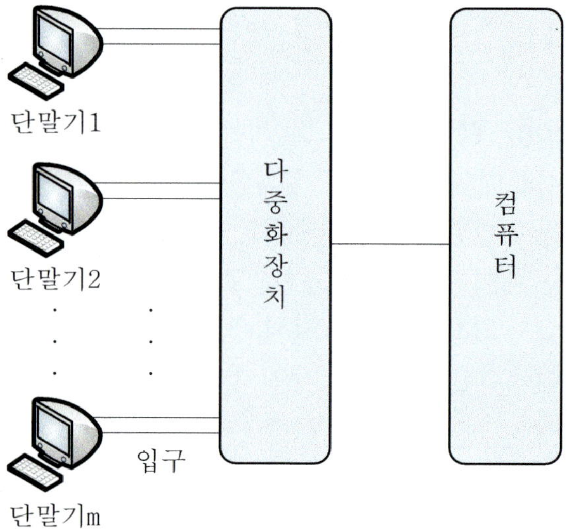

[그림 7.5] 다중화 방식

산책로

집선 방식과 다중화 방식의 차이

집선 방식은 집선 장치의 입구보다 출구 개수를 적게 하는 것이며 단말기의 회선 사용률이 낮을 때 적합하다. 한편, 다중화 방식은 몇 개의 저속 신호 채널들을 결합하여 하나의 물리적 통신 회선을 통하여 전송하고 회선 사용률이 높은 단말기에 적용 가능하다.

한편, 역다중화(demultiplexing, Inverse Multiplexing)는 고속 신호 채널을 여러 개의 저속 신호 채널로 변환하여 전송하고 수신 측에서 본래의 고속 신호 채널로 만들어 사용한다. 즉, 다중화는 '조립'하는 것이고, 역다중화는 '분해'하는 것이다.

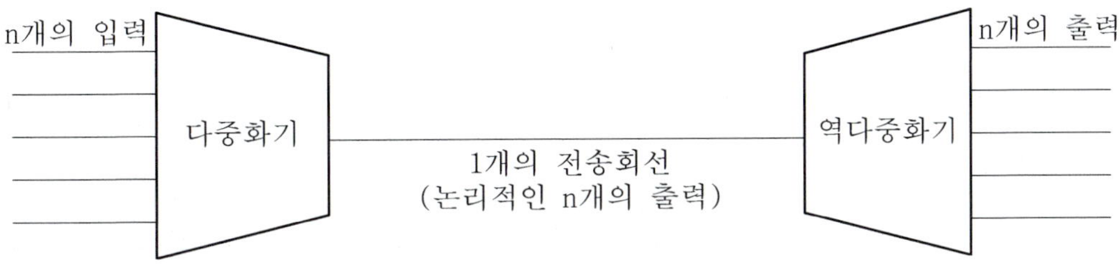

[그림 7.6] 다중화 및 역다중화기

7.1.3 전송 방향

1) 단방향 전송 방식(simplex)

오직 한 방향으로만 신호 전송이 가능한 방식으로서 일반적인 데이터 전송 방법으로는 잘 사용되지 않는다.

데이터 전송은 컴퓨터에 의해 제어를 받는 장비측으로만 행해지며 제어를 받는 장비측에서 컴퓨터 측으로 데이터가 전송되는 경우는 없다. 이 경우 데이터 전송 방향은 한쪽으로만 고정되므로 단방향 통신이 이루어지고 있다.

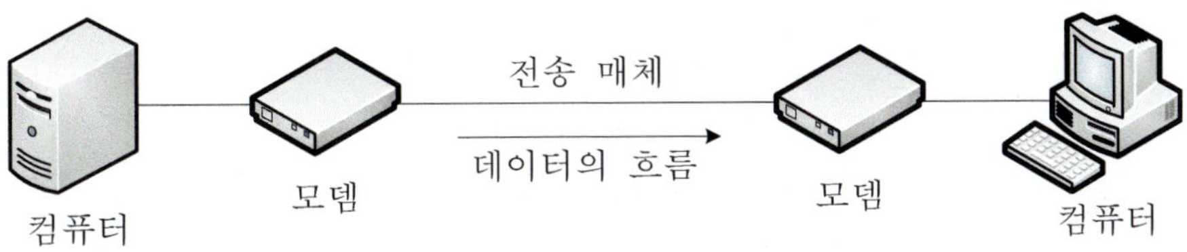

[그림 7.7] 단방향 전송방식

2) 양방향 전송 방식(duplex)

단방향 전송 방식과 달리 송수신측이 미리 결정되지 않고 방향의 전환에 의해 데이터의 전달 방향을 바꾸어 전송하는 방식이다. 양방향 전송 방식은 다시 반이중 전송 방식과 전이중 전송 방식으로 구분할 수 있다.

(1) 반이중(Half Duplex) 방식

데이터를 모두 양방향으로 전송할 수 있으나 동시에 양방향으로 전송할 수 없다. 단말기에서 데이터를 입력하는 동안에는 컴퓨터에서 단말기로 데이터를 보낼 수 없으나 그 반대로는 보낼 수 있다.

무전기가 대표적인 반이중 방식인데 송신자가 음성을 보내고자 할 때 무전기에 속해 있는 키(key)를 누르는데 이때 수신측에서는 동시에 송신자에게 음성을 보낼 수 없다.

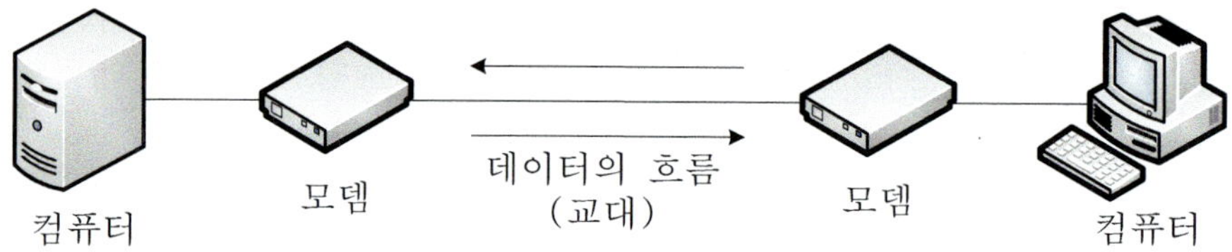

[그림 7.8] 반이중 전송방식

(2) 전이중(Full Duplex) 방식

양방향으로 동시에 정보전송이 가능하여 가장 효율이 높은 방식으로 정해진 시간에 많은 전송량이 송수신되어야 할 때 사용되며 대표적으로 전화망을 들 수 있다.

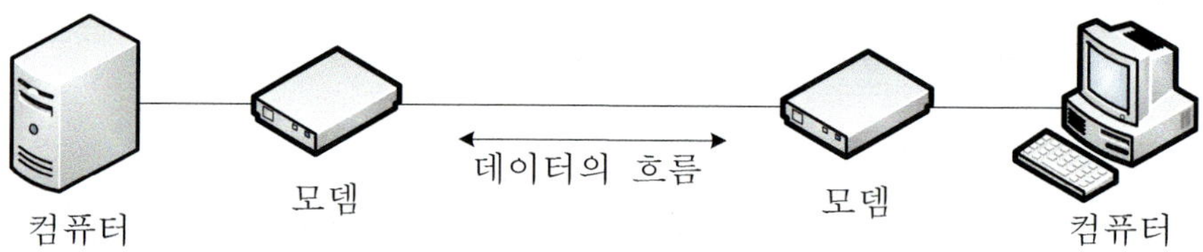

[그림 7.9] 전이중 전송방식

산책로

생활 속에서 보는 단방향과 전방향

단방향과 전방향 전송은 일반적으로 도로에서 볼 수 있는데 좁은 도로에서 차량 정체 현상을 막기 위한 일방통행을 단방향 전송이라고 할 수 있다. 한편, 중앙분리대를 기준으로 양방향으로 차량이 통행할 때를 전이중 방식이라고 할 수 있다.

7.2 교환 방식

여러 장치를 보유하고 있을 때에는 그 장치들 간에 일 대 일 통신이 가능하도록 연결하는 방법에 대해 고려해야 한다. 그러나 링크의 수와 길이에 있어 너무 많은 하부구조를 필요로 하기 때문에 비용 면에서 효율적이지 못하고, 대부분의 시간에는 링크의 대다수가 비어있게 되는 경우가 있다

이때 보다 나은 해결책으로 교환을 이용하는 방법이 있다. 교환망은 교환기라 불리는 상호 연결된 노드의 열들로 구성된다. [그림 7.10]에서 종단 시스템은 각각 A, B, C, D 등으로 표시되어 있으며 교환기는 1, 2, 3, 4, 5 등으로 나타내져 있다. 각 교환기는 다수의 링크에 연결되어 있다.

전통적으로 회선 교환(Circuit Switching), 패킷 교환(Packet Switching) 그리고 메시지 교환(Message Switching) 방식이 있다. 전자의 두 가지가 오늘날 사용되는 데 그 내용은 다음과 같다.

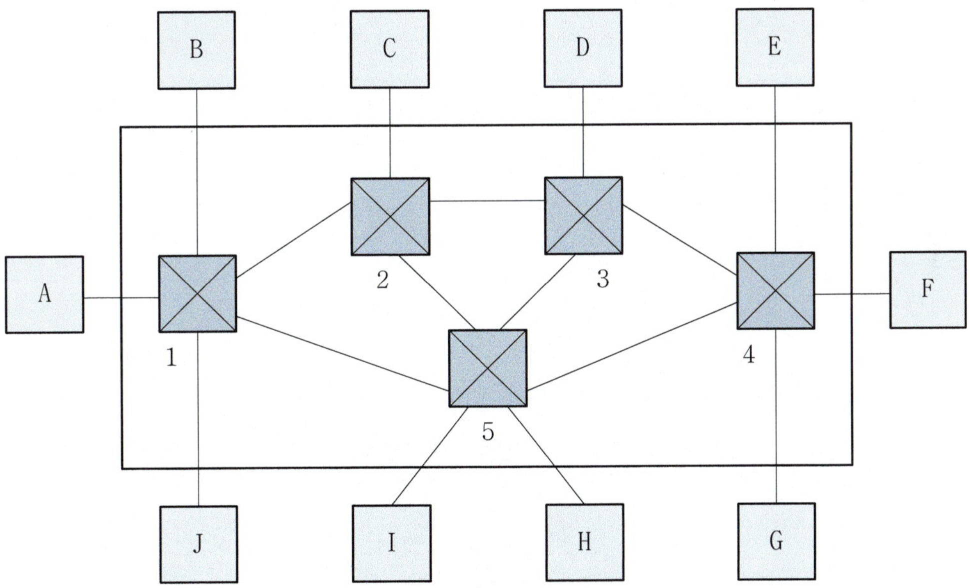

[그림 7.10] 교환 네트워크

7.2.1 회선 교환망

1) 구성 원리

회선 교환 방식은 정보 전송의 필요성이 생겼을 때 상대방을 호출하여 물리적으로 연결하고 이 물리적인 연결은 정보전송이 종료될 때까지 계속된다. 일단 물리적인 연결이 이루어진 후 그 회선은 다른 사람과 공유하지 못하고 배타적으로 두 사람 사이에만 이용이 가능하다.

이때 교환망은 다수의 선택된 노드(교환국 또는 중계국)들이 접속된 망으로서 통신망 내의 노드들을 통해 송신기와 수신기간의 데이터 전송을 수행한다.

디지털 데이터 전송을 위주로 하는 정보 통신망에 이용되는 회선 교환 방식은 통신을 요구할 때마다 통신 회선을 매번 설정하는 불편함이 있음에도 전송 제어 절차, 정보의 형식 등의 제약이 다른 교환 방식에 비해서 매우 적으므로 비교적 전송하고자 하는 정보의 길이가 길고, 트래픽이 많은 환경에 유리하게 사용될 수 있다.

2) 신호 방식

(1) 개념

단말과 교환기, 교환기와 교환기간에 교환접속을 이루기 위해 주고받는 다양한 제어 신호에 대한 규약과 방법을 말한다.

(2) 종류

(가) 개별선 신호 방식(Channel Associated Signalling, CAS)

개개의 트렁크에 신호 송·수 기능을 부가하여 통화회선을 통해 그 통화에 관한 국간신호를 개별로 전송하는 방식이며 종래의 방식에서 널리 사용되고 있다. 이와 같은 방식은 제어 신호 전송을 위한 별도의 전송 기능을 요구하지 않으며 음성 정보가 제어 신호와 함께 통신 장비 및 기능을 공유하는 장점을 갖는다.

이 방식에서는 전진 신호가 끝나면 수신측에서 이에 대한 인지신호(ACK 또는 NAK)를 보낸 뒤 다음 전송 행위를 수행하기 때문에 전송지연이 생기는 것은 불가피한 사실이다. 뿐만 아니라 통화 내용과 신호 내용이 같이 존재하므로 혼선 방해에 대한 대책이 마련되어야 한다.

(나) 공통선 신호 방식(Common Channel Signalling, CCS)

공통선 신호 방식에서는 제어 신호와 음성 정보가 완전히 독립된 물리적인 전송 경로를 통해서 전송된다. 독립된 제어 신호 전송 채널에서는 통신망에 가입된 사용자에게서 발생된 모든 제어 신호를 전송한다.

공통선 신호 방식의 특징을 설명하면 다음과 같다.

① 신호 정보의 다양화를 실현시킬 수 있다.
② 에러 검출 및 회복이 용이하다.
③ 처리 시간이 짧다.
④ S/W의 추가로 인해 신호 내용의 추가를 실현할 수 있다.
⑤ 중계선의 효율이 개선된다.

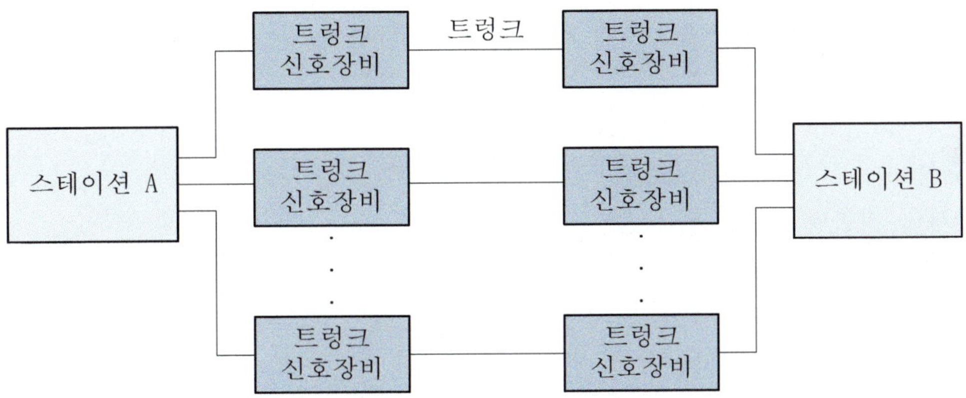

(a) 개별선 신호 방식

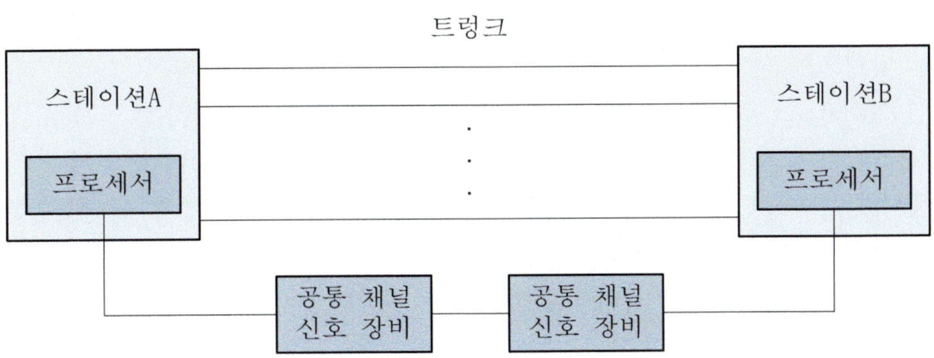

(b) 공통선 신호 방식

[그림 7.11] 신호 방식의 종류

3) PSTN(Public Switched Telephone Network)

(1) 개념

회선 교환망들이 얽혀있는 전화망으로 세계의 공공 IP 기반 패킷 교환망인 인터넷과 방식이 매우 닮아 있다. 원래 고정 전화의 아날로그 전화망이었던 PSTN은 이제 거의 완전히 디지털이 되었으며 현재 고정 전화뿐 아니라 휴대 전화를 아우른다. 따라서 현재에 이르러 단순히 '고정 전화 회선의 전화망'이라고 정의하는 것은 잘못된 것이다.

PSTN은 전화기를 사용하여 음성 통신망을 통하여 음성 데이터를 송수신할 수 있도록 설치된 통신망이므로 이를 이용하는 정보 통신은 음성급 모뎀을 이용하여 상호간에 정보를 전송할 수 있으며, 이때 모뎀은 자동 및 수동 호출, 응답 등의 내부 기능을 필요로 하게 된다.

(2) 구성

(가) 시내 전화망

① 가입 구역(Local Service Area) : 전화 가입 신청의 최소 단위가 되는 구역

② 단국지(Single Office Area) : 지방 소도시와 같이 가입자가 적은 국에서 1국으로 가입 구역이 구성되는 지역

③ 복국지(Multi-Office Area) : 가입 구역에 2국 이상 포함되는 지역

(나) 시외 전화망

① 총괄국(Regional Center, RC) : 최상위국으로 중심국군의 중심이 되는 국으로 상호간 망형으로 구성되어 있으며 양질의 전송 품질이 요구된다.

② 중심국(District Center, DC) : 총괄국과 집중국 사이에 위치하는 국으로 우회 중계기능을 가지고 있으며 도청 소재지 및 여기에 준하는 대도시에 설치된다.

③ 집중국(Toll Center, TC) : 가입 구역의 지역적인 집합으로 집중 구역을 설정하고 이 지역의 중심이 되는 국으로 회선망 및 번호 계획의 기초가 되는 국이다.

④ 단국(End Office, EO) : 시내국과 일치하며 최말단국이다.

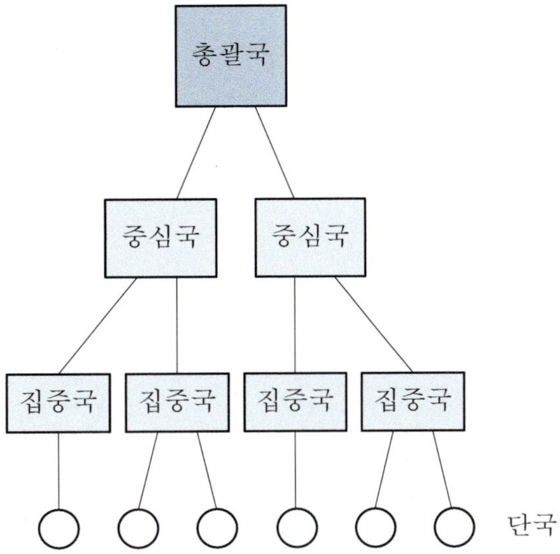

[그림 7.12] 시외 통신망

7.2.2 패킷 교환망

1) 도입 배경

회선 교환 방식의 큰 특징은 통신망 내에 존재하는 자원들이 특정한 호(call)에 대해서만 동작한다. 그러므로 음성을 전송하는 경우 높은 이용률을 얻을 수 있다. 그러나 데이터 통신 시스템이 발전하여 회선 교환 통신망이 데이터만을 전송하는 경우 다음과 같은 문제점이 발생하게 되었다.

① 회선 교환망은 연결 도중 전체 시간 내내 자원이 전적으로 할당하기 때문에 비효율적이라고 할 수 있다. 할당된 자원은 다른 연결에는 사용할 수 없다. 전화망에서는 장시간 아무런 통신이 없어도 한 컴퓨터가 다른 컴퓨터에 연결되어 있을 수 있다. 그러므로 전용된 자원은 다른 연결을 하지 못하게 되는 것을 말한다.
② 회선 교환망에서 송신기와 수신기의 정보 처리 속도는 일정하지만 여러 종류의 호스트 컴퓨터와 단말기 등이 접속된 광대역 통신망에서는 전송 효율을 저하시키는 요소가 된다.

위에서 설명한 회선 교환 방식의 문제점을 해결할 수 있는 통신 방식은 바로 패킷 교환방식이다.

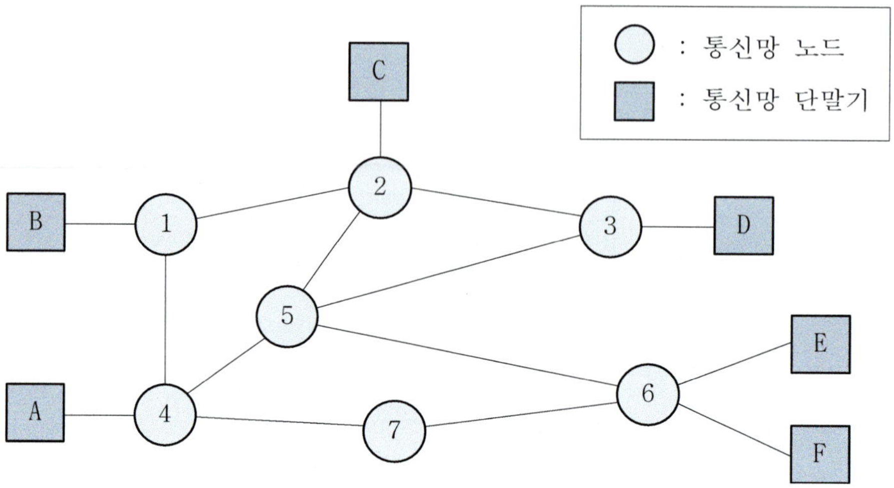

[그림 7.13] 패킷 교환망 구조

산책로

패킷의 정의

한 개의 송신기에서 발생된 정보를 메시지(message)라고 하며 발생된 메시지를 일정한 크기의 단위로 나누어 구성한 정보를 패킷(packet, 소포)이라고 한다. 데이터가 패킷으로 형식이 바뀔 때, 네트워크는 장문 메시지를 더 효과적이고 신뢰성 있게 보낼 수 있다.

2) 구성 원리

패킷 교환 방식은 패킷마다 발신지와 수신지의 주소를 넣어서 패킷 교환기가 그 주소를 보고 최종 목적지까지 패킷을 전달해 주는 교환방식이다. 회선 교환의 단점을 극복하면서 데이터 트래픽의 휴지 기간 동안에 낭비되는 대역폭을 효율적으로 이용하는 방식이다.

회선 교환망에서는 단말기 A가 단말기 F로 전송하기 위해서 노드 4를 통해 노드 5와 6 또는 7과 6을 통해야만 한다. 반면, 패킷 교환망에서는 단말기 A에서 단말기 E로 정보를 전송하기 위해서 노드 4의 출력 단에서 노드 7로 가는 링크가 휴지 상태이면 노드 7로 패킷을 전송한 후 노드 6으로 패킷을 전송한다.

이때, 패킷 교환기는 컴퓨터 그 자체이며 교환행위는 컴퓨터 메모리의 어떤 부분에 있는 데이터를 다른 메모리 위치로 옮기는 컴퓨터 명령어에 의해 수행되므로 패킷 교환 방식은 소프트웨어에 의한 교환이라고 할 수 있다.

지금까지 설명한 패킷 교환 방식의 특징을 요약하면 다음과 같다.

① 패킷 단위로 통신경로를 선택하기 때문에 우회전송이 가능하며 회선효율도 높다.
② 전송에러검사를 하여 에러가 있을 경우 재전송을 함으로 고품질의 정보 전송이 가능하다.
③ 프로토콜 및 전송속도가 다른 이 기종 단말기 상호간의 통신이 가능하다.
④ 임의의 노드에서 전송하기 위한 많은 노드를 저장하고 있다면 노드는 가장 우선순위가 높은 패킷을 전송할 수 있다.
⑤ 여러 가지의 부가 서비스를 제공할 수 있을 뿐 아니라 교환기 자체의 비용을 현저하게 낮출 수 있다.

산책로

메시지 교환 방식

임의의 단말기에서 전송될 메시지에는 목적지 단말기의 주소를 부가하여 전송되며, 각 노드에서는 모든 메시지를 받아 버퍼 속에 저장하였다가 다음 노드로 전송하는 방식이다.

3) 회선 설정 방식

(1) 가상회선(Virtual Circuit, VC)

데이터 통신에 앞서 미리 정해진 시작 순서에 따라 논리적인 통신 회선을 설정하고 통신이 끝나면 통신 회선을 절단하는 방식으로 이때 설정된 경로는 회선 교환 방식에서의 회선과 유사한 개념으로 볼 수 있으며, 이러한 측면을 고려하여 이 경로를 가상회선이라고 지칭한다. 이 경우 각 패킷은 데이터 정보뿐만 아니라 가상회선 식별자(identifier)를 포함하게 된다.

가상회선 방식을 연결 지향 서비스라고도 하는데, 데이터를 전송하면 반드시 목적지에 도착시킨다. 패킷을 전송하기 전에 가상회선을 먼저 만들고, 해당 호를 종료할 때까지는 선택한 경로만을 따라 패킷을 순서대로 전송하기 때문에 패킷을 다시 순서화할 필요가 없다.

가상 회선 방식은 데이터를 전송할 때 먼저 경로를 만들고 전송이 끝나면 경로를 해제하나, 회선 교환 방식은 데이터 전송 여부와 상관없이 경로를 만든다. 또 가상회선은 여러 노드가 동시에 가상회선을 가질 수 있지만, 회선 교환 방식은 여러 노드가 동시에 가상회선을 가질 수 없다.

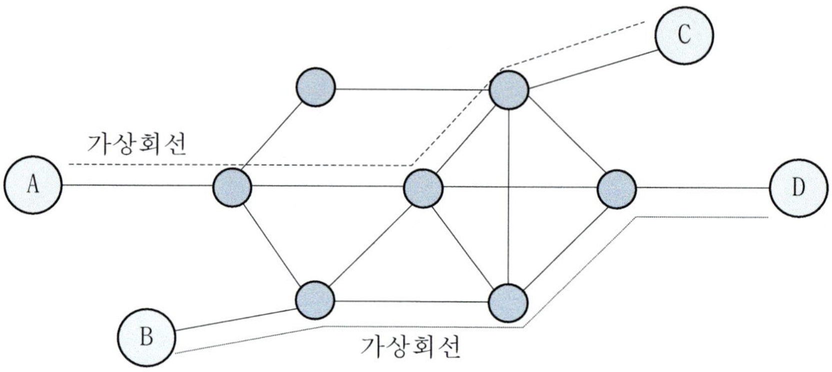

[그림 7.14] 가상회선 방식

이러한 가상회선 방식의 장점은 다음과 같다.

① 충돌이 일어날 경우 미리 설정된 경로에 의하여 보내기 때문에 신뢰성이 없다.
② 패킷을 보다 신속하게 전송한다. 이는 각 노드에서 각 패킷별로 별도의 주소지에 대한 경로 설정을 하지 않아도 된다.
③ 패킷수가 많은 경우에 유리하다.

(2) 데이터그램(Datagram)

단말 상호간에 논리적인 통신 회선을 설정하지 않는 방식이며 송신측 단말기는 패킷에 수신측 번호를 부여하여 전송하면, 패킷 교환망은 각 패킷의 수신측 번호를 인식하여 수신측 단말에 패킷을 전달한다.

패킷을 전송하기 전에 반드시 가상회선을 먼저 만들지 않아도 되므로 비연결 지향 서비스에 해당한다. 이때, 각각의 패킷이 이선에 전송된 패킷에 녹립적으로 전송되는데 동일한 수신기의 주소를 가지고 있다 할지라도 전송되는 경로가 다를 수 있다. 이와 같이 전송되는 경로가 달라짐에 따라 패킷이 발생된 순서대로 목적지로 전송되지 않는 경우가 발생할 수 있다. 그러므로 송신할 때 패킷의 제어 부분에는 발생 순서에 따른 일련번호가 기입되고, 수신기에서는 일련번호에 의해 수신된 패킷의 순서를 재조립하는 기능을 수행해야 한다.

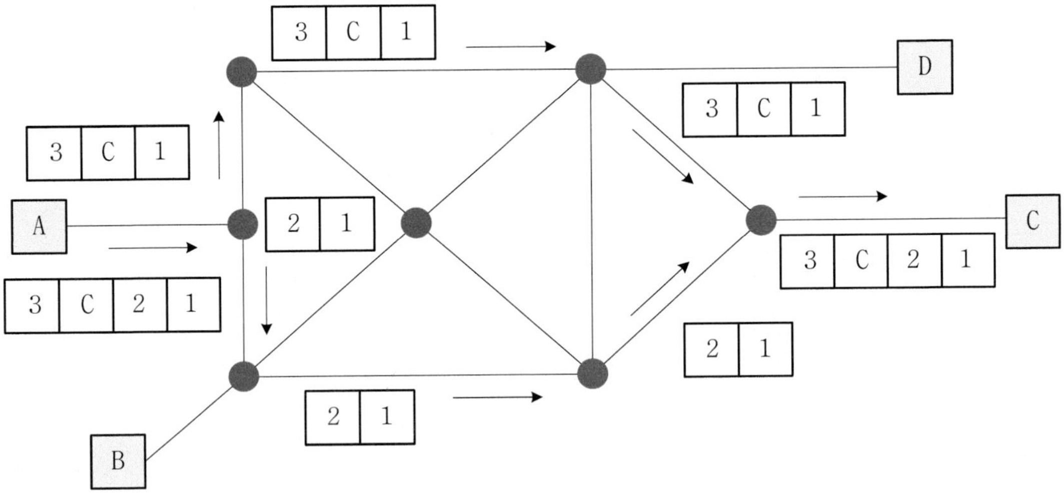

[그림 7.15] 데이터그램 방식

이러한 데이터그램 방식의 장점은 다음과 같다.

① 호출 설정 단계를 하지 않아도 된다.
② 충돌이 발생할 경우 우회경로가 통하므로 유연성이 있다.
③ 패킷수가 적을 경우에 유리하다.

(3) 데이터그램 방식과 가상회선 방식의 비교

① 가상회선 방식은 각 노드에서 경로를 설정할 필요가 없기 때문에 패킷의 전송속도가 데이터그램 방식에 비해서 빠르다.
② 데이터그램 방식은 유연한 특성을 가지므로 특정한 링크에서 트래픽이 증가하여 폭주상태가 되면 패킷의 전송경로를 바꿀 수 있지만 가상회선 방식은 한번 설정된 경로는 끝까지 유지되어야 하기 때문에 폭주상태에 대한 대비책이 없다.
③ 데이터그램 방식은 통신망 내의 노드가 고장이 발생하면 고장 난 노드를 피해서 각각의 패킷을 전송할 수 있지만, 가상회선 방식은 한번 설정된 경로의 노드에 고장이 발생하면 모든 패킷의 전송이 불가능해진다.

산책로

생활 속에서 보는 가상회선과 데이터그램방식

가상회선은 마치 서울에서 부산까지 가는 고속버스표를 구입한 후 일단 타면 고속도로가 정체 된다 하더라도 목적지까지 가야하는 방식과 동일하다. 그러나 부산까지 가더라도 도로 상황에 따라 중계지역에서 전철이나 시외버스로 환승하여 이동수단을 변경하여 목적지까지 갈 경우 미리 운송수단을 택할 필요가 없게 되는 방식은 데이터그램방식과 일치한다.

7.3 다중화 기술

전송로 하나에 데이터 신호 여러 개를 중복시켜 고속 신호 하나를 만들기 위해서 다중화 기술을 사용하며 전송로의 이용 효율이 높다. 이때, 사용하는 장비를 다중화기(MUX, Multiplexer) 또는 다중화 장치라고 한다. 다중화기를 사용하지 않으면 단말기 개수만큼 필요하므로 비용은 높아지고, 효율성은 떨어진다.

한편, 송신측에서 수신측으로 데이터를 전송할 때 각 채널들은 하나의 회선을 공유하므로 회선을 통과하는 데이터들을 구별하기 위한 기준이 있어야 하는데 데이터 신호를 어떤 영역에서 다중화 하는 가에 따라서 다음과 같이 구분할 수 있다.

① 주파수 분할 다중화 방식 : 하나의 회선을 다수의 주파수 대역으로 분할하여 다중화한다.

② 시분할 다중화 방식 : 하나의 회선을 다수의 아주 짧은 타임 슬롯(Time Slot)으로 분할하여 다중화한다.

③ 코드 분할 다중화 방식 : 하나의 회선을 FDM과 TDM을 복합한 방식으로 일종의 확산 대역(Spread Spectrum)을 이용하여 다중화한다.

산책로

다중화 기술과 다원 접속 방식의 비교

다중화(multiplexing)는 몇 개의 신호 채널들이 하나의 통신 회선을 통하여 저속 채널들이 결합된 형태로 전송하고 이를 수신 측에서 다시 몇 개의 신호 채널로 분리하여 전달할 수 있는 기술이며 다중 접속(multiple access)은 multiplexing 기술과 switching 기술이 합해진 기술이다.

7.3.1 주파수 분할 다중화 방식(Frequency Division Multiplexing, FDM)

1) 개념

전송로에 할당되어 있는 주파수 대역을 몇 개의 작은 대역폭으로 나누는 방식으로 신호 파형을 변형시키지 않고 각 채널의 주파수를 조금씩 겹치지 않도록 분할하여 다수의 터미널이 동시에 이용할 수 있도록 하는 방식이다.

채널과 채널 간 상호 간섭을 막기 위해서 각 신호들의 대역폭이 겹치지 않도록 일정한 간격의 보호대역(Guard Band)을 사용하므로 전송 대역폭에서 유효 대역폭이 각 채널의 대역폭보다 클 때만 가능한 방식이다. 이렇게 보호 대역을 만들어 두어도 상호 변조 잡음(Intermodulation Noise)은 여전히 극복해야 할 문제이며 주로 아날로그 전송 매체에서 사용하는 방식이다.

예를 들면, 라디오에서 같은 안테나로 수신하면서 여러 방송을 선택할 수 있는 것은 각 방송국의 프로그램이 주파수 분할 다중화 되어 송신하고, 수신측에서 채널장치에 의해 원하는 채널의 주파수만 필터링(filtering)하여 들려준다.

2) 특징

① 동기의 정확성이 필요 없으므로 비동기 방식에 주로 사용된다.

② 변복조 기능이 포함되어 있으므로 모뎀이 필요 없다.

③ 변복조가 간단하고 가격이 저렴하다.

④ 인접 신호 간에 주파수 스펙트럼이 상당히 겹쳐질 때 누화 현상이 발생할 수 있다.

⑤ 임의의 한 채널에서 신호에 대한 증폭기의 비선형적 영향이 다른 채널에서 새로운 주파수를 발생시킬 수 있으므로 상호 변조 잡음이 우려된다.

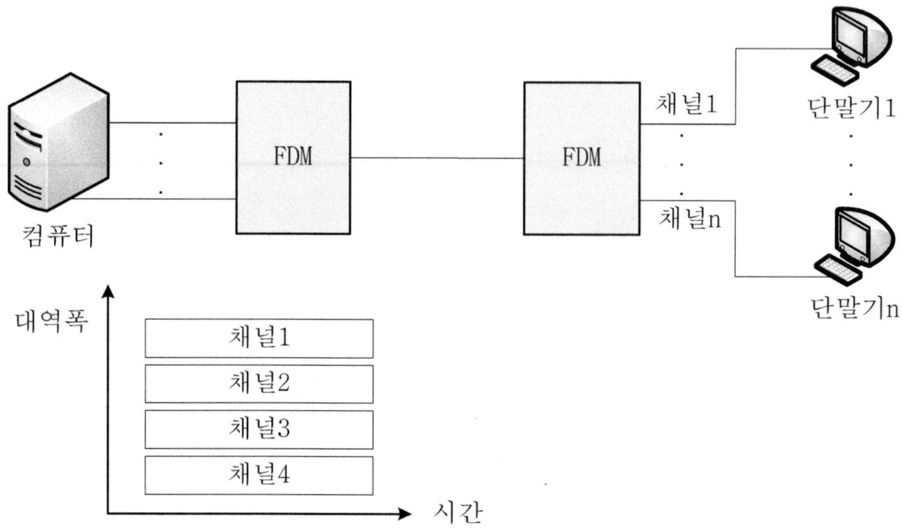

[그림 7.16] FDM 방식

7.3.2 시분할 다중화 방식(Time Division Multiplexing, TDM)

1) 개념

시분할 다중화란 전송로에 할당되어 있는 시간대역을 각 채널별로 시간단위로 나누어 할당하는 방식으로 회선 교환에 속한다. 이때, 각 채널들은 고속통신 선로를 독점한 것처럼 보이나 실제로 분배된 시간만 이용한다.

시분할 다중화 방식의 특징은 다음과 같이 설명할 수 있다.

① 고속 단말의 전송인 경우에는 동기 전송을 이용함으로 정확한 시간 동기가 필수적이다.

② 위치다중이므로 전송정보가 없더라도 속해있는 시간대역을 그대로 차지하므로 전송효율이 약화될 수 있다.

③ 가용 주파수 대역을 최적으로 사용하기 위해 지속적으로 시간간격을 조절하므로 융통성이 있다.

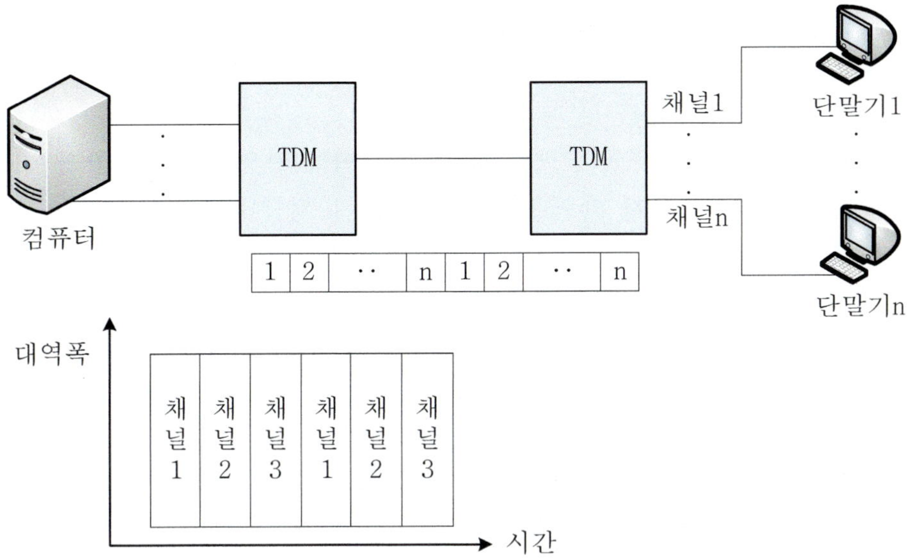

[그림 7.17] TDM 방식

2) 분류

각 채널에 시간 폭을 할당하는 방법에 따라 동기식 시분할 다중화(Synchronous TDM) 방식과 비동기식 시분할 다중화(Asynchronous TDM, ATDM) 방식으로 분류할 수 있으며 비동기식 시분할 다중화 방식은 통계적 시분할 다중화(Statistical TDM, STDM) 방식 또는 지능형 다중화(Intelligent TDM) 방식이라고도 한다.

(1) 동기식 시분할 다중화

'동기'라는 의미는 신호를 전송할 때 동기를 맞춘다는 의미가 아니라 각각의 채널에 할당된 시간 슬롯(slot)이 점유할 수 있는 대역폭이 미리 할당된 것을 의미하는 것으로서 전송할 데이터가 없을 경우에도 임의의 한 개의 채널에 할당된 대역폭을 다른 채널이 점유할 수 없다.

이와 같은 동기식은 다중화기의 하드웨어적 구성은 용이하지만, 대역폭을 낭비하는 결과를 초래하여 전송 시스템의 성능이 매우 감소한다. 이에 대한 보완책으로 입력장치마다 차별화하여 슬롯을 할당하거나, 느린 장치에는 상대적으로 적은 슬롯을 할당하고 빠른 장치에는 여러 개의 슬롯을 할당한다.

(2) 비동기식 시분할 다중화

대역폭의 낭비를 초래하는 동기식 시분할 다중화의 문제점을 보완한 것이 비동기식 시분할 다중화이다. 비동기식 시분할 다중화는 동적으로 대역폭을 각각의 채널에 할당하는 것으로서 데이터가 없는 빈 시간 슬롯이 전송되는 경우가 없다. 대역폭이 각각의 채널에 사전에 할당되어 있지 않으므로 임의의 입력 채널에서 정보가 전송되지 않으면 대신에 다른 채널에서 빈 시간 슬롯을 이용하여 정보를 전송하게 된다.

비동기식 시분할 다중화 방식의 특징은 다음과 같다.

① 전송 과정에서 발생하는 오류에 대하여 통계적인 추측이 가능하여 시스템을 확장할 때 이를 이용하여 오류를 줄일 수 있다.
② 전송 회선을 효율적으로 이용할 수 있으므로 일반 다중화기보다 더 많은 데이터의 전송이 가능하다.
③ 지능형 다중화기를 상호 연결하여 시스템 구성이 간단하고, 주소 제어, 흐름 제어 및 메시지 보관 등이 가능하지만 가격이 비싼 것이 단점이다.

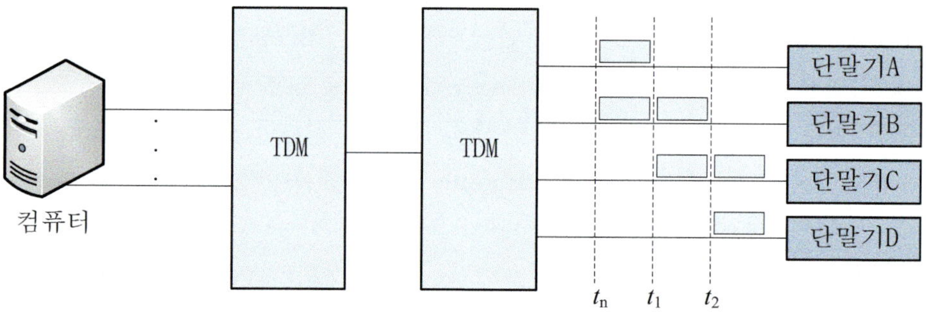

시간폭 낭비 (C1–D1) / 시간폭 낭비 (D2–B3)

A1	B1	C1	D1	A2	B2	C2	D2	A3	B3	C3	D3

(a) 동기식 시분할 다중화

시간폭을 동적으로 사용하여 유리 (C1–B3)

A1	B1	B2	C2	C3	D3	C1	D1	A2	D2	A3	B3

(b) 비동기식 시분할 다중화

[그림 7.18] 시분할 다중화 분류

3) 전송 시스템

TDM 전송 시스템은 음성 전송을 기본으로 하는 디지털 전송 시스템이다. 다수의 음성을 한 개의 채널로 전송하는 TDM 시스템은 한국, 미국 및 일본 등에서 사용하는 T1(DS-1)과 유럽 등지에서 사용하는 E1 시스템이 있다.

이들 디지털 시스템들은 약 4[KHz]의 대역폭을 갖는 음성을 8[KHz]로 표본화하고 각각의 표본을 8비트로 부호화시키는 PCM(Pulse Code Modulation) 시스템이다. 참고로 T1은 ITU-T 표준안 G.733에서 권고되었으며 E1은 G.732에서 권고되고 있다.

(1) T1 디지털 시스템

T1 디지털 시스템은 24채널의 음성을 다중화 하는 전송 장비로서 24개의 타임 슬롯(채널)이 다중화되어 한 개의 프레임(frame)을 구성하고 각각의 슬롯은 8비트로 부호화된다.

신호 정보는 6번째와 12번째 슬롯의 첫 비트를 사용하여 전송되며, 이로 인해 데이터 비트는 7비트가 된다. 또한 프레임간의 동기화를 위한 프레인 동기 비트가 1비트 추가되어 결국 T1 디지털 시스템의 전송속도는 (24x8+1)/125[μsec]=1.544[Mbps]가 된다.

이와 같이 1.544[Mbps]의 전송 속도를 갖는 프레임의 구조를 T1 또는 DS-1(Digital Signalling 1)이라고 한다. T1 구조는 디지털 계층화의 가장 기본적인 형태를 구성한다.

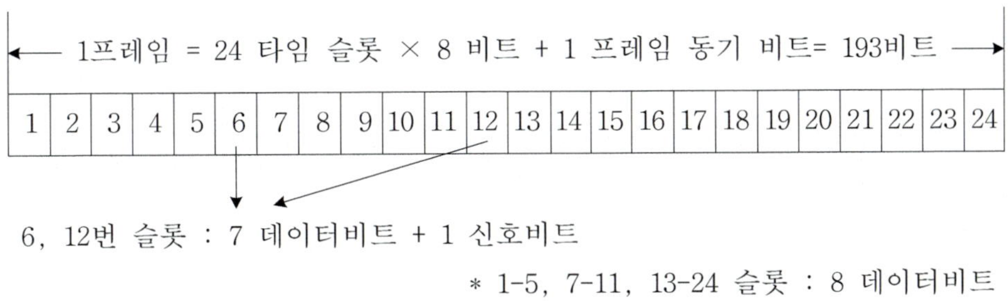

[그림 7.19] T1 디지털 시스템의 프레임 구성도

(2) E1 디지털 시스템

E1 디지털 계층은 30개의 데이터 채널을 그룹화해서 사용하고 있다. 동기화 채널과 신호 채널을 포함하여 32개의 타임 슬롯으로 구성되는데 동기화 채널은 0번 타임 슬롯이며 수신기가 프레임의 경계를 해석할 수 있게 해주므로 프레임 정렬이라고 한다. 신호 채널은 16번째 타임 슬롯에 의해 전송된다. 이때, E1 디지털 시스템의 전송속도는 32x8/125[μsec]=2.048[Mbps]가 된다.

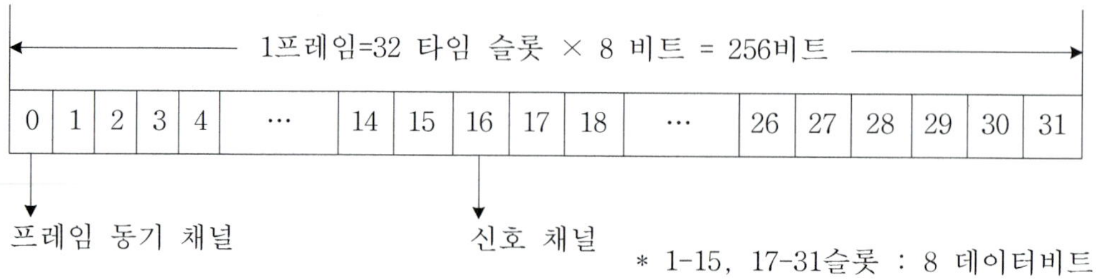

[그림 7.20] E1 디지털 시스템의 프레임 구성도

[표 7.1] 북미 방식과 유럽 방식의 PCM 방식

구분		북미 방식	유럽 방식
기본 특성	전송 속도	1.544Mbps	2.048Mbps
	프레임당 비트수	24X8+1=193	32X8=256
	멀티프레임수	12	16
	프레임당 타임슬롯/통화로수	24/24	32/30
통화로 특성	표본주파수(주기)	8kHz(125μsec)	
	압신법칙	μ-law(μ=255) 15절선 근사	A-law(A=87.6) 13절선근사

7.3.3 코드분할 다중화 방식(Code Division Multiplexing, CDM)

1) 개념

코드분할 다중화 방식은 전송하고자 하는 정보를 필요한 대역폭으로 전송하는 것이 아니라 잡음과 다중 경로에 대한 면역성 등을 위해서 의도적으로 원래의 대역폭보다 훨씬 넓은 주파수 대역폭을 사용하는 확산 대역 기술을 사용하여 정보를 전송한다.

이동통신은 고정 통신과는 달리 전송 채널에 많은 변화가 발생하게 된다. 수신 경로가 다양한 이동 통신 환경에서는 디지털 변조 방식을 통해 원하는 성능을 만족하는 것이 곤란하기 때문에 다중 경로 수신 환경에 적합한 변조 방식으로 제안된 방식이 확산 대역 기술이다.

코드분할 다중화 방식에서는 각 송신측이 동시에 송신을 하더라도 수신측에서 서로 다른 코드를 갖고 있으므로 자신의 코드에 해당하는 코드만 읽어 들일 수 있다. 신호를 송수신하는 과정에서 확산 대역은 광대역을 사용하고 잡음과 유사한 신호를 사용하는 특성 때문에 다른 사람이 감지하기 상당히 어려울 뿐만 아니라 가로채거나 복조하기 어렵다.

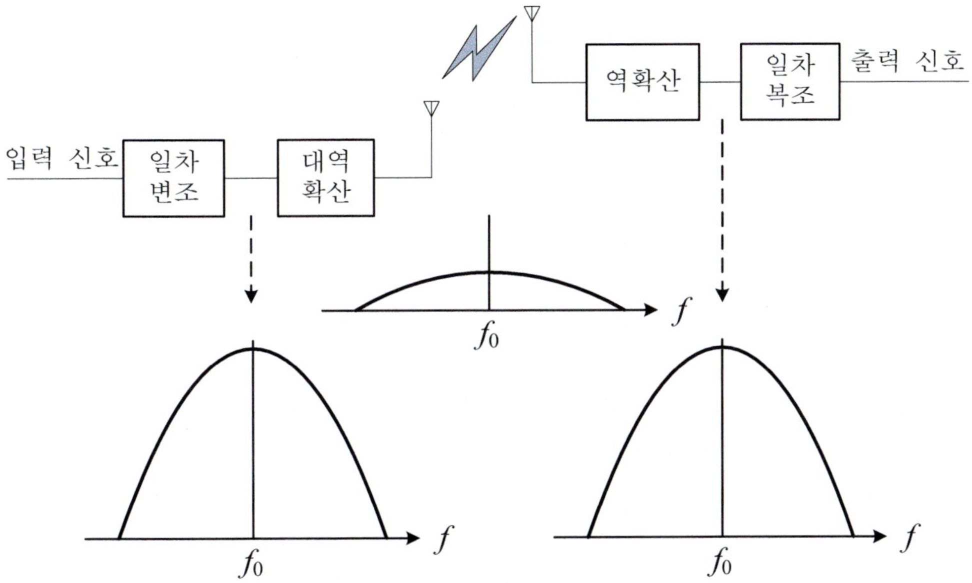

[그림 7.21] 대역 확산 방식

2) 특징

① 낮은 신호 스펙트럼으로 인해 다경로 페이딩(Multipath Fading)에 강하다.

② 도청이나 간섭에 상당히 강하므로 보안에 사용된다.

③ 수신부에서 인코딩에 사용되는 코드를 알아야 하므로 장치가 복잡하다.

산책로

대화 속에서 보는 다원 접속 방식

주파수 분할 다중화 방식은 모임 장소를 각각 작은 구역으로 나누어서 대기 장소에서 차례를 기다렸다가 순서대로 들어가서 모든 사람이 같은 언어로 이야기를 하는 것이고 시분할 다중화는 각각 이야기하는 시간을 할당받아서 동일한 언어로 대화를 하는 것이다. 그러나 코드 분할 다중화 방식은 모든 사람이 같은 장소에서 이야기를 하는 것과 같지만 서로 다른 언어를 사용하므로 알아들을 수 없다.

7.4 네트워크 기술

7.4.1 인터네트워킹(Internetworking) 장비

인터네트워킹 기술은 여러 개의 네트워크가 존재하며 이들 간의 정보 교환이나 자원 공유, 서비스의 상호 이용이 필요한 경우 네트워크와 네트워크를 접속해서 복수의 네트워크를 구성할 수 있는 기술을 말하며 이때 사용하는 장비는 다음과 같이 대별할 수 있다.

[표 7.2] 인터네트워킹 장비

<table>
<tr><td colspan="2">트랜스포트 계층~
응용 계층</td><td colspan="7"></td><td rowspan="5">게이트
웨이</td></tr>
<tr><td colspan="2">네트워크 계층</td><td colspan="5"></td><td rowspan="4">라
우
터</td><td rowspan="4">계층3
스위치</td></tr>
<tr><td rowspan="2">데이터링크
계층</td><td>LLC</td><td colspan="3"></td><td rowspan="3">브
리
지</td><td rowspan="3">스위칭
허브
(계층2
스위치)</td></tr>
<tr><td>MAC</td><td colspan="2"></td><td rowspan="2">중계기
(허브)</td></tr>
<tr><td colspan="2">물리계층</td><td>트랜시버</td><td>중계기</td></tr>
</table>

1) 허브(hub)

허브는 한 가운데에 있는 제어 장치를 중심으로 DTE가 있는 지점 간에 트리 구조로 연결하는 장비이다. 허브는 수신한 신호를 정확히 재생하여 다른 쪽으로 내보내는 역할을 한다. 가격이 아주 저렴하기 때문에 널리 사용되고 있으나 네트워크의 규모에 의해서는 프레임의 충돌이 빈번하기도 하고 목적지 이외의 네트워크에 쓸모없는 프레임도 내보내게 된다.

2) 리피터(repeater)

OSI 1계층 간을 연결하는 기기로 네트워크의 세그먼트를 연장하기 위한 기기이다. 스테이션에서 발신되는 신호는 전송거리가 길어지면 이 신호는 열화되어 규격에 따르지 않기 때문에 수신측에서 원래의 정보로 재생할 수 없다.

예를 들어, 10Base2 세그먼트를 이용해 연결할 수 있는 최대거리는 200[m]이다. 그러나 실제로 연결하려는 장비인 DTE가 그 이상 분산되어 있으면 세그먼트 하나로 전체 LAN을 구성할 수 없다. 이때, 리피터를 이용해 전체 망 길이를 연장하면 된다.

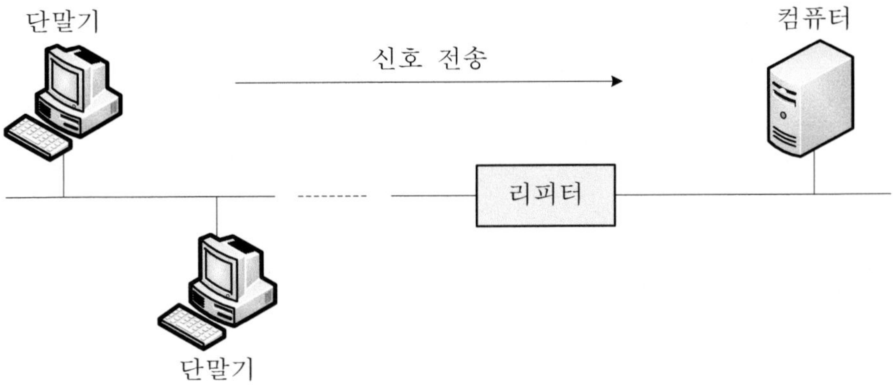

[그림 7.22] 리피터

3) 브리지(Bridge)

동일한 네트워크에서 물리적인 구조가 다른 세그먼트끼리 브리지를 사용하면 서로 연결할 수 있으므로 하나의 세그먼트에 제한된 최대 길이, 최대 연결 노드 수 등 물리적인 제약을 극복할 수 있다. 주소에 관한 정보를 얻으려면 패킷을 브로드캐스트 모드로 전송해야 하는데, 이것은 전체 망에 심한 오버헤드를 줄 수 있어 노드가 50개 이하인 소규모 망에서만 주로 사용한다.

OSI 계층에서 보면 데이터링크 계층에서 망을 연결하는 장비이다. 다시 말하면, 물리적 계층이 서로 다른 망을 접속하는데 망 A와 브리지 간에 데이터 링크 기능을 수행한 후 이에 대한 결과를 망 B에 전송한다.

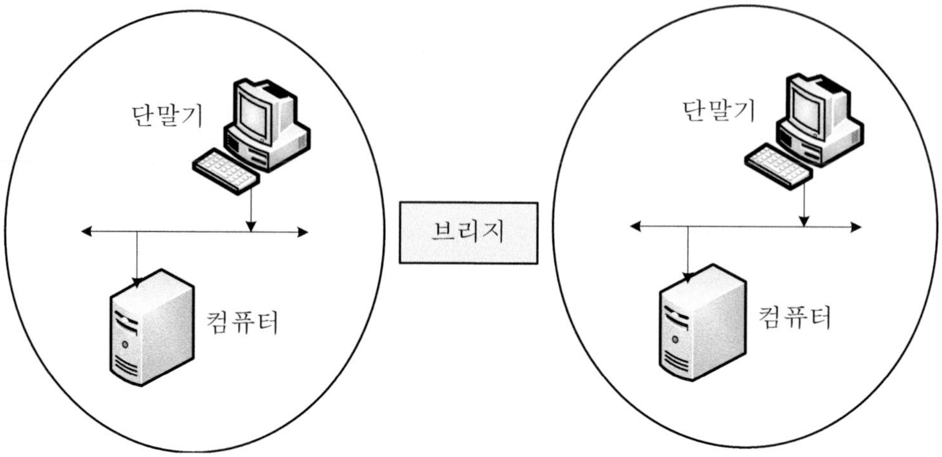

[그림 7.23] 브리지

브리지는 프레임의 MAC 어드레스를 살펴서 프레임의 통과를 허가하거나 허가하지 않는 판단을 하는 필터링 기능을 갖고 있지만 리피터는 물리 계층에 해당하므로 단순히 증폭하고 재생시키는 기능만 제공하고 있다.

4) 라우터(Router)

동일한 전송 프로토콜을 사용하는 분리된 네트워크를 연결하는 장비로 OSI 계층에서 보면 네트워크 계층에서 망을 연결하는 장비이다.

브리지가 MAC 어드레스를 보고 그 프레임을 중계할지를 판정하는 것에 비해 라우터는 라우팅 프로토콜에 의해 네트워크 중에 접속되어 있는 목적의 터미널을 발견해 내는 경로를 결정한다.

송수신에 사용되는 IP(Internet Protocol) 패킷 중의 IP 어드레스를 인식하기 때문에 브리지의 경우에 흘린 쓸모없는 프레임을 라우터에서는 흘리지 않을 수 있기 때문에 라우터는 서로 독립성이 높은 네트워크 간을 상호 접속하기 위해 사용되고 있다.

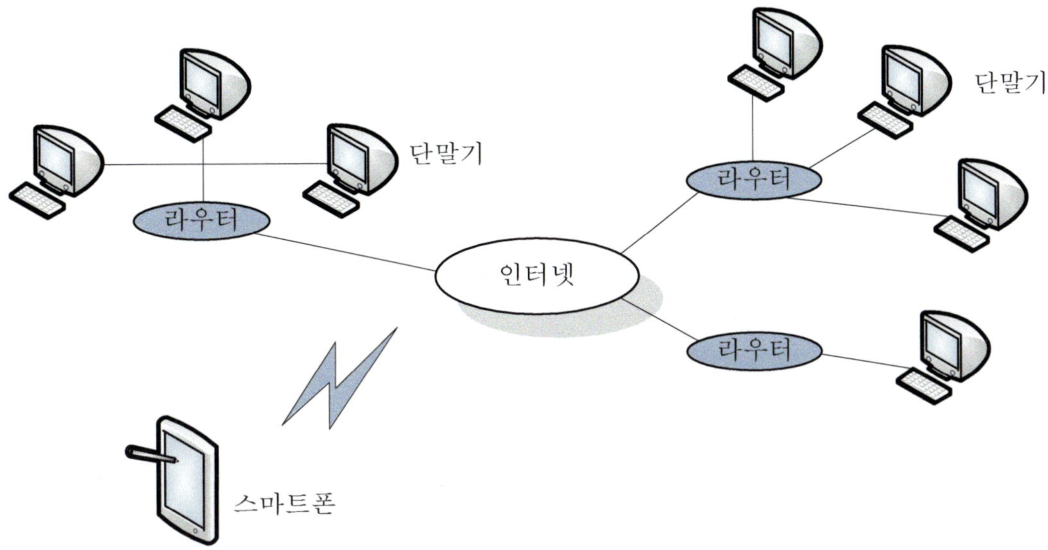

[그림 7.24] 라우터

5) 게이트웨이(Gateway)

OSI 참조 모델의 상위 계층을 포함한 전 계층에서 정합 기능을 제공하고 있다. 즉, 네트워크 A가 게이트웨이와 1~7 계층까지 peer-to-peer protocol을 행한 후 이에 대한 결과를 gateway에 저장한 후 네트워크 B와 peer-to-peer protocol을 행한다.

여러 계층의 프로토콜 변환 기능 때문에 네트워크 내에서 병목 현상을 일으키는 지점에 설치한다. 예를 들면 PSTN과 패킷교환망을 연결하거나 프록시 서버(Proxy Server)나 방화벽(firewall) 서버의 역할을 함께 수행하는 경우도 있다.

7.4.2 네트워크 구성 방식

1) 동등 계층(Peer-to-peer) 방식

(1) 개념

네트워크에 연결된 자원에 특정 규약 없이 접근할 수 있는 형태의 네트워크를 의미한다. peer란 사전적 의미로는 동료 또는 대등한 사람을 뜻하는 것으로서 서버 혹은 클라이언트의 의미와는 상반되는 개념이다. 즉, 서버와 클라이언트의 구분이 없으므로 네트워크에 연결된 컴퓨터는 서버도 될 수 있고 클라이언트도 될 수 있다. 일반적으로 소규모의 네트워크를 구축할 때 많이 사용되는 모델이다.

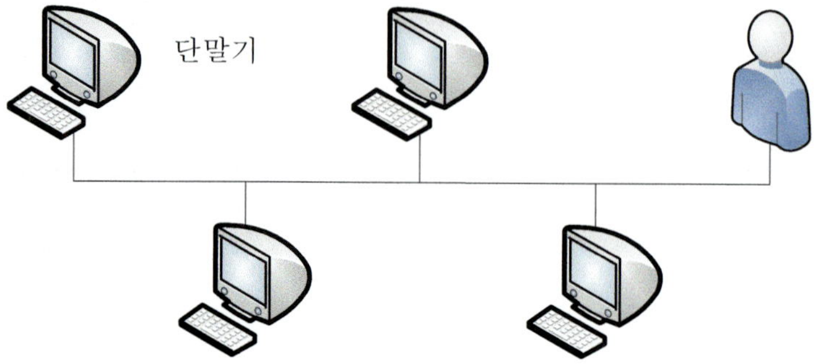

[그림 7.25] 동등 계층(Peer-to-peer) 방식

(2) 장점

① 설치 및 관리가 간편하고 고가의 서버 등을 구입할 필요가 없으므로 구축에 많은 비용이 소요되지 않는다.

② 작업의 수행에 있어서 다른 컴퓨터에 대한 의존이 덜하다.

③ 네트워크 관리를 위한 관리자를 따로 고용할 필요가 없고 중앙 서버의 제어 없이 독자적으로 운영된다.

(3) 단점

① 연결되는 컴퓨터의 수가 늘어날수록 관리가 어려워지고 네트워크의 성능도 현저하게 떨어진다.

② 중앙에서 보안을 관리할 서버가 없으므로 다른 컴퓨터에 있는 리소스를 사용하기 위하여 여러 개의 암호와 사용자명을 기억하고 있어야 한다.

③ 데이터가 여러 컴퓨터에 흩어져 있으므로 백업 작업이 상당히 복잡해진다.

④ 중앙 관리가 불가능하며 peer 컴퓨터의 사용자 관리를 필요로 한다.

2) 클라이언트/서버 방식

(1) 개념

클라이언트/서버 방식이란 클라이언트를 서비스에 대한 요구자로, 서버를 서비스에 대한 제공자의 형태로 네트워킹하여 자원을 공유하는 분산처리기법을 말한다. 대개의 경우 클라이언트는 서버에게 자신이 원하는 자료를 요청하고, 서버는 클라이언트에서 요청된 자료를 보내주는 형식을 갖는다.

(2) 장점

① 중앙 집중적으로 서버에 의해서 모든 사용자명과 암호가 관리되며, 어떤 사용자라도 자원에 접근하기 전에 접근 허가를 얻어야 한다.

② 서버에 의해서 집중 관리되므로 클라이언트가 추가되더라도 관리 측면에서 별다른 문제가 발생하지 않는다.

③ 하나의 네트워크와 계정으로 도메인 내의 자원을 이용할 수 있다.

(3) 단점

① 값비싼 서버를 따로 구입해야 하며, 이 모델에 맞는 값비싼 운영체제를 구비해야 하는 어려움이 생긴다.

② 서버가 다운될 경우에 연결된 클라이언트들은 전혀 동작하지 않게 되므로 네트워크 관리자가 필요하다.

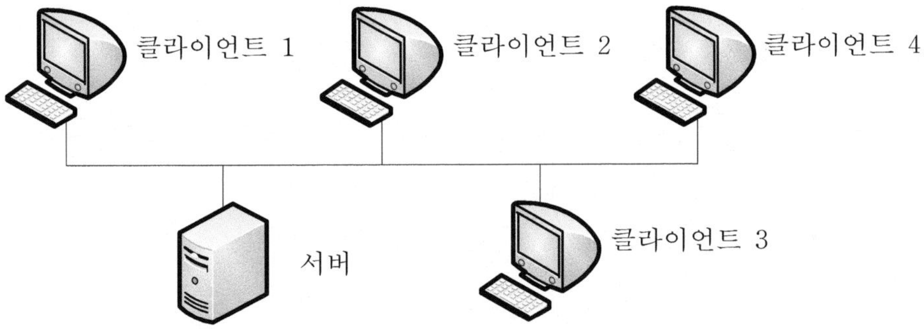

[그림 7.26] 클라이언트/서버 방식

요 약

1. 점-대-점(point-to-point) 방식은 중앙의 컴퓨터와 터미널이 일 대 일로 연결되는 가장 단순한 방식으로 컴퓨터와 터미널 사이에 언제든지 통신이 가능하다.
2. 분기(multipoint, multidrop) 방식에서는 컴퓨터 시스템에 연결된 하나의 전용회선에 단말기가 여러 대 연결되어 컴퓨터에서 데이터를 수신할 때는 동시에 수신한다.
3. 집선(concentration) 방식은 지역 중앙에 집선 장치를 설치하여 여러 대의 터미널로부터 전송되는 비교적 낮은 속도의 데이터를 일단 집선 장치에 축적한 다음 데이터를 모아 고속으로 컴퓨터에 보내는 방식이다.
4. 다중화(multiplexing) 방식이란 몇 개의 저속 신호 채널들을 결합하여 하나의 물리적 통신 회선을 통하여 전송하고, 이를 수신측에서 다시 본래의 신호 채널로 분리하여 전달하는 방식을 말한다.
5. 단방향 전송 방식(simplex)은 오직 한 방향으로만 신호 전송이 가능한 방식으로서 일반적인 데이터 전송 방법으로는 잘 사용되지 않는다.
6. 양방향 전송 방식(duplex)은 단방향 전송 방식과 달리 송수신측이 미리 결정되지 않고 방향의 전환에 의해 데이터의 전달 방향을 바꾸어 전송하는 방식이다. 양방향 전송 방식은 다시 반이중 전송 방식과 전이중 전송 방식으로 구분할 수 있다.
7. 회선 교환 방식은 정보 전송의 필요성이 생겼을 때 상대방을 호출하여 물리적으로 연결하고 이 물리적인 연결은 정보전송이 종료될 때까지 계속된다.
8. 공통선 신호 방식에서는 제어 신호와 음성 정보가 완전히 독립된 물리적인 전송 경로를 통해서 전송된다.
9. 패킷 교환 방식은 패킷마다 발신지와 수신지의 주소를 넣어서 패킷 교환기가 그 주소를 보고 최종 목적지까지 패킷을 전달해 주는 교환방식이다.
10. 데이터 통신에 앞서 미리 정해진 시작 순서에 따라 논리적인 통신 회선을 설정하고 통신이 끝니면 통신 회선을 절단하는 방식을 가상회선이라고 힌다.
11. 데이터그램 방식은 단말 상호간에 논리적인 통신 회선을 설정하지 않는 방식이며 패킷을 전송하기 전에 반드시 가상회선을 먼저 만들지 않아도 되므로 비연결 지향 서비스에 해당한다.
12. 주파수 분할 다중화 방식이란 하나의 회선을 다수의 주파수 대역으로 분할하여 다중화 하는 방식을 말한다.

13. 시분할 다중화 방식이란 하나의 회선을 다수의 아주 짧은 타임 슬롯(Time Slot)으로 분할하여 다중화 하는 방식을 말한다.
14. 코드 분할 다중화 방식이란 하나의 회선을 FDM과 TDM을 복합한 방식으로 일종의 확산 대역(Spread Spectrum)을 이용하여 다중화 하는 방식을 말한다.
15. T1 디지털 시스템의 전송속도는 1.544[Mbps]이며 E1 디지털 시스템의 전송속도는 2.048[Mbps]가 된다.
16. 허브는 한 가운데에 있는 제어 장치를 중심으로 DTE가 있는 지점 간에 트리 구조로 연결하는 장비이다.
17. 브리지는 프레임의 MAC 어드레스를 살펴서 프레임의 통과를 허가하거나 허가하지 않는 판단을 하는 필터링 기능을 갖고 있지만 리피터는 물리 계층에 해당하므로 단순히 증폭하고 재생시키는 기능만 제공하고 있다.
18. 라우터(Router)는 동일한 전송 프로토콜을 사용하는 분리된 네트워크를 연결하는 장비로 OSI 계층에서 보면 네트워크 계층에서 망을 연결하는 장비이다.
19. 게이트웨이(Gateway)는 OSI 참조 모델의 상위 계층을 포함한 전 계층에서 정합 기능을 제공하고 있다.
20. 동등 계층(Peer-to-peer) 네트워크는 네트워크에 연결된 자원에 특정 규약 없이 접근할 수 있는 형태의 네트워크를 의미한다.
21. 클라이언트/서버 방식이란 클라이언트를 서비스에 대한 요구자로, 서버를 서비스에 대한 제공자의 형태로 네트워킹하여 자원을 공유하는 분산처리기법을 말한다.

연습 문제

1. 분기(multipoint, multidrop) 방식을 자세히 설명하시오.

2. 멀티캐스트의 개념을 설명하고 적용분야에 대하여 서술하시오.

3. 회선 교환 방식의 개념에 대하여 설명하고 신호 방식에 대하여 서술하시오.

4. PSTN(Public Switched Telephone Network)의 원리와 구성에 대하여 설명하시오.

5. 가상회선과 데이터그램의 구현 방법에 대하여 차이점을 말하시오.

6. 다중화 방식의 도입 배경과 종류를 들어 서술하시오.

7. 인터네트워킹 장비의 종류를 열거하고 간단히 설명하시오.

8. 다음을 간단히 설명하시오.
   1) 집선 방식과 다중화 방식의 차이
   2) STDM(Statistical TDM)
   3) T1과 E1의 차이
   4) 동등 계층(Peer-to-peer) 방식

약 어

VC(Virtual Circuit)
RC(Regional Center)
DC(District Center)
TC(Toll Center)
EO(End Office)
FDM(Frequency Division Multiplexing)
TDM(Time Division Multiplexing)
CDM(Code Division Multiplexing)
CAS(Channel Associated Signalling)
CCS(Common Channel Signalling)
PSTN(Public Switched Telephone Network)
VC(Virtual Circuit)
MAC(Media Access Control)
IP(Internet Protocol)

제 8 장

데이터 전송 제어

지금 우리가 사용하고 있는 네트워크의 물리적 환경은 상당히 많은 간섭에 노출되어 있다. 이때 데이터 링크 계층에서는 에러 제어, 흐름 제어 등은 두 시스템 간의 물리적 데이터 전송에 신뢰성을 부여하는 역할을 하지만, 두 시스템 간의 데이터 전송이 신뢰성 있게 이루어지기 위해서는 이외에도 많은 일들이 필요하다. 이러한 일들에 대한 체계적인 구성을 데이터 전송 제어라고 한다. 데이터 전송에서 링크는 별도의 물리적 선로가 아니라 두 시스템 간의 신뢰성 있는 데이터 전송을 위해 설정되는 하나의 가상 선로이다.

데이터 링크 제어 프로토콜(Data Link Control Protocol)은 기본적으로 다음과 같은 기능을 수행할 수 있도록 구성된다.

① 프로토콜은 오류가 발생할 때 오류를 검출할 수 있는 기능을 제공하거나 우수한 전송품질을 보장할 수 있도록 검출된 오류 부분을 정정하여 복구할 수 있는 기능을 제공해야 한다.
② 입력되는 비트열(Bit Stream)을 일정한 형태의 블록이나 프레임 단위로 분할해야 한다. 분할된 각 프레임이나 블록의 첫 부분과 끝 부분을 확실하게 분류하기 위해서 해당 단위의 동기 방식이 제공되어야 한다.
③ 데이터 전송 전에 데이터 링크를 설정하고 데이터 전송 동안에는 링크를 유지하며 전송이 종료되었을 때에는 링크를 해제한다.

데이터 전송 제어에서 데이터의 안정성을 보장하는 것은 네트워크의 신뢰성을 높이는 일이며 신뢰성이 높은 네트워크의 전송률은 자연히 높아진다. 그러므로 이번 장에서는 데이터 전송 제어에서 먼저 전송 방식에 대하여 알아보고 데이터 링크 프로토콜을 이해하여 전송 제어 방식에 대하여 기술한 후 에러제어의 개념과 종류 그리고 압축 방식에 대하여 살펴보도록 한다.

학습목표

1. 일반적인 통신 시스템에서 데이터 전송 방식에 대하여 살펴본다.
2. 문자 지향 프로토콜 및 비트 지향 프로토콜에 대하여 공부한다.
3. 데이터 전송 제어 방식에 대하여 이해하도록 한다.
4. 에러 제어 방법에서 에러 검출 및 정정 방법을 고찰한다.
5. 데이터 압축 방식에 대하여 살펴본다.

8.1 전송 방식

송신 측으로부터 수신 측으로의 데이터 전송을 고려할 때 주요 관심사는 배선이며, 이때 관심사는 데이터 흐름이다. 한 번에 한 비트씩 보낼 것인가, 아니면 더 큰 그룹으로 비트들을 묶어서 보낼 것인가? 하는 방법을 데이터를 전송하기 전에 선택하는 것이 필요하다.

직렬 전송에서는 매 클록 펄스마다 하나의 비트를 보내는 반면, 병렬 전송에서는 여러 개의 비트들이 클록 주기마다 동시에 보냄으로서 전송 효율을 개선할 수 있다.

병렬 데이터를 보내기 위해서는 단지 한 가지 방법만이 있는 반면, 직렬 전송을 위해서는 동기식과 비동기식 및 혼합식의 세 가지 방법이 있다.

8.1.1 전송로 수에 따른 방식

1) 직렬 전송

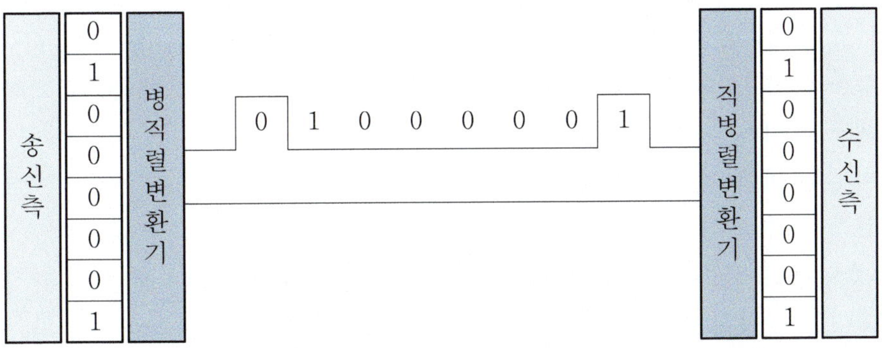

[그림 8.1] 직렬 전송 방식

한 번에 한 비트를 보내는 방식으로 일반적인 데이터 통신의 경우 여러 비트들을 한 단위로 처리하는 것이 일반적이므로 송신 측에서는 병렬 신호를 직렬 신호로 변환하여 전송로에 전송하고, 수신 측에서는 다시 환원하여 병렬 신호로 변환한다.

직렬 전송 방식의 특징을 요약하면 다음과 같다.

① 원거리 전송에 적합하다.
② 하나의 데이터 전송 회선을 사용함으로 회선 비용이 경제적이다.
③ 직 · 병렬 변환기가 필요하므로 시스템이 복잡하다.
④ 데이터 전송회선이 하나이므로 병렬전송에 비해 전송 속도가 느리다.

2) 병렬 전송

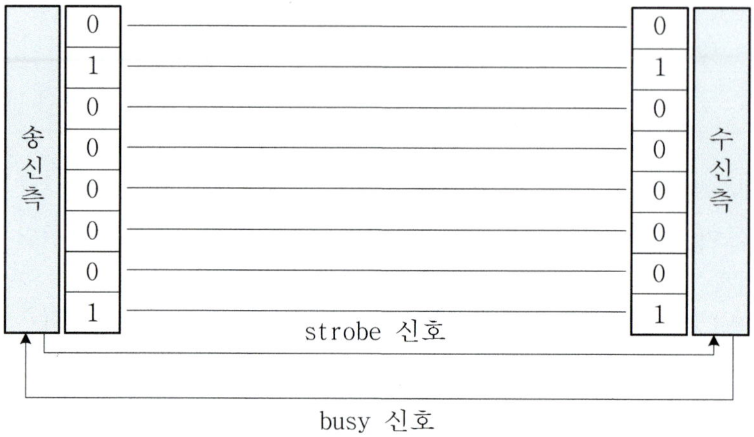

[그림 8.2] 병렬 전송 방식

병렬 전송에서는 한 번에 1개의 비트를 보내는 대신 그룹으로 만들어 n개의 비트 데이터를 보낼 수 있게 된다. 이때, 데이터를 전송하기 위해 strobe 신호나 busy 신호를 주고받기 위한 추가 전송로가 필요하다. 이것은 컴퓨터와 주변기기 사이의 데이터 전송에 이용된다.

병렬 전송 방식의 특징을 요약하면 다음과 같다.

① 비트 수만큼 통신회선이 필요하므로 통신회선 비용이 많이 든다.
② 인터페이스 구성이 직렬 전송에 비해 단순하다.
③ 컴퓨터와 주변기기 사이의 데이터 전송, 동일 장치 및 동일 건물 내의 단거리 고속 전송에 적합하다.
④ 거리가 멀면 전송비용이 커지므로 단말장치의 연결에서는 거의 사용하지 않는다.

8.1.2 동기 방식에 따른 방식

데이터를 정확하게 송수신하려면 서로 간에 동기가 맞아야 한다. 송신 측은 데이터를 한번에 1비트씩 전송하므로 수신 측에서는 수신된 비트열로 된 문자의 시작과 끝을 알고 있어야 한다. 수신 측에서는 이 동기정보를 얻는 방법으로 비동기식과 동기식 전송 방법이 있다.

1) 비동기식 전송(Asynchronous Transmission)

(1) 전송 방식

비동기 전송에서는 정보는 송수신자간에 합의된 패턴으로 수신되고 변환된다. 데이터는 한 번에 짧은 비트열로 나누어서 전송하는데 각 데이터(문자) 앞에 1개의 시작(Start, ST) 비트와 데이터의 맨 마지막에 임의의 정지(Stop, SP) 비트를 두어 문자와 문자를 구분한다. 한편, 전송할 비트가 없을 때 선로는 일정하지 않은 시간을 가진 휴지상태(1상태)가 된다.

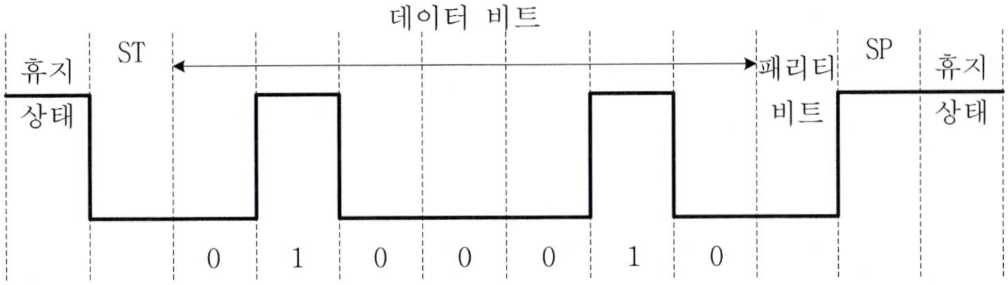

[그림 8.3] 비동기 전송 방식

(2) 특징

① 전송 효율이 나쁘므로 주로 단거리에 사용된다.

② 실제로 의미있는 전송 데이터 중 시작비트와 정지비트로 인해서 전체 회선의 이용 효율을 약 20[%] 저하시킨다.

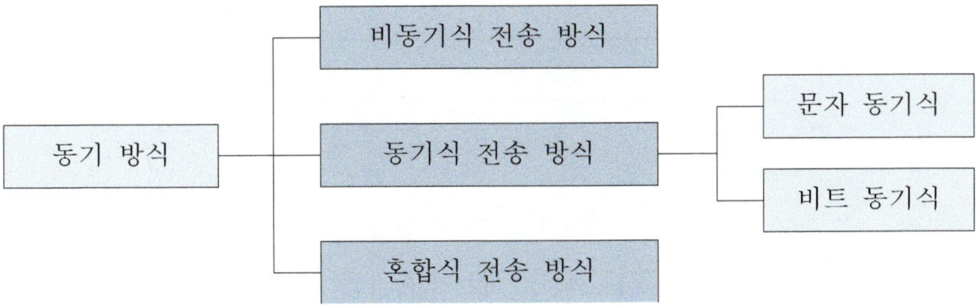

[그림 8.4] 동기 방식에 따른 방식

2) 동기식 전송(Synchronous Transmission)

(1) 문자 전송 방식

문자 전송 방식에서는 송신 측과 수신 측 사이에 미리 정해진 숫자만큼 문자열을 한 묶음으로 만들어 한꺼번에 전송한다. 데이터 묶음의 앞쪽에는 반드시 동기 문자가 와야 하며, 동기 문자는 휴지 간격이 없다.

일반적으로 SYN을 데이터 블록 선두에 붙여 문자 동기를 취한다. 한편, 동기화 ETX는 블록의 마지막을 알리는 데 사용된다.

(2) 비트 전송 방식

비트 전송 방식은 데이터를 문자가 아닌 블록 단위(프레임)로 전송하는데 전송 단위를 일련의 비트 묶음으로 보고, 비트 블록의 처음과 끝을 표시하는 플래그(flag) 비트를 추가해 전송한다.

HDLC(High-level Data Link Control)가 대표적인 비트 동기 방식이며, 플래그 비트(01111110)를 사용해 데이터의 시작과 끝을 나타낸다. 중간에 플래그 비트와 같은 비트열이 존재할 때 전송오류를 방지하기 위해 송·수신 단에서 비트 스터핑(Bit Stuffing)이 수행된다.

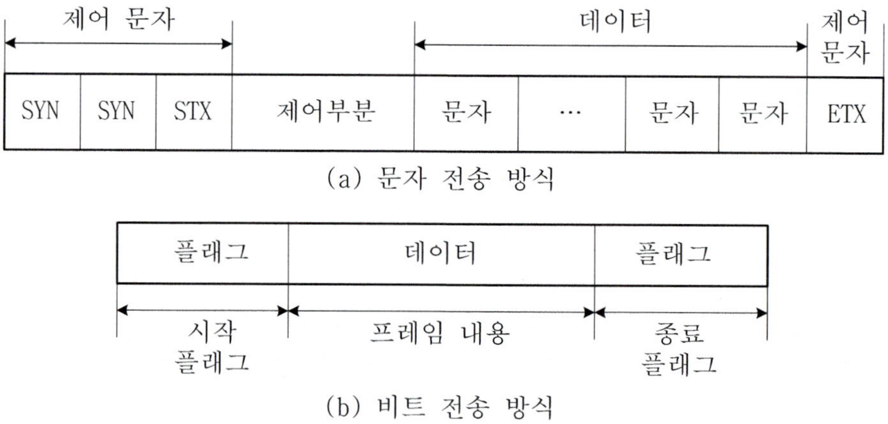

[그림 8.5] 동기 전송 방식

8.2 데이터 링크 프로토콜

동기식 데이터 링크 프로토콜은 문자 중심 프로토콜과 비트 중심 프로토콜로 나눌 수 있다. 전자는 하나의 전송 프레임이나 패킷을 보통 바이트로 구성되는 문자들의 연속으로 간주한다. 모든 제어정보는 ASCII 문자와 같은 기존 부호 시스템의 형태를 가진다. 한편, 후자에서의 제어 정보는 하나 혹은 여러 개의 비트로 구성될 수 있다.

8.2.1 문자 지향 데이터링크 프로토콜 (Character-Oriented Data Link Protocol)

문자 중심 데이터링크 프로토콜은 이해하기 쉽고 제어부분은 별도로 정한 프레임을 사용하거나 데이터 프레임에 제어 정보를 추가하여 전송한다. 가장 잘 알려진 것은 IBM에서 정한 BSC(Binary Synchronous Communication)이다.

1968년에 IBM사에서 발표한 문자 중심의 프로토콜에서 제어 문자는 동기를 위한 것, 필드 구분을 위한 것, 폴링과 선택을 위한 것, 그리고 오류 발생 여부를 알리기 위한 것 등으로 구분된다.

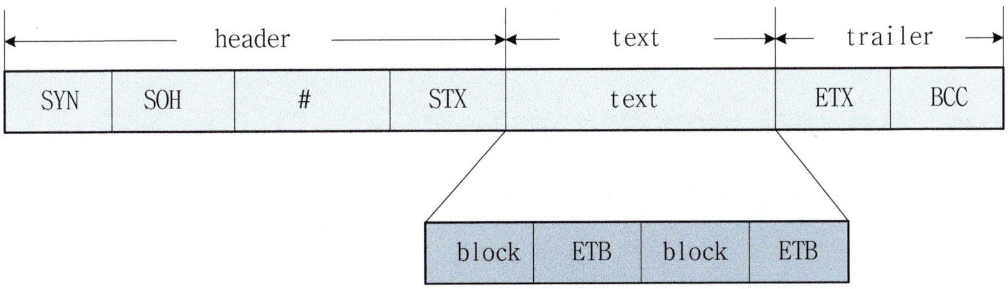

[그림 8.6] BSC (헤더를 포함한) 데이터 프레임

산책로

데이터 투명성(Data Transparency)

데이터를 전송할 때 제어 문자와 동일한 데이터가 존재하면 수신 측에서는 데이터와 제어 문자를 구별하기 어렵다. 이런 경우 BSC는 바이트 스터핑(Byte Stuffing)을 수행하게 되며 이를 통해서 데이터 투명성을 실현한다. 바이트 스터핑의 방법은 DLE 문자를 제어 문자 앞에 추가적으로 삽입하는 것이다.

[표 8.1] 전송 제어 문자

부호	명칭	내용
SYN	Synchronous	문자의 동기를 유지시키거나 어떤 데이터 또는 제어 문자가 없을 때 채우기 위해 사용
SOH	Start of Heading	헤더의 시작
STX	Start of Text	텍스트의 개시
ETX	End of Text	텍스트의 끝
ETB	End of Block	블록의 끝
EOT	End of Transmission	전송의 끝
ENQ	Enquire	• 회선의 사용 요구 부호 • 상대방에게 어떤 응답을 요구할 때 사용
DLE	Data Link Escape	뒤의 문자들의 의미를 바꾸거나 추가적인 제어 제공
ACK	Acknowledge	수신한 정보 메시지에 대한 긍정의 대답
NAK	Negative Acknowledge	수신한 정보 메시지에 대한 부정의 응답

8.2.2 비트 지향 데이터링크 프로토콜 (Bit-Oriented Data Link Protocol)

비트 중심 프로토콜은 문자중심 프로토콜과는 달리 각각의 비트에 기능을 정의하여 문자형 프로토콜에 비하여 적은 양의 데이터로 더 많은 정보를 전송할 수 있다. 1970년대부터 시작된 비트 중심 프로토콜은 오늘날 대부분의 프로토콜에서 사용하며 대표적인 것으로 HDLC(High-level Data Link Control)가 있다.

HDLC 프로토콜은 1970년 초기 IBM 사의 SNA(Systems Network Architecture)를 위해 개발된 SDLC(Synchronous Data Link Control)로써 데이터가 링크를 통해 한 프레임씩 전송되는 비트 중심 프로토콜이다. 즉, HDLC는 IBM의 SDLC를 기반으로 개발되었고, ISO에 의해 표준화되었다.

HDLC는 OSI라고 불리는 산업계의 통신 참조모델 제2계층 내의 프로토콜 중에서 가장 일반적으로 사용되는 프로토콜 중 하나이다.

HDLC 제어 절차의 장점은 다음과 같다.

① 신뢰성 : 프레임의 뒷부분에 오류 검출을 수행할 수 있는 FCS(Frame Check Sequence) 프레임을 두어 CRC(Cyclic Redundancy Checking) 방식으로서 엄격한 오류 제어를 한다.
② 연속성 : 정해진 범위 내에서 프레임을 연속하여 전송할 수 있다.
③ 비트 투명성 : 정보 필드의 전체 길이에 제한이 없으며 송수신간의 협의에 따른다.

플래그	주소 부분	제어 부분	정보 비트열	FCS	플래그

[그림 8.7] HDLC 프레임 구조

1) 프레임 구조

(1) 플래그(flag)

프레임의 시작과 끝을 규정하고 있는데 비트 지향 프로토콜에서는 데이터가 없어도 플래그는 계속해서 나가게 된다.

(2) 주소 부분

명령프레임을 전송할 때는 상대방의 주소를 설정하고 응답 프레임을 설정할 때는 자국의 주소를 보낸다.

(3) 제어 부분

비번호제 형식, 감시 형식, 또는 정보 전송 형식을 가지고 있으며 비번호제 형식(Unnumbered Format)은 종속국의 초기화, 응답모드의 설정의 요구 또는 응답, 이상상태의 보고 등의 제어 기능을 하기 위해 사용한다. 또한 감시형식(Supervisory Format)은 링크의 감시 제어 기능을 하는데 사용하고 정보부를 갖고 있지 않다. 정보 전송 형식(Information Transfer Format)은 정보부를 갖고 순서 번호에 의해 수신확인을 할 경우의 정보 전송에 사용된다.

(4) 정보비트열

가변 비트열에 의해 정보를 보내며 수신응답이 없어도 어느 정도까지는 계속하여 보낸다.

(5) FCS

프레임의 에러 검출 여부를 수행하며 생성다항식(ITU-T에서의)은 $x^{16}+x^{12}+x^{5}+1$ 이다.

2) 스테이션의 형식

HDLC를 사용하는 시스템들은 호스트와 터미널의 관계를 유지하고 있지만 각각의 역할을 달리 하고 있으며 스테이션이라고 부른다.

(1) 주국(Primary Station)

데이터 회선을 제어하는 스테이션으로서 보조국들에게 명령(command) 프레임을 전송한다. 그 후 보조국의 응답(response)을 수신한다.

(2) 보조국(Secondary Station)

주국으로부터 수신된 명령에 대해서 응답을 하며 이때 형성되는 세션은 하나 밖에 없다. 보조국은 주국에 대해서 회선을 제어하지 못한다.

(3) 복합국(Combined Station)

주국과 보조국이 별도의 역할을 하는 것이 아니라 명령과 응답을 모두 발생할 수 있다. 복합국은 전송의 성격에 따라 주국 또는 보조국으로 수행되므로 운용면에서 유연성을 가지고 있다.

3) 데이터 전송 동작 모드

데이터 전송 모드에는 동작 모드, 절단 모드, 초기 모드가 있으며 1차국과 2차국 또는 복합국끼리 데이터 링크에 의해 접속되고 데이터를 전송할 수 있는 상태를 동작 모드라고 한다.

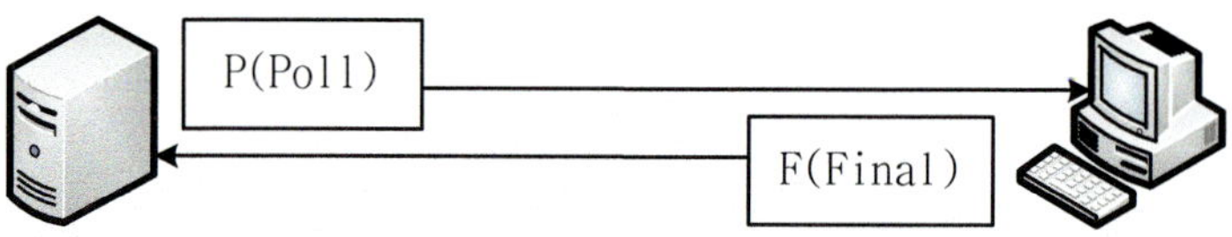

[그림 8.8] P/F 필드의 사용

(1) 정규 응답 모드(Normal Response Mode, NRM)

1차국과 2차국과의 사이에서 교대로 통신하는 방식으로 2차국은 1차국으로 부터의 P 비트가 '1'인 프레임을 수신하기까지 송신할 수 없으며 이 '1'을 수신할 때 F 비트가 '1'인 응답 프레임을 발송해야 한다.

(2) 비동기 응답 모드(Asynchronous Response Mode, ARM)

2차국은 1차국으로부터의 허가가 없어도 응답을 송신할 수 있으나 P비트가 '1'인 명령 프레임을 받으면 바로 F 비트가 '1'인 응답 프레임을 보내야만 한다.

(3) 비동기 평형 모드(Asynchronous Balanaced Mode, ABM)

복합국과 복합국끼리 전송하는 방식으로 복합국은 상대 복합국의 허가 없이 명령 또는 응답 프레임을 전송할 수 있다.

4) 스테이션의 구성

네트워크 장치들은 주국과 보조국 또는 대등한 장치로서 구성될 수 있다. 이때, 스테이션들은 비균형, 대칭 그리고 평형 구성 방식으로 이루어질 수 있으며 그 내용은 다음과 같다.

(1) 비균형 구성(Unbalanced Configuration)

하나의 주국과 하나 이상의 보조국을 지원하며 주국은 각 보조국에 대하여 동작상태 및 설정에 대한 명령을 발행하고 있다.

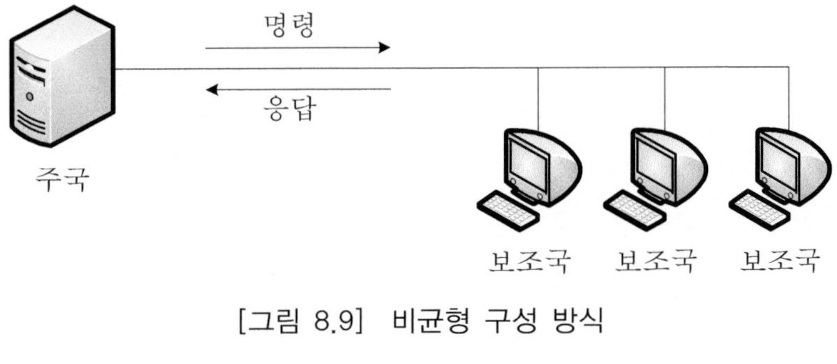

[그림 8.9] 비균형 구성 방식

(2) 대칭 구성(Symmetrical Configuration)

비균형 구성과 달리 하나의 주국과 하나의 보조국으로 구성되어 있으며 두 개의 점대점 스테이션 구성을 구현한다.

각 스테이션은 각각 주국/보조국의 개념을 모두 가지고 있으며 주국은 명령을 채널의 반대쪽에 있는 보조국으로 전송하며 채널 반대쪽의 주국이 상대의 보조국으로 명령을 보내기도 한다.

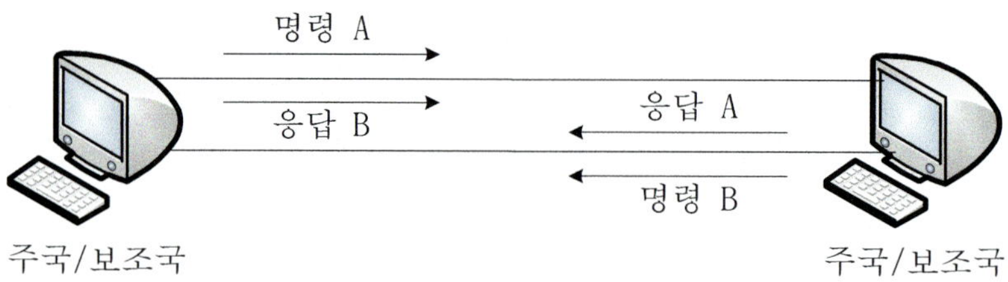

[그림 8.10] 대칭 구성 방식

(3) 평형 구성(Balanced Configuration)

두 개의 스테이션이 대등한 관계로 동작하며 복합형 스테이션으로 구성된다. 이때, 두 지국은 단일 회선으로 연결한다.

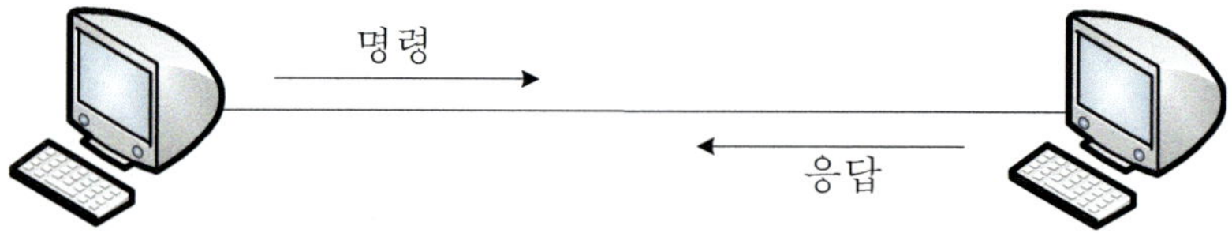

[그림 8.11] 평형 구성 방식

산책로

SDLC(Synchronous Data Link Control)

SDLC는 ISO의 표준 데이터링크 프로토콜인 HDLC의 기반을 제공했으며, SDLC는 본질적으로 HDLC의 전송 동작 모드중의 하나인 NRM이 되었다. SDLC가 전용회선을 이용한 폐쇄된 사설망에 효율적인 프로토콜인데 비해, HDLC의 다른 모드들은 인터넷에서 사용되는 것과 같이, 공유회선 상의 패킷을 관리할 수 있는 X.25와 프레임릴레이 프로토콜을 지원한다.

8.3 전송 제어 방식

다지점 회선(Multipoint Line) 방식은 컴퓨터 시스템에 연결된 전송회선 1개에 단말기를 여러 대 연결한다. 컴퓨터에서 데이터를 수신할 때는 단말기 여러 대가 동시에 수신한다. 단말기와 컴퓨터의 통신 선로를 구성하는 방법에는 경쟁(Contention), 폴링(polling) 그리고 선택(selection)이 있다.

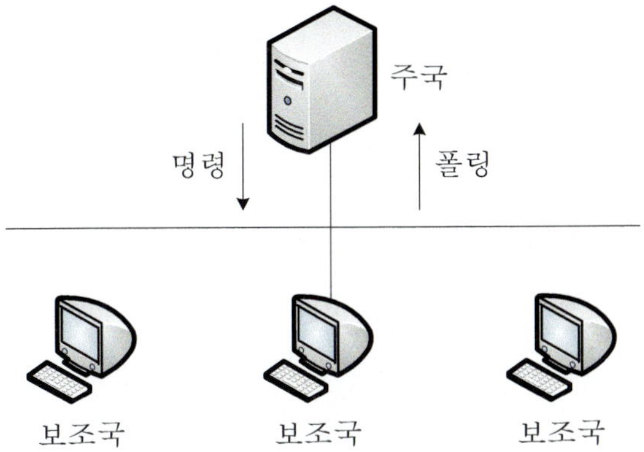

[그림 8.12] 다지점 회선 방식

8.3.1 경쟁(Contention)

1) 구현 방법

동일 회선으로 동시에 2개 이상의 단말기가 전송을 개시하려 할 때의 통신 채널의 상태를 말하며 다중 처리 시스템에서 2개의 처리기가 동시에 똑같은 기억 장치로 접근하려 할 때도 발생한다.

경쟁 방식은 점대점(Point-to-Point) 방식에서 주로 사용하며 일반 전화회선과 유사한 방식을 택하고 있다.

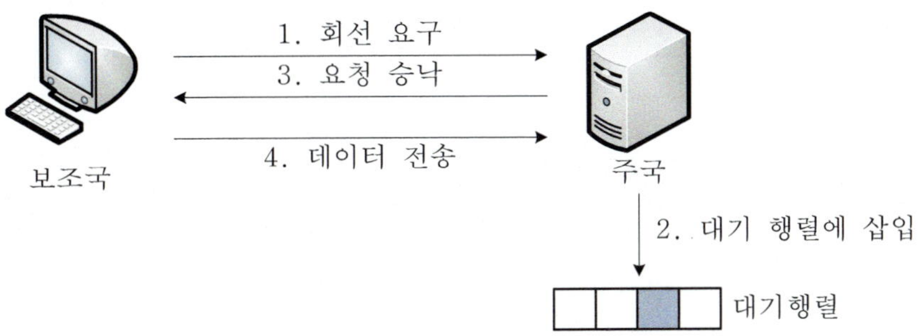

[그림 8.13] 단말기의 회선획득과정

2) 장점

① 회선 제어 방식 중 가장 간단한 방식이다.

② 위성통신과 같은 전파지연시간(Propagation Delay)이 큰 통신망에서 효율적이다.

3) 단점

① 회선을 점유한 단말기가 데이터를 보내지 않더라도 계속하여 회선을 점유하고 있다.

② 다지점 회선에서는 동시에 회선 요청을 하므로 일반적으로 사용하지 않는다. 이러한 이유에서 회선 경쟁 선택 방식은 주로 점대점 네트워크에서 사용한다.

8.3.2 폴링(Polling)

1) 개념

컴퓨터 또는 단말 제어 장치 따위에서 여러 개의 단말 장치에 대하여 순차적으로 송신 요구의 유무를 문의하고, 요구가 있을 경우에는 그 단말 장치에 송신을 시작하도록 지령하며, 없을 때에는 다음 단말 장치에 대하여 문의하는 전송 제어 방식을 말한다.

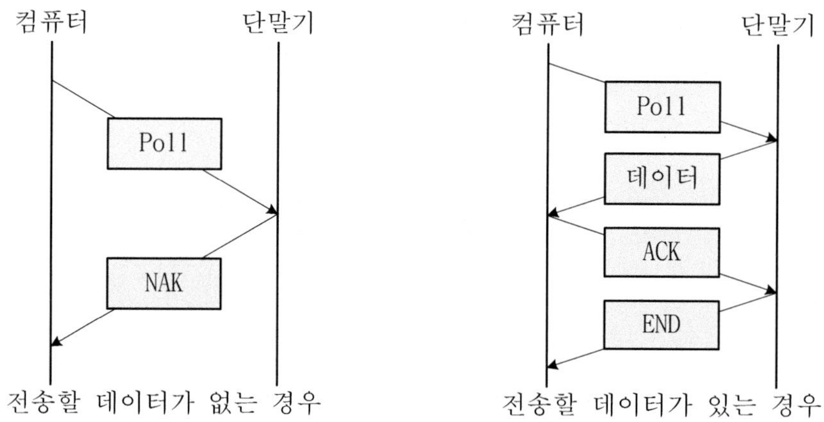

[그림 8.14] 폴링의 동작방식

2) 동작 방식

① 컴퓨터는 단말기에게 전송할 데이터가 있는지 폴링을 수행한다.

② 대상 단말기가 데이터가 없는 경우는 컴퓨터에게 없음을 알리는 데이터를 송신한다.

③ 이를 수신한 컴퓨터는 다음 단말기에게 폴링을 수행한다.

④ 단말기가 전송할 데이터가 있는 경우 컴퓨터는 해당 단말기에게 점유권을 부여한다.

⑤ 점유권을 받은 단말기는 송신하고자 하는 데이터를 보낸다.

3) 특징

① 하나의 회선으로 여러 개의 단말기가 회선을 공유하므로 비용이 개선된다.
② 단말기에게 폴링을 수행하는 동안에 상당한 오버헤드가 발생된다.
③ 동기지연시간이 너무 커져 이용자 응답 시간이 상당히 길어지기 때문에 저속에서는 일반적으로 사용하지 않는다.

8.3.3 셀렉션(Selection)

1) 개념

컴퓨터가 단말기에게 데이터를 전송하기 위한 동작으로 전송할 데이터가 있을 때 수신 준비를 하라는 동작이다.

2) 동작 방식

① 컴퓨터는 전송할 데이터의 목적지로서 단말기를 선택한다.
② 수신 준비하라는 데이터를 전달한다.
③ 단말기는 이에 수신 준비가 되었다는 응답을 한다.
④ 컴퓨터는 이 응답에 이어 실제의 데이터를 전송하기 시작한다.

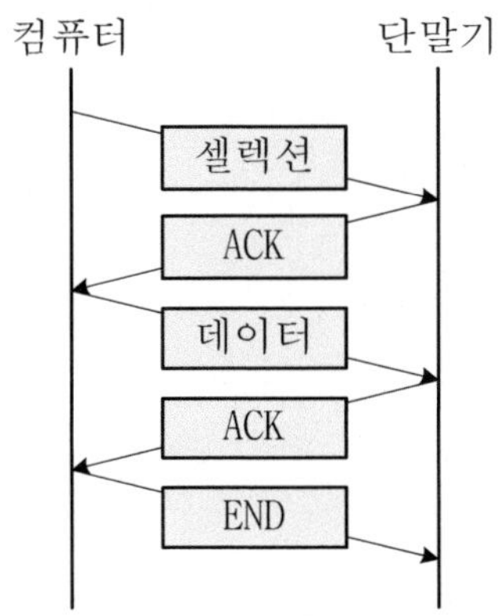

[그림 8.15] 셀렉션의 동작방식

3) 특징

① 단말기는 원하는 시간에 메시지를 보낼 수 없고 오직 셀렉션을 받은 다음에만 전송이 가능하다.

② 즉각적이고 지속적인 연결을 원하는 응용프로그램에서는 사용이 곤란하다.

산책로

ARQ(Automatic ReQuest)

오류된 프레임이 도착했을 때 이에 대한 확인 신호 즉 NAK 또는 ACK를 사용하여 제어하는 방식으로서 쌍방향 데이터(프레임) 에러 검출 및 해석을 하며 Stop-and-wait ARQ, Go-back-N ARQ, Selective ARQ 그리고 Adaptive ARQ가 있다.

8.4 에러 제어

전송 매체를 통해 전송된 데이터가 오류로 인해 실제 전송된 내용이 수신측에 변질되어 나타날 수 있다. 이때, 데이터의 변질 요인을 에러라고 하는데 송신과 수신간의 정확한 정보를 주고받기 위해 어떤 제어를 필요로 한다. 이것을 바로 에러 제어(Error Control)라고 한다.

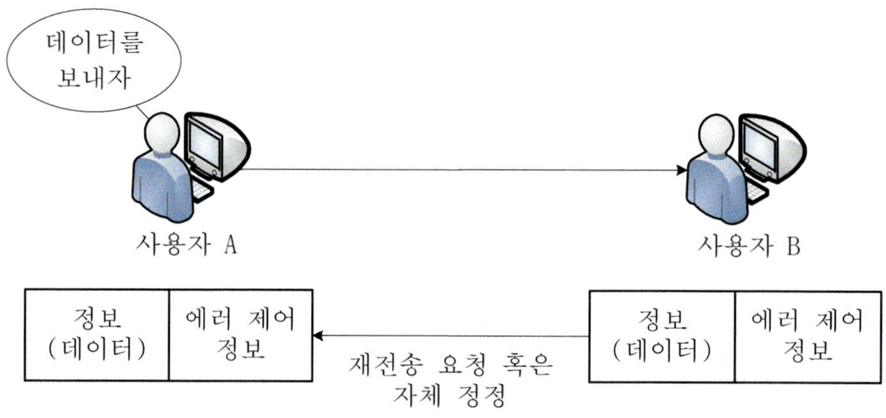

[그림 8.16] 에러 제어

에러 제어를 위한 보편적인 방법은 데이터를 전송할 때 송신측에서는 에러 검사용 정보를 보내주고 수신측에서는 이 정보를 기초로 수신된 데이터에 대한 에러를 검사하여 자체 정정하거나 송신측에 재전송을 요청하는 것이다.

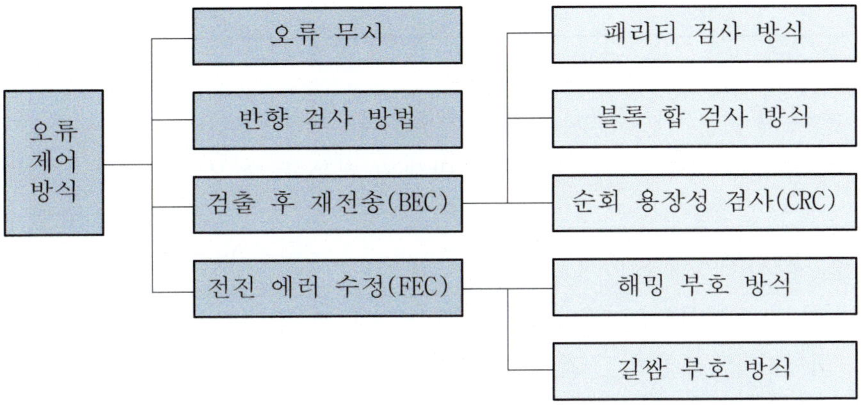

[그림 8.17] 에러 제어 방식

8.4.1 BEC(Backward Error Control)를 사용하는 방식

BEC 방식은 수신측에서 에러가 발생하는 경우 송신측에 에러 발생을 통지하고 에러가 발생한 정보를 재전송하는 방식으로 송신측은 전송중인 프레임을 기억해야 할 버퍼가 필요하다.

수신된 정보 내에 에러가 포함되어 있는 지 여부를 검사하기 위해서 송신 측에서는 먼저 보내고자 하는 원래의 정보 이외에 별도의 잉여(redundancy) 데이터를 추가한 다음 수신 측에서는 이 잉여 데이터를 검사함으로써 에러 검출이 가능하다.

에러 검출을 위해서 패리티 검사, 블록 합 검사 그리고 CRC(Cyclic Redundancy Check) 방식이 있는 데 이에 대한 내용은 다음과 같다.

1) 패리티 검사 방식

한 블록의 데이터 끝에 패리티 비트를 추가하는 것으로서 가장 간단한 오류 검출 방식이다. 그 대표적인 예가 ASCII 전송으로 7비트 길이의 ASCII 데이터의 끝에 한 비트를 추가하여 8비트로서 데이터를 전송하게 된다.

예를 들어 ASCII 문자가 '1000001'로 구성되었을 때 짝수 패리티 부호를 사용한다면 부가되는 1비트 부호의 값은 '0'으로, 홀수 패리티 비트를 사용하면 '1'로 표시된다. 패리티 비트에 대한 예는 다음과 같다.

[표 8.2] 패리티 부호의 예

패리티 비트	데이터 비트	패리티 부호
0	1000010	짝수 패리티 부호
1		홀수 패리티 부호

패리티 검사 방법은 간단하다는 이점은 있으나 1비트 패리티 검사 부호는 2개의 비트가 동시에 오류가 발생했을 때는 오류 발생을 검출할 수 없는 단점을 가지게 된다.

2) 블록 합 검사(Block Sum Check)

블록 합 검사는 이차원의 패리티 검사 방식으로서 각 비트를 가로와 세로로 두 번 관찰하여 데이터에 적용되는 검사의 복잡도를 증가시키고 있는데 연집 에러(Burst Error)를 검출할 가능성을 높여준다.

동기식(asynchronous) 전송 방식에 사용되는 블록 합 검사 방식은 1비트 패리티 검사 방식의 단점을 보완한 것으로서 1비트 패리티 검사 방식과 달리 오류의 검출을 더 정확히 수행할 수 있다.

3) CRC(Cyclic Redundancy Check)

CRC 방식은 해밍 부호 방식에 의한 1비트의 에러 제어가 아니라 다수의 비트에 의해 에러를 제어하는 방식이다. 이것은 ARQ(Automatic Request) 방식에 의한 에러 검출 방식이기 때문에 부가적인 데이터 비트에 의한 대역폭의 증가가 그 단점으로 지적되고 있다.

이 방식에서 FCS(Frame Check Sequence)는 프레임 내의 오류를 검출하기 위한 비트 열로서 송신시에 주어진 절차에 의해 계산되어 정보 프레임과 함께 전송된다. 수신측에서는 수신된 전체 데이터 가운데 정보 프레임만을 대상으로 송신측과 동일한 알고리즘에 의해 FCS를 계산한 다음 이 값이 수신된 FCS 값과 동일하면 전송 중에 오류가 발생하지 않는 것으로 그리고 일치하지 않으면 전송 오류가 발생한 것으로 판단하게 된다.

8.4.2 FEC(Forward Error Control)를 사용하는 방식

에러 검출 부호는 에러 검출 후 재전송을 하는 ARQ(Automatic Request) 방식을 사용하지만 (수신 측에서의) 에러 정정 부호는 송신측이 전송할 정보에 대하여 수신측에서는 오류 발생을 검출하여 정정까지 행하는 FEC 방식을 사용한다.

[표 8.3] ARQ와 FEC의 장단점

비고	FEC(Forward Error Correction)	ARQ(Automatic ReQuest)
장점	① 수신측에서 에러를 정정할 수 있다. ② 재전송을 하지 않아 대역폭 관리에 효율적이다.	① 수신 측 정보에 에러정정부호를 삽입할 필요가 없으므로 구현이 비교적 간단하다. ② 프레임에 FCS만 붙는다.
단점	① 에러정정부호의 삽입으로 프레임의 크기가 커진다. ② 구현이 어렵다.	① 수신측이 자체 에러정정을 못한다. ② 재전송에 드는 대역폭 손실이 크다.

FEC 부호의 종류로는 비블록화 부호와 블록 부호가 있으며 전자에는 길쌈 부호(Convolution Code)가 있는데 부호기에 기억 장치(memory)가 필요하며 후자는 해밍 부호가 속하는 데 다수의 패리티 비트가 필요하다.

1) 해밍(Hamming) 부호

해밍 부호는 에러를 검출하는 데 필요한 잉여 데이터비트들의 수를 최소화 한 방법 중 하나이다. 미국 Bell 연구소의 해밍에 의해 고안된 것으로 n개의 정보비트와 k개의 패리티 비트로 운용되는데 이에 대한 관계식은 다음과 같으며 (n, k) 선형 부호라고도 부른다.

$$2^k \geq m+1 = k+n+1$$

예를 들면, 8비트로 된 하나의 문자에서는 4비트의 여분의 패리티 비트를 추가할 수 있다.

예제

전체 26비트를 사용하는 해밍 코드에서 패리티 비트를 제외한 데이터 비트수는?

☞ $2^k \geq k+n+1$ 관계식에서 $k+n=26$이므로 $k=5$가 된다.

따라서 $n=21$이 된다.

해밍 중(Hamming Weight)은 어떤 부호어에서 1의 개수를 의미하며 해밍 거리(Hamming Distance)는 어떤 부호어 중에서 같은 비트수를 갖는 2진 부호 사이에 대응하는 비트값이 일치되지 않는 개수를 말한다.

예를 들면, 2개의 부호열 A, B가

A={1 1 1 0 1}　　　　B={1 1 0 1 1}

인 경우 두 점간의 최소 해밍 거리는 $d_{\min}=2$이다.

2) 길쌈 부호(Convolution Code)

블록 부호(Block Code)에서는 데이터 부호와 에러 검출에 필요한 패리티 비트가 조합하여 수신 측에서 받은 부호와 가장 가까운 해밍 거리(Hamming Distance)를 가진 부호만이 원하는 부호 열이 된다.

그러나 길쌈 부호는 블록 부호와 달리 패리티 비트가 정해져 있는 것이 아니라 계속적으로 삽입된다는 점에서 다르다. 수신 측에서 Viterbi Code Algorithm을 적용하여 수신 측에서 가장 근접한 부호를 가진 tree를 택하여 부호를 복조한다.

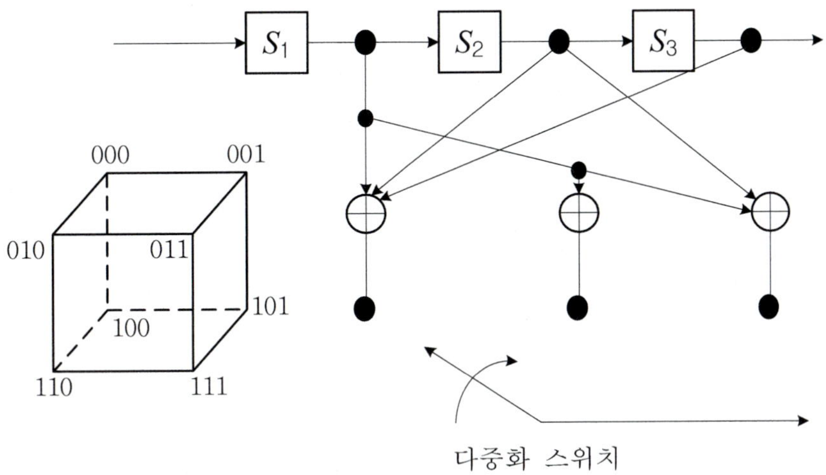

[그림 8.18] 길쌈 부호 발생기

예를 들면, 시프트 레지스트 S_1, S_2 그리고 S_3의 초기값이 각각 0이고 입력 정보 부호가 1010일 때 출력은 111 101 011 101로서 이 길쌈부호는 트리 검색법에 의해 수신 측에서 디코딩된다. 이때, 이 입력 정보 부호 중 맨 좌측값인 1이 제일 먼저 들어간다고 가정한다.

[표 8.4] 오류 제어 방법

	종류	특징
오류 검출 기법	패리티 검사	• 한 프레임의 데이터 끝에 검사 비트를 추가하는 가장 간단한 방법 • 오류가 짝수 개 발생하면 검출 불가능
	블록 합 검사	각 비트열을 가로열과 세로열을 두 번 관찰하여 검사의 복잡도를 증가시킴으로써 오류 검출 능력 증대
	CRC	생성다항식을 사용하여 다수 비트 에러 검출이 가능하며 패리티 검사보다 검출 능력 개선
오류 정정 기법	해밍 부호	단일비트 정정 방식으로 패리티 비트 증가로 인한 대역폭 부담
	길쌈부호	• 해밍 거리를 이용하여 오류 정정 능력에 대한 신뢰성 • 미리 약속된 디코딩 트리를 갖고 있어야 한다.

8.5 데이터 압축

데이터 압축은 데이터를 더 적은 저장 공간에 효율적으로 기록하기 위한 기술, 또는 그 기술의 실제 적용을 가리킨다.

압축 기술의 종류에 따라 데이터의 내용을 바꾸지 않고 원래 내용 그대로 복원할 수 있는 무손실(loseless) 압축과 더 높은 압축률을 얻을 수 있지만 복원한 데이터의 세부적인 내용을 일부 희생시키는 손실(lossy) 압축이 존재한다.

대표적인 무손실 압축 알고리즘에는 허프만(Huffman) 부호화 방식과 반복 길이 부호화(Run Length Coding) 방식 등이 있다. 손실 압축 알고리즘은 인간의 감각기관의 특성을 역이용하여 압축률을 높이므로 음성, 정지화상, 동영상 등 데이터의 종류에 따라 각각 다른 알고리즘이 사용되는데 JPEG 및 MPEG 표준 압축 기술이 많이 쓰인다.

8.5.1 허프만(Huffman) 부호화 방식

데이터의 출현 빈도에 따라 빈도가 높은 문자에 짧은 부호를 할당하고 빈도가 낮은 문자에 긴 부호를 할당하여 평균적인 코드의 길이를 줄이는 통계적인 방법이다.

그러나 한 파일에 속하는 문자가 나오는 빈도를 계산할 때와 실제로 압축하기 위해 동작할 때 등 파일을 모두 읽어야 하므로 처리 속도가 늦고 트리에 대한 정보도 같이 저장해야 하므로 효율이 저하되는 단점이 있다.

8.5.2 반복 길이 부호화(Run Length Coding) 방식

0이 아닌 숫자를 기점으로 이전의 0의 길이를 부호화하여 압축하는 방식으로 0이 많이 포함되는 코드에 유리하며 데이터의 통계적인 성질을 이용하여 손실없이 압축하는 방식으로 데이터를 더 압축할 수 있으나 하나의 에러가 다수의 에러를 유발시키는 단점이 있다.

8.5.3 JPEG(Joint Photographic Experts Group)

정지 영상으로 압축하는 방식이며 ITU와 ISO에서 표준화한 화상 압축 방식이다.

8.5.4 MPEG(Moving Pictures Experts Group)

완전하게 활동하는 비디오를 압축하는 표준방식이며 ISO에서 표준화한 화상 압축 방식이다.

요 약

1. 직렬 방식에서는 매 클록 펄스마다 하나의 비트를 보내는 반면, 병렬 방식에서는 여러 개의 비트들이 클록 주기마다 동시에 보냄으로서 전송 효율을 개선할 수 있다.
2. 데이터를 전송할 때 수신 측에서는 동기정보를 얻는 방법으로 비동기식과 동기식 전송 방법이 있다.
3. 비동기식 전송에서는 각 데이터(문자) 앞에 1개의 시작(Start, ST) 비트와 데이터의 맨 마지막에 임의의 정지(Stop, SP) 비트를 두어 문자와 문자를 구분한다.
4. 문자 전송의 동기 방식에서 데이터 묶음의 앞쪽에는 반드시 동기 문자가 와야 하며, 동기 문자는 휴지 간격이 없다.
5. 비트 전송의 동기 방식은 데이터를 문자가 아닌 블록 단위(프레임)로 전송하는데 전송 단위를 일련의 비트 묶음으로 보고, 비트 블록의 처음과 끝을 표시하는 플래그(flag) 비트를 추가해 전송한다.
6. 문자 중심 데이터링크 프로토콜의 제어부분은 별도로 정한 프레임을 사용하며 대표적인 것이 IBM에서 정한 BSC(Binary Synchronous Communication)이다.
7. 1970년대부터 시작된 비트 중심 프로토콜은 오늘날 대부분의 프로토콜에서 사용하며 대표적인 것으로 HDLC(High-level Data Link Control)가 있다.
8. HDLC를 사용하는 스테이션에는 주국, 보조국 그리고 복합국이 있으며 구성 방법에는 비균형 구성, 대칭 구성 그리고 평형 구성이 있다.
9. HDLC에서의 동작 모드는 정규 응답 모드, 비동기 응답 모드 그리고 비동기 평형 모드가 있다.
10. 경쟁(contention) 방식은 각 단말기가 사전에 정해 놓은 순서에 의하지 않고 상호 경쟁적으로 채널을 액세스하는 데 각 단말기가 자유롭게 데이터를 보낼 수 있으나 충돌이 발생하는 경우가 있다.
11. 폴링은 컴퓨터에서 여러 개의 단말 장치에 대하여 순차적으로 송신 요구의 유무를 문의하고, 요구가 있을 경우에는 그 단말 장치에 송신을 시작하도록 지령하는 전송 제어 방식을 말한다.
12. 셀렉션은 컴퓨터가 단말기에게 데이터를 전송하기 위한 동작으로 전송할 데이터가 있을 때 수신 준비를 하라는 동작이다.
13. 데이터의 변질 요인을 에러라고 하는데 송신과 수신간의 정확한 정보를 주고받기

위해 어떤 제어를 필요로 한다. 이것을 바로 에러 제어(Error Control)라고 한다.

14. 에러 검출 방식은 패리티 검사, 블록 합 검사, 그리고 CRC방식이 있으며 에러 검출 및 정정방식에는 길쌈 부호(Convolution Code)와 해밍 부호가 필요하다.

15. 해밍 부호는 에러를 검출하는 데 필요한 잉여 데이터비트들의 수를 최소화 한 방법 중 하나이며 n개의 정보비트와 k개의 패리티비트로 운용되는데 이에 대한 관계식은 다음과 같으며 (m,n) 선형 부호라고도 부른다.

$$2^k \geq m+1 = k+n+1$$

16. 길쌈 부호는 현재의 입력이 과거의 입력에 대하여 영향을 받아 부호화하는 방법이며 수신 측에서 Viterbi Code Algorithm을 적용하여 수신 측에서 가장 근접한 부호를 가진 tree를 택하여 부호를 복조한다.

연습 문제

1. 직렬 전송과 병렬 전송의 구현 방법과 특징을 설명하시오.

2. 데이터를 전송할 때 동기식에서 비트 전송 방식과 문자 전송 방식을 비교하여 설명하시오.

3. 비트 지향 데이터링크 프로토콜의 대표적인 것으로 HDLC(High-level Data Link Control)가 있다. 프레임 구조와 동작 모드에 대하여 구현하시오.

4. 폴링과 셀렉션의 구현 방법에 대하여 설명하고 차이점을 구현하시오.

5. 패리티 검사 방식과 블록 합 검사 방식의 구현 방법과 차이점에 대하여 설명하시오.

6. BEC(Backward Error Control) 방식은 수신 측에서 에러가 났다는 사실을 송신 측에 알려주는 방법을 말한다. 이때, FEC(Forward Error Control)와의 차이점을 설명하고 예를 드시오.

7. 다음을 간단히 설명하시오.
   1) 길쌈 부호(Convolution Code)
   2) ARQ(Automatic Request)
   3) CRC(Cyclic Redundancy Check)
   4) MPEG(Moving Picture Experts Group)

약 어

FEC(Forward Error Correction)
HDLC(High–level Data Link Control)
SDLC(Synchronous Data Link Control)
FCS(Frame Check Sequence)
CRC(Cyclic Redundancy Checking)
NRM(Normal Response Mode)
ARM(Asynchronous Response Mode)
ABM(Asynchronous Balanaced Mode)

제 9 장 인터넷 기술

인터네트워킹(internetworking)의 줄임 말인 인터넷은 '정보의 바다'라 불리는 국제 컴퓨터 통신망으로, 전 세계의 컴퓨터가 서로 연결되어 TCP/IP 규약을 이용해 정보를 주고받는 공개 컴퓨터 통신망이다. 대중적인 월드 와이드 웹은 하이퍼 텍스트 프로토콜(Hypertext Protocol, HTTP)과 함께 사용되고, 하이퍼 텍스트 프로토콜로 되어 있는 웹 페이지를 보기 위한 웹 브라우저로는 마이크로소프트에서 개발한 인터넷 익스플로러 등을 이용한다.

현재 우리의 생활은 인터넷 없이는 원활하게 이루어지기 힘들 정도로 삶의 일부분이 되었다. 학교나 회사에서 사용하는 일상적인 생활의 도구가 되었으며, 대부분의 기업이나 국가들도 인터넷을 이용하여 업무를 처리하는 세상이 되었다.

인터넷은 미국의 국방성(Department of Dependent, DoD)에서 최초로 개발한 통신망으로서 세계적으로 가장 광범위하고 기능이 우수한 컴퓨터 통신망으로 근래에 가장 각광받고 있는 통신망이다. 1993년에 약 130만대의 컴퓨터와 호스트가 인터넷에 접속되었고, 해마다 약 80[%] 정도의 성장률을 나타내고 있다.

인터넷에서는 TCP/IP(Transmission Control Protocol/Internet Protocol) 통신 프로토콜이 사용되고 있으나, TCP/IP는 비 OSI 환경으로서 현재 OSI 프로토콜 아키텍처와의 호환을 추진 중이며 인터넷은 호스트가 특정한 통신망에 접속되고, 각각의 통신망이 게이트웨이를 이용하여 접속되는 형태로 발전하고 있다.

이 장에서는 인터넷의 등장 배경, 주소 체계 그리고 각 계층에서의 기능과 프로토콜을 살펴보도록 한다.

학습목표

1. 인터넷에서 사용하는 프로토콜의 계층 구조를 살펴본다.
2. IPv4와 IPv6를 비교하여 설명한다.
3. TCP/IP 계층에서 사용되는 프로토콜에 대하여 이해하도록 한다.
4. 응용 계층에서 이용되는 프로토콜에 대하여 공부한다.

9.1 개요

1980년대에 들어서면서 LAN이 보편화되고 애플을 비롯해 노벨, IBM, 마이크로소프트 등이 독자적인 프로토콜을 개발하기 시작하면서 LAN과 LAN으로 연결하는 기술과 PC와 메인프레임을 연결하는 기술이 개발되기 시작했다. 이에 따라 80년 후반부터는 각 회사들이 자신의 독자적인 통신망은 그대로 유지하면서 공동으로 사용할 수 있는 네트워크를 만들려는 노력이 계속 되었으며 결국 인터네트워킹 구조가 태동되었다. 이것이 바로 인터넷의 시초이며 지구를 하나의 통신망에 묶어둘 수 있는, 이른바 글로벌한 통신 환경이 구축되었으며 TCP/IP의 근간을 이루었다.

인터네트워킹(internetworking)은 인터네트워크를 연결하는 과정이나 방법을 말하는 데 하나의 통신 기술을 바탕으로 종류가 다른 네트워크를 서로 연결하므로 다양한 하드웨어와 소프트웨어 기술이 필요하다. 인터네트워킹으로 구성된 대표적인 네트워크가 바로 인터넷이다. 인터넷은 전 세계에 널리 퍼져 있는 근거리 통신망이나 원거리 통신망으로 구성된 네트워크의 네트워크(Networks of Networks)이다.

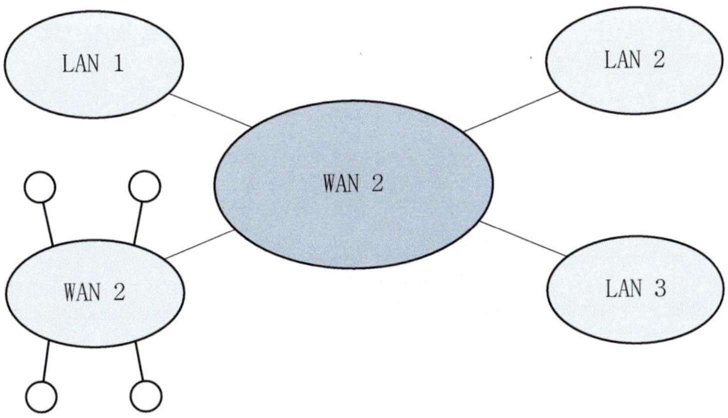

[그림 9.1] 인터네트워크의 예

인터넷의 유래는 1960년대 미국 국방부 산하의 ARPA(Advanced Research Projects Agency)의 연구용 네트워크가 시초이며, 군사용 네트워크는 MILNET로 발전되었다. 동서냉전이 한창이던 때 미국 국방부에서는 국가 위기 상황에서도 살아남을 수 있는 네트워크를 연구하였다. 최초의 노드간의 상호연결은 1969년 10월 에 구현되었는데 이 통신망을 ARPANET이라고 하였으며 현재의 인터넷망의 시초이다.

인터넷 환경에서 제공되는 WWW(World Wide Web)는 일반적으로 웹이라고 하며 간단히 W3라고도 부른다. '세계 규모의 거미집' 또는 '거미집 모양의 망'이라는 뜻으로, 하이퍼텍스트(hypertext)라는 기능에 의해 인터넷상에 분산되어 존재하는 온갖 종류의 정보를 통일된 방법으로 찾아볼 수 있게 하는 광역 정보서비스다.

9.2 계층별 구조

인터넷에 기초를 두는 대표적인 프로토콜은 TCP/IP이다. 이 프로토콜은 가정과 대학 그리고 기업체에서 서로 연결하여 전 세계적 규모의 글로벌 통신망, 이른바 인터넷을 구성하는 기반을 만들었다. 인터넷에서 사용하는 프로토콜의 계층 구조를 그림으로 보면 다음과 같다.

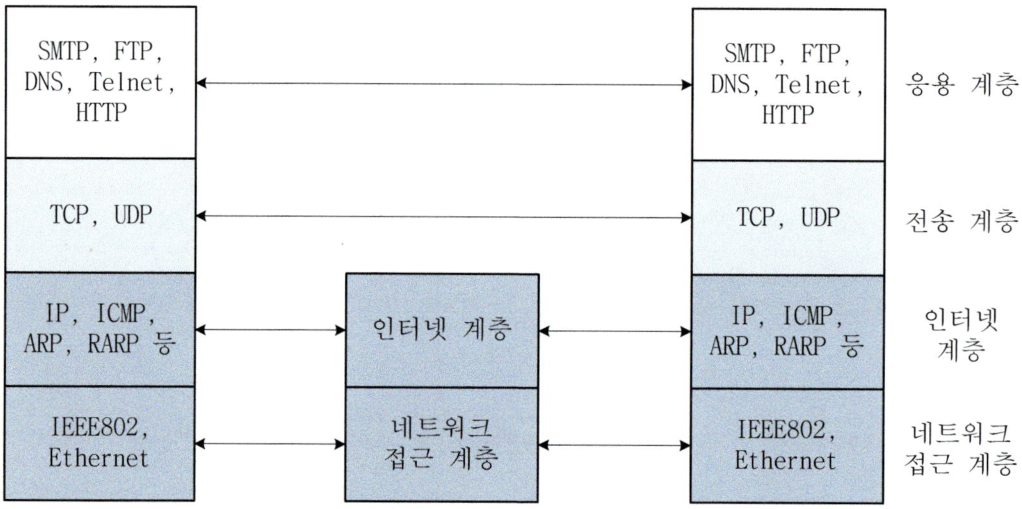

[그림 9.2] 계층 구조

OSI 7 계층과 비교하면 네트워크 접근 계층은 1~2 계층에, 인터넷 계층은 3 계층에, 전송 계층은 4 계층에, 응용 계층은 5~7 계층에 대응한다.

인터넷 프로토콜에서 동위 계층 프로토콜(peer-to-peer protocol)은 임의의 계층에서 상대편 동일 계층의 모듈과 통신하는 프로토콜을 의미한다. 시스템 사이의 통신은 적절한 프로토콜을 이용한 해당 계층의 동위 계층 프로토콜을 통해 이루어진다. 이때, (N) 계층에서 다른 시스템의 (N) 계층과 통신하기 위해서는 상위 계층의 메시지와 더불어 헤더 정보를 이용한다.

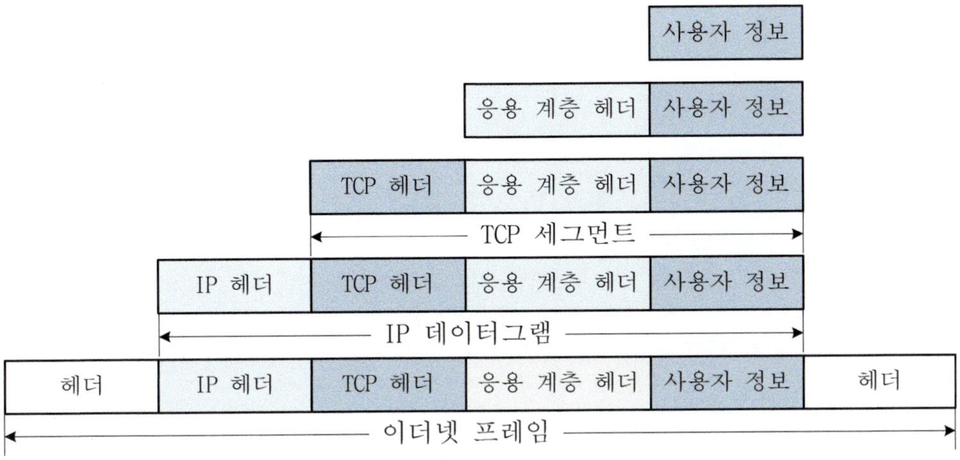

[그림 9.3] 캡슐화 과정

한편, 상하 계층 간에 데이터를 주고받는 일련의 과정은 다음과 같다. 송신측의 응용 계층에서 발생한 데이터는 전송 계층으로 차례로 전달한다. 이때, 전송 계층에서는 전달받은 데이터에 헤더 정보를 추가한 후 바로 아래 계층으로 전달한다. 한 단계 낮은 계층에서는 전달받은 데이터를 하나의 데이터로 취급하고, 또 다시 새로운 헤더를 추가해 최하위 계층인 네트워크 접근 계층에 도달하게 되는 것이다. 이러한 과정을 캡슐화(encapsulation)라고 한다. 예를 들어, TCP/IP 형식을 가진 데이터 패킷은 다른 종류의 전송 데이터 단위인 ATM 프레임 속에 캡슐화될 수 있는 데, 이 프레임이 송수신되는 상황에서 캡슐화된 패킷은 단지 ATM 데이터들 사이의 비트 스트림으로 간주된다.

송신 측 최하위 계층에서는 이와 같이 캡슐화된 데이터를 전송 매체를 이용해 수신 측 최하위 계층인 네트워크 접근 계층으로 접근한다. 그러나 송신 측과 반대로 각 계층의 헤더를 벗겨내어 수신 측의 최상위 계층으로 전달하는데, 헤더를 벗겨내는 과정을 역캡슐화(decapsulation)라고 한다. 수신 측의 최상위 계층(응용 계층)에서는 송신 측의 최상위 계층에서 보낸 원 데이터를 정확하게 전달한다.

9.3 주소 체계

인터넷에 연결되어 있는 모든 컴퓨터는 고유한 IP 주소를 가진다. IP 헤더에서 발신지 주소(Source Address)와 목적지 주소(Destination Address) 필드는 송수신 호스트의 IP 주소이다. IP 주소는 네트워크 번호와 그 네트워크에 접속해서 부여하는 호스트 번호로 구성된다. 주소 체계는 클래스 A~D까지 4종류이며, 첫 번째부터 세 번째 비트까지 번호를 할당하여 클래스를 구분한다. IP 주소는 IPv4 주소와 IPv6 주소로 나누어진다.

9.3.1 IPv4 주소

1) 개념

IP 주소는 10진수 4개와 .(점)으로 나타내며 각 10진수 숫자는 0~255까지 사용할 수 있고 또한 8비트가 필요하므로 전체적으로는 32비트가 필요하다.

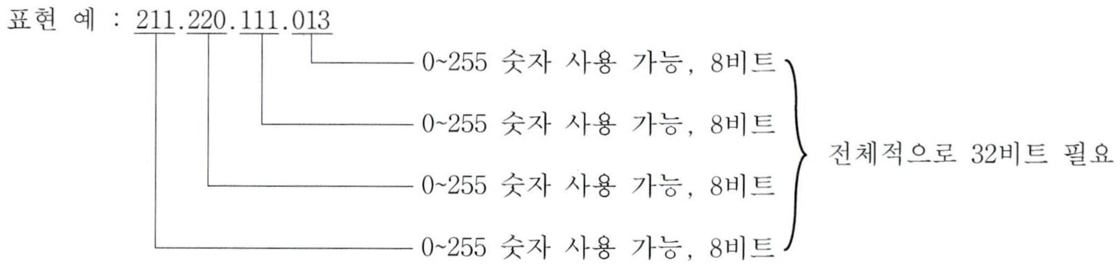

[그림 9.4] IP 주소 체계

2) 주소 체계

IP 주소 체계는 전 세계적으로 유일한 것이 되어야 하므로 임의로 사용할 수 없다. 다시 말하면, 전 세계적으로 유일한 네트워크 주소가 모든 컴퓨터 네트워크에 할당되며 현재 이 주소의 할당은 NIC(Network Information Center)에서 담당한다.

(1) 클래스 A

첫 번째 비트가 0인 주소로 가장 작은 네트워크 0.X.X.X에서 가장 큰 네트워크 127.X.X.X로 규정하고 있다.

한편, 호스트 번호가 모두 0인 경우는 네트워크 자체를 나타내기 때문에 그리고 모두 1인 경우는 브로드캐스트이기 때문에 제외되므로 호스트의 수는 $2^{24}-2$개인 16,777,214개로 구성되어 있다.

0	네트워크 번호(7비트)	호스트 번호(24비트)

[그림 9.5] 클래스 A

(2) 클래스 B

첫 번째와 두 번째 비트가 각각 1과 0인 주소로 가장 작은 네트워크 번호 128.0에서 가장 큰 네트워크 번호 191.255로 규정되어 있다.

예를 들면, 클래스 B에서 주소가 150.11.X.X이라면 150.11.0.0과 150.11.255.255는 특수 목적으로 사용되고, 나머지 주소는 망에 있는 호스트의 주소이다. 즉, 호스트의 수는 $2^{16}-2$개인 65,534개로 구성된다.

1	0	네트워크 번호(14비트)	호스트 번호(16비트)

[그림 9.6] 클래스 B

(3) 클래스 C

첫 번째 비트에서 세 번째 비트가 각각 1,1,0인 주소로, 범위는 가장 작은 네트워크 192.0.0에서 가장 큰 네트워크 223.255.255로 규정하고 있다.

여기서 주소가 220.11.1.X일 경우 220.11.1.0과 220.11.1.255는 특수 목적으로 사용되고, 나머지 주소는 망에 있는 호스트 주소이다. 그러므로 호스트의 수는 $2^{8}-2$개인 254개로 구성되어 있다.

1	1	0	네트워크 번호(21비트)	호스트 번호(8비트)

[그림 9.7] 클래스 C

(4) 클래스 D

첫 번째 비트에서 네 번째 비트가 각각 1,1,1,0인 주소로 나머지 28 비트를 멀티캐스트용으로 사용한다.

1	1	1	0	멀티캐스트 그룹 번호(28비트)

[그림 9.8] 클래스 D

3) 서브네팅(Subnetting)

IP 주소의 수가 한정되어 있으므로 각 기관에서는 배정받은 하나의 네트워크 주소를 다시 여러 개의 작은 네트워크로 나누어 사용한다. 이때, 주어진 네트워크 주소를 나누어 사용하는 것을 서브네팅(subnetting)이라고 한다.

네트워크적인 측면에서 말하면, 너무 큰 브로드캐스트 영역은 네트워크 환경에서 패킷 전송을 느리게 하고 성능저하를 발생시킨다. 그러므로 네트워크를 쪼개서 통신 성능을 보장한다.

[표 9.1] 서브넷 마스크

클래스	디폴트 서브넷 마스크
A	255.0.0.0
B	255.255.0.0
C	255.255.255.0

IP 주소 중에 네트워크 식별자 부분을 구분하기 위한 마스크를 서브넷 마스크(Subnet Mask)라고 하는데, 각각의 클래스에 대한 디폴트 서브넷 마스크는 [표 9.1]과 같다.

예를 들면, 한 개의 클래스 C 주소를 나누어 사용하기 위하여 호스트 필드(Host Field)를 8비트가 아닌 5비트만 사용하고, 네트워크 식별자로 27비트만 사용한다면, 이때 서브넷 마스크는 255.255.255.224가 된다.

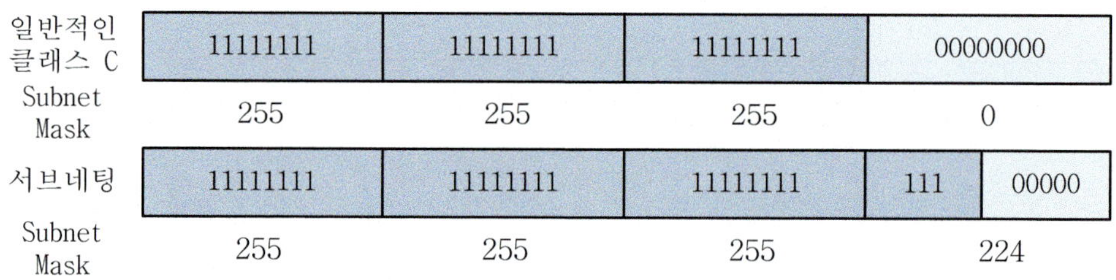

[그림 9.9] 3비트를 사용한 서브네팅

클래스 C인 193.55.1에 대하여 서브넷을 하는 경우와 하지 않는 경우에 대하여 그림으로 보면 다음과 같이 이해할 수 있다.

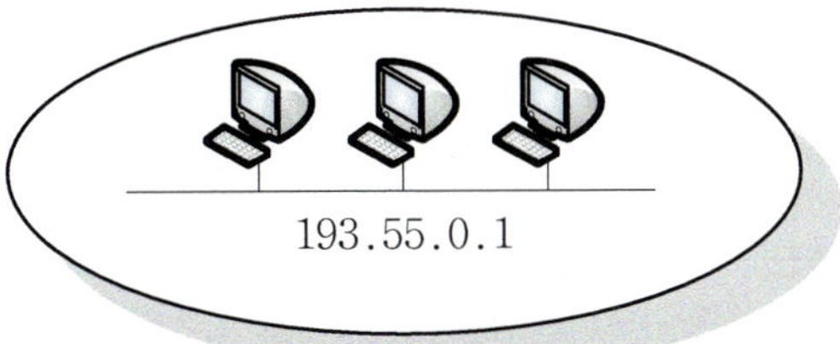

(a) 서브넷이 없는 경우

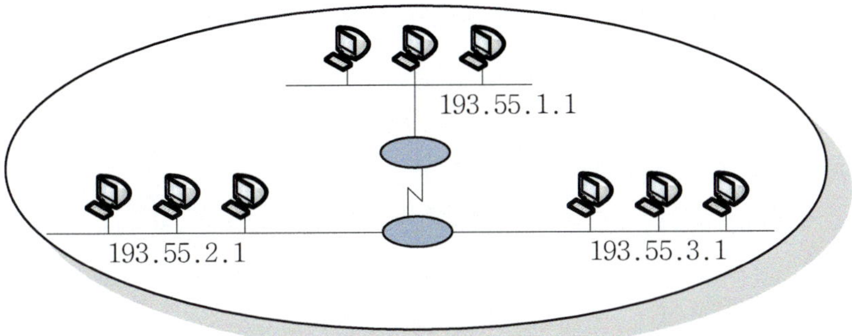

(b) 서브넷이 있는 경우

[그림 9.10] 클래스 C 서브네팅

그러면 클래스 C에 대하여 서브네팅을 구현하는 경우 서브네트워크 수, 각 서브네트워크의 호스트 수 그리고 총 IP 수를 살펴보면 다음과 같다.

[표 9.2] 클래스 C 서브넷 마스크

구분	서브네팅 주소로 사용한 비트 수		
Subnet Mask	나누지 않음	2 비트 사용	3 비트 사용
	255.255.255.0	255.255.255.192	255.255.255.224
서브네트워크 수	1	4-2=2	8-2=6
각 서브네트워크 내의 호스트 수	256-2=254	64-2=62	32-2=30
총 IP 수	254	2 X 62=124	6 X 30=180

9.3.2 IPv6 주소

1) 도입 배경

인터넷에 연결할 수 있는 호스트의 개수는 IP 주소에 의해 좌우되며 약 43억 개 정도의 호스트가 연결될 수 있다. 최근 인터넷의 급성장으로 인하여 32비트의 주소 체계는 포화 상태에 있게 되었다.

이렇게 주소 고갈이 발생한 이유로는 인터넷의 성장도 있었지만, IPv4의 사전 할당으로 인해 사용되지 않는 많은 수의 주소들이 존재한다는 점에서 그 이유를 찾을 수 있다.

이러한 IPv4의 문제를 배경으로 차세대 IP규격(IP Next Generation, IPng)의 검토가 IETF에 의하여 진행되었고 IPv6를 표준화하였다. 128비트의 IPv6 주소 체계는 주소 고갈 문제를 해결할 뿐만 아니라 보안 문제, 라우팅 효율성 문제, QoS(Quality of Service) 보장, 무선 인터넷 지원 등과 같은 다양한 기능들을 제공할 수 있어서 차세대 구현의 핵심 요소로 부각되고 있다.

2) 주소 표현

IPv4 프로토콜에서는 8비트 단위의 숫자 4개를 점(.)으로 구분하여 221.223.201.29와 같이 표현한다. 그러나 IPv4 프로토콜에서 지원하는 128비트의 숫자는 아주 커 16비트의 숫자 8개를 콜론(:)으로 구분한다.

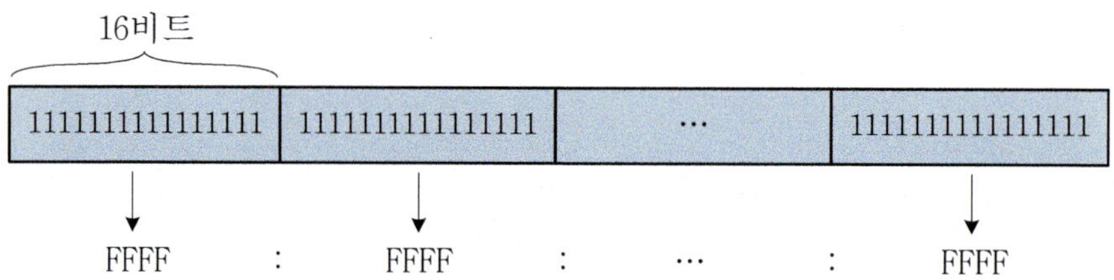

[그림 9.11] IPv6의 주소 표현

예를 들어, D2D2:1211:2D1D:1600:5454:2121:1111:1234처럼 표현할 수 있다. 한편, 0에 대한 처리는 16진수 주소에 0이 연속될 경우 하나의 0으로 표현하거나 생략할 수 있다. 예를 들면, 0774:3E3D:0000:0000:0000:0000:3456:B4DC는 0774:3E3D:0:0:0:0:3456:B4DC로 나타낼 수 있으며 다시 0을 생략하게 되면 0774:3E3D::3456:B4DC이다.

[표 9.3] IPv4와 IPv6의 비교

구분	IPv4	IPv6
주소 길이	32bits	128bits
주소 개수	약 43억개	약 43억 × 43억 × 43억 × 43억 개
주소 할당	A, B, C, D Class 단위	Prefix 방식의 순차적 할당
보안 지원 기능	추가설치	IPsec을 기본기능으로 내장
Multicast	부분적으로 가능	용이

IPv6 프로토콜에서는 유니캐스트, 멀티캐스트 주소뿐만 아니라, 애니캐스트라는 새로운 주소 체계를 지원하는데, 애니캐스팅 방식은 멀티캐스팅과 유사한 기능을 제공한다. 멀티캐스팅 방식이 그룹 내의 모든 호스트에 패킷을 전송하는 반면, 애니캐스팅 방식은 그룹 내의 특정 호스트에만 패킷을 전송한다.

3) 개선 효과

(1) 확장된 어드레싱 능력

송신 호스트와 수신 호스트의 호스트 주소를 표시하는 공간이 32비트에서 128비트로 확장되었다. IPv6를 이용한 인터넷 환경에서 이론적으로 호스트를 최대 2^{128}개까지 지원하여 폭발적으로 증가하는 인터넷 사용자를 수용할 수 있다. 또한 개인이 무선으로 사용하는 유비쿼터스 장비가 기하급수적으로 보급되는 환경에도 쉽게 대처할 수 있다.

(2) 헤더 형식의 단순화

IPv4의 헤더는 옵션 내용이 상당히 부가되었지만 IPv6는 보다 효율적인 포워딩, 옵션 길이의 엄격한 제한을 덜어주고, 앞으로 새로운 옵션을 제시하기 위하여 뛰어난 호환성을 제공한다.

(3) Flow Labeling 능력

Flow Label을 도입함으로써 일정 범위 내에서 예측 가능한 데이터 흐름을 지원한다. 따라서 하나의 연속 스트림(stream)으로 전송해야 하는 기능을 지원함으로써 실시간 기능이 필요한 멀티미디어 환경을 수용할 수 있다.

(4) 인증성과 프라이버시 능력

인증성, 데이터의 무결성, (선택적인)데이터의 비밀성을 제공하기 위한 확장이 IPv6를 위해 필수로 채택되었다.

산책로

IPv6의 헤더

IPv6 프로토콜의 헤더 구조는 IPv4보다 매우 단순해 기본 필드를 8개 지원한다. 총 40바이트 중 32바이트는 주소 공간으로 할당하고, 8바이트만 프로토콜의 기능을 위해 사용한다. 다음 그림은 크기가 고정된 기본 헤더의 구조이며, 상단의 숫자는 크기를 나타내는 비트수이다.

0	3	7	15	23	31
버전	우선순위	흐름 레벨			
페이로드 길이			다음 헤더	홉 한계	
출발지 IP 주소					
목적지 IP 주소					
옵션					

9.4 인터넷 계층

인터넷 계층에서 수행하는 대표적인 프로토콜로는 IP, ARP(Address Resolution Protocol), RARP(Reverse ARP) 그리고 ICMP(Internet Control Message Protocol)가 있다. 여기서 수행되는 모든 데이터는 IP 데이터그램을 사용하여 전송하며 특징으로는 다음과 같다.

9.4.1 IP(Internet Protocol)

1) 기능

(1) 최선 노력(best-effort) 전달

인터넷 프로토콜(IP)은 발신지에서 목적지로 데이터를 전송하는 일을 한다. 인터넷 프로토콜의 특징은 목적지 호스트가 성공적으로 정보를 받았다는 처리 과정은 없는 비연결형이다. 그러므로 신뢰성이 없고, 오류 검사나 추적을 하지 않는다.

(2) 경로 제어

발신지와 목적지 IP 호스트가 동일한 네트워크에 있다면 데이터그램은 목적지의 호스트로 바로 전송되지만, 원격지의 네트워크에 있다면 발신지와 목적지의 라우팅 테이블을 검색하여 최적의 경로를 갖는다.

(3) 주소 지정

출발지 호스트에서 실행되고 있는 전달 계층 프로세스는 IP로 데이터그램을 내려보낸다. 데이터 그램은 전달되어야 할 목적지 호스트의 인터넷 주소를 포함한다. 출발지 호스트와 목적지 호스트 간에 위치한 모든 라우터 및 출발지 호스트에서 실행되고 있는 IP 프로세스들은 IP 데이터그램이 목적지 호스트까지 전달되도록 서로 협력한다.

산책로

IPv4의 헤더

0비트 → 31비트

버전(4)	헤더길이(4)	서비스 유형(8)	전체 길이(16)	
ID(16)			플래그(3)	단편화 위치(13)
생존시간(8)		프로토콜(8)	검사합(16)	
출발지 IP 주소(32)				
목적지 IP 주소(32)				
옵션				

20 바이트

*()안의 숫자단위는 비트

2) IP 라우팅

(1) 개념

특정 송신자에서 보낸 데이터가 목적지에까지 도착하도록 경로를 설정하는 것을 라우팅이라고 한다. 즉, 일반적으로 송신자와 수신자는 직접 연결되어 있지 않고 중간에 여러 노드들을 경유하여 연결되는데, 라우팅이란 어떤 노드들을 경유하여 목적지까지 도달하도록 하여야 하는 가를 결정하는 것이다.

송신 호스트는 프레임 내에 데이터그램을 캡슐화시키고 ARP(Address Resolution Protocol)를 이용하여 목적지 IP 주소를 물리적 하드웨어 주소와 대응시킨 후에 목적지로 프레임을 직접 전송한다. 각각의 라우터는 라우팅 테이블을 가지고 있어서 이 테이블 안의 정보를 가지고 데이터그램 전송을 하게 된다.

(2) 라우팅 프로토콜

라우팅은 최상의 경로를 어떻게 선택하여 라우팅 테이블에 기록하느냐를 결정하는 규칙으로, 라우팅 테이블 정보를 산출하는 방법에 따라 정적 라우팅과 동적 라우팅으로 구분된다.

정적 라우팅은 단순하고 용이하나, 네트워크 토폴로지 변화에 대한 융통성이 부족하며, 동적 라우팅은 부가적인 프로토콜을 요구하나 네트워크 변화 및 장애시에도 작업이 가능하므로 후자에 대하여 소개하기로 한다.

(가) RIP(Routing Information Protocol)

해당 라우터는 각각의 라우터들로부터 라우팅 테이블과 거리에 대한 정보를 수신하고, 라우터들이 주기적으로 토플로지 정보를 브로드 캐스트하면 다른 라우터들은 이들 정보를 기초로 라우팅 테이블을 변경시키는 프로토콜이다.

RIP는 거리 벡터 알고리즘(Distance Vector Algorithm)을 사용하는 대표적인 라우팅 프로토콜로 작은 규모의 네트워크에서 사용하는 간단한 프로토콜이다.

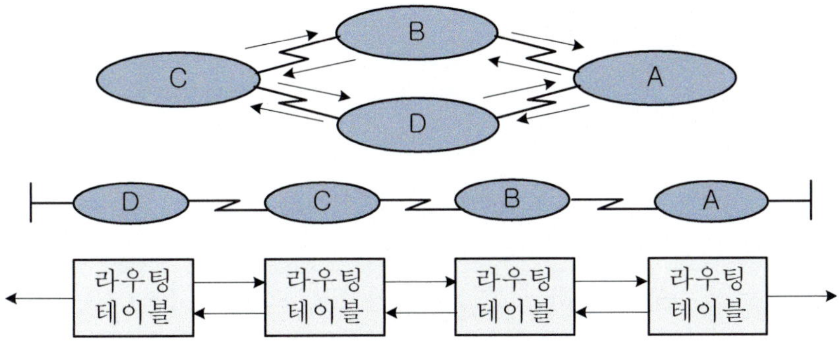

[그림 9.12] RIP 네트워크 모델

(나) OSPF(Open Shortest Path First)

OSPF 프로토콜은 라우팅 테이블이 안정화된 다음에는 라우팅 정보를 주기적으로 갱신하지 않고 네트워크 변화가 있을 때만 갱신함으로써 라우팅 프로토콜 트래픽이 네트워크에 미치는 영향을 최소화하는 link-state algorithm이다.

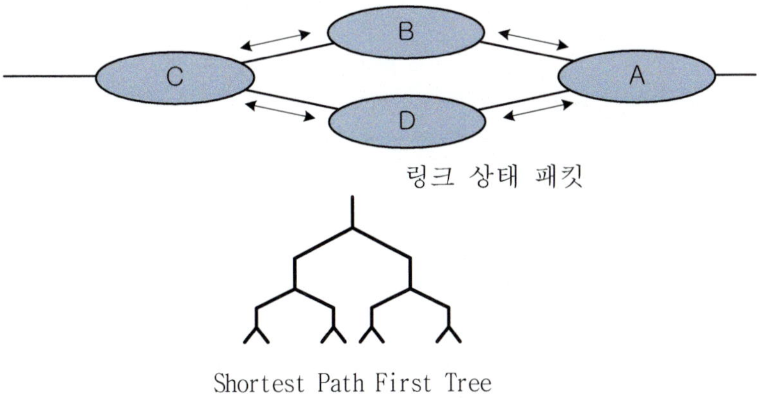

[그림 9.13] OSPF 네트워크 모델

9.4.2 ARP(Address Resolution Protocol)

1) 개념

LAN 상의 어떤 호스트에서 다른 호스트로 프레임이 전송할 때, 프레임의 목적지 인터페이스를 결정하는 것은 48 비트 크기의 이더넷 주소이다. 따라서 특정 IP 주소로 프레임을 보내기 전에 그 IP 주소에 해당하는 이더넷 주소를 먼저 알아내어야 하는데, 이 과정을 주소 변환 프로토콜(Address Resolution Protocol, ARP)이 담당한다. 또한 ARP의 반대 과정, 즉 48 비트의 이더넷 주소를 IP 주소로 변환하는 프로토콜은 역주소 변환 프로토콜(Reverse ARP, RARP)이라고 한다.

2) 구현 방법

시스템(이하 호스트라고 한다.) A가 호스트 B의 MAC 주소를 얻으려면 ARP request라는 패킷을 브로드캐스팅 해야 한다. 이 패킷을 네트워크의 모든 호스트가 수신하지만, 관계없는 호스트는 패킷을 무시하고 호스트 B만 IP 주소가 자신의 IP 주소와 동일함을 인지한다. 따라서 호스트 B는 ARP reply 패킷을 사용해 자신의 MAC 주소를 호스트 A에 회신한다.

네트워크 트래픽이 증가할 때는 캐시 정보를 이용하는데 송신 호스트가 ARP request 패킷을 브로드캐스팅하는 과정에서 패킷을 수신한 모든 호스트는 송신 호스트 IP 주소와 MAC 주소 매핑 값을 자동으로 얻을 수 있다.

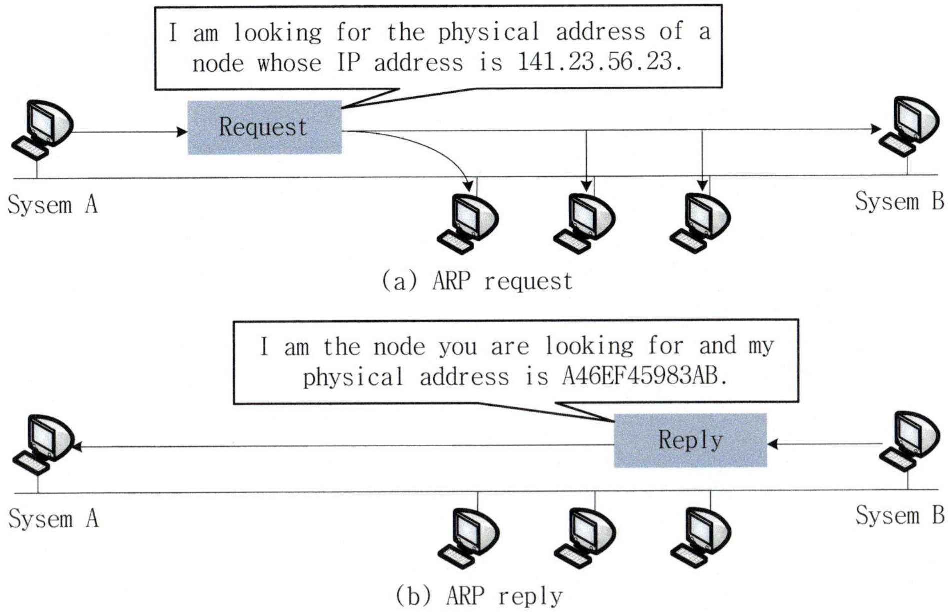

[그림 9.14] ARP 개념

9.4.3 ICMP(Internet Control Message Protocol)

1) 개념

네트워크에서 오류 메시지를 전송받는 데 주로 쓰이며 인터넷 프로토콜의 주요 구성원 중 하나로 인터넷 프로토콜(IP)에 의존하여 작업을 수행한다. 또한 종단 시스템 사이에 자료를 주고받는 역할을 수행하지 않는다는 점에서 TCP나 UDP와는 성질이 다르다. ping 명령어가 인터넷 접속을 테스트하기 위해 ICMP를 사용한다.

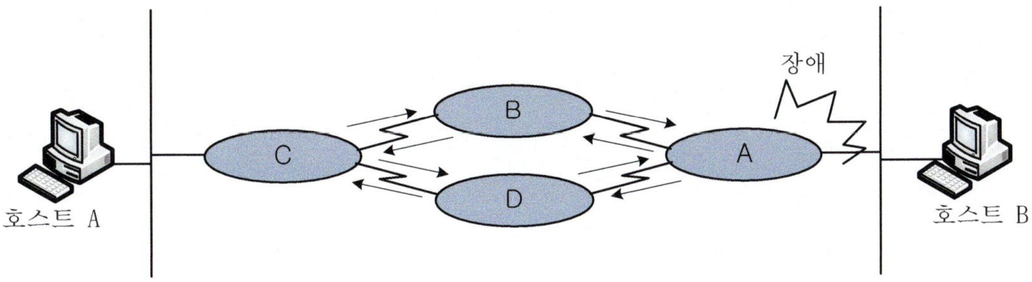

[그림 9.15] ICMP 개념

2) 메시지 형식

ICMP 메시지는 인터넷과 라우터를 거쳐 운반해야 하므로 IP로 캡슐화하지만 ICMP를 상위 계층 프로토콜로 간주하지 않는다.

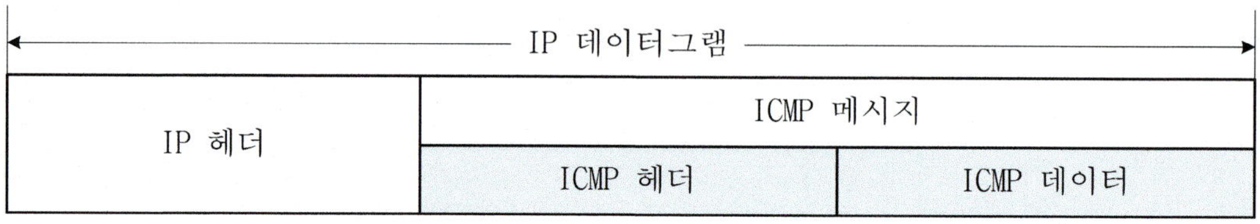

[그림 9.16] 캡슐화된 ICMP 메시지

산책로

IGMP(Internet Group Message Protocol)

멀티캐스트 기능을 수행하는 프로토콜로서 네트워크의 멀티캐스트 트래픽을 자동으로 조절하고, 제한하며, 수신자 그룹에 메시지를 동시에 전송하는 데 사용된다.

9.5 전송 계층

이 장에서는 전송 계층에서 제공되는 TCP와 UDP에 대해서 설명한다. 먼저 TCP와 UDP가 제공하는 서비스의 기능에 대해서 설명한다.

9.5.1 TCP(Transmission Control Protocol)

1) 연결 지향(Connection-Oriented)

TCP는 연결 지향의 스드림 서비스를 제공하는데 연결 지향이라는 의미는 TCP를 이용하는 두 개의 응용 프로그램이 데이터를 교환하기 전에 서로 연결을 확립하여야 함을 의미한다. 예를 들면, 점심시간에 동료들과 식사를 하기 위하여 장소를 찾는데 애로 사항이 많을 때 미리 예약을 하는 것이 반드시 필요하다. 이런 경우를 연결 지향이라고 한다.

2) 신뢰성(Reality)

TCP가 신뢰성 있는 데이터 전송을 수행하기 위하여 다음과 같은 과정을 수행한다.

① TCP 연결을 설정한 후 TCP는 IP로 보낼 데이터를 세그먼트(segment) 단위로 생성한다. 이때 세그먼트란 TCP가 IP로 전달할 정보 단위를 말한다.
② TCP는 세그먼트를 보내고, 상대편으로부터 세그먼트를 수신했다는 확인 메시지를 기다린다. 만약 설정한 타이머 내에 이 확인 메시지가 돌아오지 않을 경우, 세그먼트를 재전송한다.
③ 데이터를 받은 수신측 TCP에서는 헤더와 데이터의 검사합을 이용하여 데이터가 전송 중에 변화되었는지를 검출한다. 세그먼트에 오류가 없을 경우 송신측에 확인 메시지를 보내고, 그렇지 않을 경우 수신한 세그먼트를 폐기시키고 확인 메시지를 전송하지 않는다.

3) 흐름 제어(Flow Control)

TCP 종단 간의 데이터 흐름을 관리함으로써 데이터가 효율적인 속도로 처리될 수 있게 한다. 장치가 미처 처리하기 전에 너무 많은 데이터가 도착하면 오버플로우가 생기는데, 이는 데이터가 유실됨으로써 재전송 받아야만 한다는 것을 의미한다.

4) 혼잡 제어(Congestion Control)

네트워크 내에 존재하는 패킷의 수가 과도하게 증가되는 현상을 혼잡(congestion)이라고 하며 혼잡 현상을 방지하거나 제거하는 기능을 혼잡 제어(Congestion Control)라고 한다. 흐름 제어는 송신자와 수신자 사이의 종단간 전송 속도를 다루는 데 비하여 혼잡 제어는 보다 넓은 관점에서 호스트와 라우터를 포함한 서브넷에서의 전송 능력에 대한 문제를 다룬다.

0비트 --→ 31비트

<table>
<tr><td colspan="3">출발지 포트(16)</td><td>전체 길이(16)</td><td rowspan="6">20 바이트</td></tr>
<tr><td colspan="4">순서 번호(32)</td></tr>
<tr><td colspan="4">확인 번호(32)</td></tr>
<tr><td>헤더 길이(4)</td><td>예약 필드(6)</td><td>플래그 비트(6)</td><td>윈도우 크기(16)</td></tr>
<tr><td colspan="3">검사 합(16)</td><td>긴급 포인터(16)</td></tr>
<tr><td colspan="4">옵션</td></tr>
</table>

* ( )안의 숫자단위는 비트

[그림 9.17] TCP 헤더

9.5.2 UDP(User Datagram Protocol)

UDP는 IP의 상위에 위치하고 있으며 최상의 데이터 스트림(stream) 서비스를 요구하지 않는 애플리케이션을 위해 best-effort 전달 서비스를 제공한다. UDP는 다음과 같은 특징을 가지고 있어서 TCP와 더불어 널리 쓰이고 있다.

(가) 비연결 지향(Connectionless-Oriented)

UDP는 IP 서비스를 사용하는 데 신뢰성이 결여된 비연결형 전달 서비스를 제공한다. 따라서 연결 설정을 위한 지연시간이 걸리지 않으므로 DNS(Domain Name Service)와 같은 서비스에서는 UDP를 사용함으로써 빠른 서비스를 제공한다.

(나) 비상태 정보(Non-State)

UDP는 데이터의 성공적 전달을 보장하는 표시를 보내거나 받지 않는다. UDP는 패킷 정렬하는 방법을 제공하지 않기 때문에 패킷은 destination station에 의해 적절한 순서대로 놓이게 된다. 반면에, 신뢰성 있고 순차적인 전달을 요구하는 애플리케이션들은 TCP의 서비스를 사용해야만 한다.

0비트 --→ 31비트

<table>
<tr><td>출발지 포트(16)</td><td>목적지 포트(16)</td><td rowspan="3">8바이트</td></tr>
<tr><td>전체 길이(32)</td><td>검사 합(16)</td></tr>
<tr><td colspan="2">데이터</td></tr>
</table>

* ( )안의 숫자단위는 비트

[그림 9.18] UDP 헤더

[표 9.4] TCP와 UDP의 비교

프로토콜의 기능	TCP	UDP
데이터 전송 단위	세그먼트	블록형태의 데이터그램
서비스 형태	연결형	비연결형
수신 순서	송신 순서와 일치	송신 순서와 불일치
오류와 흐름제어	있음	없음

9.6 응용 계층

인터넷에서는 hyper text 구조로 되어 있어 사용자의 의도대로 클릭하면 가입자가 요구하는 문서를 검색할 수 있는 문서로 되어 있다. 또한, hyper media로 제공해주는데 동일 객체 안에 이미지, 그래픽스 및 음성이 가능하도록 되어 있다. 그러면, 인터넷에서 사용 중인 응용 계층에서 사용하는 프로토콜에 대해서 알아보기로 한다.

9.6.1 SMTP(Simple Mail Transfer Protocol)

사용자끼리 전자 메일을 교환하는 데 사용하는 프로토콜로서 하위 계층에서 TCP 프로토콜을 사용하며, 전자메일을 송수신하려고 사용자 에이전트(User Agent, UA)와 메시지 전송 에이전트(Message Transfer Agent, MTA)를 사용한다.

전자메일 사용자와는 직접 관계가 없고, 전자메일 메시지가 통과하는 로컬시스템과 정보를 교환한다. 즉, 사용자의 메시지 접수 방법, 사용자 인터페이스 구성 방법, 사용자의 메시지 저장 방법 등은 지정하지 않는다.

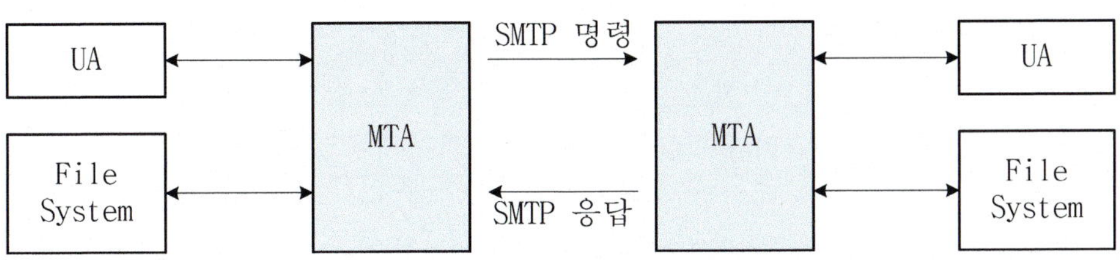

[그림 9.19] SMTP 개념도

9.6.2 TELNET(Telecommunication Network)

소속 호스트 컴퓨터가 아닌, 원격 호스트 컴퓨터에 접근(access)하고자 할 때 전화선을 끊어야 하나 이 프로토콜에 의해서 전화선을 끊을 필요 없이 접근이 가능하다. 일단 원격 시스템에 연결되면 이용자는 마치 하드웨어적으로 직접 연결된 단말기에서처럼 연결한 원격 컴퓨터를 사용할 수 있다.

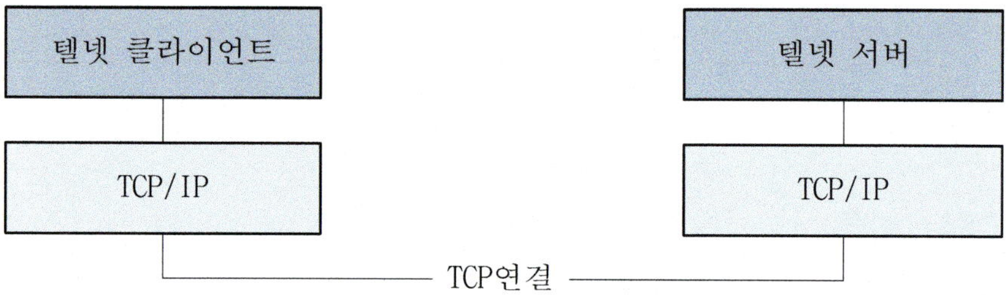

[그림 9.20] 텔넷 동작원리

9.6.3 FTP(File Transfer Protocol)

FTP란 네트워크 환경에서 가장 많이 이용되는 서비스 중 하나로 원격 시스템과의 파일 송수신 기능을 지원한다. FTP를 이용하면 원하는 프로그램이나 각종 데이터를 무료나 저렴한 가격에 살 수 있다. 또 용량이 큰 파일도 빠르게 송수신할 수 있다.

원격 시스템에 접속하려면 FTP 서버에 등록된 로그인 계정과 암호가 필요하다. 그러나 인터넷을 통하여 서로가 필요한 파일을 공유하고 교환하기 위하여 누구라도 접속할 수 있는 익명의 계정(anonymous)을 이용하여 파일을 전송할 수 있는 방법도 있다. 이때의 호스트를 익명 FTP라고 하는데, 전 세계적으로 수천 개에 달한다.

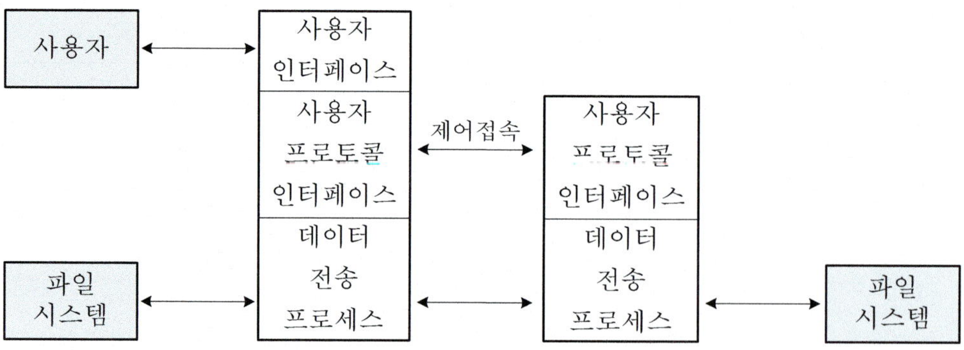

[그림 9.21] FTP 원리

TFTP(Trivial File Transfer Protocol)는 FTP와 마찬가지로 파일을 전송하기 위한 프로토콜이지만, FTP보다 더 단순한 방식으로 파일을 전송한다. 따라서 데이터 전송 과정에서 데이터가 손실될 수 있는 등 불안정하다는 단점을 가지고 있다. 하지만 FTP 처럼 복잡한 프로토콜을 사용하지 않기 때문에 구현이 간단하다. 임베디드 시스템에서 운영 체제 업로드로 주로 사용된다.

9.6.4 DNS(Domain Name System)

DNS는 호스트 도메인 이름을 호스트의 네트워크 주소로 바꾸거나 그 반대의 변환을 수행할 수 있도록 하기 위해 개발되었다. 특정 컴퓨터(또는 네트워크로 연결된 임의의 장치)의 주소를 찾기 위해, 사람이 이해하기 쉬운 도메인 이름을 숫자로 된 식별 번호(IP 주소)로 변환해준다. 도메인 이름 시스템은 흔히 '전화번호부'에 비유된다.

인터넷 도메인 주소 체계로서 TCP/IP의 응용에서, www.example.com과 같은 주 컴퓨터의 도메인 이름을 192.168.1.0과 같은 IP 주소로 변환하고 라우팅 정보를 제공하는 분산형 데이터베이스 시스템이다.

요 약

1. 인터넷 환경에서 제공되는 WWW(World Wide Web)는 일반적으로 웹이라고 하며 간단히 W3라고도 부른다.
2. 상하 계층 간에 데이터를 주고받는 일련의 과정에서 캡슐화(encapsulation)와 역캡슐화(decapsulation)가 필요하다.
3. IPv4 주소는 10진수 4개와 .(점)으로 나타내며 각 10진수 숫자는 0~255까지 사용할 수 있고 또한 8비트가 필요하므로 전체적으로는 32비트가 필요하다.
4. IPv4 주소에서 클래스 A는 첫 번째 비트가 0인 주소로 가장 작은 네트워크 1.0.0.0에서 가장 큰 네트워크 126.0.0.0로 규정하고 있다.
5. IPv4 주소에서 클래스 B는 첫 번째와 두 번째 비트가 각각 1과 0인 주소로 가장 작은 네트워크 번호 128.1에서 가장 큰 네트워크 번호 191.254로 규정되어 있다.
6. IPv4 주소에서 클래스 C는 첫 번째 비트에서 세 번째 비트가 각각 1,1,0인 주소로, 범위는 가장 작은 네트워크 192.0.1에서 가장 큰 네트워크 223.255.254로 규정하고 있다.
7. IPv4 주소에서 클래스 D는 첫 번째 비트에서 네 번째 비트가 각각 1,1,1,0인 주소로 나머지 28 비트를 멀티캐스트용으로 사용한다.
8. IPv4 프로토콜에서 지원하는 128비트의 숫자는 16비트의 숫자 8개를 콜론(:)으로 구분한다.
9. IP의 특징은 목적지 호스트가 성공적으로 정보를 받았다는 처리 과정은 없는 비연결형이다. 그러므로 신뢰성이 없고, 오류 검사나 추적을 하지 않는다.
10. RIP는 거리 벡터 알고리즘(Distance Vector Algorithm)을 사용하는 대표적인 라우팅 프로토콜로 작은 규모의 네트워크에서 사용하는 간단한 프로토콜이다.
11. OSPF 프로토콜은 네트워크 변화가 있을 때만 갱신함으로써 라우팅 프로토콜 트래픽이 네트워크에 미치는 영향을 최소화하는 link-state algorithm이다.
12. 특정 IP 주소로 프레임을 보내기 전에 그 IP 주소에 해당하는 이더넷 주소를 먼저 알아내어야 하는데, 이 과정을 주소 변환 프로토콜(Address Resolution Protocol, ARP)이 담당한다.
13. ICMP는 네트워크에서 오류 메시지를 전송받는 데 주로 쓰이며 인터넷 프로토콜의 주요 구성원 중 하나로 인터넷 프로토콜(IP)에 의존하여 작업을 수행한다.

14. IP는 비연결성을 지향하는 데 비해 TCP는 연결성을 지향하고 있다.
15. UDP는 IP의 상위에 위치하고 있으며 최상의 데이터 스트림(stream) 서비스를 요구하지 않는 애플리케이션을 위해 best-effort 전달 서비스를 제공한다.
16. SMTP는 사용자끼리 전자 메일을 교환하는 데 사용하는 프로토콜로서 하위 계층에서 TCP 프로토콜을 사용한다.
17. TELNET에서는 소속 호스트 컴퓨터가 아닌, 원격 호스트 컴퓨터에 접근하고자 할 때 전화선을 끊어야 하나 이 프로토콜에 의해서 전화선을 끊을 필요 없이 접근이 가능하다.
18. FTP란 네트워크 환경에서 가장 많이 이용되는 서비스 중 하나로 원격 시스템과의 파일 송수신 기능을 지원한다.
19. TFTP는 FTP와 마찬가지로 파일을 전송하기 위한 프로토콜이지만, FTP보다 더 단순한 방식으로 파일을 전송한다.
20. DNS에서는 특정 컴퓨터(또는 네트워크로 연결된 임의의 장치)의 주소를 찾기 위해, 사람이 이해하기 쉬운 도메인 이름을 숫자로 된 식별 번호(IP 주소)로 변환해준다.

연습 문제

1. 인터넷 환경에서 상하 계층 간에 데이터를 주고받을 때 캡슐화(encapsulation)가 진행되는 과정을 설명하시오.

2. IPv4 주소의 개념과 주소 체계에 대하여 설명하시오.

3. 클래스 C를 가진 주소 체계에서 서브네팅(subnetting)하는 과정을 설명하시오.

4. IPv6 주소 체계에 대하여 설명하고 IPv4와 비교하여 살펴보시오.

5. IP(Internet Protocol)의 라우팅 프로토콜에 대하여 설명하시오.

6. ARP(Address Resolution Protocol)의 개념과 구현방법에 대하여 설명하시오.

7. TCP(Transmission Control Protocol)의 특성에 대하여 설명하시오.

8. UDP(User Datagram Protocol)의 특성과 헤더 구조에 대하여 살펴보시오.

9. 다음을 간단히 설명하시오.
   1) 인터네트워킹(internetworking)
   2) best-effort
   3) ICMP(Internet Control Message Protocol)

약 어

ARPA(Advanced Research Projects Agency)
WWW(World Wide Web)
NIC(Network Information Center)
QoS(Quality of Service)
IP(Internet Protocol)
RIP(Routing Information Protocol)
OSPF(Open Shortest Path First)
ARP(Address Resolution Protocol)
ICMP(Internet Control Message Protocol)
TCP(Transmission Control Protocol)
UDP(User Datagram Protocol)
SMTP(Simple Mail Transfer Protocol)
TELNET(Telecommunication Network)
FTP(File Transfer Protocol)
TFTP(Trivial File Transfer Protocol)
DNS(Domain Name System)

제 10 장
신호

통신은 자연계에서 일어날 수 있는 여러 가지 자연현상들을 이용하여 데이터를 전달하는데, 여기에 사용되는 자연현상들을 구체적으로 관측하고 측정할 수 있는 물리적인 양으로 나타낸 것으로 빛, 전기, 소리, 진동, 전압, 전류 등이 있으며 이들을 통신에서 사용되는 신호라고 한다. 자연계에 존재하는 모든 신호들은 크기, 주파수와 위상과 같은 성질을 가지며 이들은 여러 가지 조건에 따라 항상 변할 수 있다.

사용자가 상대방에게 정보를 전송하기 위하여 정보는 먼저 전자기적인 신호의 형태로 변환되어야 한다. 사람이나 응용 프로그램에서 사용 가능한 정보의 종류에는 문자, 음성, 그림 등의 형태가 있다. 두 사용자간의 통신을 위해서는 정보를 전기적인 신호로 변환한 후에 전송매체를 통하여 상대방에게 전송을 해야 한다.

디지털 신호 방식에서 정보를 전송로를 통해 보내기 위해서는 전송로에 의해서 전송될 수 있는 신호의 형태로 변환되어야 한다. 이와 같은 작업을 부호화(encoding)라고 하는데 정보를 이와 같이 변환하는 이유는 전송매체에서 보낼 수 있는 신호와 정보의 표현 형태가 다른 경우 정보를 전송 매체에서 전송 가능한 신호로 변환해야만 전송이 가능하므로 이와 같은 과정을 수행하게 된다. 한편, 수신측에서 반대의 과정을 거쳐 원래의 정보로 환원하게 되는데 이를 복호화라고 한다.

이 장에서는 먼저 신호의 개념과 종류를 살펴본 뒤 디지털 신호의 특성을 알아보고 대역 신호 방식에 대하여 공부한 다음 여기에 사용되는 통신 속도에 대하여 고찰하도록 한다.

학습목표

1. 신호의 개념에 대하여 살펴본다.
2. 신호의 표현 형식에 대하여 공부한다.
3. 대표적인 신호의 형태인 디지털 신호의 특성을 알아본다.
4. 대역 신호 방식에 대하여 설명한다.
5. 채널용량의 개념 및 표현식에 대하여 살펴본다.
6. 통신속도의 종류에 대하여 공부한다.

10.1 개념

인간이 통신시스템을 통하여 어떠한 의사를 장거리에 위치해 있는 수신자에게 전달하려면 임의의 신호 형태로 변환한 후, 이를 전송함으로써 의사를 교환하게 된다. 이때 통신 채널에서 잡음과 간섭이라는 바람직하지 않은 신호들이 부가되어 통신을 방해하는 요인이 발생하기도 한다.

[그림 10.1]에서 A의 생각은 정보이고 A가 정보를 B에게 전달하기 위해서는 신호를 이용하게 된다. 이렇게 정보를 주고받는 과정을 통신(communication)이라고 한다.

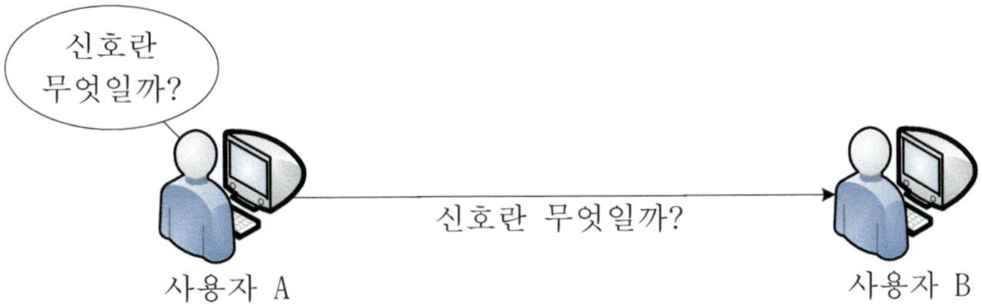

[그림 10.1] 신호와 통신

신호(signal)는 일상생활에서 흔히 만나게 되는 의사 전달 수단으로서, 예를 들면 표지판, 스마트폰, 얼굴 표정 및 제스처 등 중요한 정보를 전달하기 위한 모든 수단을 의미한다.

신호는 시스템의 입력 데이터로 들어가는 입력 신호와 시스템의 출력에서 나오는 출력 신호가 있다. 예를 들면, 바이크(bike)의 가속 페달을 누르는 힘(압력)은 입력 신호가 되고 주행 속도는 출력 신호가 된다. 또한 카메라에 들어오는 물체의 반사 빛은 입력 신호이고 사진은 출력 신호가 된다.

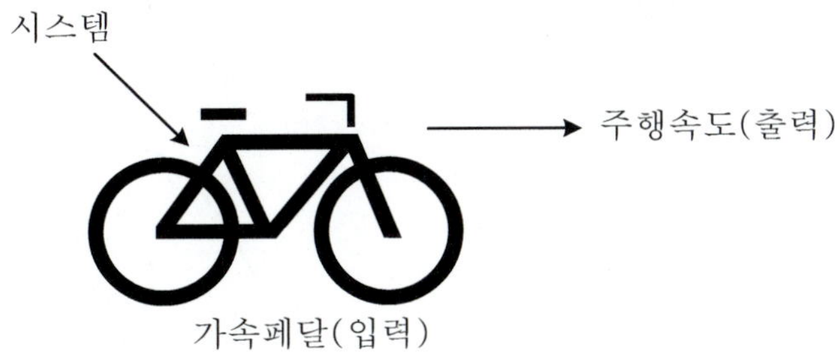

[그림 10.2] 신호 및 시스템

[그림 10.3]에서 송신자는 자신이 전달하고자 하는 정보를 전기 신호 형태로 변환하여 신호 처리계에서 통신에 적합한 형태로 변환한 후 채널을 통하여 송신하게 된다. 수신측에서는 미약하고 찌그러진 신호를 수신자가 이해할 수 있는 형태로 다시 신호 처리를 한 후 역변환 하여 정보를 재생함으로써 최종적으로 수신자가 송신자가 전달했던 정보를 이해할 수 있게 된다. 여기서 송신측의 신호 변환과 신호 처리계를 송신 시스템(송신기)이라고 하며 수신측의 신호 처리계와 신호역변환을 수신 시스템(수신기)이라고 한다.

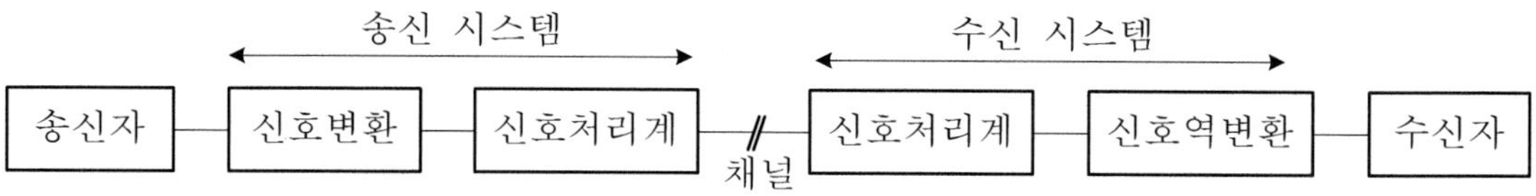

[그림 10.3] 통신시스템의 구성

신호는 물리적인 또는 자연적인 현상을 나타내는 파라미터들의 동작 상태를 시간의 흐름에 따라 나타낸 것을 말하며 전기 통신에서는 전압, 전류 등과 같은 시변량(time variant)을 신호로 취급한다. 또한 신호는 시간 함수를 적절한 진폭과 위상을 가진 수많은 주파수 성분으로 구성한 함수라고 할 수 있으며 어떤 사건이나 행동과 같은 정보를 포함하고 있는 물리량으로 신호 변환계를 이용해서 전기적인 신호로 변환이 가능한 크기를 말한다.

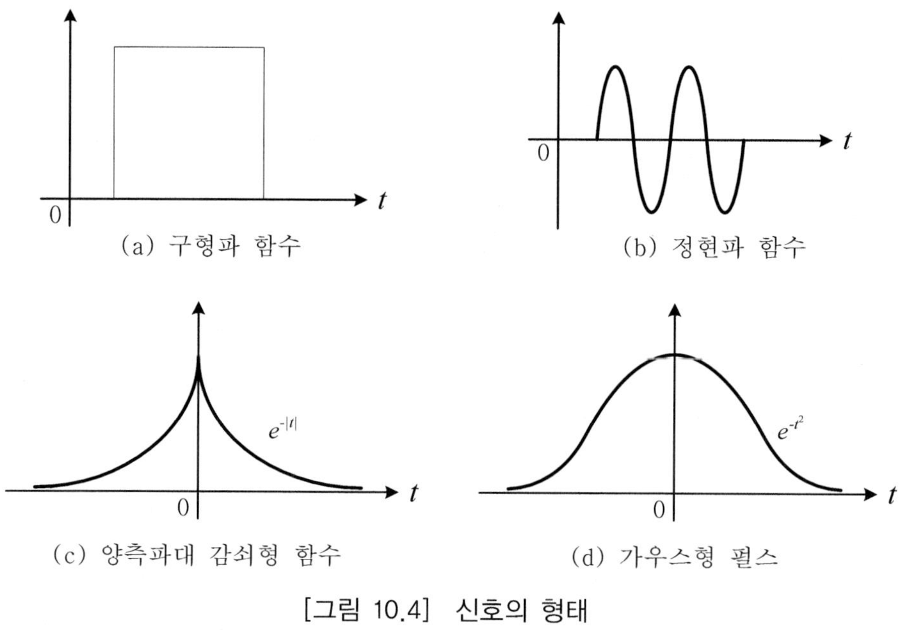

[그림 10.4] 신호의 형태

10.2 표현 방식

전기 통신에서 신호는 시간의 흐름에 따라 전압, 전류 또는 전력의 변화량을 나타내는 것으로 생각할 수 있으며 이들의 공통점은 시간의 함수라는 것이다. 즉 신호를 표현할 수 있는 방법으로 x 축을 시간, y 축을 시간에 따른 크기(이하 진폭이라고 표현)로 표현하는데 이외에도 신호를 표현할 수 있는 다른 방법이 있다.

또 다른 신호 표현 방법으로 x 축을 주파수, y 축을 주파수 성분들의 진폭으로 표현할 수 있다. x 축을 시간으로 표현하는 방법을 시간영역(time domain)에서의 표현이라고 하며 x 축을 주파수로 표현하는 방법을 주파수영역(frequency domain)에서의 표현이라고 하고 후자의 표현 방법이 통신에서 많이 사용되고 있다.

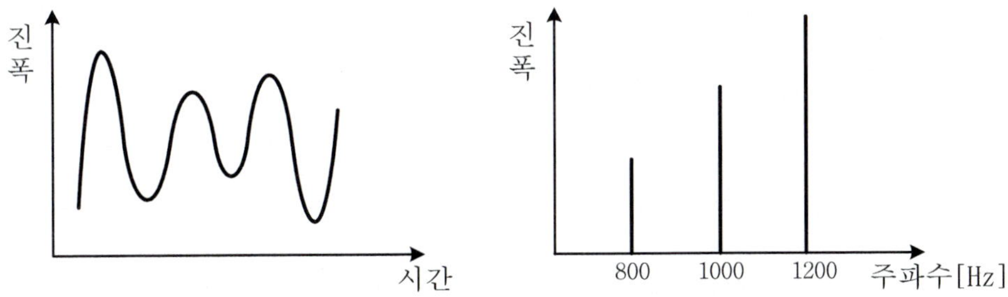

(a) 시간 영역 (b) 주파수 영역

[그림 10.5] 시간 영역과 주파수 영역에서의 표현

스펙트럼(spectrum)은 주파수영역에서 표현을 하는데 신호를 여러 주파수의 조합인 사인 및 코사인 형태의 정현파 신호의 성분으로 구성된 것으로 해석하여 주파수 성분별로 크기나 위상을 표현하는 방식을 의미한다. 그러므로 신호의 스펙트럼 분포는 신호의 특성뿐만 아니라 각종 통신 방식을 이해하는 데 중요한 수단이다. 특히, 통신 시스템에서 수행되는 각종 신호 처리, 예를 들어 변조, 복조, 전송 그리고 다중화 등이 해당된다.

산책로

정현파

자연계에 존재하는 모든 파형 중 가장 순수한 파형이다. 음차를 두드릴 때 생기는 음파도 정현파이며 맑은 플롯의 음색도 정현파에 가까운 것이다.

통신 신호의 가장 기본적인 신호 중의 하나로 정현파 신호(sinusoidal wave)를 들 수 있는데 파형이 사인곡선이 되는 파를 말한다. 발진기로부터 얻게 되는 교류 전압, 전류는 정현파에 가깝다.

이 정현파 신호를 수식으로 표현하면 식 (10-1)과 같이 나타낼 수 있다.

$$x(t) = A\cos(2\pi f_0 t + \theta) \tag{10-1}$$

여기서 이 신호는 크기를 의미하는 진폭(amplitude) A, 단위 시간당 신호가 가지는 진동수를 의미하는 주파수(frequency) f_0 [Hz] 그리고 시간 지연 정보를 가지는 위상(phase) θ로 구성되어 있다.

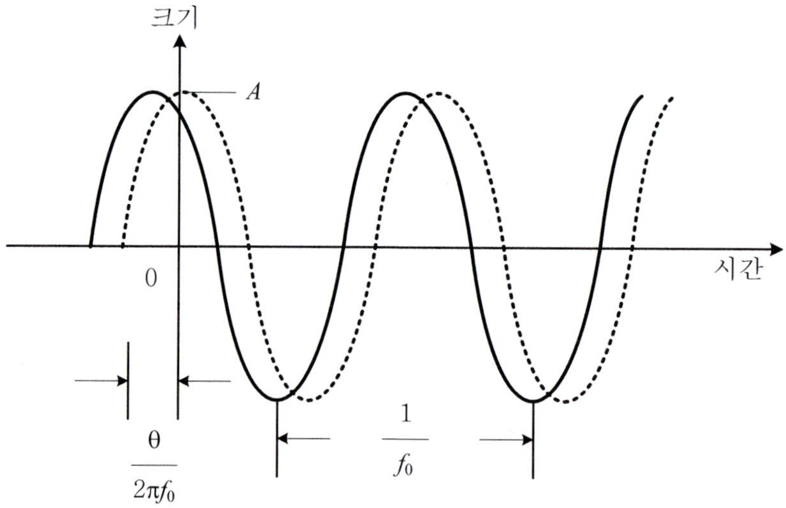

[그림 10.6] 정현파 신호의 시간축상의 표현

10.2.1 진폭(Amplitude)

A는 정현파 신호의 첨두값(peak value)을 나타내며 임의의 시간에서의 신호가 지니는 값을 의미한다. [그림 10.7]의 진폭변화에서 보듯이 진폭의 크기가 2배로 커졌다는 의미는 높이가 2배로 높아졌다는 것으로 해석할 수 있다.

진폭의 단위는 신호의 종류에 따라 볼트, 암페어, 와트로 표현되고 계측장비를 통하여 측정된다. 여기서 볼트는 전압, 암페어는 전류, 와트는 전력의 단위이다.

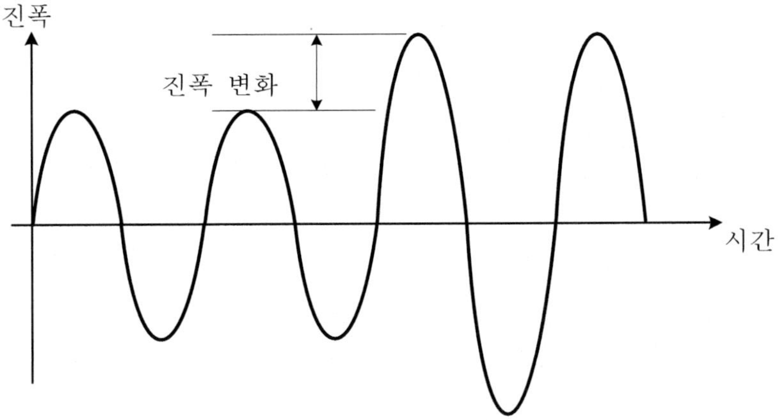

[그림 10.7] 아날로그 신호의 진폭변화

10.2.2 위상(Phase)

신호의 위상은 진동이나 파동과 같이 주기적으로 반복되는 현상에 대해 특정 시각 또는 어느 점에서의 변화 상태 또는 기준 시간에 대한 파형의 상대적 위치를 나타낸다.

주파수가 동일한 두 신호의 시작 시점이 동일한 것을 동위상(in phase), 90도 차이를 직교 위상(quadrature phase), 180도 차이를 역위상(out of phase)이라고 하며, 반송파의 위상 정보를 이용하여 정보를 전달하는 위상 편이(Phase Shift Keying) 변조 방식의 정보 전달 매체로 이용된다. 한 신호가 서로 다른 경로를 통하여 전달되면 신호 지연에 의한 위상차가 발생되며, 수신된 합성 신호는 파형 왜곡이 발생될 수 있다.

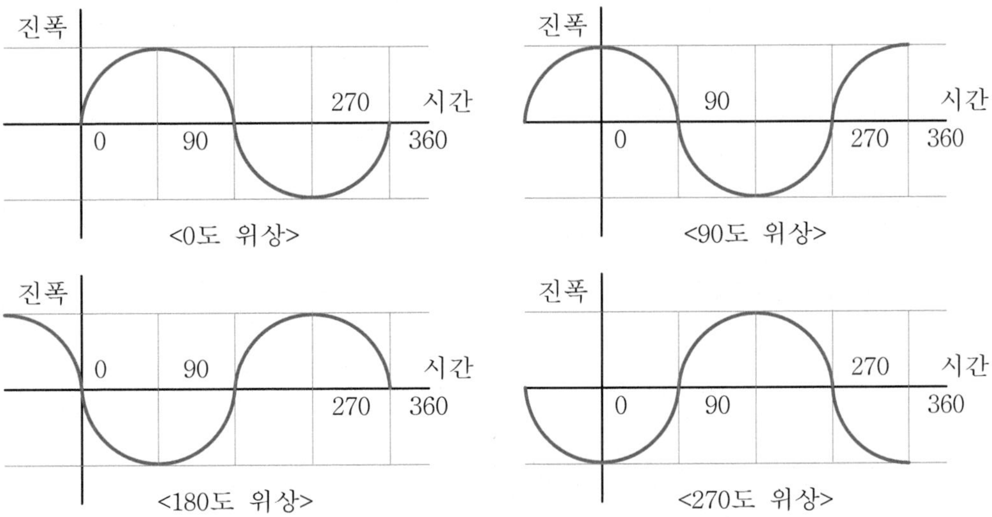

[그림 10.8] 아날로그 신호의 위상변화

10.2.3 주파수(frequency)

주파수는 일정한 크기의 전류나 전압 또는 전계와 자계의 진동(oscillation)과 같은 주기적 현상이 단위 시간(1초)에 반복되는 횟수를 의미한다. 예를 들면 100[Hz]는 진동이나 주기적 현상이 1초에 100회 반복되는 것을 의미한다.

예를 들면 1초에 어떤 패턴이 5번 나타나는 경우와 50번 나타나는 경우를 비교해보면 후자의 경우가 전자보다 훨씬 변화율이 많다고 볼 수 있고, 높은 주파수를 가졌다고 말한다. 즉 짧은 기간 내의 변화는 높은 주파수를 의미하고, 긴 기간에 걸친 변화는 낮은 주파수를 의미한다.

예제 10-1

어떤 신호의 주기가 0.001초이다. 이 신호의 주파수는 얼마인가?
☞ 주파수는 단위 시간에 대한 변화율로써 초당 반복되는 패턴의 횟수를 말하는 것으로 신호의 주기가 0.001초인 경우 단위시간마다 1000회 반복되므로 1000[Hz]가 된다.

식 (10-1)과 같은 정현파 신호를 주파수영역에서 나타내면 스펙트럼의 정의가 정현파의 주파수별 진폭과 위상을 나타내므로 [그림 10.9]와 같이 나타낼 수 있다.

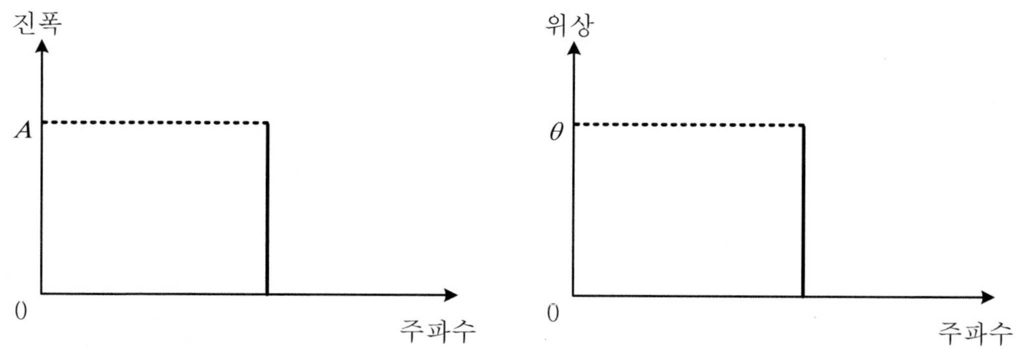

[그림 10.9] 정현파 신호의 스펙트럼 표현

전기 통신 신호를 주파수 영역에서 표현할 때 [그림 10.9]와 같이 실제로 존재하는 (+)의 주파수만으로 표현하는 방식을 단측파대 스펙트럼(one-sided spectrum)이라고 한다. (–)의 주파수 성분은 실제로 존재하지 않지만 주파수 영역에서의 성분을 (+)과 (–)의 주파수로 표현하는 방식을 양측파대 스펙트럼(double-sided spectrum)이라고 한다. 이렇게 표현하는 이유는 주파수 영역에서 수식을 계산하거나 이해를 하는 데 양측 스펙트럼으로 표현하는 것이 유리한 경우가 많다.

통신에서는 시간 영역보다는 주파수 영역을 자주 사용하게 된다. 예를 들면 무선 환경에서의 특정한 서비스의 주파수를 알게 되면 이 신호를 주파수 영역에서 표현할 때 그 주파수에 대부분의 에너지가 해당 서비스 주파수를 중심으로 일정한 범위 내에 집중되어 있다. 이때 이 주파수를 반송파(carrier)라고 하며 반송파를 중심으로 에너지가 집중되어 있는 일정한 범위를 대역폭(bandwidth) 또는 스펙트럼 폭이라고 한다.

예제 10-2

9[kHz] 대역폭의 채널을 갖는 정보통신기기에서 10^7과 10^8 사이의 주파수 스펙트럼에서는 활용할 수 있는 채널수는?

☞ 일반적으로 대역폭은 전기 신호를 흐트러지지 않은 상태로 보내기 위하여 전송계가 지녀야 할 일정한 주파수대의 폭으로써 일반적으로 최대 주파수에서 최소 주파수를 뺀 것이다. 그러므로 이 정보통신기기가 가지고 있는 대역폭은 90000[kHz]라는 것을 알 수 있다. 여기서 채널 주파수를 9[kHz]라고 했으므로 90000[KHz]/9[kHz] = 10000개의 채널을 갖는다.

10.3 디지털 신호

10.3.1 개념

아날로그 신호를 디지털 신호로 변환하기 위하여 등장한 최초의 기술은 펄스 부호 변조(Pulse Code Modulation, PCM) 방식이며 이를 시작으로 하여 디지털 통신 시스템, 교환기 및 전송 기술 등 모든 통신 방식이 디지털 방식으로 전환되기 시작하였다.

디지털 신호는 'digit(손가락 또는 발가락)'라는 어원을 가진다. 손가락 또는 발가락으로는 연속적인 값을 표현할 수 없으며, 나타낼 수 있는 값도 그 가짓수가 제한되어 있다. 따라서 디지털 신호란 레벨이 한정된 가짓수로 나타내어지는 신호를 의미하는데 임의의 시간에서의 값이 최소값의 정수배로 되어 있고 그 이외의 중간 값을 취하지 않는 불연속적인 값을 가지고 있다. 예를 들면 두 자리의 십진수로 표시된 정수를 보면 나타낼 수 있는 수의 범위는 00~99까지의 정수로 디지털 신호는 100 가지의 숫자가 된다. 반면에, 아날로그 신호는 레벨 값이 무한하다.

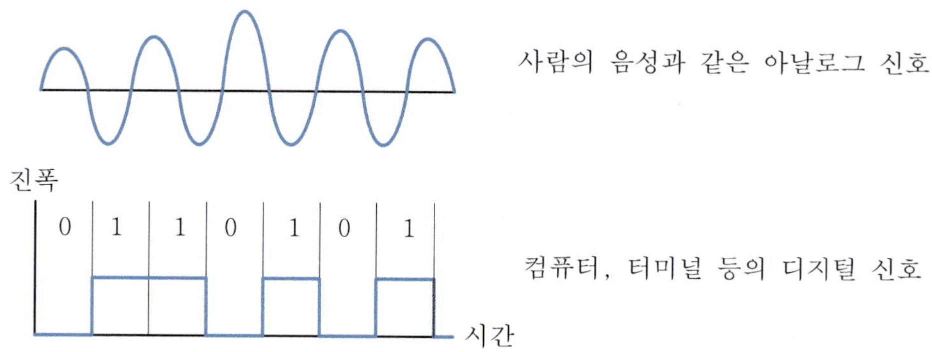

[그림 10.10] 아날로그 신호와 디지털 신호

디지털 통신에서는 일반적으로 M개의 레벨을 가지는 신호를 M진 신호(M-ary Signal)라고 하며 2진(binary) 그리고 4진(quaternary) 신호와 같은 예를 들 수 있다.

[그림 10.10]에서와 같이 아날로그 신호의 경우 어느 곳에서든지 유한한 기울기를 가지게 됨을 알 수 있지만 디지털 신호의 경우 0에서 1로 상승하는 구간에서는 기울기가 ∞이며 1이나 0이 계속 유지되는 구간에서는 기울기가 0이 됨을 알 수 있다.

방송이나 전화는 전통적으로 아날로그 기술을 사용해 왔기 때문에 전화선을 이용해 데이터를 보내려면, 컴퓨터의 디지털 신호를 아날로그 신호로 바꾸어 보내고, 도착한 아날로그 신호를 (컴퓨터에서 사용하기 위해) 다시 디지털 신호로 바꾸어야 할 때 모뎀이 필요하게 된다. 이때 디지털 신호를 표현하는 방법은 여러 가지가 있는 데 대별하여 살펴보면 다음과 같다.

① 비트(bit) : bit는 binary+digit의 약자로서 정보 표현의 최소 단위이며 0과 1의 2가지 상태를 나타내는 컴퓨터에서 데이터 표현의 최소 단위이다.
② 바이트(byte) : 하나의 문자를 나타내는 데 필요한 단위 즉, 비트의 8개 묶음 단위가 바로 바이트이다. 즉, 8비트가 1바이트이다. 특히 1바이트의 반 즉, 4비트를 니블(nibble)이라고 한다.

10.3.2 제조 방법

디지털 신호의 대표가 되는 PCM은 전송 신호를 이산적인 PAM(Pulse Amplitude Modulation)의 값으로 변조하여 이를 2진 비트로 대응시켜 비트 열(Bit Stream)로 부호화하는 방식인데 이와 같은 디지털 신호를 제조하는 방법을 자세히 살펴보도록 한다.

1) 표본화(Sampling)

(1) 개념

먼저 디지털 신호를 만들 때 표본화 단계가 필요한 데 연속적으로 변하는 아날로그 신호를 일정한 주기로 신호의 진폭 값을 취하는 단계로서 신호가 갖는 최고 주파수를 f_m이라고 할 때 f_m으로 대역 제한된 신호 $x(t)$를 $T_s(=1/2f_m)$이하의 균등한 시간 간격으로 표본화하여 전송하여도 연속적으로 전송할 경우와 동일한 효과를 얻게 된다. 즉 연속적인 신호를 T_s초 간격으로 전송해도 수신 측에서는 원래의 신호를 재생하는 것이 가능하다. 이것을 표본화 정리(Sampling Theorem)라고 한다.

여기서 표본화 간격 T_s의 조건을 고려하면 다음과 같다.

$$T_s \le \frac{1}{2f_m}\,(f_s \ge 2f_m) \qquad (10-2)$$

이때, fs를 표본화 주파수(Sampling Frequency)라고 가정한다.

(2) Nyquist 주파수(Nyquist Frequency)

표본화된 신호로부터 원래의 신호로 정상 복원이 가능한 최소 표본화 주파수를 Nyquist 주파수라고 한다. Nyquist 주파수는 표본화 정리에 의해서 다음 식으로 표현된다.

$$f_s = 2f_m \tag{10-3}$$

예를 들면 0~4[KHz]까지 분포하는 음성신호의 경우 최고 주파수는 4[KHz]가 되므로 표본점의 추출을 위한 표본화 주파수 $f_s = 8$[KHz] 또는 표본화율(표본화 간격)은 125[μs]마다 1개의 음성 표본이 발생하게 되므로 1초 동안에는 표본화 주파수에 해당하는 8000개의 표본이 발생한다.

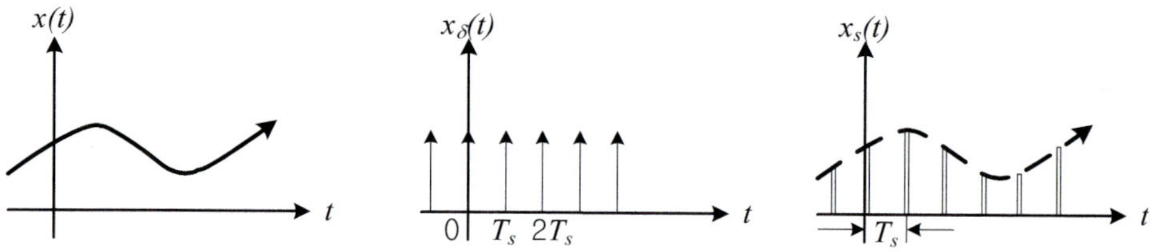

(a) 신호 $x(t)$ (b) 간격 T_s인 표본화 인펄스 (c) 플랫탑 표본화 함수

[그림 10.11] 플랫 탑 표본화

이때 표본화 과정에서는 입력 신호의 최고 주파수를 고려한 표본화 주파수(Sampling Frequency)를 정확하게 선정해야 하며 현재 발생된 표본의 크기는 유지 회로(Hold Circuit)를 통해 일정한 시간을 다시 유지한 후에 표본화된 신호를 부호화한다. 이 과정을 플랫 탑 표본화(Flat-Top Sampling)이라고 한다.

예제 10-3

신호 $v(t) = \cos 4\pi f_0 t + \cos 16\pi f_0 t$ 를 자연 표본화(natural sampling)로 표본하는 경우의 최소 표본화율(minimum sampling rate) $f_s(t)$의 크기는?

☞ 표본화된 신호로부터 원래의 신호로 정상 복원이 가능한 최소 표본화 주파수인 Nyquist 주파수는 $f_s = 2f_m$이므로 $f_s = 2 \times 8f_0 = 16f_0$이다.

2) 양자화(Quantization)

음성과 같은 연속 신호는 연속적인 범위에서 크기가 변하고 일정한 크기의 진폭으로부터 무한대의 진폭 레벨이 존재한다. 그러나 인간의 생체구조에 의하면 감각(눈 또는 귀)은 유한한 크기의 차이만을 감지할 수 있으므로 무한대의 진폭 레벨을 유한한 레벨로 제한할 필요가 있는데 이때 필요한 것이 양자화(quantization)이다.

양자화란 표본화된 진폭의 크기(PAM)를 숫자로 나타내는 과정, 즉 아날로그 양을 디지털 양으로 변환시키기 위해 계단 모양의 근사치로 만드는 과정으로 이때 표본치는 미리 정해 놓은 레벨의 정수가 되도록 근사화 시키게 된다.

3) 부호화(Encoding)

표본화된 입력 신호는 양자화에 의해 그 진폭에 대응한 수치를 갖게 되고 이 값을 부호로 변환하는 조작을 부호화라고 한다. 부호화에 사용되는 비트는 양자화에 사용된 레벨이 몇 가지냐에 따라 결정되는데 레벨이 많을수록 원신호의 정보 값을 유지할 수 있다.

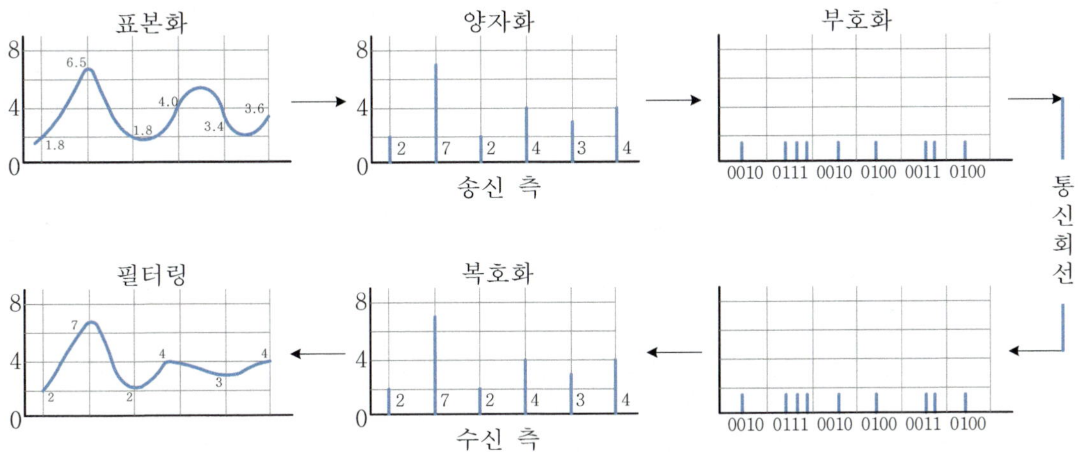

[그림 10.12] PCM 제조 단계

10.3.3 전송 방식

디지털 신호 전송 방식으로는 베이스 밴드 전송(디지털 정보 → 디지털 신호)이 있는데 베이스 밴드 전송은 디지털 형태인 0과 1로 출력되는 직류 신호를 변조하지 않은 채 그대로 전송한다. 장거리 전송에는 적합하지 않고, 컴퓨터와 단말기 통신, 근거리 통신에 이용된다.

베이스밴드에 사용되는 기본 방식에는 전압의 한쪽 극성(+ 혹은 −)만 사용하는 단극 방식과 양쪽 극성(+, −) 모두를 사용하는 복극 방식 그리고 바이폴라(bipolar) 방식이 있다.

1) 베이스 밴드 전송 조건

① 타이밍 정보가 충분히 포함되어 있어야 한다.
② DC 성분이 포함되지 않아야 한다.
③ 아주 낮은 주파수 성분과 아주 높은 주파수 성분이 제한되어 있어야 한다.
④ 전송 도중의 에러 검출과 교정이 가능해야 한다.
⑤ 전송로의 운영 상태를 감시할 수 있어야 한다.
⑥ 전송 부호의 효율이 양호해야 한다.
⑦ 구조가 복잡하지 않아야 한다.
⑧ 각종 장애에 강한 전송 특성을 가져야 한다.

산책로

부호 변환 방식의 펄스 형태

	0	1
단극	0	(+) 펄스
복극	(−) 펄스	(+) 펄스
양극	0	(+) 펄스 (−) 펄스

2) 단극(Unipolar) 방식

(1) 구현 방법

전압의 극성 중 한쪽으로만 구성된 파형으로서 0은 휴지(idle) 상태를 말하며 1을 나타내기 위해서 (+)나 (−) 펄스 중 하나를 사용한다. 수신 측에서 0과 1의 판별은 전압의 최적치인 $\pm\frac{1}{2}E$를 기준으로 판별한다. 가장 단순한 방법이며 잡음에 약하므로 근거리 전송에 사용된다.

(2) 종류

(가) 단극 NRZ(Non Return to Zero)

단극성 전압을 사용하여 0을 0전위, 1을 $-E$ 전압(또는 $+E$ 전압)에 대응시킨 신호 방식으로 비트 간격 사이에 한 펄스를 모두 사용하도록 부호화하는 방식이다.

송·수신 회로가 간단하고 디지털 논리를 쉽게 표현할 수 있는 반면에 잡음에 약하고 동기 능력이 부족하다.

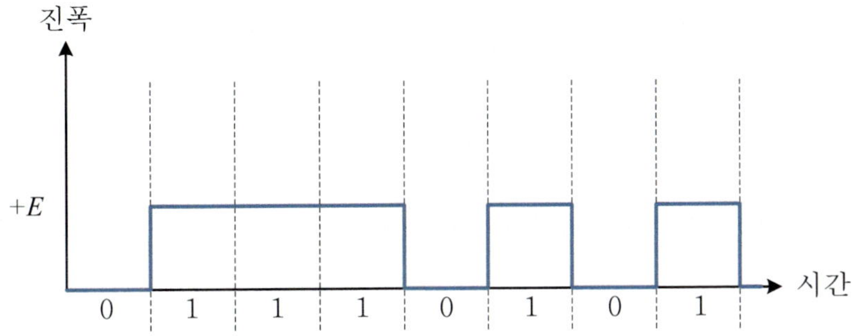

[그림 10.13] 단극 NRZ 방식

(나) 단극 RZ(Return to Zero)

단극 NRZ처럼 단극성 전압을 사용하여 0을 0전위, 1을 $-E$ 전압(또는 $+E$ 전압)에 대응하되, 비트 펄스와 다음 비트 펄스 사이에 0 전위를 일정시간 유지하도록 복귀하는 방식이다.

회로의 구성은 간단하나 잡음에 대한 성능은 우수하지 못하며 넓은 대역폭이 필요하다.

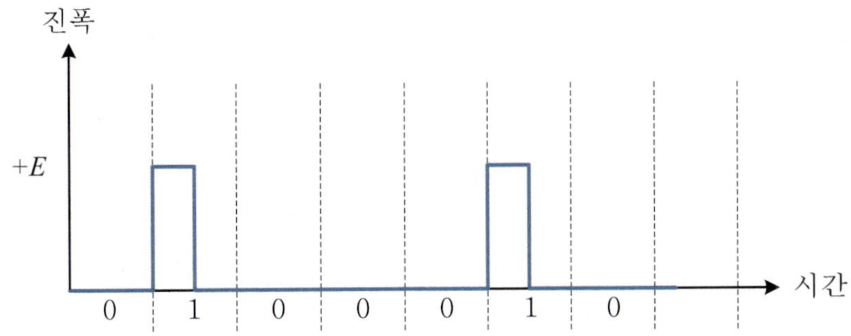

[그림 10.14] 단극 RZ 방식

(3) 문제점

① 직류 성분 발생 : 단극성 부호에서는 평균값이 0이 아닌 상수값을 가지게 된다. 그러므로 직류 성분을 다룰 수 없는 기기를 통과하는 환경에서는 이 전송 부호를 사용할 수 없다.

② 동기화 문제 : 단극성 NRZ의 경우 0이나 1이 계속 될 경우 비트의 시작과 끝을 결정할 수 없는 문제가 발생한다. 그러므로 별도의 선로로 동기화 신호를 보냄으로써 동기를 취하나 비용 상승의 효과가 발생하므로 자체 클록에 의해 동기화 신호를 추출한다.

3) 극성(Polar) 방식

1과 0을 (+)와 (−) 펄스에 대응시키는 방법으로 단극 방식보다 파형 왜곡의 영향이 적으며, 저속도 전송의 표준 방식으로 사용된다. 또한 단극 방식과 마찬가지로 점유 주파수 대역을 좁힐 수 있으므로 주파수 대역을 효율적으로 이용할 수 있다.

(1) NRZ(Non Return to Zero)

원신호 1과 0에 대하여 점유율 100[%]의 +1 그리고 −1을 할당하는 방식으로서 길게 연속되는 0이나 1은 채널 상에서 상태 천이를 만들어 내지 못하기 때문에 자체 클록 능력이 부족하다.

(가) NRZ-L(Non Return to Zero Level)

0을 표현하기 위해 (−) 전압을 사용한다면 1은 (+) 전압을 할당하는 방식이며 반대로 0을 나타내기 위해 (+) 전압을 사용한다면 1은 (−) 전압을 표현하는 방식이다.

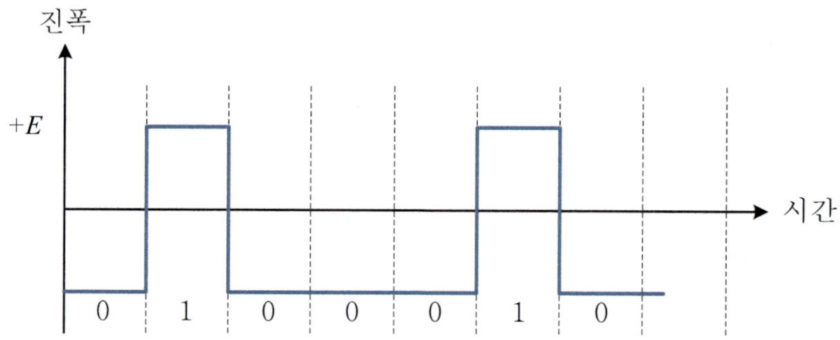

[그림 10.15] NRZ-L 방식

(나) NRZ-I(Non Return to Zero Inverted)

NRZ 신호를 디지털 신호가 0이면 앞 위상과 그대로, 디지털 신호가 1이면 앞 위상과 180[°] 반전시키는 방식이다. 즉 여기에서는 0과 1을 표현하기 위해 (+), (−) 전압이 할당되는 것이 아니라 (+)와 (−) 전압 사이의 반전을 통해 반전이 있는 경우는 1을 나타내고 반전이 없는 경우는 0을 나타내게 된다.

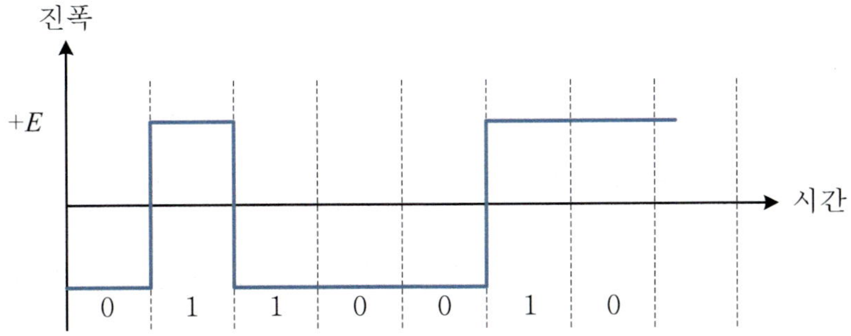

[그림 10.16] NRZ-I 방식

(2) RZ(Return to Zero)

원신호 1과 0에 대하여 점유율 100[%] 미만의 +1 그리고 −1을 할당하는 방식으로서 NRZ에서 발생하는 동기화 문제를 해결하고 있다. RZ는 (+), 0, (−) 3개의 전압 레벨을 사용하여 0인 경우는 (−) 전압으로 시작해서 비트의 중간에 다시 0 레벨로 돌아가도 1인 경우는 (+) 전압으로 시작해서 비트의 중간에 0 레벨로 바뀐다. RZ에서 동기화 문제를 해결하였지만 한 비트를 부호화하기 위해서 두 번의 신호 변화가 필요하게 되므로 상대적으로 많은 대역폭을 차지하는 단점을 가지고 있다.

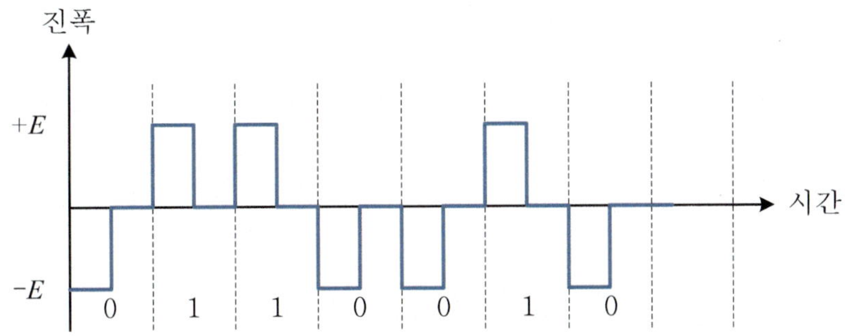

[그림 10.17] RZ 방식

(3) 맨체스터(Manchester) 방식

LAN에서 많이 사용하는 부호로서 대역폭이 넓은 것이 약점이며 직류 신호가 전송되지 않는다. 구현 방법은 비트 구간 T 의 왼쪽 $T/2$ 구간에 대하여 점유율 50[%]의 1을 할당하여 디지털 신호 1로 정하고 비트 구간 T 의 오른쪽 $T/2$ 구간에 대하여 점유율 50[%]의 1을 할당하여 디지털 신호 0으로 정한다. 이때 각 디지털 신호값은 반드시 0 level을 가지고 있다.

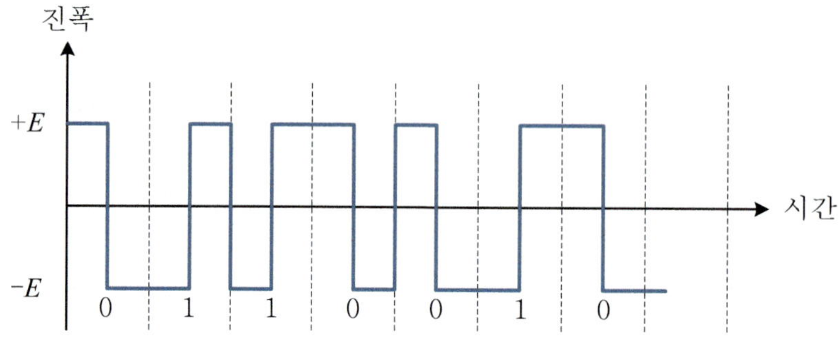

[그림 10.18] 맨체스터 방식

4) 양극성(Bipolar) 방식

양극형에서는 (+), 0, (-) 3개의 전압을 사용하는데 대표적으로 AMI(Alternate Mark Inversion) 부호화 방법이 있다.

이 방식은 입력 신호의 0에 대해서는 펄스를 전송하지 않으나 1에 대해서는 한 주기 동안에 (+)에서 (-)로 펄스가 이동하도록 하는 방식으로 파형의 평균값은 0이다. 저주파 차단 특성이 적은데 직류 성분이 포함되지 않기 때문이며 부호 에러의 검출이 용이하다.

1이 반복해서 나타나면 직류 성분이 0이 되고 동기화 문제도 해결되지만 0이 연속적으로 나타나는 경우 동기화 문제가 발생한다.

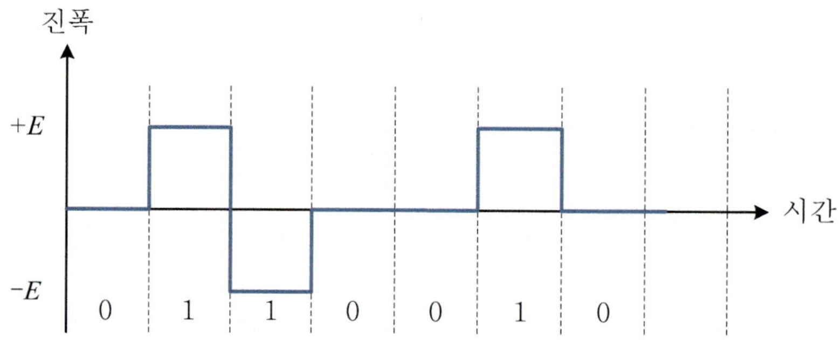

[그림 10.19] AMI 방식

산책로

양극성 방식

CMI(Code Mark Inversion)

원신호 0에 대하여 점유율 50[%]의 1을 할당하고 디지털 신호 1에 대하여 (+1)(−1)로 교번하여 전송하는 방식

DMI(Differential Mark Inversion)

원신호 0에 대하여 점유율 50[%]의 1을 할당하여 번갈아 180[°] 반전시키고 디지털 신호 1에 대하여 (+1)(−1)로 교번하여 전송하는 방식

10.4 대역 신호(Broadband) 방식

10.4.1 디지털 변조 방식

디지털 정보를 아날로그 신호로 변환하는 방식을 대역 전송(broadband) 방식 또는 디지털 변조 방식이라고 한다. 컴퓨터에서 발생하는 디지털 신호를 아날로그 통신망인 전화망을 이용해 전송하려면 디지털 신호를 아날로그 신호로 변환해야 한다.

신호 변조 방법으로는 ASK(Amplitude Shift Keying), FSK(Frequency Shift Keying), PSK(Phase Shift Keying), QAM(Quadrature Amplitude Modulation) 방식이 있다.

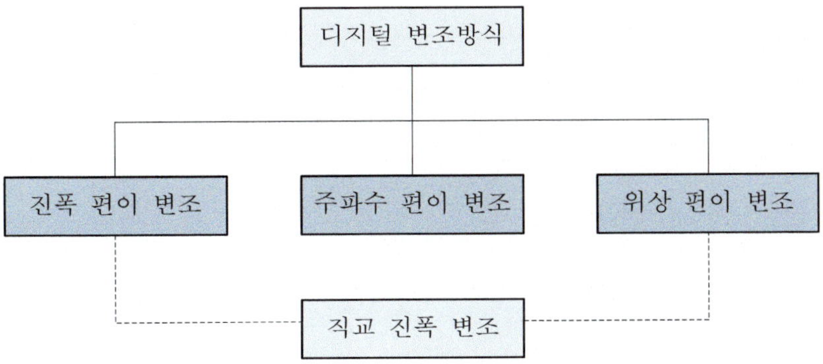

[그림 10.20] 디지털 변조 방식

1) 진폭 편이 변조(ASK)

2진 데이터에 대응하여 반송파를 On 시키거나 Off 시키는 방식이므로 OOK (On-Off Keying)이라고도 한다. 즉, 2진 데이터가 1이면 반송파를 송출하고 0이면 송출하지 않는다.

0과 1을 표현하기 위해서 반송파의 진폭을 변화 시키게 되는데 회로 구성이 간단하고 가격이 저렴하지만 잡음이나 신호에 약하다는 단점을 가지고 있다.

채널의 상태에 대단히 민감하므로 단독으로 거의 사용하지 않고 PSK(Phase Shift Keying)와 함께 사용한다.

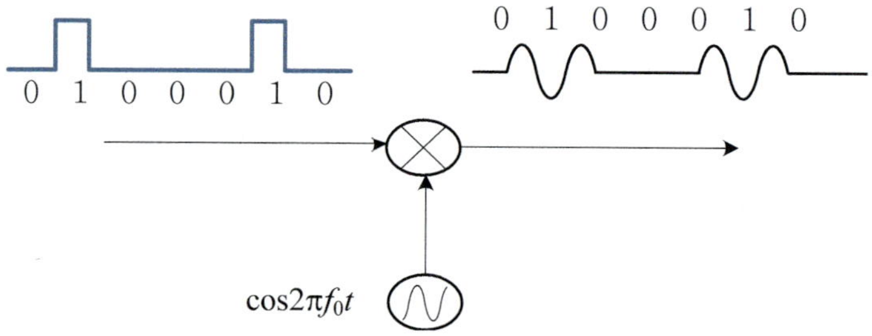

[그림 10.21] 2진 ASK 구성도

산책로

반송파(carrier)

디지털 데이터를 아날로그 신호로 변환하여 아날로그 신호만 전송할 수 있는 대표적인 것은 모뎀(modem)이다. 즉, 베이스밴드의 주파수 스펙트럼을 별도의 고주파 대역으로 전환하는 것이다. 이때, 고주파 대역을 반송파(carrier)라고 한다.

2) 주파수 편이 변조(FSK)

(1) 구현 방법

반송파의 주파수를 높은 주파수와 낮은 주파수로 미리 정해놓은 후 데이터가 0이면 낮은 주파수를, 1이면 높은 주파수를 전송하는 방식이다.

한편, 한 주파수에서 다른 주파수로 급변하는 스위칭 특성으로 위상의 연속성을 유지하기가 곤란해 FSK에서는 위상이 불연속성을 갖게 되는 문제가 발생하며 이와 같은 제한 요소를 개선하기 위한 방법으로 CPFSK(Continuous Phase FSK)를 이용한다.

(2) 특징

① FM처럼 잡음에 강하다. 즉, S/N을 향상시키고 간섭 신호의 영향을 줄일 수 있다.

② 일종의 FM처럼 취급할 수 있어 수신기에는 AGC(Auto Gain Control) 회로 없이도 수신된 신호의 증폭이 가능하다.

③ 전이중 방식으로 동시에 정보를 주고받을 수 있어 저속도의 모뎀의 변조방식으로 사용한다.

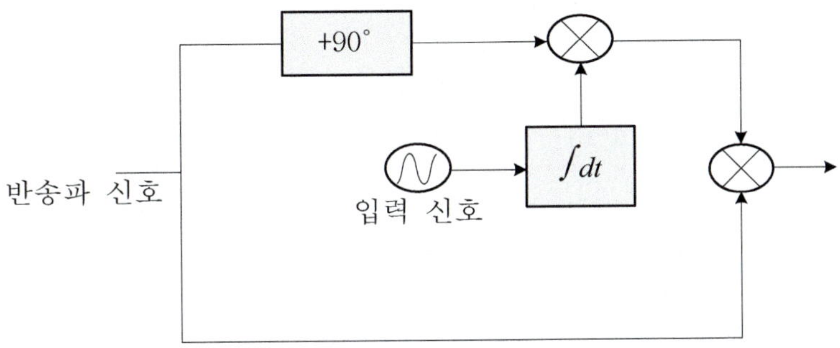

(a) 구성도

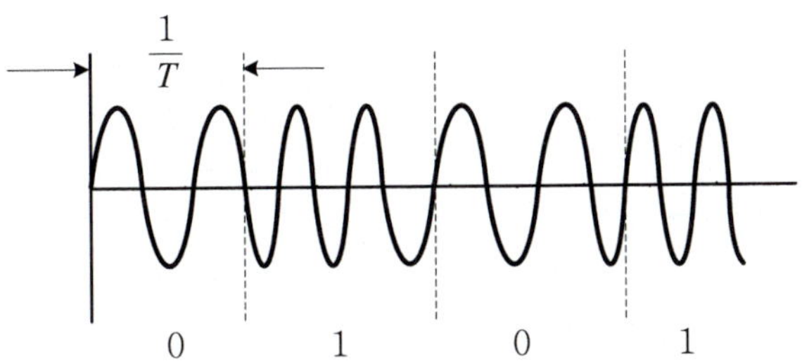

(b) 2진 FSK 파형도

[그림 10.22] FSK 개념

산책로

AGC(Auto Gain Control)

출력을 항상 일정하게 유지하기 위해 출력 성분을 중간 증폭기에 피드백하여 증폭비를 조절함으로써 수신 신호의 레벨 변화와 온도 등에 의한 출력 레벨의 변동이 없도록 제어하는 방법

3) 위상 편이 변조(PSK)

(1) 구현 방법

디지털 신호(2진 데이터)의 정보 내용에 따라 반송파의 위상을 변화시키는 방식으로 2원 디지털 신호를 m개의 비트로 묶어서 $M=2^m$개의 위상으로 분할시킨 위상 변조 방식을 M진 PSK(M-ary PSK)라 하며 2진, 4진, 8진 PSK 등이 사용된다.

예를 들면 0을 표현하기 위해 어떠한 위상에서 시작했다면 1을 표현하기 위해 180[°]의 위상차에서 시작하는 신호를 사용하게 되는데, 보통 0을 표현할 때는 0[°]를 1을 표현할 때는 180[°]의 위상에서 시작한다.

한편, 2 위상이 한 위상에 대해 1비트의 정보를 보낼 수 있는 반면 4위상 같은 경우에는 한 위상에 대해 두 개의 비트를 보낼 수 있게 된다. 예를 들어 0[°]의 위상에서 시작하는 신호는 00 두 개의 비트를 나타내고 90[°]의 위상은 01을, 180[°]는 10을, 270[°]는 11 두 개의 비트를 나타내는 방식이다.

위상 편이 변조는 진폭 편이 변조에서 일어날 수 있는 잡음에 대한 취약성이나 주파수 편이 변조에서 일어날 수 있는 대역폭의 제한에 대한 단점에 대해 강하다.

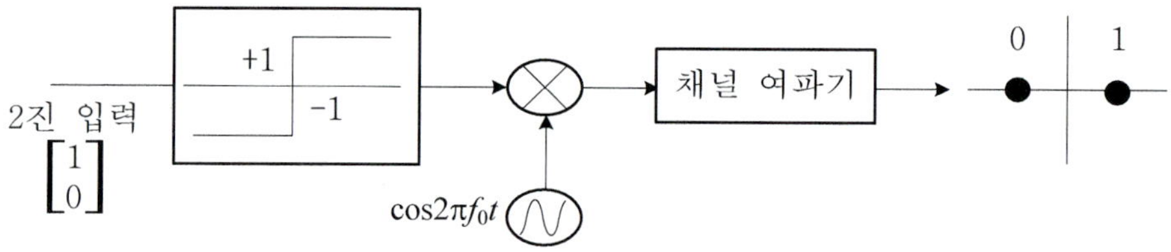

(a) 구성도

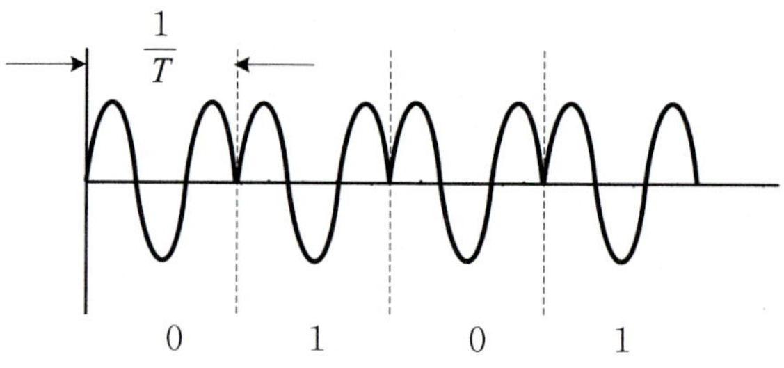

(b) 2진 PSK 파형도

[그림 10.23] PSK 개념

(2) 특징

① 데이터 전송에 가장 적합한 방식이며 중속이나 고속의 변복조기에 사용된다.
② 단지 한 주파수만 사용되므로 전송파형은 전적으로 스위칭에 따른다.
③ 변조기 설계가 간단하다.
④ 일정한 진폭을 갖는 파형이기 때문에 전송로 등에 의한 레벨 변동의 영향을 적게 받으며 심볼 에러도 우수하다.

산책로

DPSK(Differential PSK)

PSK 방식의 동기 검파 문제를 해결하기 위해서 바로 앞에 전송된 위상을 기준으로 위상 편이를 주어 정보를 전송하고 수신된 신호는 고정된 위상을 이용하여 비교함으로써 원래의 신호로 복조하는 방식이다.

DPSK는 동기 검파용 기준 반송파가 없으므로 회로가 간단하며 전력 제한을 받는 위성 통신의 경우에는 거의 사용하지 않는다.

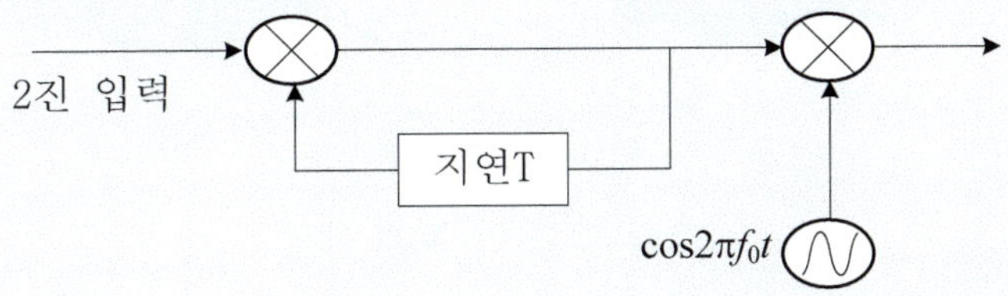

4) 직교 진폭 변조(Quadrature Amplitude Modulation, QAM)

(1) 구현 방법

QAM은 제한된 전송 대역을 이용한 데이터의 전송효율을 향상시키기 위해 반송파의 진폭과 위상을 동시에 변조하는 방식이다.

PSK 방식에서는 I(In Phase), Q(Quadrature) 채널의 각 데이터 신호 값의 합성은 일정하기 때문에 독립적이 아니지만 QAM 방식에서는 2개의 채널이 독립이 되도록 하였다.

QAM은 디지털 신호(2진 데이터)의 전송 효율 향상, 대역폭의 효율적 이용, 낮은 에러율, 복조의 용이성을 얻기 위한 AM과 PSK의 결합 방식으로 APK(Amplitude Phase Keying) 방식이라고도 한다.

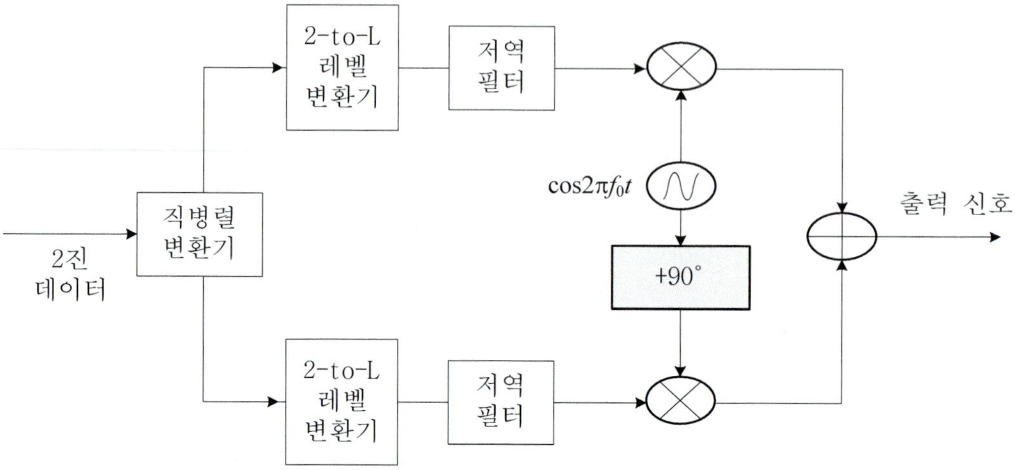

(a) 구성도

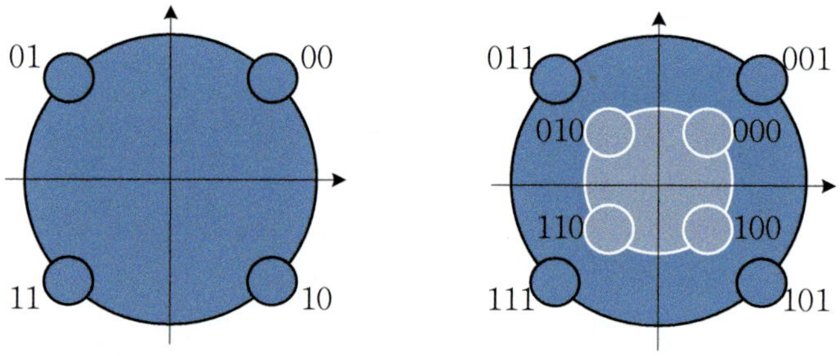

(b) 신호점 배치도

[그림 10.24] QAM 개념

(2) 특징

① 한정된 전송 대역 내에서 고속의 데이터 전송이 진행되는 특징 이외에 신호의 진폭·위상을 나타내는 신호점 배치가 전송로의 잡음에 대해 우수한 특징을 갖는다.

② 고속으로 데이터를 전송할 수 있는 반면 변조회로가 복잡하다는 단점이 있다.

③ LSI(대규모 집적 회로) 기술이 발달하면서 실현된 방식이다.

10.4.2 아날로그 변조 방식

아날로그 정보를 아날로그 신호로 변환하는 방식을 아날로그 변조 방식이라고 한다. 변조 방식은 반송파의 진폭(amplitude) 변조, 주파수(frequency) 변조 및 위상(phase) 변조 등을 이용하여 신호 변환을 행하게 된다.

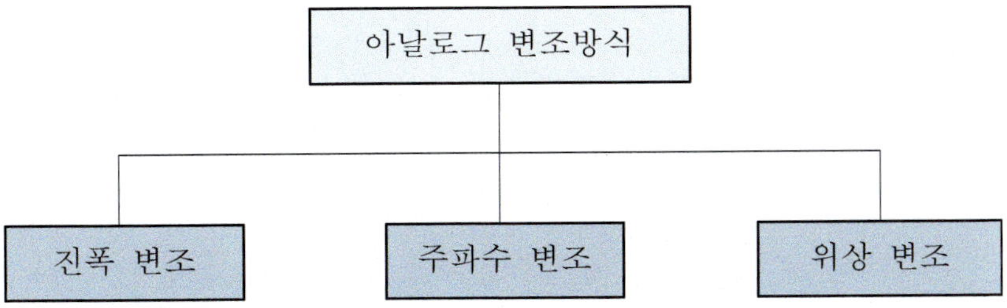

[그림 10.25] 아날로그 변조 방식

1) 진폭 변조(AM)

반송파의 진폭을 변조 파형의 크기에 따라 변화시키는 방식으로 주파수와 위상은 변화시키지 않고 진폭만 변화시키는 방식이다.

진폭 변조 신호의 대역폭은 변조되는 신호의 대역폭의 2배와 같고 주파수 분포를 보면 신호 파형이 반송 주파수를 중심으로 양과 음의 주파수로 나누어져 나타나는 현상 즉, 양측파대(Double Side Band)가 나타난다.

AM은 주파수 대역이 좁고 회로가 비교적 간단하지만, 외부 잡음특성이 나빠 현재는 잘 사용되지 않는다.

2) 주파수 변조(FM)

반송파의 주파수에 정보를 싣는 방식으로 진폭과 위상은 변화시키지 않고 주파수만 변화시키는 방식이다. 신호 파형의 전압이 높을수록 주파수가 높아져서 파장이 조밀해지고, 그 반대로 전압이 낮을 때는 주파수가 낮아져서 파장이 넓어지게 된다.

3) 위상 변조(PM)

반송파의 위상(phase)을 변조 파형의 크기에 따라 변화시키는 방식으로 진폭과 주파수는 변화시키지 않고 위상만 변화시키는 방식이다.

아날로그 변조 방식 중에서 가장 빠른 속도로 데이터를 전송할 수 있지만 잡음 방해를 받기 쉬운 특성을 가지고 있다. 뿐만 아니라 진폭 변조나 주파수 변조 방식에 비해 변복조 회로가 다소 복잡하다.

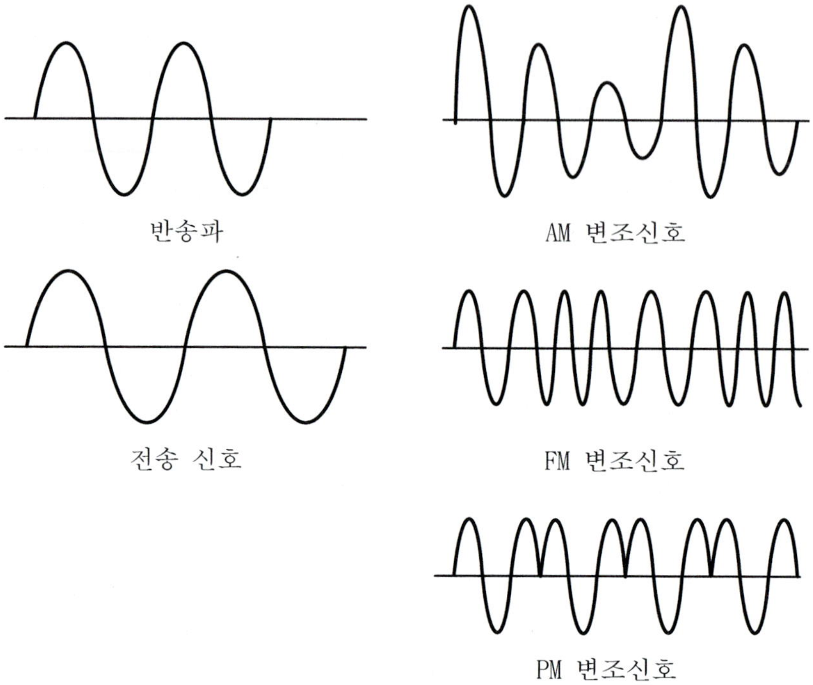

[그림 10.26] 아날로그 변조

산책로

변조를 하지 않고 가청 주파 신호를 그대로 전송할 경우에 발생되는 문제점

① 무선인 경우 수신에 필요한 안테나의 길이가 대단히 길게 된다.
② 통신 용량의 일부만 사용하므로 비경제적이다.
③ 가청 주파수 범위와 동일하므로 혼신이 심하다.

10.5 채널 용량(Channel Capacity)

10.5.1 개념

채널 용량은 정보가 에러 없이 그 채널을 통해 보내어 질 수 있는 최대율을 말하며, 단위로는 bps(bit per second)로 표현된다. 일반적으로 정보의 신호 속도는 전송 매체로 정보를 실어 보내기 위해 컴퓨터 관련기기에 의해 만들어지는 정보의 생산속도를 말하며, 채널용량은 사용되는 전송매체가 수용할 수 있는 정보전송능력을 가리킨다. 즉, 최대 정보전송 용량(또는 통신용량)인 것이다.

10.5.2 표현식

1) 잡음이 없는 경우

잡음이 없는 경우를 먼저 생각하면, 데이터 전송률은 단지 신호의 대역폭에만 제한을 받으며, 대역폭을 W라고 할 때 전송될 수 있는 가장 높은 신호률은 $2W$ bps임이 Nyquist에 의해 알려졌다.

M 은 전압 레벨로 서로 다른 수를 나타낸다면 채널용량 C는

$$C = 2W\log_2 M \tag{10-4}$$

가 된다. $M=2$이면 1 bit의 정보이며 $M=8$이면 3 bit의 정보를 나타낸다.

그러나 수신 측에서 구분이 가능한 신호 레벨의 개수, 잡음이나 왜곡 그리고 감쇠 등으로 이 수식을 실제로 적용하기에는 한계가 있다.

예제 10-4

디지털 신호를 전송할 때 잡음이 존재하지 않을 경우 2400[bps]의 전송속도로 전송할 때 주파수 대역폭은?

☞ $C = 2W\log_2 M \quad \therefore\ 2W = \dfrac{2400}{\log_2 2}$ 그러므로 $W=1200$[Hz]

2) 잡음이 있는 경우

Shannon은 대역폭 W를 가진 채널이 N이라는 잡음 세력을 가졌고, 이 채널에 S라는 신호 세력을 가진 신호를 전송할 때 얻을 수 있는 채널 용량은 다음 식으로 주어진다는 것을 증명하였다.

$$C = W\log_2\left(1 + \frac{S}{N}\right) \tag{10-5}$$

이 법칙을 Shannon의 법칙이라고 하며 이때 채널 용량을 개선하는 방법은 다음과 같다.

① 신호 세력을 크게 한다.
② 잡음을 적게 한다.
③ 대역폭을 늘린다.

한편, 통신 채널에 유입되는 잡음의 형태는 열 잡음(Thermal Noise), 임펄스 잡음(Impulse Noise), 누화(Crosstalk) 그리고 상호 변조 잡음(Intermodulation Noise)이다.

예제 10-5

음성급 채널의 사용 가능한 주파수 대역을 2600[Hz]로 볼 때 일반적인 환경에서 S/N비는 30[dB]이다. 이 채널의 이론적 용량을 구하시오.

☞ $C = 2600\log_2 1001 = 25900$[bps]

산책로

상호변조(Intermodulation)

통과 대역 외에 있는 2개 이상의 강력한 방해파가 도래할 때 방해파 상호간에 새로운 주파수가 발생하고 이것이 희망파에 방해를 주는 현상을 말한다.

혼변조(Cross Modulation)

통과 대역 외에 강력한 방해파가 도래할 때 희망파가 방해파의 신호에 의하여 변조 방해를 받게 되는데 예를 들면, FM 라디오를 수신 중인데 근처 AM 송신소의 강한 신호가 유입되면 AM 주파수의 오디오가 혼입되는 현상을 말한다.

10.6 통신 속도

통신 속도는 단위 시간당 전달되는 데이터양이다. 데이터양을 표현하는 방법에 따라 변조 속도, 데이터 신호 속도 그리고 데이터 전송 속도가 있다.

10.6.1 변조 속도

변조속도는 신호를 변조하는 과정에서 1초에 몇 회 변조가 발생했는지 나타내며, 단위는 Baud를 사용한다. Baud라는 명칭은 전신코드를 발명한 보드(Baudot)의 이름에서 유래하였다.

변조된 신호(진폭, 주파수, 위상)는 신호를 변화한 위치에 정보를 표시하는 데, 변조 속도는 매 초당 전송할 수 있는 부호 단위 수를 의미하는 것으로 1초에 몇 번의 상태 변화가 일어났는가 하는 초당 상태변화의 최대 횟수라고도 한다.

1개 단위 펄스의 지속 시간을 T라고 하면 변조속도 B는 다음과 같이 표현한다.

$$B = \frac{1}{T}[\text{baud}] \tag{10-6}$$

둘 이상의 비트를 한 단위로 표현할 경우, 각 단위를 하나의 신호로 대응시켜 송수신하는 시스템에서 각각의 단위를 심볼(symbol)이라고 하며 이에 대한 속도를 심볼 전송률이라고 한다.

예제 10-6

주파수 변조에서 1 또는 0을 나타내는 교류 신호의 1 비트분의 시간이 0.1[ms]이면 이 때의 변조속도는?

☞ $B=\frac{1}{T}=\frac{1}{0.0001}=10000$[Baud]

10.6.2 데이터 신호 속도

1초간에 전송할 수 있는 비트수를 나타내는 것으로 단위는 [bps]를 이용하며, 데이터가 데이터 단말 장치로 송신 또는 수신되는 속도를 나타낸다. 하나의 변환점에서 전달하는 비트수를 n비트, 변환점의 최단 시간을 T라고 하면 데이터 신호 속도 S는 다음과 같이 정의된다.

$$S=\frac{n}{T}=n\times\frac{1}{T}=n\times B[\text{bps}] \qquad (10-7)$$

데이터 신호 속도와 변조속도는 전송 형태에 따라 일치할 때도 있고, 일치하지 않을 때도 있다. 직렬 전송에서는 진폭 변조나 주파수 변조된 교류 신호의 한 변화점에서 1비트의 정보만 전송하므로 변조속도와 데이터 신호 속도가 일치한다. 그러나 병렬 전송이나 위상 변조에서는 한 변화점에서 비트 여러 개를 전달하기 때문에 변조속도와 데이터 신호 속도가 일치하지 않는다.

예제 10-7

4800[Baud]의 4위상 변조의 경우 데이터 신호 속도는?

☞ $S=4800\times\log_2 4=4800\times 2=9600$[bps]

10.6.3 데이터 전송 속도

데이터 전송 속도는 단위 시간에 전송되는 데이터양으로 표현된다. 데이터양으로는 바이트, 문자, 블록, 패킷 등을 사용하고, 단위 시간으로는 초, 분, 시간을 사용한다. 데이터 전송 속도는 회선의 실제 용량을 나타내는 데는 적합하나, 시스템마다 문자, 블록 등이 달라질 수 있어 흔히 쓰는 표현은 아니다.

단위는 [문자/초], [word/초], [block/초] 등으로 나타내며 이 관계를 나타내면 다음과 같다.

$$\text{데이터 전송 속도} = \frac{B}{n} \tag{10-8}$$

여기서 B는 변조 속도, n은 한 문자를 구성하는 비트수를 나타낸다.

예제 10-8

변조 속도가 200[Baud]이며, 한 문자가 8[bit]로 구성되어 있을 때 1분 동안 전송할 수 있는 문자수는?

☞ 데이터 전송속도$=\frac{B}{n}\times 60 = \frac{200}{8}\times 60 = 25\times 60 = 1500$ [자/분]

요 약

1. 신호(signal)는 표지판, 스마트폰, 얼굴 표정 및 제스처 등 중요한 정보를 전달하기 위한 모든 수단을 의미한다.
2. 스펙트럼(spectrum)은 주파수영역에서 표현을 하는데 주파수 성분별로 크기나 위상을 표현하는 방식을 의미한다.
3. 진폭은 정현파 신호의 첨두값(peak value)을 나타내며 임의의 시간에서의 신호가 지니는 값을 의미한다.
4. 신호의 위상은 진동이나 파동과 같이 주기적으로 반복되는 현상에 대해 특정 시각 또는 어느 점에서의 변화 상태 또는 기준 시간에 대한 파형의 상대적 위치를 나타낸다.
5. 주파수는 일정한 크기의 전류나 전압 또는 전계와 자계의 진동(oscillation)과 같은 주기적 현상이 단위 시간(1초)에 반복되는 횟수를 의미한다.
6. PCM(Pulse Code Modulation)은 전송할 신호를 이산적인 PAM의 값으로 변조하여 이를 2진 비트로 대응시켜 비트 열(Bit Stream)로 부호화하는 방식이다.
7. 단극 방식은 전압의 극성 중 한쪽으로만 구성된 파형으로서 0은 휴지(idle) 상태를 말하며 1을 나타내기 위해서 (+)나 (-) 펄스 중 하나를 사용한다.
8. 극성(Polar) 방식은 1과 0을 (+)과 (-) 펄스에 대응시키는 방법으로 단극 방식보다 파형 왜곡의 영향이 적으며, 저속도 전송의 표준 방식으로 사용된다.
9. NRZ-I(Non Return to Zero Inverted)는 NRZ 신호를 디지털 신호가 0이면 앞 위상과 그대로, 디지털 신호가 1이면 앞 위상과 180[°] 반전시키는 방식이다.
10. 맨체스타 부호 방식의 구현 방법은 비트 구간 T의 왼쪽 $T/2$ 구간에 대하여 점유율 50[%]의 1을 할당하여 디지털 신호 1로 정하고 비트 구간 T의 오른쪽 $T/2$ 구간에 대하여 점유율 50[%]의 1을 할당하여 디지털 신호 1로 정한다.
11. AMI(Alternate Mark Inversion)은 입력 신호의 0에 대해서는 펄스를 전송하지 않으나 1에 대해서는 한 주기 동안에 (+)에서 (-)로 펄스가 이동하도록 하는 방식으로 파형의 평균값은 0이다.
12. PSK 방식은 디지털 신호(2진 데이터)의 정보 내용에 따라 반송파의 위상을 변화시키는 방식이다.
13. QAM 방식은 제한된 전송 대역을 이용한 데이터의 전송효율을 향상시키기 위해 반

송파의 진폭과 위상을 동시에 변조하는 방식이다.

14. 아날로그 정보를 아날로그 신호로 변환하는 방식을 아날로그 변조 방식이라고 하는데 AM, FM 그리고 PM 방식이 있다.
15. 채널 용량은 정보가 에러 없이 그 채널을 통해 보내어 질 수 있는 최대율을 말하며, 단위로는 bps(bit per second)로 표현된다.
16. 통신 속도는 단위 시간당 전달되는 데이터양이다. 데이터양을 표현하는 방법에 따라 변조 속도, 데이터 신호 속도 그리고 데이터 전송 속도가 있다.

연습 문제

1. 스펙트럼의 개념과 활용분야에 대하여 설명하시오.

2. 정현파 신호의 구성요소와 이에 대한 의미를 표현하시오.

3. 아날로그 신호와 디지털 신호의 차이점을 요약하여 설명하시오.

4. 베이스 밴드 전송의 단극(unipolar)방식에서 RZ 방식과 NRZ 방식의 차이점을 표현하시오.

5. 베이스 밴드 전송의 복극(polar)방식에서 RZ 방식과 NRZ 방식의 차이점을 표현하시오.

6. PSK(Phase Shift Keying) 방식과 QAM(Quadrature Amplitude Modulation) 방식을 비교하여 설명하시오.

7. PCM(Pulse Code Modulation) 제조 단계와 특징에 대하여 설명하시오.

8. 채널 용량의 물리적 의미를 설명하시오.

9. 통신 속도에서 데이터양을 표현하는 방법을 들어 설명하시오.

10. 다음을 간단히 설명하시오.
    1) AMI(Alternate Mark Inversion)
    2) 바이트(byte)
    3) APK(Amplitude Phase Keying)

약 어

NRZ(Non Return to Zero)
RZ(Return to Zero)
NRZ(Non Return to Zero)
NRZ–L(Non Return to Zero Level)
NRZ–I(Non Return to Zero Inverted)
AMI(Alternate Mark Inversion)
ASK(Amplitude Shift Keying)
FSK(Frequency Shift Keying)
PSK(Phase Shift Keying)
QAM(Quadrature Amplitude Modulation)
OOK(On–Off Keying)
CPFSK(Continuous Phase FSK)
APK(Amplitude Phase Keying)
AM(Amplitude Modulation)
FM(Frequency Modulation)
PM(Phase Modulation)
PCM(Pulse Code Modulation)

제 11 장

근거리 통신

우리나라 말로 '근거리 무선통신'이라고 번역되는 NFC(Near Field Communication)는 10[cm] 이내 거리에서 무선으로 기기끼리 서로 통신을 할 수 있는 기술 규격이다. 이러한 비접촉식 무선 통신 기술은 예전에도 있었다. 블루투스, RFID, Zigbee 등이 그것이다. 저마다 특장점이 있는데 NFC가 주목받는 가장 큰 이유는 이전의 기술들의 장점들을 대부분 수용하고 있다.

이 기술은 수십 센티미터에서 수 미터에 이르는 댁내 및 근거리 데이터 전송과 더불어 주변 장치간의 원활한 통신을 위한 개인화된 무선 네트워크를 지칭하며 일상생활을 보다 생산적이고 효율적으로 만들어 가는데 근본적인 목표를 두고 있다. 예를 들어 개인용 컴퓨터와 그 주변기기들 간의 유선 케이블을 무선으로 대체하고 디지털 카메라와 노트북 간의 사진 파일 교환을 하나의 리모컨으로 제어하며 무선 위치인식 서비스를 통해 보다 효율적인 업무를 수행하는 등의 일련의 일들이 가능하게 한다.

이러한 기술이 이더넷과 같은 기존 유선 홈 네트워킹 기술들보다 주목을 받고 있는 이유는 배선 작업이 필요 없는 사용의 편리함 때문이다. 각 가정의 가옥은 기업의 사무실과 달리 본래 네트워킹을 고려하여 설계되지 않았기 때문에, 가정의 여러 기기들을 유선 케이블로 일일이 연결하는 것은 매우 번거롭고 불편한 일이 아닐 수 없다. 따라서 가급적이면 케이블을 이용하지 않고 무선으로 각 가정의 기기들을 연결할 수 있는 단거리 무선 네트워킹 기술에 대한 수요가 점차 커지고 있다.

이 장에는 무선 근거리 액세스 기술 가운데 IEEE 802.11 기술인 무선 LAN과 홈 네트워크 구축을 위한 IEEE 802.15 WPAN(Wireless Personal Area Network) 기술들 가운데 블루투스, UWB(Ultra Wide Band), Zigbee 그리고 IrDA를 중심으로 기술적 개념 및 특징에 대하여 살펴본다.

학습목표

1. 무선 LAN의 기술적 개념과 분류에 대하여 고찰한다.
2. 블루투스의 정의와 접속 형태에 대하여 살펴본다.
3. Zigbee의 개념적 고찰과 진화 서비스에 대하여 공부한다.
4. UWB의 개념과 기술적 특징에 대하여 알아본다.
5. IrDA의 장단점을 살펴보고 응용 분야에 대하여 고찰한다.

11.1 무선 LAN

11.1.1 정의

무선 LAN이란 기존 유선 LAN을 대체 또는 확장한 데이터 통신 시스템으로 RF 기술을 이용하여 유선망 없이도 데이터를 주고받을 수 있는 기술을 제공한다. 전파를 전송 매체로 사용하므로 특히 단말기가 빈번히 이동하는 경우에 유용하게 사용된다.

다른 무선기술과 차별화되는 특징으로는 일반 이동전화 단말기가 발산하는 전력보다 낮은 저전력 사용, 전세계적으로 인정된 비면허 주파수 대역(License-free Radio)의 사용 그리고 신호 간섭이 존재하는 곳에서도 매우 수신 강도가 강한 속성을 가지는 대역확산기술의 이점을 들 수 있다.

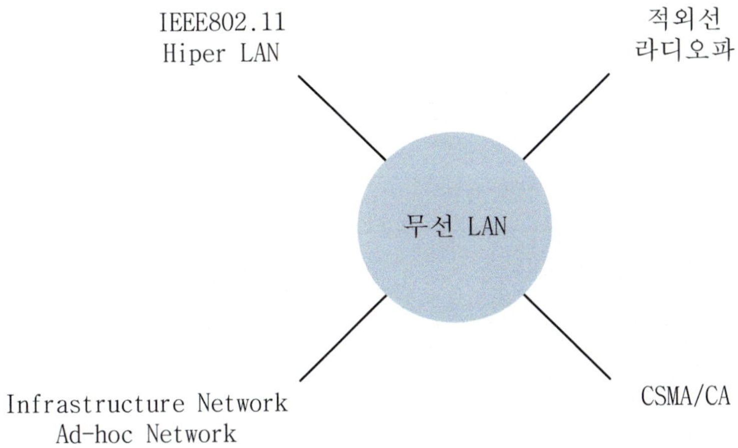

[그림 11.1] 무선 LAN 적용기술

IEEE 위원회에서는 무선 LAN에 관련된 기술을 IEEE 802.11로 규정하고 이에 대한 표준화 활동이 활발히 전개되고 있으며 현재까지 많은 표준안을 권고하고 있다.

11.1.2 특징

무선 LAN 기술은 수 [kbps]에서 시작하여 수백 [Mbps]에 이르는 전송속도의 발전과 더불어 전파의 도달거리가 초기에는 반경 10[m] 내외의 옥내에 불과했으나 이제는 수백 [m]까지 늘어나 무선 LAN의 사용이 보편화되고 있다.

장점은

① 케이블 배선으로부터 해방
- 유연성과 이동성을 갖춘 네트워크 구축
- 유선 네트워크 설치 애로지역에 설치하므로 케이블 및 Duct 불필요

② 단말기 설치의 자유도 향상
- 빈번한 Layout 변경이 가능한 이동체를 LAN에 접속하여 사용
- Notebook 사용자의 증가로 인한 이동성 개선

③ 신속한 LAN의 구축이 가능
- 재해 현장, 전시회, 세미나 및 원서 접수 현장 등 기존 네트워크의 확장

단점은

① 한정된 주파수 자원
② 유선 LAN에 비해 저속이며 가격이 고가
③ 가격 대비 성능 신뢰성, 보안성 고려를 들 수 있다.

[표 11.1] 유선 LAN과 무선 LAN의 비교

구분	유선 LAN	무선 LAN
전송 매체	케이블	자유공간
프로토콜	CSMA/CD Token Passing	CSMA/CA
전송 거리	UTP : 100m, Thin : 185m	실내 : 45m, 실외 : 230m
노드 변경 확장	· 전문적인 케이블 작업 필요 · 확장시 사무실 환경의 변화 및 이동의 번거로움	· 유선과 연결하여 확장 가능 · 사용자가 손쉽게 이동 설치 가능 · Access Point 설치 수량에 따라 Node 확장이 가능
유지 보수	· 복잡, 비용 증가, 이동 확장이 어려움 · 별도의 전문요원 필요 · 유지 보수할 때 시간 및 업무 장애	· 손쉬운 유지 보수 가능 · 사용자 직접 설치 · 비용 감소, 확장할 때 이동 자유
초기 투자 비용	저가	유선에 비해 높음
유지 보수 비용	고가	저가

11.1.3 기술적 분류

1) 전송 거리별 기술 비교

일반적으로 30~150[m] 정도의 거리에서 무선으로 1~54[Mbps]의 데이터를 고속으로 전송하는 네트워크를 가리켜 무선 LAN이라고 부르고 있다.

무선 LAN을 정의하는 기준은 뚜렷하게 없지만, 10[m] 정도의 단거리에서 주로 운용되는 블루투스와 같은 WPAN 기술이나 수 [km] 정도의 거리에서 운용되는 HiperAccess 그리고 IEEE 802.16과 같은 WMAN(Wireless Metropolitan Area Network) 기술은 전송 거리의 관점에서 구분되고 있다.

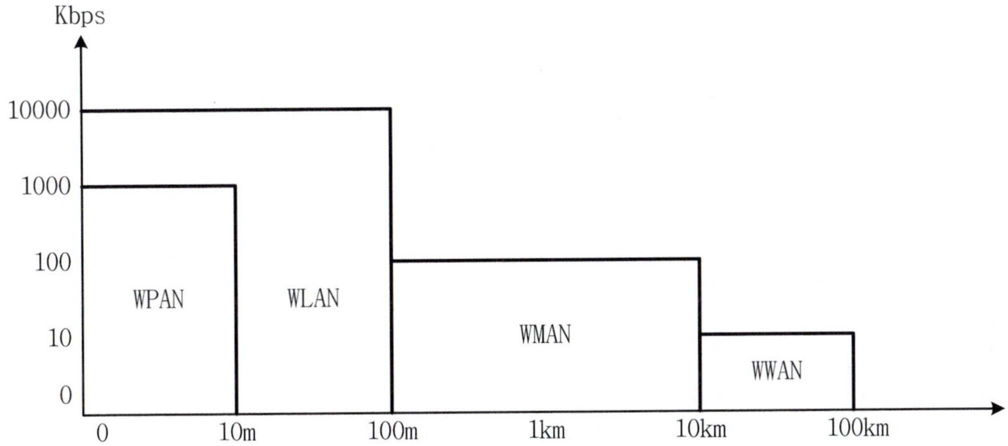

[그림 11.2] 전송거리별 무선 통신 기술 분류

2) 토폴로지별 비교

무선 LAN은 [그림 11.3]과 같이 기존 통신 인프라 (기지국, AP)의 지원 여부에 따라서 두 가지로 분류한다. 이동 단말들이 유선 환경에 기반을 둔 기지국이나 AP를 중심으로 구성되는 '인프라가 있는(Infrastructure) 네트워크'와 기지국이나 AP의 도움 없이 순수하게 이동 단말들로 구성된 '인프라가 없는(Ad-hoc) 네트워크'로 분류할 수 있다.

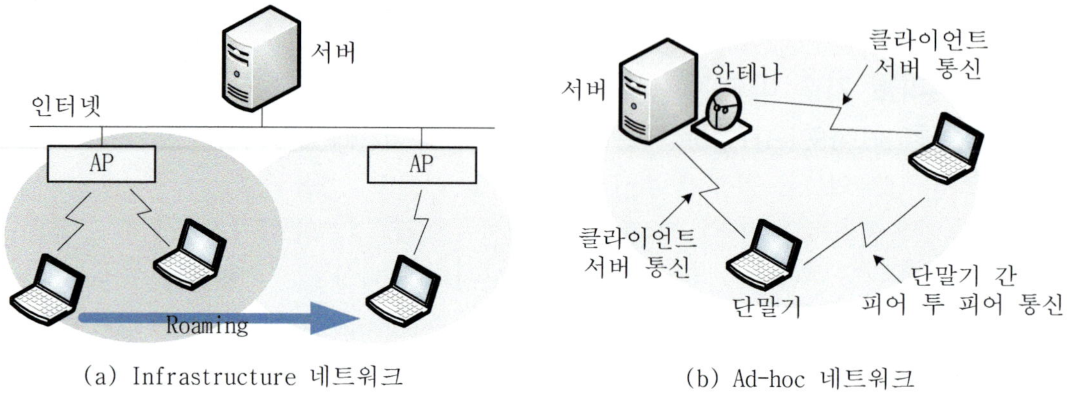

[그림 11.3] 토폴로지별 분류

(1) Infrastructure 네트워크

Infrastructure 네트워크는 마지막 부분이 무선으로 유선 네트워크와 연결되어 Last Hop 네트워크라고도 한다. 기존의 설치된 인프라 (기지국, AP)를 통해서만 데이터의 송수신과 같은 통신이 이루어지는 구조로 현재 많이 접하고 있는 이동전화망이나 무선 LAN 등을 예로 들 수 있다. 인프라가 있는 네트워크는 기존 인프라를 통해서만 통신이 가능함으로 지진과 같은 재해, 테러, 전쟁과 같은 상황에서 기지국이나 AP의 고장, 유선 단절과 같은 상황 발생시 통신을 할 수 없는 단점이 발생한다.

(2) Ad-hoc 네트워크

Ad-hoc 네트워크는 중앙 집중화된 관리가 지원되지 않는 환경에서 지정된 이동성 지원 기반 시설의 도움 없이 임시망을 구성하는 이동 호스트와 무선 인터페이스의 집합인 네트워크이다.

각 이동 호스트는 단말 호스트이면서 라우터로 동작하여 패킷을 다른 이동호스트로 전달한다. 이때 이동성 지원 기술은 위치 정보가 서로 다른 하드웨어 특성 영역 혹은 서로 다른 이동 통신망 사이에서 단말의 이동을 추적하고, 필요하다면 네트워크 구성 요소 사이에 상호 전달하는 데 소요되는 방법론을 통칭한다.

Ad-hoc 네트워크는 기존 인프라가 필요치 않는 특성으로 인하여 임시 구성용 네트워크이나 지진, 태풍, 테러 등에 의한 재해/재난 지역과 특히 전쟁터와 같은 기반 시설이 없는 환경에서 적용가능토록 주로 군사용 망에 중점을 두어 연구 개발되어 왔다.

산책로

CSMA/CA(Carrier Sensing Multiple Access/Collision Avoidance)

유선 LAN의 CSMA/CD(CSMA with Collision Detection)는 전송신호의 세기가 일정하므로 충돌이 일어날 경우 전송신호 레벨의 변화를 감지하여 데이터 충돌 여부를 판단할 수 있다. 이때 많은 노드들이 하나의 물리적인 회선을 공유하고 모든 노드들에게 신호를 전달하고 있다. 그러나 무선 LAN의 경우에는 전송매체를 무선을 사용하기 때문에 신호를 전송하는 도중 신호의 감쇄나 전송거리에 제한을 가지고 있다. 그러므로 기존에 유선에서 사용하는 매체 액세스 제어방식으로는 충돌에 효율적으로 대처할 수 없으므로 사전에 충돌을 회피하는 CSMA/CA가 등장하게 되었다.

11.1.4 표준화 동향

표준은 기술 분야에 있어 매우 중요한 부분이며 가장 중요한 가치는 상호 호환성이 가능해야 한다는 것이다.

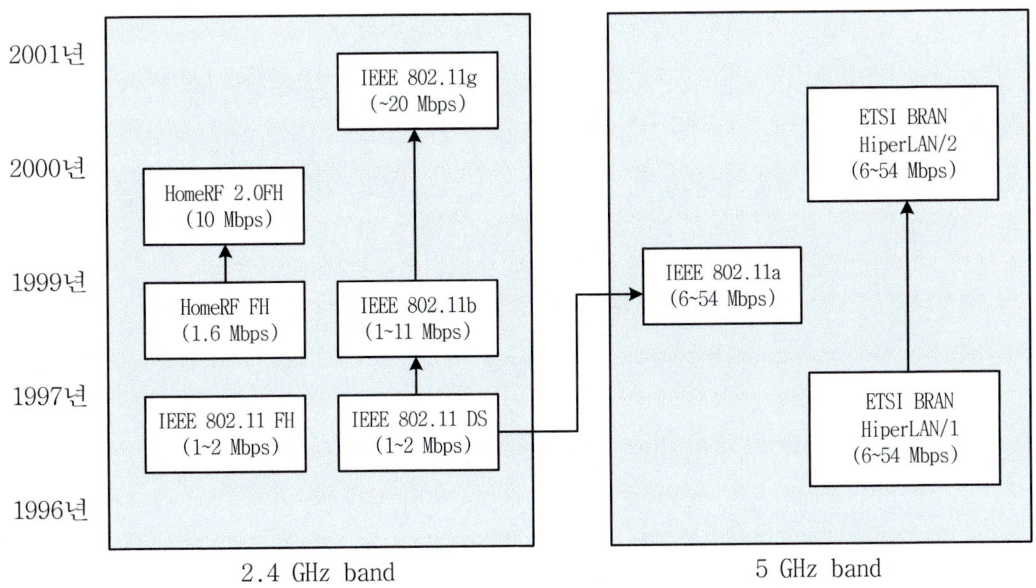

[그림 11.4] 무선 LAN 기술 및 표준 발전 동향

산책로

DS(Direct Sequence)

음성 대역의 저속 데이터와 PN(Pseudo Noise) 부호방식의 고속신호를 직접 서로 곱하면 고속신호와 동일한 전송속도를 얻을 수 있는데 재밍(Jamming)에 강하나 원근 문제가 생긴다.

FH(Frequency Hopping)

(인위적인 주기를 가진) 의사잡음 발생기의 출력 데이터에 의해 주파수 합성기의 출력 주파수가 결정되는데, 이 주파수(변조주파수)에 입력신호를 실어 보내므로 주파수 도약이 생긴다. 이때, 도약 주파수가 증가하므로 스펙트럼 확산이 용이하며 원근 문제가 생기지 않는다.

1) IEEE 802.11a

무선에서 고속 전송을 실현하기 위해서는 보다 높은 주파수를 사용해야 하며, 이럴 경우 특히 장애물이 많은 옥내 환경에서는 전송 효율이 크게 저하되어 전송 거리가 심각하게 줄어들게 된다.

이 문제를 해결하기 위해 IEEE 802.11a에서는 5[GHz] 대역에서 6~54[Mbps]의 고속 데이터 전송을 OFDM 방식을 사용해 하나의 고속 반송파를 여러 개의 저속 부반송파로 나누어 병렬로 전송하게 함으로써 어느 정도 실효성 있는 전송 거리를 확보할 수 있게 되었다.

산책로

OFDM(Orthogonal Frequency Division Multiplexing)

무선 채널에서 데이터를 고속으로 전송할 경우 페이딩, 심볼 간십, 주파수 재사용 그리고 다중 경로 등의 영향으로 인하여 높은 에러율을 갖게 되어 무선 채널에 적합한 무선접속방식이 요구된다.

그러므로 상호 직교하는 부반송파를 사용하여 각 부반송파의 간격을 촘촘하게 함으로써 높은 주파수 효율을 보이는 OFDM 방식이 등장하였다. OFDM 방식은 광대역 전송 시스템에 유리한 구조로 차세대 시스템 관련 연구에서 매우 중요하게 언급되고 있다.

2) IEEE 802.11b

IEEE 802.11b는 2.4[GHz] ISM(Industrial Scientific Medical) 대역에서 최대 11[Mbps]까지 전송할 수 있도록 설계되었다. 전자레인지나 무선전화 등과 대역폭이 일치하여 5[GHz]의 802.11a보다 간섭의 영향이 심한 단점이 있다.

3) IEEE 802.11g

IEEE 802.11g는 기존의 2.4[GHz] OFDM 변조 방식을 사용하여 전송속도를 54[Mbps]까지 지원함으로써 이론적으로는 802.11a와 같은 수준의 전송속도를 제공할 수 있으며 현재도 널리 사용되고 있다.

4) IEEE 802.11n

IEEE802.11n은 기존 표준인 802.11a와 802.11g의 대역폭을 향상시키기 위한 무선 네트워킹 표준의 개정판이다. 기존 802.11 표준 위에 MIMO(Multiple Input Multiple Output)와 40[MHz]의 채널 대역을 사용함으로써 최대 데이터 전송률을 600[Mbps]까지 향상시키고 있으며 다중 HDTV, 디지털 비디오 스트리밍 등 높은 대역폭의 동영상도 처리할 수 있다.

산책로

MIMO(Multiple Input Multiple Output)

MIMO는 무선 통신의 용량을 높이기 위한 스마트 안테나 기술이다. MIMO는 기지국과 단말기에 여러 안테나를 사용하여, 사용된 안테나수에 비례하여 용량을 높이는 기술이다. 여기서 기지국은 송신단을 의미하고 단말기는 수신단을 의미한다.

MIMO 기술의 필요성에 대해 수신 처리 입장과 송신 처리 입장의 다른 해석이 있다. 수신 처리 입장은 간섭 제거를 중심으로 한 해석이고 송신 처리 입장은 용량 증대를 중심으로 한 해석이다. 두 해석 모두 무선 통신에서 다중 안테나 기술의 중요성을 잘 반영하고 있다.

11.2 Bluetooth

11.2.1 정의

블루투스는 핸드폰, PDA, 노트북과 같은 정보기기들 간의 양방향 근거리 통신을 위한 기술로 SIG(Special Interest Group)에서 개발한 무선 홈네트워크 기술, 표준 및 제품을 총칭한다. 비허가 대역인 2.4[GHz] ISM 주파수 대역에서 동작하여 출력이 1[mW]인 경우는 약 10[m], 출력이 100[mW]인 경우는 100[m]까지 가능하다. ISM 대역은 예기치 못한 간섭에 대처할 수 있어야 하며 데이터 전송 구조는 비동기 데이터 전송채널과 동기 데이터 전송채널로 구성된다.

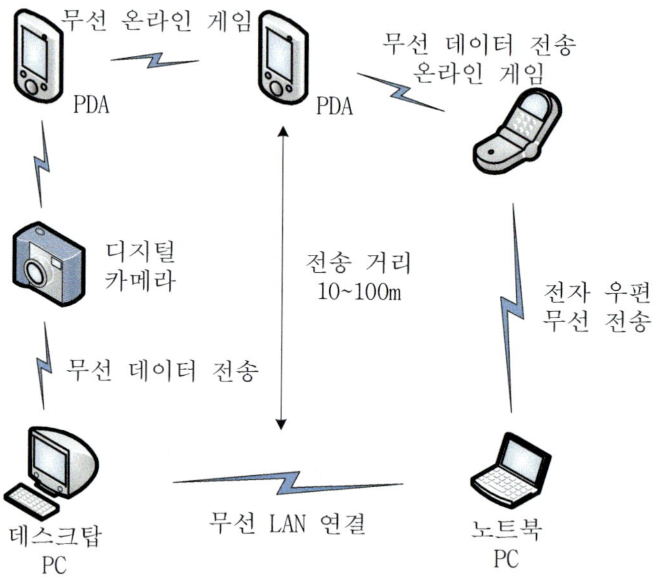

[그림 11.5] 블루투스 개념도

11.2.2 무선 접속 형태

블루투스는 피코넷과 스캐터넷(Scatternet)이라는 2종류의 무선접속 형태를 구현하고 있다. 피코넷은 블루투스의 최소 단위 네트워크로 1대의 마스터 (Master) 주위 약 10[m] 이내의 거리에 최대 7대까지의 슬레이브 (Slave)를 접속할 수 있다.

스캐터넷이란 기술한 피코넷을 연결하여 구성하는 네트워크로 약 100[m] 정도의 범위 내에서 구현할 수 있다. 이론적으로 피코넷을 100개 이상 접속한 스캐터넷을 구축할 수 있다. 슬레이브는 반드시 1대 이상의 마스터 (피코넷)에 속하며 기본적으로 모든 슬레이브는 마스터가 보유하는 기능을 하게 된다.

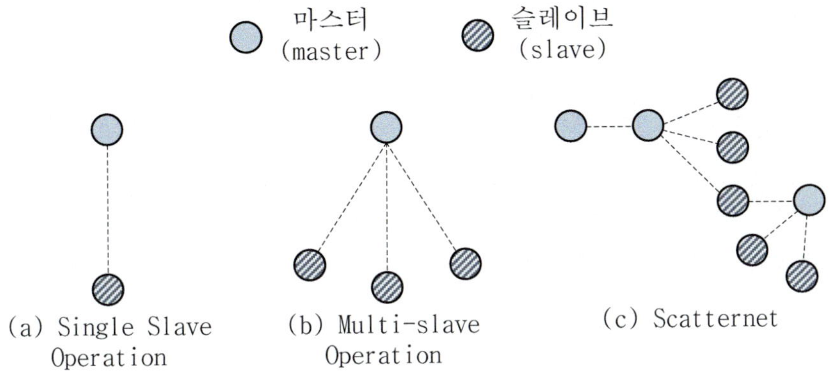

[그림 11.6] 블루투스의 네트워크 구성 예

11.2.3 응용 서비스

- 가정에서 환갑, 생일 등 각종 가족 행사를 위한 슬라이드 쇼를 쉽고 간단하게 꾸미고 블루투스 기술을 사용, 디지털 홈 네트워크를 꾸밀 수 있다.
- 비접촉식 지불결제 서비스가 가능하며 빠른 처리가 가능하고 전파를 이용하기 때문에 전파의 전달범위 안에만 들어오면 방향성 없이 인식할 수 있어 사람의 개입을 최소화할 수 있다.
- 위치추적 서비스를 제공할 수 있는데 주변 곳곳에 설치된 기지국들이 블루투스 장치인 태그를 감지하면 무선 LAN을 통해 중앙 기지국에 위치를 알려준다.

[그림 11.7] 블루투스 심벌

11.3 Zigbee

11.3.1 개념

해당 표준화를 위한 모임의 태동기에 여러 가지 이름에 대한 제안이 있었고 이러한 제안 및 결정을 위한 혼선의 모양을 빗대어 Zig Zag에서의 Zig와 가장 경제적으로 통신을 한다는 벌(Bee)의 개념을 도입하여 Zigbee로 명명하였다고 한다. 현재 Zigbee (IEEE 802.15.4) 사양은 시장에서 입지를 다투고 있는 여러 무선 네트워킹 표준들과 비교할 때 빠른 성장을 보이고 있다.

향후 Zigbee는 단거리 무선 통신의 새로운 국제 표준으로 부상하고 있는데 2.4[GHz]에서 250[Kbps] 속도를 구현, 블루투스보다 느리다. 이 때문에 블루투스의 저속도 버전이라고 부르기도 하며 이런 저속도 단점을 극복하기 위해 전력 소모를 최소화하도록 설계됐다. 전문가들은 지그비가 블루투스와 같은 양의 전력을 소모할 경우 훨씬 통신 거리가 확대될 수 있다고 주장한다. 게다가 가격도 블루투스에 비해 훨씬 싸다.

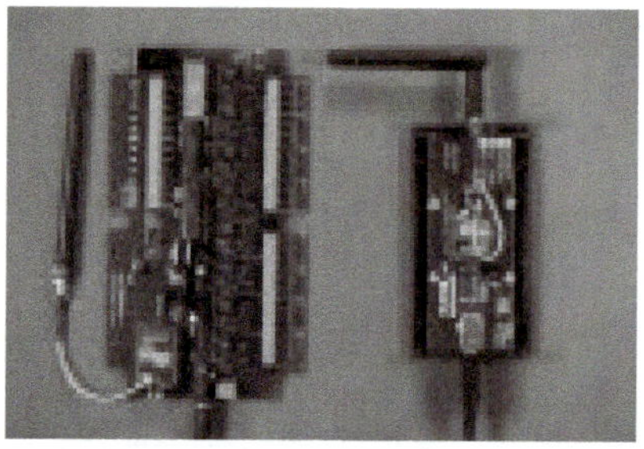

[그림 11.8] Zigbee 모뎀

11.3.2 접속 형태

Zigbee는 디바이스를 목적에 따라 FFD(Full Function Device)와 RFD(Reduced Function Device)로 구분하여 디바이스의 목적에 최적화하였다. FFD는 IEEE 802.15.4의 기본적인 노드이며, RFD는 FFD의 많은 기능을 제한하여 비용과 기능을 특정 목적에 맞추어 간소화한 노드이다.

1) FFD(Full Function Device)

FFD는 스타형, 메시형, P2P 네트워크 토폴로지를 지원하며 각 노드의 라우팅 기능과 하나의 네트워크를 관리하는 기능을 가지고 있다. RFD와 어떠한 토폴로지를 형성하더라도 FFD는 다른 노드와 통신이 가능하다. 이때 Zigbee 네트워크를 관리하는 코디네이터의 기능과 라우팅 기능을 포함한다.

2) RFD(Reduced Function Device)

RFD는 특정 목적 노드의 비용을 줄이기 위하여 FFD의 기능 중 많은 부분을 간소화한 노드이다. P2P 네트워크 토폴로지를 지원하지 않으며 항상 FFD를 통해서만 데이터를 교환할 수 있다. 단순한 데이터를 FFD에 전송하는 역할만을 수행한다.

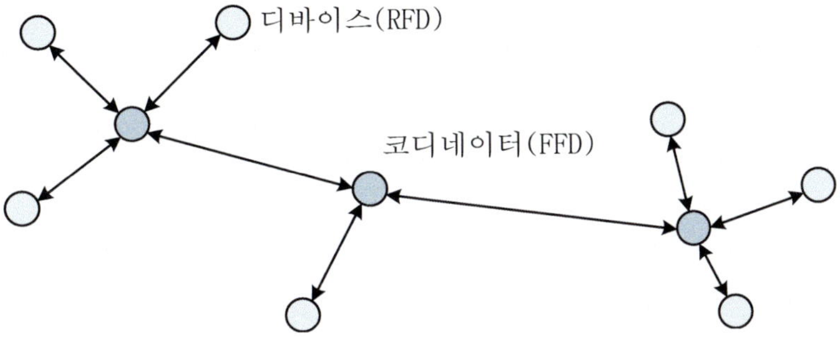

[그림 11.9] Zigbee 네트워크 구성도

11.3.3 진화 서비스

저속, 저전력을 이용하는 Zigbee의 진화 서비스를 토대로 향후 센서 네트워크가 활용될 수 있는 시장을 예측해 볼 수 있다. 향후 실생활에 반영될 유비쿼터스 컴퓨팅 시대에 적용할 수 있는 무선 통신 기술로서 Zigbee 시스템의 역할을 고려해본다면 그 파장 효과는 클 것이다.

1) 정보 가전용

센서 네트워크 및 관련 Zigbee 시스템과 같은 표준 기술이 진보함에 따라, 스마트 센서나 액츄에이터와 같은 장치들이 사용자가 인식하지 못할 정도로 숨겨 놓을 수 있을 만큼 작아질 것이며, 센서 노드가 장착된 가전기기들 즉, 세탁기, 냉장고, 마이크로 오븐, 전자레인지, 진공청소기, TV, VCR 등 모든 기기들이 서로 무선으로 연결되어 인터넷이나 인공위성을 통하여 외부 네트워크망으로 연결됨으로써 사용자가 집안이나 외부에서 직접 접속할 수 있게 해 준다.

2) 의학용

환자와 의사가 서로 가지고 다니는 센서 노드 간의 통신으로 의사는 항상 환자의 상태를 지켜볼 수 있게 된다. 신체상태 모니터링의 경우 센서 노드가 환자의 상세한 데이터들을 저장하며, 의사들은 그 자료를 토대로 치료할 수 있다. 또한 노인들의 움직임 등을 센서노드로 관찰하여 넘어짐과 같은 위급상황 등을 실시간으로 감지할 수 있다.

3) 환경용

센서 네트워크는 생태계 감시 연구에 이용될 수 있으며, 지구환경에서의 응용뿐만 아니라 다른 행성의 환경을 측정하는 방법으로도 사용될 수 있다. 인간이 접근하기 어려운 환경에 대한 관측의 예로써, 산불의 관측, 홍수, 생태계의 복잡성에 관한 연구, 공해, 지리학적 응용 등의 다양한 분야에 적용이 가능하다.

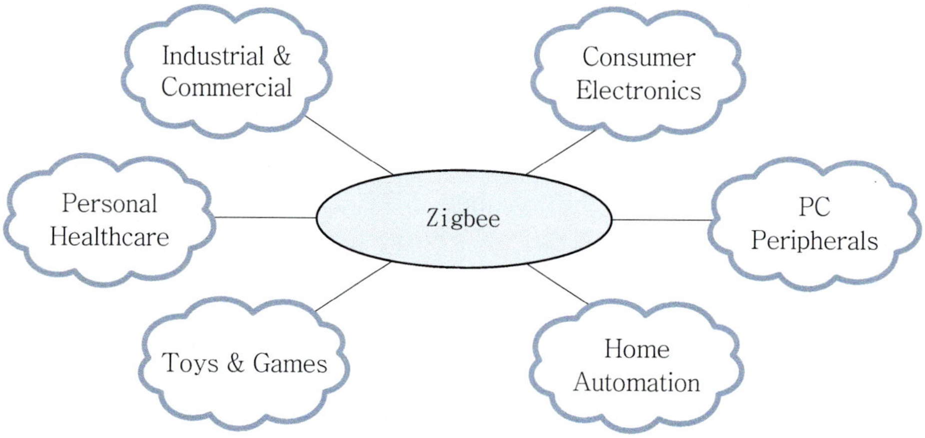

[그림 11.10] Zigbee 사용 서비스

11.4 UWB(Ultra Wide Band)

11.4.1 개념

UWB 무선기술은 무선반송파를 사용하지 않고 기저대역에서 수 GHz대의 매우 넓은 주파수를 사용하여 통신이나 레이더 등에 응용되고 있는 새로운 무선 기술이다. 원래 미 국방성에서 1980년대 지뢰와 같은 지하 매설물 탐지를 위해 군사적 목적으로 개발됐으며 수 나노 혹은 수 피코 초의 매우 좁은 펄스를 사용함으로써 기존의 무선 시스템의 잡음과 같은 매우 낮은 스펙트럼 전력으로 기존의 이동통신, 방송, 위성 등의 기존 통신 시스템과 상호 간섭 영향 없이 주파수를 공유하여 사용할 수 있으므로 주파수의 제약 없이 사용 가능한 시스템으로 새롭게 대두되고 있다.

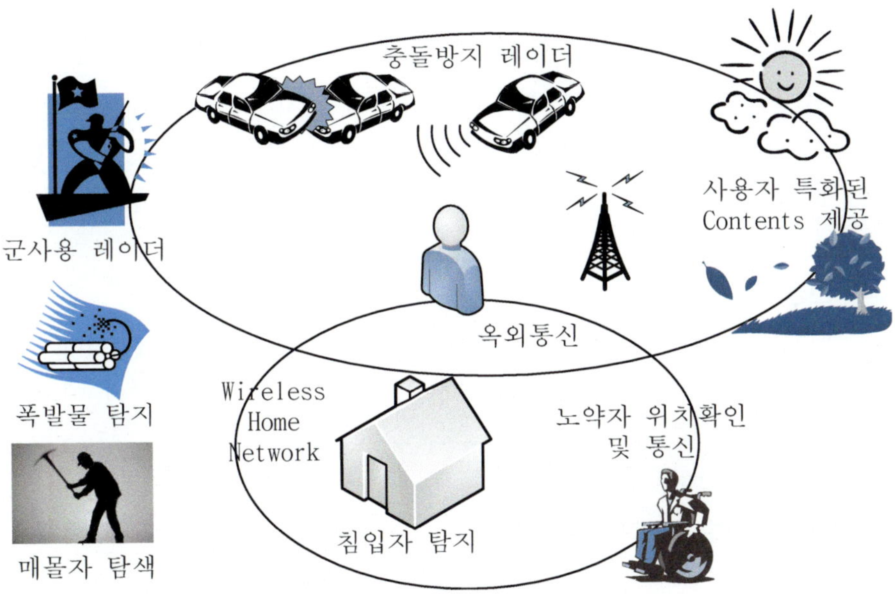

[그림 11.11] UWB 기술의 응용 분야

11.4.2 기술적 특징

기존의 협대역 시스템이나 광대역 CDMA 시스템에 비해 상대적으로 낮은 스펙트럼 전력 밀도가 존재하므로 기존의 무선 통신 시스템에 간섭을 주지 않고 주파수를 공유하여 사용할 수 있는 매우 유리한 장점을 가지고 있다.

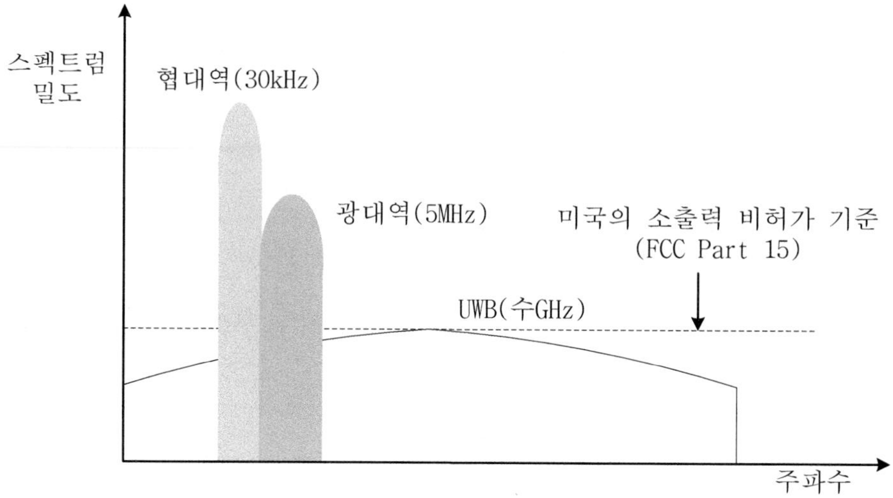

[그림 11.12] 주파수 스펙트럼의 비교

기존의 무선 시스템과는 달리 반송파를 사용하지 않고 기저대역에서 통신이 이루어지므로 송수신기의 구조가 간단해짐으로써 낮은 비용으로 송수신기를 제작할 수 있는 큰 장점을 가지고 있다. UWB의 기술적 특징을 나열하여 설명하도록 한다.

1) 초고속 전송의 실현

UWB는 수 [GHz]대를 이용하고 있으므로 데이터 전송속도는 수백 [Mbps]의 고속전송이 가능하며 소비전력은 휴대전화 및 무선 LAN과 비교할 때 약 1/10에서 1/100 정도이다.

2) 극히 짧은 펄스를 이용한 송수신

수 나노 혹은 피코 초의 매우 좁은 펄스를 사용함으로 매우 넓은 주파수 대역에 걸쳐 매우 낮은 스펙트럼 전력 밀도가 존재하며 펄스의 송수신은 불연속적으로 이루어져 전송거리는 한정되지만 회로의 소비전력을 낮출 수 있다.

3) Channel Capacity

UWB 시스템은 펄스의 형태와 펄스폭에 의해 사용 주파수 대역이 결정되며, 사용 주파수 대역이 결정되면 전송 가능한 데이터 율이 결정된다.

기본적으로 기존 협대역 시스템들과 주파수를 공유하여야 하기 때문에 상호 간섭을 고려하여 사용 주파수 대역과 송신 출력이 제한이 있기 때문에 일정 S/N비를 유지하기 위해서는 거리가 멀어질수록 처리이득을 높여야 한다.

4) 기존 협대역 시스템과의 공유

저전력의 송신전력을 넓은 대역에 걸쳐서 송신하기 때문에 협대역 시스템 관점에서 UWB 전력 스펙트럼을 보면 기저 대역 잡음과 같이 보일 수 있으므로 기존 협대역 시스템에 심각한 장애를 야기하지 않고 동일 대역을 공유할 수 있게 된다.

5) 정밀한 위치 인식 및 추적이 가능

UWB 시스템은 매우 짧은 펄스를 이용한 radar 시스템에서 진화하여 통신에 적용된 방식으로 짧은 펄스에 의한 분해능을 이용하여 centimeter level의 정밀도를 구현할 수 있다.

6) 장애물 투과 특성이 우수

저주파수 대역에서 매우 큰 대역폭을 갖고 있기 때문에 투과 특성이 우수하여 빌딩 내부, 도심지, 삼림 지역에서도 운용이 가능하다.

[표 11.2] 무선 근거리 액세스 기술적 비교

	무선 LAN	블루투스	ZigBee	UWB
주파수 대역	2.4/5GHz	2.4GHz	868/915MHz 2.4GHz	3.1~10.6GHz
최대 전송 속도	11~54Mbps	1Mbps	250kbps	480Mbps
최대 전송 거리	100m	10m	10~75m	20m
소비 전력	800~1,600mW	50/80mW	1/75mW	~200mW
망 구성	P2P, Star	P2P, Star, ad hoc	P2P, Star	P2P, Mesh
관련 표준화 기관/단체	IEEE 802.11 WiFi Alliance	IEEE 802.15.1 Bluetooth SIG	IEEE 802.15.4 ZigBee Alliance	IEEE 802.15.3a WiMedia Alliance

11.5 IrDA(Infrared Data Association)

11.5.1 개념

원래 전자기기간에 적외선을 이용해 데이터를 주고받을 수 있는 통신표준을 이끌어내기 위해 1993년에 설립된 비영리단체였다. 하지만 최근 들어선 케이블 없이 적외선으로 데이터를 전송하는 기술을 통칭하는 용어로 사용되고 있다.

적외선 통신기술이 먼저 적용된 분야는 TV, 오디오, 에어컨 등을 무선으로 제어하는 데 사용되는 리모컨이다. TV를 예로 들면 TV 리모컨 앞부분에는 적외선 송신 모듈이 달려 있고 TV 본체에는 적외선 수신 모듈이 내장돼 있어 리모컨을 누르면 TV가 이를 인식한다. 이 같은 통신 기술을 발전시킨 것이 IrDA이며 노트북 PC와 데스크톱 그리고 프린터 간 통신에 처음 사용됐다.

11.5.2 장단점

1) 장점

① 전파가 아닌 빛을 사용하기 때문에 주파수 사용 허가가 필요 없다.
② 넓은 대역폭과 높은 전송속도
③ 보안성이 우수
④ 무선이므로 기동성이 양호
⑤ 소비 전력이 적고 부품의 가격이 저렴
⑥ 데이터 통신, 음성, 화상 통신도 가능
⑦ 근접 주파수에 대한 간섭이 없고 전자파 장애가 없다.

2) 단점

① 안개, 대기 중의 먼지 등에 의해 제한됨
② 직사광선이나 형광등 및 백열등과 같은 여러 가지 빛들이 잡음으로 작용
③ 한정된 거리에서 사용 가능

3) 응용 분야

적외선 데이터 통신은 노트북 컴퓨터와 PDA, 디지털 카메라, 휴대폰, 무선호출기 등의 대중화에 따라, 무선데이터 통신 내에서 그동안 중요한 역할을 해오고 있다.

기존에 사용되고 있는 것들 또는 새로운 가능성이 있는 것들에는 다음과 같은 것들이 있다.

① 넷북 컴퓨터에서 프린터로 문서를 전송한다.
② 포켓용 PC를 이용하여 명함을 교환한다.
③ 데스크탑 컴퓨터와 노트북 컴퓨터 사이에 스케줄을 같게 맞춘다.
④ 노트북컴퓨터에서 유선전화를 이용하여 떨어져 있는 팩시밀리에 팩스를 보낸다.
⑤ 디지털 카메라에서 컴퓨터에 이미지를 광선으로 보낸다.

요 약

1. 무선 LAN은 RF 기술을 이용하여 유선망 없이도 데이터를 주고받을 수 있는 기술을 제공하며 기술표준은 IEEE 802.11로 정의한다.
2. 무선 LAN에서는 기존에 유선에서 사용하는 매체 액세스 제어방식으로는 충돌에 효율적으로 대처할 수 없으므로 사전에 충돌을 회피하는 CSMA/CA를 사용한다.
3. IEEE802.11n은 기존 표준인 802.11a와 802.11g의 대역폭을 향상시키기 위한 무선 네트워킹 표준의 개정판이다.
4. 블루투스는 핸드폰, PDA, 노트북과 같은 정보기기들 간의 양방향 근거리 통신을 위해 SIG(Special Interest Group)에서 개발한 기술이다.
5. 블루투스는 피코넷과 스캐터넷(Scatternet)이라는 2종류의 무선접속 형태를 구현하고 있다.
6. Zigbee는 단거리 무선 통신의 새로운 국제 표준으로 부상하고 있는데 2.4[GHz]에서 250[kbps] 속도를 구현, 블루투스보다 느리다.
7. Zigbee는 디바이스를 목적에 따라 FFD(Full Function Device)와 RFD(Reduced Function Device)로 구분하고 있다.
8. UWB 무선기술은 무선반송파를 사용하지 않고 기저대역에서 수 [GHz]대의 매우 넓은 주파수를 사용하여 통신이나 레이더 등에 응용되고 있는 새로운 무선 기술이다.
9. IrDA(Infrared Data Association)는 원래 전자기기간에 적외선을 이용해 데이터를 주고받을 수 있는 통신표준을 이끌어 내기 위해 1993년에 설립된 비영리단체로서 근거리 무선 통신 기술이며 향후 [THz]급 기술을 이용하기 위한 기반 기술이 되었다.

연습 문제

1. 무선 LAN을 유선 LAN과 비교하여 서술하고 장단점을 설명하시오.

2. 무선 LAN의 표준화 동향을 설명하시오.

3. 블루투스의 개념과 무선 접속 형태를 서술하시오.

4. Zigbee의 접속 형태를 서술하고 진화 서비스를 살펴보시오.

5. IrDA의 개념을 서술하고 장단점에 대하여 살펴보시오.

6. 다음을 간단히 설명하시오.
   1) NFC(Near Field Communication)
   2) UWB(Ultra Wide Band)
   3) Ad-hoc 네트워크
   4) ISM(Industrial Scientific Medical)
   5) 텔레매틱스

약 어

NFC(Near Field Communication)
WPAN(Wireless Personal Area Network)
UWB(Ultra Wide Band)
ISM(Industrial Scientific Medical)
DS(Direct Sequence)
FH(Frequency Hopping)
LOS(Line of Sight)
WMAN (Wireless Metropolitan Area Network)
CSMA/CA(Carrier Sensing Multiple Access/Collision Avoidance)
MIMO(Multiple Input Multiple Output)
FFD(Full Function Device)
RFD(Reduced Function Device)
IrDA(Infrared Data Association)

제 12 장 무선 통신 기술

현재 무선통신 환경에서 지원하는 이동통신은 단순히 통화수단으로 뿐만 아니라 정보 검색과 엔터테인먼트 등 생활의 동반자로서 자리 잡고 있을 정도로 우리 생활에 많은 영향력을 주고 있다. 2G에서는 음성통신을 무선 환경에서 전달하는 것을 주목적으로 개발되었지만 3G 시스템은 멀티미디어 전송을 목적으로 개발되었고, 고화질 화상 서비스, 빠른 데이터 전송률 등 많은 기존 시스템과의 차별성을 가짐으로써 높은 부가 가치를 계속하여 창출하고 있다.

한편, WCDMA는 가장 많은 국가들이 채택하고 있는 3G 이동통신 시스템이다. ITU에서는 이 3G 시스템을 IMT-2000(International Mobile Telecommunication 2000)이라 일컫고 CDMA와 TDMA를 기반으로 하는 무선 접속 규격을 정의하고 있다. 향후 이동통신서비스는 이동성과 전송속도에서 빠르게 진화하여 제4세대(4G) 초고속 멀티미디어 서비스로 통합될 것이며 이는 유비쿼터스 IT와 디지털 컨버전스의 본격적인 시작을 의미하게 된다.

뿐만 아니라 무선통신에 활용중인 주파수 자원 이용효율을 높이기 위한 기술로는 셀 분할에 의한 주파수 재사용뿐만 아니라 4G에서 진행될 MIMO(Multiple Input Multiple Output)이 개발되어 사용하고 있으나 향후 5G 서비스의 폭발적인 증가로 기술 개발의 동기가 확대되고 있다.

이 장에서는 먼저 아날로그에서 수행되는 셀룰라 엔지니어링에 대하여 고찰하고 WCDMA의 개요 및 표준화 기술에 대하여 살펴본 후 4G에서의 LTE의 기술적 내용에 대하여 자세히 고찰하도록 한다.

학습목표

1. 셀룰라 엔지니어링의 전파 환경과 기술적 요소에 대하여 설명한다.
2. WCDMA의 표준화 기술과 응용분야에 대하여 살펴본다.
3. 4G의 개념과 LTE의 기술적 전개에 대하여 알아본다.
4. 5G의 개념을 알아보고 이동통신의 흐름을 살펴본다.

12.1 셀룰라 엔지니어링

12.1.1 개요

이동 통신 기술이란 자동차, 선박, 항공기 그리고 사람까지도 포함하고 이동체와 일반가입 전화간의 통신이나 이동체 상호간의 통신을 의미하고 이에 대한 특징은 다음과 같다.

① 이동체가 교환기의 특정단자에 수용되지 않으므로 경로 선택에 특별한 기능이 필요하다.
② 사용되는 주파수대가 한정되어 있기 때문에 주파수를 효율적으로 이용하여 가입자 수용 용량을 증대시킬 수 있다.
③ 무선통신 방식이므로 페이딩을 극복하는 방식 및 제어 프로토콜이 필요하다.
④ 회선을 다수의 이용자가 공용하고 있고 또 이용자가 이동하고 있으므로 이동측의 호출 그리고 통화료 부과 등에 일반 전화와 다른 기술이 필요하다.

셀룰라 이동통신은 1958년 벨(Bell) 연구소에서 처음 제안하고 800[MHz] 대역을 사용했으며 1970년대에 AMPS(Advanced Mobile Phone Service)를 개발했다.

이동통신 서비스는 진화 과정에 따라 [그림 12.1]과 같이 제2세대, 제2.5세대, 제3대 그리고 제4세대로 구분할 수 있다.

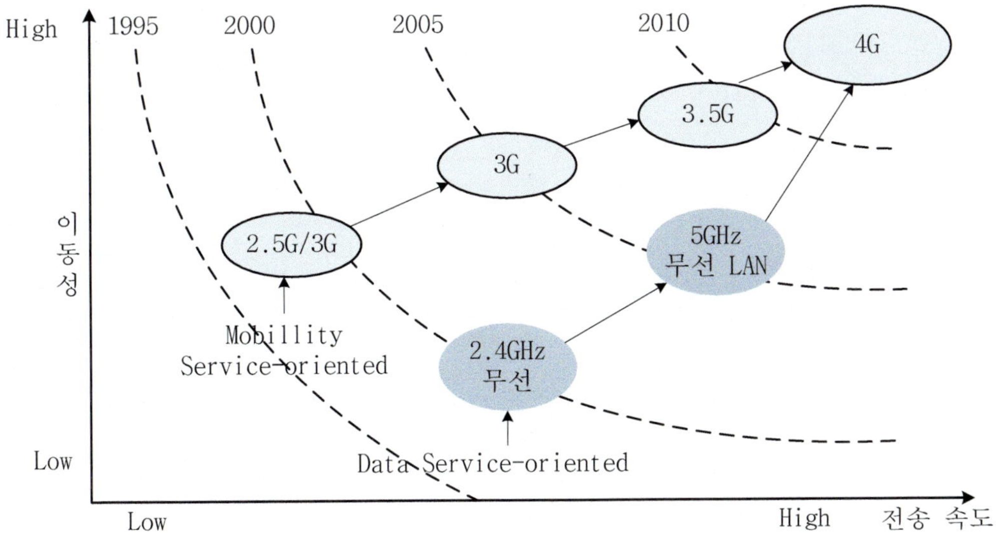

[그림 12.1] 이동통신 기술의 진화

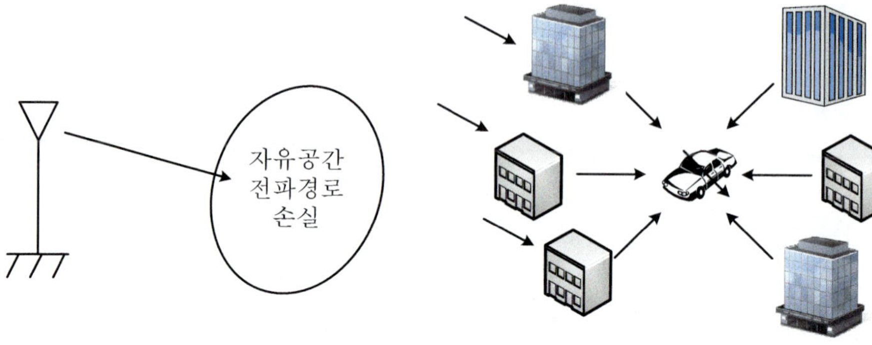

(a) 전파경로 손실 (b) 다중 경로 페이딩

[그림 12.2] 이동전화의 전파환경

12.1.2 전파 환경

1) 경로 손실 특성

전파가 송신 안테나로부터 수신 안테나까지 도달하는 데는 전송 거리에 따른 감쇠가 존재하는데 이동통신의 경우 이동체가 움직임으로 말미암아 송·수신간의 거리가 수시로 변화하며 또한 주변 환경에 따라 경로 손실이 다르다.

E를 수신 전계 강도, D를 전송 거리 및 γ를 감쇠정수라고 하면

$$E \propto D^{-\gamma}$$

의 관계가 성립하는데 자유공간에서는 $\gamma = 1$, 교외지에서는 $\gamma = 2 \sim 3$ 그리고 복잡한 시가지에서는 $\gamma = 3 \sim 4$이다.

2) 페이딩 특성

[표 12.1] 페이딩 현상에 따른 원인 및 특성

종류	발생 원인	특성
Long-Term Fading	산, 언덕 등과 같은 자연 지형의 굴곡에 의한 안테나 유효 높이의 변화	• 확률 밀도 함수가 대수 정규 분포 특성을 갖는다. • 수신전계의 변화속도가 느리다.
Short-Term Fading	고층 건물, 철탑 등과 같은 인공구조물에 의한 다중 경로를 통한 반사파	• 확률 밀도 함수가 레일리 분포 특성을 갖는다. • 수신 전계의 변화 속도가 신속하다. • 대도시 지역의 이동 통신 환경에서 발생하는 fading을 대표한다.

3) 페이딩 방지 대책

(1) Microscopic Diversity

Short Term Fading을 대상으로 하여 동일 셀 내에 적용된다.

① 공간 다이버시티 ② 편파 다이버시티 ③ 주파수 다이버시티

(2) Macroscopic Diversity

Long Term Fading을 대상으로 하여 서로 다른 셀 사이에 적용된다. 예를 들면 hand-off나 roaming이 이에 속한다.

4) 선택 및 합성 수신 방식

다이버시티에 의해 수신한 2개(이상)의 신호를 선택하거나 합성하는 방식은 다음과 같다.

(1) 선택 수신 방식

다이버시티 채널로부터의 신호들 중에서 S/N 비가 제일 큰 신호를 선택해서 결과 신호를 얻는다.

① 선택 결합 방식(Selective Combining) : 수신 회로까지 이중화되어 있으며 2개의

수신 신호 가운데 양호한 신호를 선택하여 수신하는 방식이다.

② 절체 결합 방식(Switched Combining) : 수신 안테나 부분만 이중화되어 있어서 수신 신호가 미약하거나 상태가 좋지 않으면 무조건 다른 수신 안테나로 절체[선택]하여 수신하는 방식이다.

(2) 합성 수신 방식

2개의 수신신호를 적절하게 처리하여 합성하는 방식으로 종류는 다음과 같다.

① 동이득 결합 방식(Equal Gain Combining) : 모든 가지의 이득을 동일하게 하여 2개의 수신 신호를 그대로 합성하는 방식이다.

② 최대비 결합 방식(Maximum Ratio Combining) : 각 채널로부터의 신호들의 위상을 맞추어 합성하는 방식으로서 시스템 구조는 복잡하나, 최적의 성능을 구현한다. 이때, 합성기의 출력이 최대 S/N 비를 갖도록 정합 이득이 가중된다.

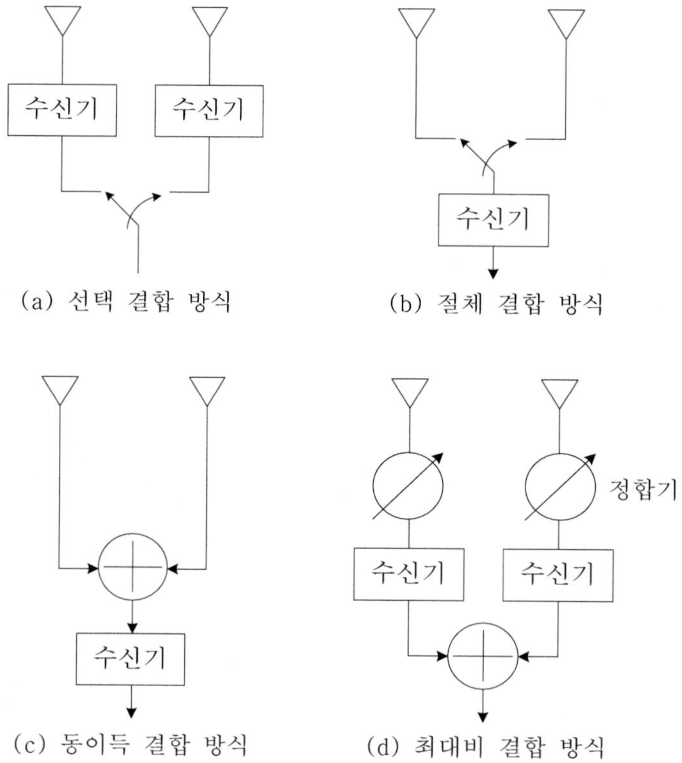

[그림 12.3] 다이버시티 합성 비교

12.1.3 Zone 구성법

이동통신에선 넓은 범위의 서비스 에어리어를 몇 개로 분할하여 몇 개의 기지국을 배치하는 방법을 사용하는데 이때 분할된 각 영역을 셀(cell)이라고 한다.

1) 사용 배경

서비스 지역을 여러 개의 작은 구역 즉, '셀'로 나누어서 서로 충분히 멀리 떨어진 두 셀에서 동일한 주파수 대역을 사용하는 주파수 재사용(Frequency Reuse)할 수 있도록 함으로서 공간적으로 분포하는 채널수를 증가시켜 충분한 가입자 수 용량을 확보할 수 있도록 한다.

2) 셀 배치 모양에 따른 분류

(1) 전방향 셀(Omni-directional Cell)

기지국이 셀의 가운데 위치하여 전방향으로 송신하는 안테나를 사용하여 서비스하는 셀이다.

(2) 섹터 셀(Sectored Cell)

기지국이 특정 방향으로 송신하는 안테나를 사용하여 셀을 여러 개의 섹터(sector)로 분할하는데 이때 대부분이 삼각형 구조를 가지는 3개의 방향으로 나누어 120[°]씩 커버리지가 가능한 Sector 안테나를 사용한다.

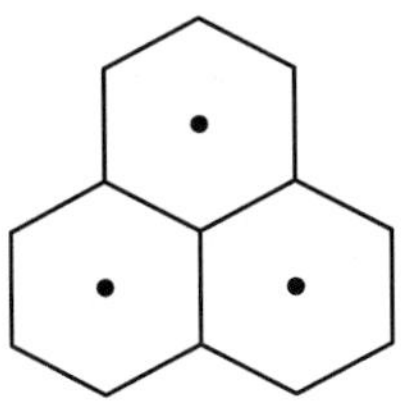

(a) 전방향셀

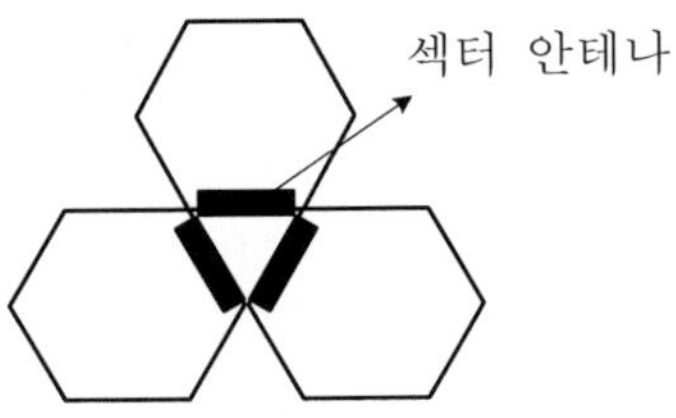

(b) 섹터셀

[그림 12.4] 셀 패턴

3) 스펙트럼 효율

주파수 재사용 거리는 다음과 같다.

$$D = \sqrt{3K}R$$

여기서 D는 주파수 재사용 거리, K는 주파수 재사용 패턴, R은 셀의 반경이다.

D가 커지면 신호 대 간섭 현상이 개선되나 스펙트럼 효율이 떨어진다. 반면, D가 작아지면 채널용량이 개선되나 신호 대 간섭비가 나빠진다.

12.1.4 아날로그 셀룰라 이동통신

1) 개념

여러 개의 무선기지국들이 인접하여 구성되며 이들 각 기지국들은 하나의 교환기로부터 통제를 받으며 그 지역의 통화량에 알맞은 무선 채널이 분배되어 이동국 상호간, 이동국과 일반전화 가입자간의 통화 서비스를 제공할 수 있게 하는 무선 방식으로 한정된 주파수 범위 내에서 주파수 재사용으로 주파수 사용 효율을 높인다.

2) 구성 요소

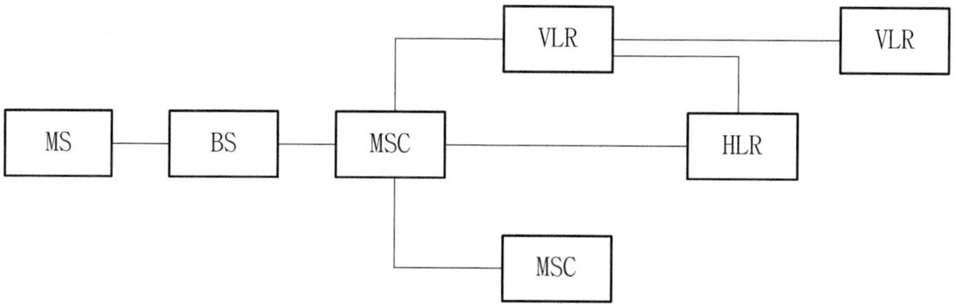

[그림 12.5] 셀룰라 이동전화망 구성도

(1) 이동전화 교환국(Mobile Switching Center, MSC)

MSC는 무선 시스템 상호간 및 PSTN(Public Switching Telephone Network)간의 인터페이스를 구성하며 이동국으로부터 그리고 이동국까지의 호를 설정하기 위하여 필요한 모든 신호 기능을 수행한다.

MSC가 수행하는 주요 기능은 다음과 같다.

① 통화 절체 기능(Hand-off)
② 위치 검출 및 등록 기능
③ 통화 상대 번호, 과금 등과 관련된 정보의 기록 저장 기능

(2) 기지국(Base Station, BS)

BS는 하나 또는 여러 개의 셀에서 사용되는 송수신기 및 안테나로 구성되어 있는 무선장치에 대한 일반적인 명칭이다.

BS가 수행하는 주요 기능은 다음과 같다.

① 발 · 착신 신호 송출 기능
② 통화 채널 지정 및 감시 가능
③ 자가 진단 기능

(3) 이동국(Mobile Station, MS)

단말장치 및 터미널 어댑터 등과 같이 사용자에게 서비스를 제공하기 위해 필요한 단말 기능들이 포함된다.

(4) HLR(Home Location Register)

이동국으로 착신호를 연결시켜 주거나 그 밖의 이동통신 서비스를 제공하는 데 필요한 이동국의 모든 영구적인 정보를 저장하고 있는 데이터베이스로서 가장 중요한 정보는 이동국의 현재 위치에 대한 정보이다.

(5) VLR(Visitor Location Register)

다른 MSC에 등록되어 있는 이동국이 자신의 관할 구역으로 이동하여 왔을 때, 그 이동국의 위치 등록 절차에 따라 그 이동국의 가입자 정보를 일시적으로 저장하는 데이터베이스이다.

3) 채널 특성

(1) Hand off

(가) 정의

한 기지국 영역 내에서 다른 기지국 영역내로 이동할 때 호가 단속되지 않고 계속적으로 진행되는 현상을 말한다.

(나) 종류

① Hard handoff : 교환국으로부터 새로 할당 받은 채널을 점유하는 즉시 지금까지 사용하던 채널을 복귀시키는 방식으로 아날로그 셀룰라 이동통신 시스템에 적용하

고 있는 통화 채널전환 방식이다.

② Soft handoff : 교환국으로부터 새로 할당 받은 채널과 현재까지 사용하던 채널을 동시에 점유하여 사용하다가 전계 강도가 어느 수준 이하로 떨어지면 한 채널을 복귀시키는 방식으로 디지털 셀룰라 이동통신 시스템에 적용되고 있는 통화 채널 전환 방식이다.

③ Softer handoff : 한 셀의 특정한 섹터에서 동일한 셀의 인접 섹터로 이동하는 경우 통화의 절단이 없도록 기지국내에서 제반 과정을 수행한다.

(2) Roaming

Home Area를 벗어나서 타교환국권(Visited Area)로 들어가더라도 전화를 걸거나 받을 수 있게 해 주는 기능으로 이동성(mobility)을 의미하며 교환국은 자기 지역으로 들어온 이동국의 위치정보를 (원래 이동국이 속해있는) 홈교환국으로 통보하고 홈교환국으로부터 이동국에 대한 각종 정보(HLR에 들어있는)를 제공받아 VLR에 저장한다.

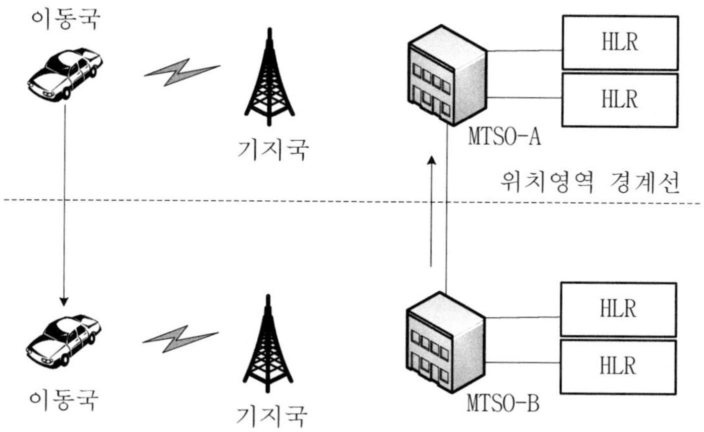

[그림 12.6] 로밍 서비스 절차

(3) 지연 확산(Delay Spread)

다중 경로 선파 현상 때문에 수신신호간의 간섭(Intersymbol Interference)이 일어나는 것을 말하며 지연 확산을 제거하기 위해서는 등화기(equalizer)의 사용이 필요하다.

(4) 도플러 효과(Doppler Effect)

이동체의 움직임에 따라 수신신호의 주파수가 변화하게 되는 것을 말하는 데 이 효과가 일어나면 수신신호가 우~우 하는 rumbling을 일으키게 된다.

(5) 동일 채널 및 인접 채널 간섭

동일 채널 간섭은 다른 셀에서 같은 채널이 할당되어 이 채널이 간섭을 일으키는 것을 말하며 주파수 재사용거리가 작으면 스펙트럼 효율이 증가하나 간섭 현상이 심하며 재사용거리가 크면 간섭현상이 약화되나 스펙트럼 효율이 감소되어진다.

한편, 인접 채널 간섭은 동일 셀 내에서 바로 옆의 채널이나 몇 개 또는 수 개 채널 떨어진 채널 사이의 간섭을 말한다.

12.2 3G 이동통신

12.2.1 개념

IMT-2000은 북미 방식의 동기 방식과 유럽·일본을 중심으로 한 비동기 방식이 있다. 동기식은 GPS 위성을 사용한 동기화 방식을 사용하며 송·수신측의 시간대를 맞춰 데이터를 전송하는 방식이다. 단계적 접근 방식으로 2G에서는 IS-95A/B 규격으로 최대 64[kbps], 2.5G에서는 1X 규격으로 최대 144[kbps], 3G에서는 최대 2[Mbps] 전송속도를 구현한다. 한편, 비동기식은 위성을 이용하지 않고 기지국과 중계국간 동기화를 통해 데이터를 송수신하는 방식이다.

3G는 디지털 기술에서 한 걸음 더 진화한 기술이며 대용량 데이터 전송과 영상통화 그리고 해외에서도 국내폰을 그대로 사용하는 글로벌 로밍이 가장 큰 특징이다. 3G 진화 시스템의 핵심은 고속 데이터 통신 서비스 지원, 높은 주파수 효율을 위한 무선 링크 향상, IP 기술을 지원하기 위한 유·무선망 구조 진화, 새로운 고품질 서비스를 위한 효율적인 구조 진화 등으로의 실현으로 요약할 수 있다.

애초 IMT-2000 시스템의 목적은 세계적으로 단일 무선 접속 규격을 만드는 것이었으나 여러 가지 정책적, 기술적인 문제들로 인해 어려워진 것이 사실이다. 하지만 WCDMA는 유럽의 모든 나라와 우리나라, 일본을 포함하는 많은 나라들에서 제3세대 통신을 위한 무선 접속 기술로서 채택되어 있어 부분적으로나마 ITU의 목적에 가장 부합하는 규격이라고 볼 수 있다.

[표 12.2] 세대별 기술적 비교

	1G	2G	3G	4G	5G
서비스	음성	음성 저속 데이터	음성 화상 데이터	고속이동 멀티미디어	인지적 고객중심
통신 방식	FDMA	CDMA TDMA	WCDMA cdma2000	OFDMA	?
전송 모드	회선	회선, 패킷		패킷, IP기반	IP기반
상용화	1980년대	1996년	2006년	2012년	2016년
전송 속도	7~28.8kbps	8~115kbps	2Mbps	100Mbps	1Gbps

12.2.2 WCDMA

1) 개요

유럽이 주도하는 비동기방식인 WCDMA의 단계적 접근 방향은

① 2세대에서는 GSM/HSCSD(High Speed Circuit Switched Data) 규격으로 최대 전송속도를 57.6[kbps]까지

② 2.5세대에서는 GPRS(General Packet Radio Service)/EDGE(Enhanced Data rates for the GSM Evolution) 규격으로 최대 115[kbps]/384[kbps]까지

③ 3세대(이하 3G)에서는 광대역을 사용한 최대 2Mbps 전송속도를 갖는 WCDMA 규격으로 진화됐으며 4세대 기술 진입을 위해 개발하고 있는 추세이다.

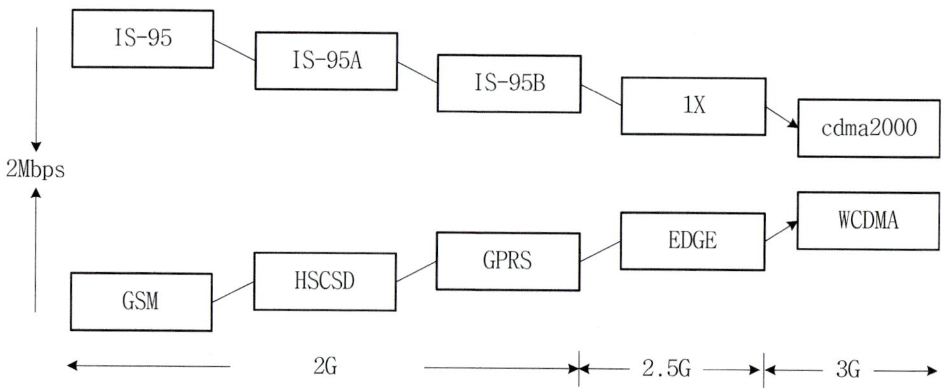

[그림 12.7] 동기식 및 비동기식 발전추이

WCDMA는 상·하향 데이터 속도가 최대 384[kbps]~2[Mbps]로, 기존 EVDO와 전송 속도면에서도 큰 차이가 없다. 따라서 통신회사들은 차별적인 애플리케이션을 개발하는 데 어려움을 느끼고 있다.

산책로

EVDO(Evolution Data Only)

EVDO는 퀄컴이 개발한 CDMA 기반의 무선 데이터 통신 기술이다. 각 사용자의 데이터 레이트와 전체 시스템 데이터 레이트 모두를 극대화하기 위해 시간 분할 다중 접속(TDMA, Time Division Multiple Access)은 물론 코드 분할 다중 접속(CDMA, Code Division Multiple Access)을 포함한 다중화 기술을 이용한다.

하지만 HSDPA(High Speed Downlink Packet Access)의 경우 상향은 종전과 같이 최대 2[Mbps]이지만 하향 다운로드 속도를 10Mbps로 획기적으로 발전시켰다. 예전보다 고속의 멀티미디어 콘텐츠 서비스가 가능하게 된 것이다. 이어서 HSUPA(High Speed Uplink Packet Access)를 지원하는 칩셋과 통신망의 업그레이드로 다운로드 7.2[Mbps] 업로드 5.76[Mbps]까지 업로드속도가 획기적으로 증가했다.

HSDPA에서는 전송효율의 증대를 위해 AMC(Adaptive Modulation and Coding)와 H-ARQ(Hybrid ARQ) 기법을 적용하고 있으며, 이에 대한 내용을 간략히 살펴본다.

2) 표준화 기술

(1) AMC 기술

(가) 구현 방법

IMT-2000 동기방식에서는 무선채널상황에 따라 전송 전력을 가변시켜 이득을 얻고 있는데, 비동기방식에서는 예를 들면, 어느 노드 A에 가까운 사용자는 부호율이 높은 부호화 기법을 사용하고 노드로부터 원거리의 사용자는 부호율이 낮은 부호화 기법을 사용한다.

3G에서 QAM은 주파수 대역폭이 제한되어 있는 시스템에서는 효율적으로 데이터를 전송하는 방법으로서 알려져 있으나, 잡음 환경이 우세한 지역에서는 QPSK 변조방식에 비해 성능 저하가 크기 때문에 사용을 고려하지 않았으나 3.5G에서 채널상황이 좋은 경우, 고속패킷서비스에서 사용할 것을 고려하고 있다.

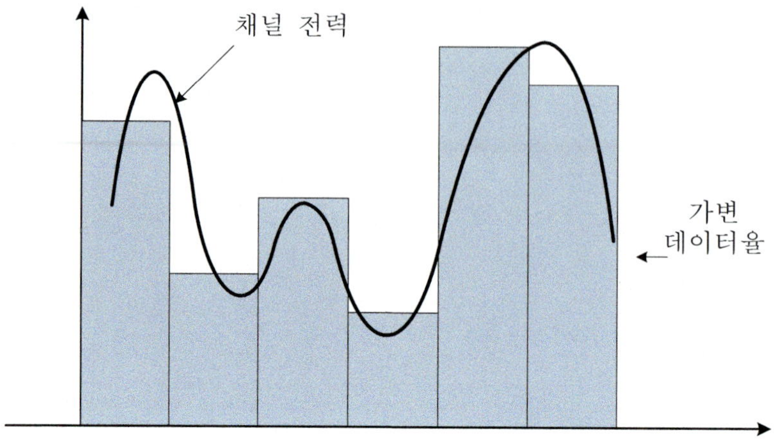

[그림 12.8] AMC 개념

(나) 장점

① 특정 위치에 있는 사용자는 더 높은 데이터 전송률을 보장(셀의 평균 처리율이 증가)한다.

② 전송 전력을 제어하는 변조·코딩 형태를 변화함으로써 간섭의 변화가 감소한다.

(다) 단점

채널 추정 오류와 지연에 민감하므로 단점을 극복할 수 있는 대안으로 H-ARQ (Hybrid ARQ)를 사용하여 요구되는 MCS(Modulation and Coding Selection) 레벨의 수와 채널 측정 오류 및 트래픽 변화에 대한 민감도를 감소시킨다.

(2) H-ARQ(Hybrid-Automatic Repeat reQuest) 기술

기존 ARQ 기법은 오류가 발생된 프레임이 도착했을 때 이에 대한 확인 신호 즉 NAK 또는 ACK를 사용하여 제어한다. 즉 수신 Packet에 오류가 발생하는 경우 재전송을 요청하여 이를 수정하는 기법으로 네트워크 프로토콜의 2계층인 데이터 링크 계층에서 널리 사용되는 기법이다.

그러나 복조 성능을 높이기 위해서 기존의 수신 데이터와 재전송된 수신 데이터를 효율적으로 조합하는 방식이 필요한 데 이것이 바로 H-ARQ 방식이다.

H-ARQ는 전송 채널의 동작 SIR(Signal to Interference Ratio)을 개선시킬 수 있을 뿐만 아니라 원래 전송된 정보와 재전송되어 온 정보를 결합하여 디코딩함으로써 재전송의 횟수를 줄인다.

3) 응용 분야

(1) 3GPP2와의 harmonization

3GPP와 3GPP2 사이의 harmonization의 궁극적인 목표는 두 시스템의 핵심망이 IETF 계열의 프로토콜을 사용하는 공통의 패킷 데이터 망으로 진화하여 사용자들에게 IP 기반 멀티미디어 서비스를 제공하도록 하는 것이다.

이렇게 두 시스템이 harmonization된 핵심망으로 진화하는 경우 IMT-2000 시스템 개발 및 운용비용을 절감하고 글로밍 로밍을 보다 효과적으로 지원할 수 있게 될 것으로 예상된다. 또한 Open Service Platform을 통해 서비스 및 어플리케이션을 공동으로 연구, 개발하는 것이 가능하며 IMS(IP Multimedia Subsystem)의 도입을 가속화 할 것으로 보인다.

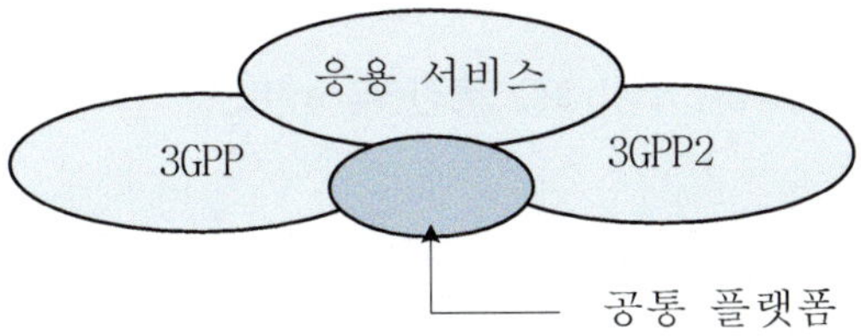

[그림 12.9] IP 핵심망 Harmonization

산책로

IMS(IP Multimedia Subsystem)

인터넷과 유무선 환경을 통합하여 All-IP 화하려는 핵심망 기술을 말하며, 이동통신과 다른 IP 네트워크 간 상호 운용이 용이하면서, IP기반의 멀티미디어 서비스가 가능한 통신 플랫폼 환경을 말하며 기술로 3GPP에서 규정한 것이다.

(2) UWB(Ultra Wide-Band)

WCDMA는 보다 빠른 속도와 2G GSM 네트워크에서 사용하는 TDMA보다 많은 사용자를 지원하기 위해 DS(Direct Sequence) CDMA를 이용하는 광대역 확산 스펙트럼 무선 인터페이스이다.

UWB 시스템의 경우 기존 광대역 CDMA 시스템에 비해 점유 대역폭에 걸쳐 상대적으로 낮은 스펙트럼 전력 밀도가 존재하므로 향후 WCDMA 기술적 응용에 실행될 수 있는 유리한 장점을 가지고 있다.

(3) 무선 인터넷과의 연동

3G WCDMA는 무선에 기반을 둔 기술이므로 무선 인터넷과 연동하여 가입자에게 서비스를 제공해주고 있다. 전화국에서 교환국을 거쳐 전국 각 지역에 세워져 있는 기지국까지는 유선으로 신호를 전달하고, 기지국에서 휴대폰까지는 무선으로 신호를 전달하는 방식을 취하고 있다.

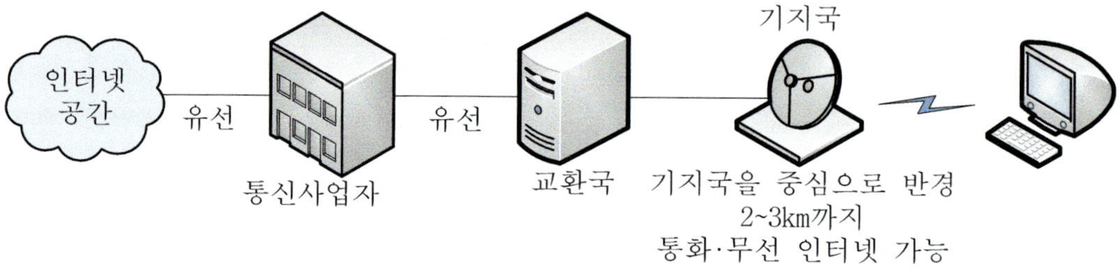

[그림 12.10] 3G를 통한 무선인터넷 접속 경로

12.3 4G(4 Generation)

12.3.1 개념

4G는 1~3세대의 명칭으로부터 이어져 오는 일반적인 명칭이나 ITU-R에서는 전체 시스템을 총괄하는 개념으로 Systems beyond IMT-2000이라는 용어를 제정하여 사용하고 있으며, 현재 B3G라는 용어로 널리 사용되고 있다.

4G 기술은 휴대용 단말기를 이용하여 전화를 비롯한 위성 망 연결, 무선 LAN 접속, 인터넷 간의 끊임없는(seamless) 이동 서비스가 가능하다. IMT-2000보다 전송 속도가 수십 배 이상 개선된 점 등의 빠른 통신 속도를 바탕으로 동영상 전송, 인터넷 방송 등의 다양한 멀티미디어 서비스를 지원하며, 수십~수백 Mbps의 전송 속도로 대용량 데이터를 송수신할 수도 있다.

[표 12.3] 제3세대와 제4세대 이동통신 시스템 비교

비교 파라미터	3세대 이동통신 시스템	4세대 이동통신 시스템
주파수	2GHz	60GHz
서비스 속도	최대 2Mbps	최대 155Mbps
	셀룰라	셀룰라
이동성	단말기 속도 100km/h	100km/h
	개인 이동성	개인 이동성
	셀 크기 가변	셀 크기 100~200m
셀 크기	셀 영역 범용	상업 지역, 주요 도로

12.3.2 LTE(Long Term Evolution)

1) 개요

LTE는 3G를 '장기적으로 진화'시킨 기술이라는 뜻에서 붙여진 명칭이다. WCDMA와 cdma2000으로 대별되는 3G 이동통신과 4G 이동통신의 중간에 해당되는 기술이라 하여 3.9G라고도 하며, 4G 이동통신의 상용화된 기술이다.

3G 표준화 기구 3GPP(3rd Generation Partnership Project)가 확정한 무선 고속 데이터 패킷 접속규격인 Release 8을 기반으로 하고 있으며, HSDPA보다 12배 이상 빠른 속도로 통신할 수 있다.

LTE의 기본 요건은 기존 5[MHz]로 한정된 대역폭을 1.25[MHz]부터 20[MHz]까지 변화 가능하도록 하였다. 다운로드 속도는 최대 100[Mbps]급이며 상향링크도 50[Mbps]의 데이터 전송 속도가 가능하게 되어 이동통신을 통해 2시간짜리 영화를 5분 이내 다운로드할 수 있는 기술이다.

LTE에는 IP망과 음성망 그리고 데이터망을 하나로 묶는 개념이 적용되어 있다. 이 기술을 위해 OFDM 기반 무선 접속과 단말기 단순화, 계층 간 통합 기술도 대두되고 있으며 전체 통신 진화에도 영향을 미칠 것으로 분석된다.

2) 기술적 요소

(1) OFDM(Orthogonal FDM)

(가) 도입 배경

목소리에 영상과 인터넷 정보까지 주고받으면서 이동통신 서비스의 데이터 처리량

도 늘었다. 하지만 CDMA로 초고속 인터넷 서비스를 하기에는 한계가 있다. CDMA를 서울~부산을 연결하는 고속도로에 비유하면 이 도로에 음성통화라는 버스, 영상통화라는 자가용, 인터넷 데이터라는 화물차 등이 뒤섞여 다닌 것이다. 데이터 처리량을 높이기 위해 고속도로에 다니는 각종 차량의 속도를 높였지만 인터넷 데이터를 고속으로 전달하는 데에는 한계가 있었다. 따라서 새로운 이동통신 서비스를 개발해 인터넷 데이터의 처리량을 늘리겠다고 등장한 기술이 OFDM, 즉 직교주파수분할다중방식이다.

(나) 원리

직교란 두 벡터가 서로 직각일 때를 말하며 다음과 같이 두 벡터의 내적의 합이 0이 된다.

$$\vec{a} \cdot \vec{b} = |\vec{a}||\vec{b}|\cos\theta$$

여기서 θ는 $\vec{a}$ 와 $\vec{b}$ 의 사잇각이며 직각을 이룰 때 0이 된다.

이런 직교 성질은 다른 신호에 간섭을 주지 않으면서 주파수의 중첩을 가능하게 하여 사용 주파수 대역을 감소시켜 대역폭을 절약할 수 있는 장점으로 나타난다. 뿐만 아니라 부반송파의 중첩으로 인해 주파수 대역의 효율성을 높일 수 있고 대역확산(Spread Spectrum)기술은 정확한 주파수에서 일정 간격 떨어져있는 많은 수의 반송파에 데이터를 분산시킨다. 바로 이 간격이 복조기가 자기 자신의 것이 아닌 다른 주파수를 참조하는 것을 방지하는 기술 내에서 직교성을 제공한다.

OFDM은 멀티캐리어 변조방식의 일종으로 다중경로(multi-path) 및 이동 수신 환경에서 우수한 성능을 발휘한다. 이 때문에 지상파 디지털 TV 및 디지털 음성 방송에 적합한 변조 방식으로 주목을 받고 있다.

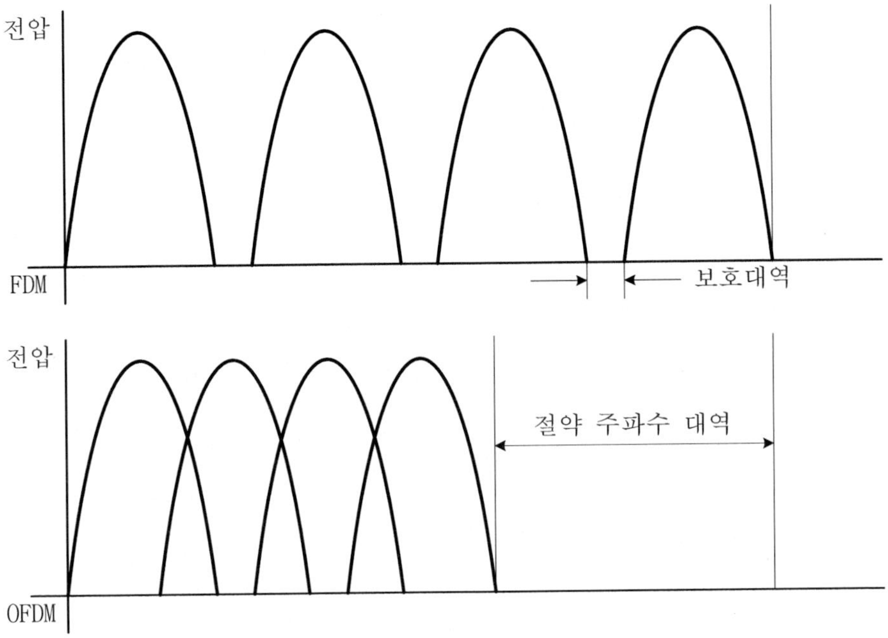

[그림 12.14] FDM과 OFDM의 비교

(다) 장단점

(a) 장점

① 다중경로로 인한 열화에 대하여 효율적으로 대응할 수 있다.

부반송파가 서로 직교 관계를 유지하므로 시간 축에서 가드 인터벌(Guard Interval)을 부가하면 멀티패스(multipath)가 증가해도 전송 특성의 열화가 적다.

② 주파수 선택적 페이딩에 강하다.

OFDM 전송방식을 사용할 경우 각 부반송파에 실린 신호의 대역폭이 좁아서 각 부반송파에 대해서는 거의 주파수 비선택적 페이딩으로 근사화될 수 있으므로 채널 등화기 없이 또는 매우 간단한 채널 등화기로써 심벌간 간섭을 피할 수 있다.

③ 협대역 간섭에 강하다.

직교 방식을 사용하므로 각 반송파의 사이드 로브(Side Lobe)는 급격히 감쇠하고 대역 외로 전력 누설이 적다. 그러므로 스펙트럼 효율(Spectrum Efficiency)이 높으며 마침내 4G를 위한 표준안으로 채택되기에 이르렀다.

④ 에러에 강하다.

데이터를 전송 대역 전체에 분산하여 전송하기 때문에 특정 주파수 대역에 방해 신호가 존재하는 경우에도 그 영향을 받는 것은 일부 데이터 비트에 한정되며, 인터리버(interleaver)와 에러 정정 부호로 효과적으로 특성을 개선 할 수 있다.

⑤ 방송용에 적합하다.
멀티패스에 강한 특성이 있으므로 비교적 소전력의 다수 송신국을 이용하여 단일 주파수로 서비스 영역을 커버하는 SFN(Single Frequency Network)이 가능하여 방송망에 적합하다.

산책로

SFN(Single Frequency Network)

디지털 음성 방송 시스템의 하나로, 비교적 소출력의 송신소를 다수 설치하여 모든 송신소에서 동일한 주파수로 방송하여 방송 서비스 구역을 이루는 방식으로서 유럽의 디지털 오디오 방송 방식에서는 멀티패스에 강한 OFDM의 특성을 이용하여 SFN을 구성할 수 있다.

(b) 단점
① 비선형 특성이 생기기 쉽다.
반송파가 같은 주파수 간격으로 정렬된 멀티 캐리어 방식이므로 전송로에 비선형 특성이 존재하고, 상호 변조가 생기기 쉽다.
② 반송파의 주파수 offset과 위상 잡음에 민감하다.
③ 상대적으로 큰 첨단 전력 대 평균 전력비(PAR: Peak to Average Ratio)를 가지며 이는 RF 증폭기의 전력 효율을 감소시킨다.

(2) MIMO(Multiple Input Multiple Output)

(가) 도입 배경

기존의 2G CDMA 방식에서는 단말기에서 기지국으로 신호를 전송하는 역방향 링크에서 단말기에 두 개의 안테나를 설치하는 공간 다이버시티를 사용하고 있으며 합성 기법으로는 MRC(Maximum Ratio Combining)를 사용하고 있다. 반면에, 기지국에서 단말기로 신호를 전송하는 순방향 링크에서는 2[Mbps] 이상의 높은 속도로 보다 많은 정보의 전달이 가능하도록 하기 위해서 IMT-2000 시스템에서는 마찬가지로 다이버시티 기법을 적용하는 방법이 채택되었다.

하지만 많은 데이터를 전송한다는 점에서는 이득이 있지만, 무선채널 간에 상관도(correlation)가 큰 경우 이러한 문제점을 해소하고자 MIMO(Multiple Input Multiple

Output)이 등장했다.

(나) 구현 방법

전송할 때 여러 개의 안테나에 서로 다른 데이터를 보내고 수신 단에서 서로 다른 안테나로 전송된 데이터를 통해 무선 채널 특성을 찾아내어 분리하는 것을 특징으로 한다.

하지만 MIMO 시스템은 고속 전송 시 발생하는 심벌간의 간섭, 주파수 선택적 페이딩에 약하다는 단점이 있다. 이런 단점을 극복하기 위해 OFDM 방법을 함께 사용한다. OFDM은 데이터를 병렬 처리함으로써 고속의 데이터 스트림을 저속으로 분할하여, 반송파를 사용하여 동시에 전송한다. 또한 OFDM은 여러 개의 반송파를 이용함으로써 주파수 선택적 페이딩에 강한 장점이 있다. 결국 이 두 시스템을 결합함으로써 MIMO 시스템의 장점은 그대로 이용하고 단점은 OFDM 시스템을 이용해 상쇄시킬 수 있다.

스마트 안테나 시스템이 안테나로 수신된 신호간의 상관성이 존재하는 특성을 이용하는 반면에 MIMO 시스템은 안테나로 수신된 신호간의 비상관성을 이용하는 것이다.

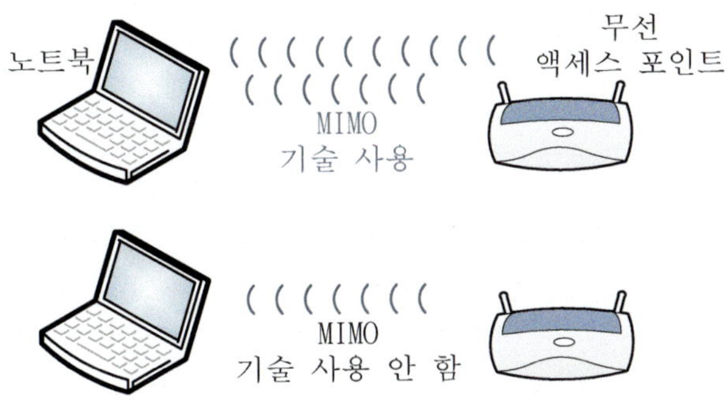

[그림 12.15] MIMO 시스템

산책로

주파수 선택적 페이딩

신호의 여러 가지 주파수 성분들이 페이딩에 의하여 서로 다른 영향을 받게 되는 현상으로 coherence 대역폭보다 넓은 대역폭을 사용하는 시스템, 즉 광대역 시스템(Wideband System)에서 야기되는 페이딩이다. 이때 coherence 대역폭은 상관관계가 거의 없는 fading을 갖는 주파수 간격으로서 도심지에서는 100~300[kHz] 정도이다.

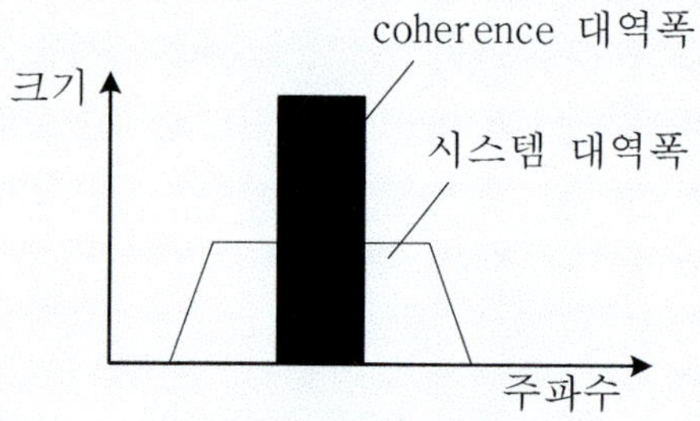

(a) 주파수 선택적 페이딩

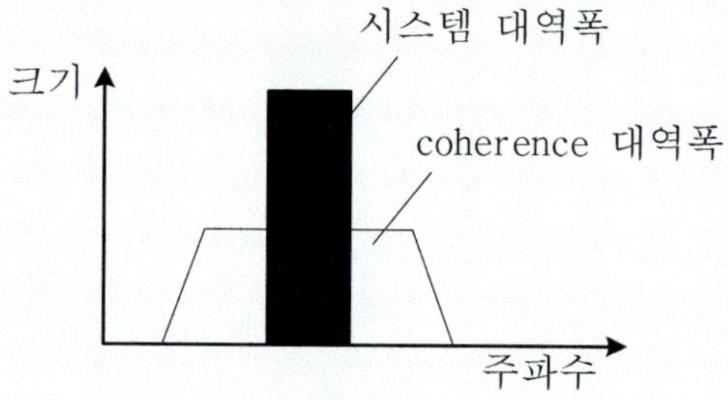

(b) 주파수 비선택적 페이딩

(3) 스마트 안테나

(가) 개념

스마트 안테나 기술은 다수의 안테나와 processor로 구성되는 일종의 부궤환 제어회로로 구성되어 있으며 강한 방해 신호원 또는 간섭 신호원의 방향으로 null을 갖는 수신 패턴을 자동으로 형성하고 방해신호를 억압하여 정보신호의 수신을 가능하게 하는 것이다. 방해신호에 대하여 공간 및 주파수 영역에서 필터와 같은 역할을 수행하는 것이다.

기대 효과로는 ① 간섭 신호의 억제 ② 통신 품질 개선 ③ 서비스 반경 확대 ④ 동시에 이용할 수 있는 사용자수(용량) 증대 ⑤ 역방향 빔 형성 및 순방향 빔 형성이 예상된다.

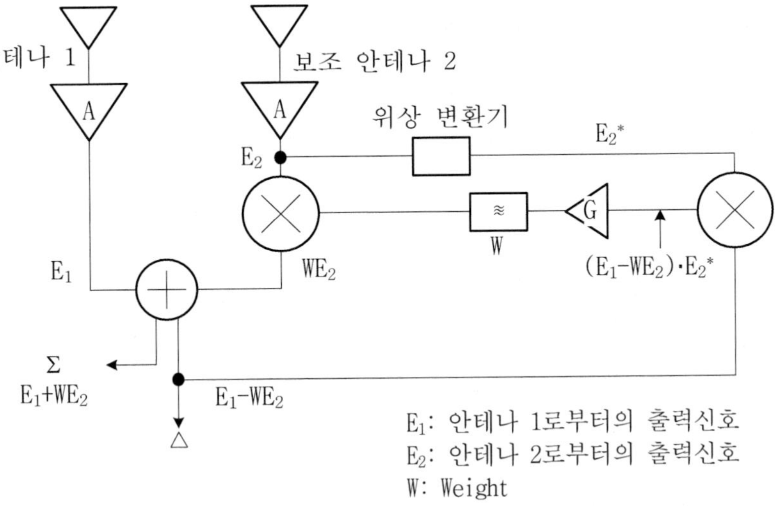

[그림 12.16] 스마트 안테나

(나) 적용 분야

TDMA 셀룰러 시스템에서의 스마트 안테나

① 고감도 수신 : 안테나 이득 증대, 공동 채널 간섭 경감으로 상향 링크 용량 증대, 단말기의 송신 전력 절감
② 공간분할 다중접속 : 같은 시간 및 주파수 대역을 사용하는 여러 사용자를 공간적으로 분리함으로써 시스템 용량을 늘림

CDMA 셀룰러 시스템에서의 스마트 안테나

① 많은 사용자 수용 : 기지국에 방향성 수신으로 동일 셀 안의 다중 접속 간섭 신호를 줄임.
② 공간분할 다중 접속 : 시간과 주파수 대역에서 여러 사용자가 동일 부호를 재사용하여 주파수 이용효율을 높임.

(4) 소프트웨어 무선 통신(Software Defined Radio, SDR)

(가) 도입 배경

가까운 미래에 새롭게 대두되는 조건은 빠른 시장의 적시성(Time-to-market)이다. 이는 기존의 단말기 설계에서도 요구되었으나, 이전에 비하여 시장 변화의 속도가 더 급격하게 빨라졌기 때문에 대두되고 있다. 그러므로 현재 사용되거나 개발 중인 다양한 규격에 적응하기 위해서는 단말기의 구조 자체가 유연성을 가져야 한다.

이러한 요구 조건을 만족하기 위하여 기존에 서로 다른 기기를 사용해야 했던 다양한 방식의 무선 통신 서비스를 하드웨어가 아니라 소프트웨어의 변경만으로 통합 수용할 수 있는 기술이 필요하게 되었는데 이것이 바로 SDR(Software Defined Radio)이다.

SDR은 기존의 2G와 3G를 통합하고, 나아가서는 CDMA, GSM, cdma2000, 블루투스 및 위성통신 등 다양한 통신수단을 하나의 단말기에서 구현할 수 있는 획기적인 통신기술이다.

(나) 정의

무선 이동 통신 시스템에서 안테나 이후의 RF 영역을 포함한 대부분의 기능 블록을 프로그래밍이 가능한 고속 처리 소자에 의해 구현된 소프트웨어 모듈에 의해 수행됨으로써 하드웨어 교체 없이 필요한 소프트웨어의 재구성으로 다중 무선 접속 규격 또는 서비스 기능을 할 수 있는 시스템을 말하며 하나의 단말이나 기지국으로 다양한 무선 통신 서비스를 제공할 수 있으며 통신 사업자는 저렴한 망 구축비용으로 융통성 있는 망운용이 가능하게 되는 기술이다.

SDR이 구현할 수 있는 장점으로는 다음과 같다.

① 재구성이 가능한 변복조 구조로 인해 대역이나 모드를 선택할 수 있다.
② 디버깅이나 성능 향상을 위한 업그레이드가 용이하다.
③ 기존의 기능들을 다수 추가함으로 SDR의 기능과 용량을 향상시킬 수 있다.

따라서 SDR이 실용화되면 여러 기기를 구입해야만 가능했던 서비스들을 소프트웨어의 변경만으로 필요한 서비스를 받을 수 있게 된다. 뿐만 아니라, 자신의 단말기로 전 세계 어디에서든 서비스를 받을 수 있는 글로벌 로밍도 가능하게 된다.

이제 SDR 기술은 단일 하드웨어 플랫폼에서 소프트웨어적인 재구성을 통해 특정 규격 내지 특정 목적의 통신 송수신 시스템으로 변경하여 다양한 무선 규격을 하나의 시스템으로 제공할 수 있다는 점을 고려할 때 4G 이동 통신 시스템의 근간이 될 핵심 기술로 대두되고 있다.

(5) 협력통신(Cooperative Communication)

(가) 도입 배경

높은 송신 다이버시티를 가지는 MIMO, 다중 안테나 등과 같은 기술이 기지국 등에서 좋은 성능을 나타내지만 이동국 등에서 크기와 비용, 그리고 하드웨어적인 제한 등으로 다중 안테나를 구현하는 것이 쉽지 않다. 이러한 문제를 해결하기 위한 방안으로 협력 통신 또는 협력 중계망이라는 새로운 개념의 기술이 도입되었다.

이 기술은 무선 장비에 하나의 안테나가 있어도 다중 안테나 시스템의 장점 중 일부를 얻을 수 있게 하여 송신 다이버시티를 개선한 기술로서 LTE(Long Term Evolution)와 WiMAX 두 진영으로 나뉘어 4G에 이어 5G를 주도하는 기술로 평가된다.

(나) 개념

협력 통신은 다중사용자(multi-user) 또는 중계(relay) 환경에서 하나의 안테나를 가지는 무선 장비들이 그들의 안테나를 공유함으로써 일종의 가상 다중 안테나를 구성하는 것이다. 다시 말하면 전송부에 안테나가 하나이더라도 중간에서 중계역할을 하는 무선 장비들이 가진 각각의 안테나가 다중 전송 안테나의 역할을 하여 송신 다이버시티를 얻게 한다.

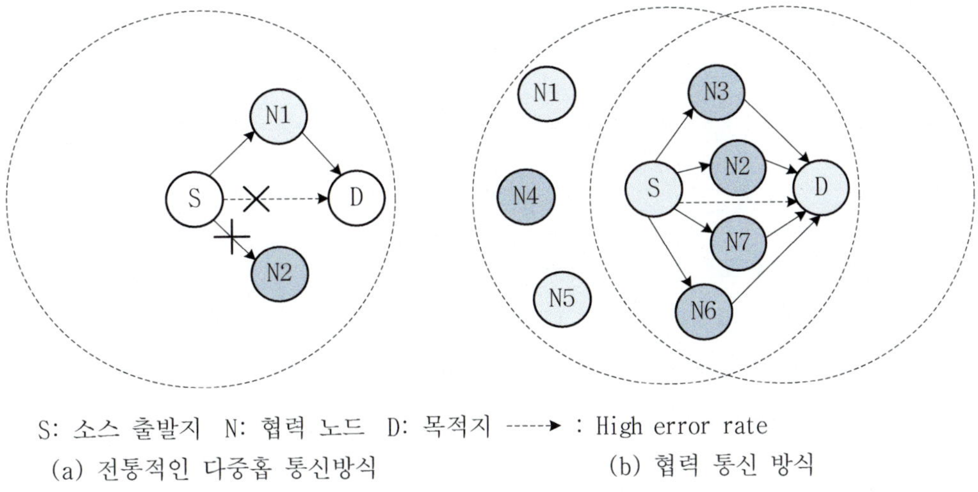

[그림 12.17] 협력 통신의 개념도

3) 응용 서비스

(1) 클라우드 컴퓨팅

클라우드 컴퓨팅이 성공하기 위해서는 언제 어디서든지 서버 컴퓨터에 접속할 수 있도록 LTE의 기술적인 진화는 선결되는 과제이다.

클라우드 컴퓨팅은 인터넷상의 서로 다른 물리적인 위치에 존재하는 각종 컴퓨터 자원들을 가상화 기술로 통합하여 사용자에게 언제 어디서나 필요한 양만큼 편리하고 저렴하게 사용할 수 있는 환경을 제공하는 기술이다. '클라우드 컴퓨팅' 즉 '구름 같은 컴퓨팅'은 호스팅 서비스, SaaS(Software as a Service), 유틸리티 컴퓨팅(Utility Computing) 등이 좀 더 진화된 형태라고 할 수 있다.

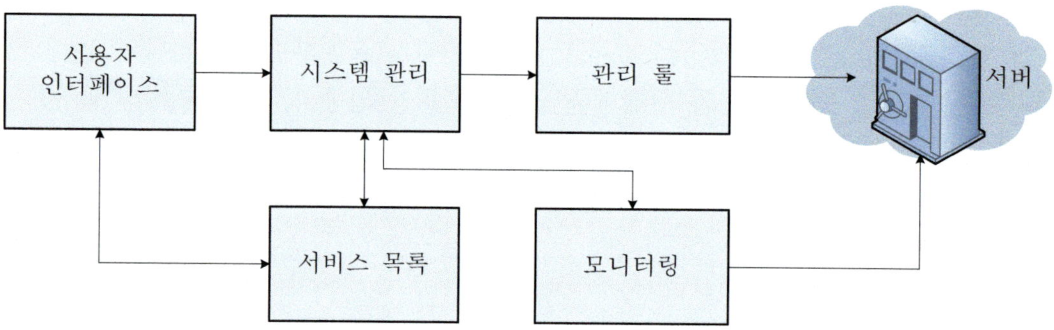

[그림 12.18] 클라우드 컴퓨팅 개념

산책로

Saas(Software as a Service)

소프트웨어를 구입하지 않고 빌려 쓰는 개념을 말하는 데 고객이 원하는 소프트웨어를 적극적으로 지원해주는 서비스 개념으로 확장하고 있다.

(2) N 스크린

N 스크린은 스마트폰, PC, TV 등을 네트워크로 연결해 어떤 기기를 통해서도 동일한 콘텐츠를 사용할 수 있도록 지원하는 서비스다. 가정에서 TV를 보다 부득이 외출하게 될 경우 스마트폰을 사용해 시청 중이던 콘텐츠를 이어서 즐길 수 있게 된다는 것이다. 물론 그 반대의 상황도 언제나 가능하게 된다.

N 스크린의 'N'은 '다수'를 의미하는 것으로 스마트폰 · PC · TV는 물론 앞으로 등장하게 되는 많은 기기에서 이용 가능하다는 의미이다.

(3) LTE-A

LTE-A는 LTE의 데이터 전송속도를 개선한 것으로 초당 600[MB]의 자료를 무선 전송할 수 있다. CD 한 장 분량의 영화를 9.3초 만에 다운로드할 수 있어 현재 사용되고 있는 3세대 이동통신보다 42배나 빠른 것이다.

이 서비스는 시속 350[km] 속도로 움직이는 고속철도(KTX)와 같은 차량 내에서도 사용자들에게 구현할 수 있는 실내외 언제 어디서나 끊김없는 초고속 인터넷 서비스로서 풀 HD/UHD급 동영상 및 방송 서비스, 파일 다운로드 및 업로드 등의 패킷 서비스는 물론, 3D 입체영상 서비스, 고품질의 IP 기반 영상 전화 서비스 및 모바일 방송 서비스, 개인방송 서비스 등을 제공할 수 있게 되었다.

12.4 5G(5 Generation)

5G는 4G까지의 데이터의 초고속 전송량으로 인한 세대 변경을 넘어서 유비쿼터스 개념을 바탕으로 한 인지적 고객 중심의 서비스를 말하며 이종 규격의 단말기들이 서로 통신할 수 있는 환경이 주어져야 할 뿐만 아니라 단말기가 any mode로 동작해야 한다.

5G에서 요구하는 기술적 특징은 다음과 같이 요약할 수 있다.

① 기능 통합 ② 특성화 ③ 무제약

요 약

1. 이동통신에서는 넓은 범위의 서비스 에어리어를 몇 개로 분할하여 몇 개의 기지국을 배치하는 방법을 사용하는데 이때 분할된 각 영역을 셀(cell)이라고 한다.
2. 주파수 재사용(Frequency Reuse)이란 서비스 지역을 여러 개의 작은 구역 즉, '셀'로 나누어서 서로 충분히 멀리 떨어진 두 셀에서 동일한 주파수 대역을 사용하는 것을 말한다.
3. HLR(Home Location Register)은 이동국으로 착신호를 연결시켜 주거나 그 밖의 이동통신 서비스를 제공하는 데 필요한 이동국의 모든 영구적인 정보를 저장하고 있는 데이터베이스이다.
4. VLR(Visitor Location Register)은 다른 MSC에 등록되어 있는 이동국이 자신의 관할 구역으로 이동하여 왔을 때, 그 이동국의 위치 등록 절차에 따라 그 이동국의 가입자 정보를 일시적으로 저장하는 데이터베이스이다.
5. Hand off는 한 기지국 영역 내에서 다른 기지국 영역내로 이동할 때 호가 단속되지 않고 계속적으로 진행되는 현상을 말한다.
6. Roaming은 Home Area를 벗어나서 타교환국권(Visited Area)로 들어가더라도 전화를 걸거나 받을 수 있게 해 주는 기능이다.
7. IMT-2000에서 동기식은 GPS 위성을 사용한 동기화 방식을 사용하며 비동기식은 위성을 이용하지 않고 기지국과 중계국간 동기화를 통해 데이터를 송수신하는 방식이다.
8. HSDPA(High Speed Downlink Packet Access)는 고속의 멀티미디어 서비스를 가능하게 하기 위해 하향 다운로드 속도를 개선시킨 기술이다.
9. AMC(Adaptive Modulation and Coding)는 무선채널에 따라 데이터 및 오류정정 부호의 부호율을 가변시키는 방법이다.
10. H-ARQ(Hybrid-ARQ)는 복조 성능을 높이기 위해서 기존의 수신 데이터와 재전송된 수신 데이터를 효율적으로 조합하는 방식을 사용하고 있다.
11. LTE(Long Term Evolution)은 WCDMA와 cdma2000으로 대별되는 3G 이동통신과 4G 이동통신의 중간에 해당되는 기술이라고 한다.
12. OFDM(Orthogonal FDM)은 직교 성질을 이용하여 다른 신호에 간섭을 주지 않으면서 주파수의 중첩을 가능하게 하여 주파수 대역의 효율성을 높일 수 있고 대역확산

기술로 인해 정확한 주파수에서 일정 간격 떨어져있는 많은 수의 반송파에 데이터를 분산시킨다.

13. MIMO(Multiple Input Multiple Output)에서는 전송할 때 여러 개의 안테나에 서로 다른 데이터를 보내고 수신 단에서 서로 다른 안테나로 전송된 데이터를 통해 무선 채널 특성을 찾아내어 분리하는 것을 특징으로 한다.
14. 스마트 안테나 기술은 강한 방해 신호원 또는 간섭 신호원의 방향으로 null을 갖는 수신 패턴을 자동으로 형성하고 방해신호를 억압하여 정보신호의 수신을 가능하게 한다.
15. SDR(Software Defined Radio)란 이동 통신 시스템에서 안테나 이후의 RF 영역을 포함한 대부분의 기능 블록을 프로그래밍이 가능한 고속 처리 소자에 의해 구현된 소프트웨어 모듈에 의해 수행된다.
16. 협력 통신은 다중사용자(multi-user) 또는 중계(relay) 환경에서 하나의 안테나를 가지는 무선 장비들이 그들의 안테나를 공유함으로써 일종의 가상 다중 안테나를 구성하는 기술이다.
17. 5G는 4G까지의 데이터의 초고속 전송량으로 인한 세대 변경을 넘어서 유비쿼터스 개념을 바탕으로 한 인지적 고객 중심의 서비스이다.

연습 문제

1. Hand-off의 개념과 종류를 들어 설명하시오.

2. 이동통신에서 발생하는 페이딩의 정의 및 방지 대책을 설명하시오.

3. IMT-2000 동기식 및 비동기식의 차이점에 대하여 설명하시오.

4. OFDM의 도입 배경을 설명하고 구현 방법에 대하여 설명하시오.

5. MIMO(Multiple Input Multiple Output)의 도입 배경을 설명하고 개념도를 도시하시오.

6. 다음 용어를 간단히 설명하시오.
   1) 도플러 효과
   2) IMS(IP Multimedia Subsystem)
   3) SDR(Software Defined Radio)
   4) 스마트 안테나
   5) LTE(Long Term Evolution)

약 어

HLR(Home Location Register)
VLR(Visitor Location Register)
HSCSD(High Speed Circuit Switched Data)
HSDPA(High Speed Downlink Packet Access)
GPRS(Genearal Packet Radio Service)
EDGE(Enhanced Data rates for the GSM Evolution)
RAN(Radio Access Network)
AMC(Adaptive Modulation and Coding)
ARQ(Automatic Repeat reQuest)
H-ARQ(Hybrid ARQ)
MCS(Modulation and Coding Selection)
IMS(IP Multimedia Subsystem)
OFDM(Orthogonal FDM)
CR(Cognitive Radio)
GSM(Global Systems for Mobile communication)
SFN(Single Frequency Network)
CR(Cognitive Radio)
QoS(Quality of Service)
MIMO(Multiple Input Multiple Output)
STTD(Space Time Transmit Diversity)
ISI(Inter Symbol Interference)
SDR(Software Defined Radio)
LTE(Long Term Evolution)
4G(4 Generation)
SaaS(Software as a Service)
UWB(Ultra Wide Band)

제 13 장 네트워크 컨버전스

서비스와 서비스, 산업과 산업 간 융합의 활발한 진행은 소규모 서비스나 각종 산업 생산 주체뿐만 아니라 소비 패턴과 산업 구조에 지대한 변화를 예고한다. 최근 들어 융·복합의 시대가 오면서 전통산업에 IT를 융합하는 IT 융합 기술 및 산업에 대한 관심이 국내는 물론 세계적으로 점차 증대하고 있다. 국내에서는 후발국의 추격을 뿌리치고 선진국의 대열로 진입하고 주력전통산업의 고부가가치화를 위하여 IT와 전통산업의 융합화를 추진하고 있다.

현대 산업 사회에서 융합이란 산업·서비스·매체의 통합을 지칭하며, 경계와 경계가 뚜렷했던 과거와 달리 모든 경계가 뚜렷하지 않고 오히려 서로 섞이는 현상을 일컫는 보통명사가 되어가고 있다. 휴대전화나 일반전화를 이용해 소액결제나 금융 서비스를 받고 음악을 듣는 것이 당연하게 여겨지는 데서 융·복합 상품, 전략, 기술발전 그리고 저작기법 등이 현실화되고 있음을 알 수 있다.

최근 들어 융·복합의 시대가 오면서 전통산업에 IT를 융합하는 IT 융합 기술 및 산업에 대한 관심이 국내는 물론 세계적으로 점차 증대하고 있다. 국내에서는 후발국의 추격을 뿌리치고 선진국의 대열로 진입하고 주력전통산업의 고부가가치화를 위하여 IT와 전통산업의 융합화를 추진하고 있다.

이 장에서는 융합의 도입배경 및 개념을 알아보고 BcN(Broadband convergence Network)에 대하여 자세히 구현한 다음 융합 형태를 가진 다양한 기술 및 서비스에 대하여 설명하도록 한다.

학습목표

1. 융합의 도입배경 및 개념에 대하여 살펴본다.
2. BcN(Broadband convergence Network)에 대하여 설명한다.
3. FMC 그리고 FMS의 개념을 설명하고 차이에 대하여 살펴본다.
4. 유선과 무선의 융합 기술에 대하여 알아본다.
5. VoIP의 개념과 응용분야에 대하여 공부한다.
6. 방송과 통신의 융합기술에서 적용되는 서비스 분야에 대하여 살펴본다.
7. 이종산업 간의 융합기술에서 볼 수 있는 서비스에 대하여 알아본다.

13.1 정의

컨버전스(Convergence)는 2가지 이상의 기술과 시스템을 활용하여 목적하는 바를 달성하기 위하여 개선하는 행위 그리고 신기술이나 신제품을 생성하기 위한 기존 기술이나 시스템의 하이브리드, 즉 융합이라고 할 수 있다. 예를 들면, OECD는 통신·방송의 융합을 '통신망의 광대역화, 방송의 디지털화 등 통신기술의 발달로 음성, 영상 및 데이터 서비스를 제공하고 있고 서로 다른 용도의 단말기를 통해 지향하고 있는 서비스를 받게 되며 신규 서비스가 창출되는 과정'으로 정의 되고 있다.

융합의 출현 배경을 보면 먼저 공급자측 요인으로는 수익사업의 모색, 기술 라이프 단명화, 디지털 기술의 발달, 규제완화 등과 같은 사업 환경의 변화에 근거를 두고 있고 다음으로 소비자측 요인으로는 기존 서비스에 대한 인식 제고, 편리하고 시간 절약에 대한 소비자 니즈의 변화를 들 수 있다.

디지털 기술의 발달로 다양한 미디어간의 융합은 점점 가속화되고, 규제 완화로 시장 진입과 결합이 용이하게 되었다. 소비자들은 소득 증가로 과거에 비하여 니즈가 다양화되고 고차원화 되어서 즐거운 삶, 개성이 존중되는 삶을 추구하는 것도 융합 상품 출시에 도움이 되고 있다.

일반적으로 하나의 단말기를 통해 유·무선을 넘나드는 다양한 통신서비스 상품을 패키지로 묶어 판매하는 이른바 '결합제품'들이 유·무선 간에 융합에서 일반적으로 볼 수 있는 형태이다. 여기서 융합과 통합 그리고 결합이 동시 다발적으로 구현되는 차세대 융합의 지향점을 예견할 수 있다.

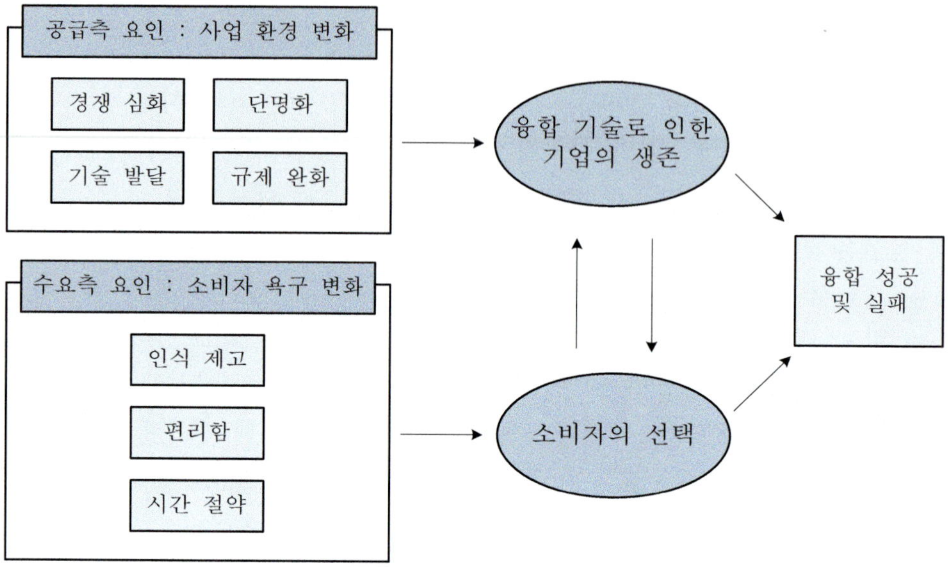

[그림 13.1] 융합 배경

13.2 BcN(Broadband convergence Network)

13.2.1 등장 배경

1) 서비스 품질

현재 인터넷망은 End-to-end 품질 보장 기능의 부재로 안정적인 서비스 품질 보장이 곤란하며, 이용자별·서비스별 품질차별화 제공이 불가능하다는 문제점을 내포하고 있다.

뿐만 아니라 가입자 증가 및 멀티미디어 서비스와 P2P 서비스의 대중화로 인하여 지속적으로 통신망 시설 투자가 이루어지고 있으나, 소수의 사용자가 통신망 자원을 독점할 수 있는 구조에서는 통신망에 대한 투자가 서비스 품질 향상으로 이어지기 어렵다.

2) Security

현재 인터넷망은 개방형 망구조로 패킷 손실이나 위·변조, 스팸메일, 악의적인 행위 등에 따른 신뢰성 저하가 가능한 구조로 전적으로 이용자 단말의 보안 수준에 의존하는 실정이며, 다양한 경로를 통해 통신망에 쉽게 접근이 가능하여 해킹 및 바이러스 유포 가능성을 내재하고 있다.

3) 인터넷 주소체계

인터넷 인구가 포화 상태에 도달하여 IP 주소 고갈 문제가 앞으로 인터넷 확산에 장애가 될 전망이다. 이러한 주소 부족 문제는 인터넷 이용확산 뿐만 아니라 정보단말·가전, 센서 네트워크 등의 보급이 확대됨에 따라 더욱 촉진되어 IPv4 주소 부족이 예상되고 있다.

4) 통합 서비스

각 통신망별로 서비스를 개발·제공함에 따라 통신 사업자는 동일한 서비스를 네트워크별로 중복하여 개발·관리하여야 하며, 이용자는 특정망에 국한된 서비스만 이용 가능하다는 문제점을 가지고 있으므로 이로 인해 이종망간 통합 서비스 제공이 곤란하다.

13.2.2 개념

광대역통합망(Broadband convergence Network, BcN)은 현재의 개별적인 망들이 갖고 있는 서비스 품질, 전송 용량, 서비스 수용의 용이성 등 여러 가지 한계들을 극복하고 미래에 나타날 유·무선의 다양한 접속환경에서 고품질의 음성, 데이터 및 방송이 융합된 광대역 멀티미디어 서비스를 언제 어디서나 이용할 수 있도록 하는 광대역 통합 네트워크로 정의된다.

BcN(Broadband convergence Network)은 다음과 같은 특징을 갖고 발전할 것이다.

① 음성과 데이터 통합 : IP 기반으로 유선전화 또는 그 이상의 품질 수준을 가진 음성 서비스 및 멀티미디어 서비스를 경제적으로 제공한다.
② 유선과 무선 통합 : 인증 및 통합 단말 등을 통하여 유선 및 무선망간 최적의 접속 조건으로 끊김 없는 광대역 멀티미디어 서비스가 제공 가능하다.
③ 통신과 방송 융합 : 차세대 광대역 통신망 (FTTH, 4G)을 기반으로 개인화 및 주문화된 고품질 양방향 방송 서비스를 제공할 수 있다.

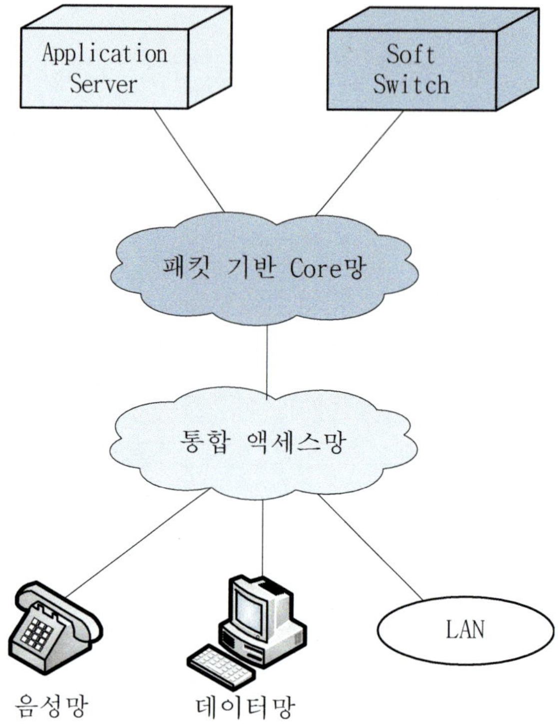

[그림 13.2] BcN 개념도

산책로

소프트 스위치

회선교환망과 패킷교환망의 가교 역할을 하는 미디어 게이트웨이들의 호 처리를 제어하는 소프트웨어 중심의 지능형 교환 장비

광대역 통합망은 단계별로 진화 발전할 전망으로 각 단계는 다음과 같은 특성을 갖는다.

① 1단계에서는 유·무선 사업자별로 각각의 네트워크들이 IP망으로의 진화를 모색한다. 유선 네트워크들은 회선 기반의 음성 전화 네트워크를 점차 IP 기반 네트워크로 전환한다. 또한 이동통신 네트워크들도 3G를 진화시켜 데이터망과 분리 구축된 셀룰라 전화망을 All IP 개념에 의하여 단일 IP 네트워크로 전환할 것이다.

② 2단계에서는 1단계에서 나타났던 여러 종류의 유·무선 IP 네트워크들이 유·무선 통합 IP 네트워크로 진화할 것이다. 유·무선 통합은 물론 통신과 방송의 융합 현상도 뚜렷하게 진전을 보이는 단계로 광대역 무선접속 서비스가 실현될 전망이다.
③ 3단계에서는 모든 통신 및 방송 네트워크들이 IP 기반 단일 통합망으로 완성되어 유·무선 및 통신·방송 융합이 완성되는 단계이다.

13.2.3 적용 분야

광대역 통합망을 도입하고 구축하는 목표중 하나는 통신 이용자들에게 편리하고 저렴하게 세계 최고 수준의 통합형 서비스를 제공하고자 하는 것이다. BcN이 도입됨에 따라 대표적인 서비스들은 다음과 같다.

1) Streaming 서비스

실시간으로 고품질의 데이터 전송이 가능한 광대역 기술의 발달로 실감 영상의 구현이 가능하게 될 것이다. 따라서 서비스 품질 (QoS)를 보장하고 HDTV급의 화상을 전달하는 고품질 디지털 컨텐츠 서비스가 제공될 수 있다.

2) VoIP 서비스

BcN과 같은 통합망 기반이 조성되면 VoIP가 PSTN을 대체할 뿐만 아니라 차세대 음성·데이터 통합 서비스의 대표 서비스가 될 것이다.

3) 이동성 서비스

유선 및 무선 통신 서비스의 통합으로 인한 위치 및 이동성에 관계없는 통합 서비스의 등장이며, 이를 위하여 이종망간의 수직 Handover 기술이 뒷받침되어야 한다.

4) 통신·방송 융합 서비스

HFC(Hybrid Fiber Coaxial)를 이용한 디지털 방송뿐만 아니라 초고속 인터넷, VoIP 등의 통신 서비스를 통합 제공할 수 있다.

13.3 FMC & FMS

13.3.1 도입 배경

통신 시장에서 결합 상품 이후에 유선과 무선을 단일 단말로 제공하는 유·무선 통합 수요가 많은 관심을 끌고 있다. 결합 상품은 단일 사업자가 여러 서비스를 묶어서 다양한 플랫폼을 통해 공급하고 있는데, 가입자들은 할인된 요금으로 혜택을 받게 된다.

유선 사업자는 집 내부에서의 휴대폰 통화 서비스를 흡수하기 위한 유·무선 통합(Fixed Mobile Convergence, FMC)을, 무선 사업자는 집 내부의 휴대폰 요금을 할인하여 집 전화를 대체하기 위한 유·무선 대체(Fixed Mobile Substitution, FMS) 등과 같은 유·무선 융합이 주목을 끌고 있다.

13.3.2 개념

FMC는 하나의 휴대전화로 집이나 사무실내에서는 Wi-Fi를 활용한 인터넷전화로, 밖에서는 휴대폰으로 함께 사용하는 개념이며 유선전화를 무선전화 하나로 대체할 수 있고 각종 데이터서비스를 이용할 수 있다는 점에서 편리성이 높을 뿐만 아니라 비용 절감 효과가 크다.

FMC 서비스는 추진 주체에 따라 유선전화 사업자주도형과 이동전화사업자 주도형으로 구분하는데 전자는 전용 듀얼모드 단말을 이용하여, 옥내에서의 유선통신망에 기반을 둔 저렴한 음성서비스와 옥외에서의 셀룰러 망을 통한 음성서비스를 결합한 것이며 이동전화사업자 FMC 서비스는 집안, 집근처, 핫스팟 주변 등에서 발생하는 트래픽을 이동망 유휴용량을 활용해 흡수하는 것으로 가정용 브로드밴드 서비스나 가정용 소형 기지국(펨토셀)을 활용한 서비스를 예로 들 수 있다.

한편, FMS는 이동 통신 사업자들이 이동가입자 기반을 이용하여 기존 유선전화 트래픽을 이동전화 트래픽으로 대체하면서 기존유선전화 가입자를 이동전화 가입자로 유치하기 위한 전략 및 서비스로서 특정 Cell에서 요금 인하가 수반되는 형태를 취하는 것이 보통이다.

일반적인 핸드폰이지만 특정 지역, 예를 들어 집이나 아니면 자주 가는 지역에서는 전화 요금을 싸게 내도록 되어 있어 유선 전화 대신 사용할 수 있게 해 주는 FMS 서비스가 많은 관심을 갖고 있다.

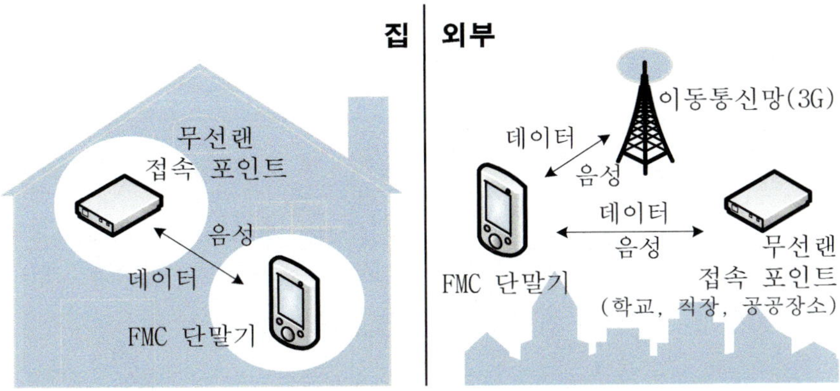

[그림 13.3] FMC 개념도

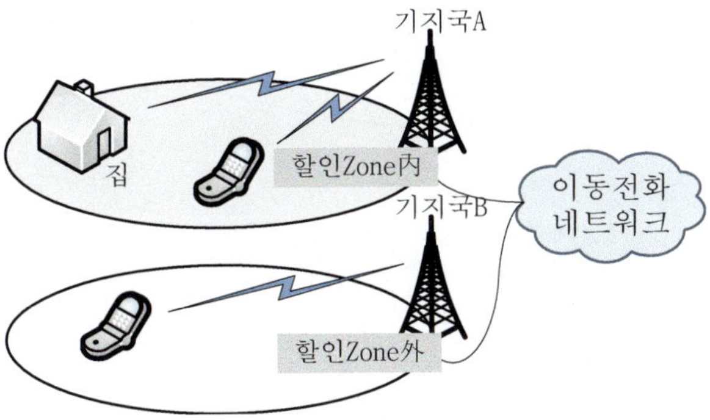

[그림 13.4] FMS 개념도

[표 13.1] FMC와 FMS의 차이

	FMC	FMS
개요	Bluetooth/Wi-Fi 기능을 탑재하여 가정에서의 이동전화 트래픽을 유선망으로 수용하려는 서비스	가정 내에서 발생하는 이동전화 트래픽에 대해서 요금할인을 제공하여 유선전화 트래픽을 이동전화트래픽으로 대체하고자 하는 서비스
기술	Bluetooth/WiFi	CDMA/WCDMA/HSDPA
서비스 사업자	• 유선통신사업자가 주도	• 이동통신사업자가 주도
특징	전용 Dual Mode 단말 및 AP(또는 셋탑박스) 필요	기존의 일반 휴대전화 사용 주파수 간섭 및 유선망 이용대가 산정

13.4 유선과 무선의 융합

13.4.1 펨토셀

1) 개요

FMC 서비스가 본격화되기 위해서는 이동통신 기지국 셀을 신규 설치할 때 기지국 자체적(self-organizing)으로 또는 기지국간 협업을 통하여 용량을 극대화시키는 노력이 필요하게 되었다.

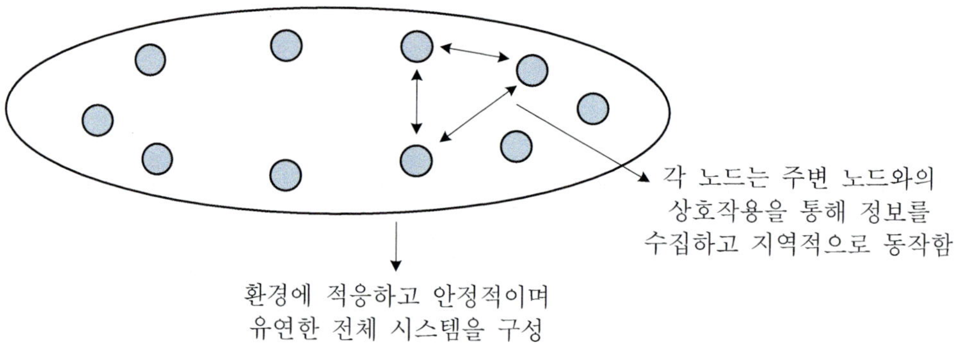

[그림 13.5] self-organizing 개념

사업자들이 펨토셀에 관심을 기울이는 이유는 바로 융합 서비스를 위한 인프라로 활용할 수 있다는 점이다. 예를 들어 펨토셀에 모바일 VoIP 기능을 탑재하며, 초고속 인터넷망을 활용한 유·무선 융합 서비스 구현이 가능하다. 이는 이동통신 사업자가 유선사업자와 융합 시장에서 경쟁할 수 있는 기회를 제공할 것으로 기대된다.

2) 개념

펨토셀은 VoIP 및 무선 가정 전화와 더불어 FMC를 구현할 핵심기술로 기대되고 있고 소형의 Femto 기지국을 통해 WCDMA, WiBro, cdma2000 및 LTE 단말기로 고품질의 서비스를 고객에게 제공할 수 있는 유·무선 차세대 통신 네트워크 시장의 중요한 비즈니스 모델이다.

펨토셀은 1,000조분의 1을 뜻하는 펨토(Femto)와 이동 통신에서 1개 기지국이 담당하는 서비스 구역 단위를 뜻하는 셀(Cell)을 합친 이름으로 기존 이동 통신 서비스 반경보다 훨씬 작은 지역을 커버하는 기기를 말한다.

초소형 기지국을 가정 내 유선 IP망에 연결해 휴대폰으로 유·무선 통신을 자유롭게 사용할 수 있게 해 준다. 옥내 중계기를 통하지 않고 곧바로 기지국에서 교환기로 이동 통신 데이터를 전송하기 때문에 통신 사업자는 네트워크 구축비용을 절감하면서 주파수 부하를 줄이고 통화 품질까지 향상시킬 수 있다. 바로 펨토셀은 음영지역의 커버리지를 효과적으로 해소할 수 있는 '갭 필러(Gap Filler)'이다.

2.4[GHz] 대역을 사용하는 Wi-Fi는 전자레인지 등 가전과 주파수 간섭 우려가 있는 것과 달리 펨토셀은 사용 대역에 제한이 없어 남는 주파수를 활용할 수 있는 장점이 있다.

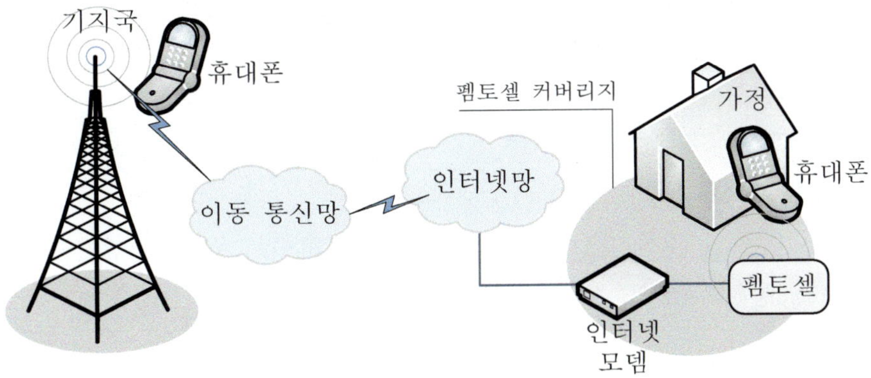

[그림 13.6] 펨토셀의 개념도

펨토셀은 영업비용 절감, 실내 무선 서비스 확장, 결합상품 제공 강화, 그리고 이동통신 사업영역을 가정용 엔터테인먼트 애플리케이션으로 확장하는 플랫폼을 제공하는 등 많은 비즈니스 잠재력을 가지고 있으며 아울러 실내 커버리지 확보 방안으로 활용될 수 있으며, 홈네트워크의 게이트웨이 기능을 탑재할 수 있는 등 관련 신규 통신 서비스 확산의 기폭제가 될 수 있다.

[표 13.2] 타 서비스와 펨토셀의 비교

	기존 기지국	펨토셀	WiFi 무선랜
출력	High Power (43dBm: 옥외기지국기준)	Low Power (20dBm 미만)	Low Power (20dBm 미만)
단말	이동통신단말	기존 이동통신 단말 (추가 기능 최소화)	Wi-Fi 모듈 탑재 필요 (Dual-mode)
Backbone	전용선	댁내 초고속 인터넷 모뎀접속	
주파수	사업자 대역	사업자 대역이 기본	비허가 ISM 대역

13.4.2 Mobile IP

1) 정의

Mobile IP는 유선 인터넷에서 IP 어드레스를 부여받아 사용 중인 개인용 컴퓨터 또는 노트북을 이동통신망에 사용하기 위하여 이동단말기와 연결하여 이동하였을 경우에도 자유롭게 데이터를 전송하기 위하여 도입된 유·무선 융합 기술이다.

Mobile IP의 기본 개념은 IP 주소의 위치에 관계없이 데이터를 전송하기 위하여 이동관리 에이젼트에서 이동한 곳으로 추정되는 임시 주소로 패킷을 전송하는 라우팅 기능을 수행한다.

Mobile IP는 Mobile Node가 이동할 때에도 접속을 유지한 상태로 데이터를 송수신할 수 있는 방법으로 위치에 관계없이 IP 주소를 부여하며 Mobile Node의 위치 정보 데이터를 관리한다.

2) 데이터 전송 절차

Mobile IP Service는 HA(Home Agent)에 등록되어 있는 IP주소를 이용하여 다른 지역에서도 동일한 IP 주소를 이용하여 홈 지역에서와 동일한 서비스를 제공받을 수 있는 서비스이다.

이동국에게 전달되는 데이터그램은 HA로부터 FA(Foreign Agent)로의 터널을 이용하여 FA가 받은 후에 FA가 캡슐화된 패킷을 디캡슐화하여 무선단말기에게 전달한다.

한편, 무선단말기가 신호를 송신할 경우 FA를 경유하여 AAA 서버에서 인증과정을 거쳐 승인을 득한 다음 데이터를 FA에서 HA로 송신하여 인터넷 또는 인트라넷으로 접속이 이루어지는데 FA와 HA사이에 이동단말기의 인증과정을 거쳐 형성된 루트를 터널이라고 한다.

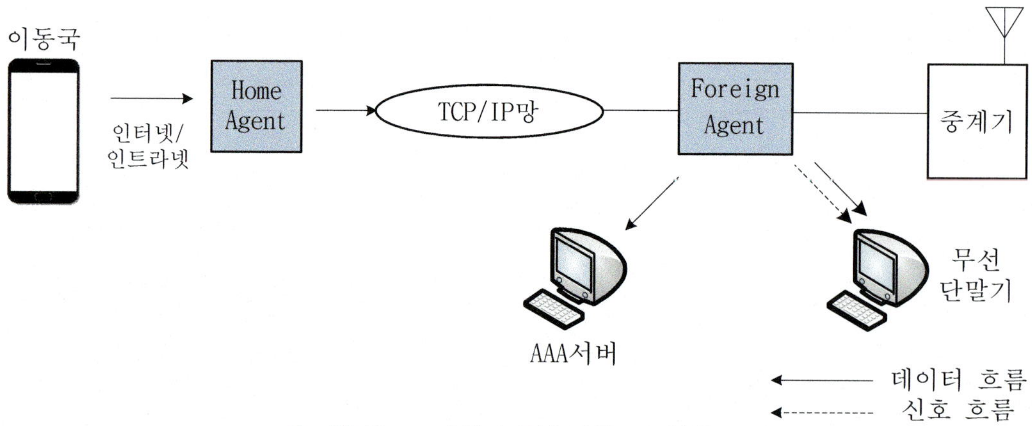

[그림 13.7 데이터 전송절차 및 인증

산책로

AAA 서버

유무선 이동 및 인터넷 환경에서 가입자에 대한 안전하고, 신뢰성 있는 인증(authentication), 권한 검증(authorization), 과금(accounting) 기능을 체계적으로 제공하는 서버. 모바일 IPv4/모바일 IPv6을 적용하는 동기·비동기 IMT-2000이나 공공 무선 LAN, SIP 기반의 VoIP 등이 적용 대상의 예이다.

13.5 VoIP(Voice over IP)

음성 · 데이터 융합 기술로 VoIP(Voice over IP)를 들 수 있다. VoIP외에 VoATM(ATM을 통하여 음성 전송)과 VoFR(프레임 릴레이를 통하여 음성 전송)이 있다. VoATM과 VoFR은 VoIP와 달리 OSI 2계층 기술로서 모든 데스크탑들과 연결되지 않는 단점이 있지만, 음성의 전송과 스위칭에 많은 이점을 갖는다. 따라서 VoIP는 VoATM 또는 VoFR와 함께 사용될 수 있다. 이때 VoIP의 개념 및 적용 분야에 대하여 살펴본다.

1) 개념

VoIP(Voice over IP)란 인터넷망을 통하여 데이터뿐만 아니라 음성도 함께 전송하는 기술이다. 보다 상세하게는, VoIP는 IP를 하위 통신 프로토콜로 사용하는 통신망의 일부 또는 전체를 음성 전송을 위한 상호 연결(interconnection)에 사용하는 기술이다. VoIP는 집중형과 분산형의 두 가지 방식을 포함한다. 집중형은 클라이언트 · 서버의 구조이고, 분산형은 peer-to-peer 구조이다.

VoIP는 소리를 디지털 신호로 변환시키는데 이때 이 신호가 인터넷과 같은 데이터망을 통해 전달된다. 이러한 변환은 개인용 컴퓨터나 특수 VoIP 전화기와 같은 기기에 의해 이루어진다. 이러한 기기들은 빠른 속도와 광대역회선, 인터넷 연결 기능을 갖추고 있다. 디지털 신호는 네트워크를 통해 그 신호의 목적지로 보내진다. 거기에서 두 번째 VoIP 기기가 그 신호를 다시 소리로 변환한다. VoIP가 갖는 디지털 성질 때문에 통화 음질은 일반 전화보다 훨씬 좋다. 또 다른 장점으로 VoIP는 기본 전화요금이나 장거리 서비스 요금이 저렴하다는 것이다.

2) 응용 분야

(가) 인터넷 전화

인터넷 전화는 인터넷망을 통해 음성신호를 실어 보내는 기술로, 기존 회선교환 방식의 일반전화와 달리 인터넷의 근간인 IP 네트워크를 통해 음성을 패킷 형태로 전송한다. 서비스 방식은 PC와 PC 사이에 이루어지는 형태, PC와 전화기 사이에 이루어지는 형태 그리고 전화기와 전화기 사이에 이루어지는 형태이다.

인터넷에는 통화의 품질을 보장하는 기능이 없으므로 인터넷 전화는 음성 전달의 지연이나 음질의 저하가 일어날 수도 있고, 전화를 걸 수 있는 지역에도 제한이 있다.

(나) 스마트폰

스마트폰은 일반 휴대폰과 달리 운영체제를 탑재해 PC처럼 사용자가 원하는 프로그램을 설치해 사용할 수 있는 제품이다. 스마트폰은 세계 휴대폰 시장 축소에도 불구하고 급성장하고 있다. 휴대폰과 PC를 결합한 '스마트폰'은 디지털 기기간 융합의 현주소를 보여 주는 대표적인 사례다.

[표 13.3] 일반폰과 스마트폰의 특징 비교

일반 휴대폰	스마트폰
• 보이스 중심 서비스 • WIPI 기반 호스트만 접속 • 카메라, MP3 및 멀티미디어 기능 • SMS · MMS 위주	• 윈도우즈 모바일, 리눅스 등 범용 OS • 멀티 태스킹/데이터 중심 서비스 • Wi-Fi, 블루투스 지원 • 풀브라우징 서비스

산책로

풀브라우징

휴대전화나 스마트폰의 무선인터넷에서도 일반 인터넷 사이트와 같은 문서와 동영상을 볼 수 있는 서비스로서 휴대전화기에서 PC상의 '인터넷 익스플로러'같은 모바일 웹 브라우저를 구동해 PC와 같은 환경의 인터넷을 사용할 수 있도록 한다.

13.6 방송과 통신의 융합

통신은 보도 통신, 우편 통신 및 전기 통신으로 크게 구분되며 이 중 전기 통신은 전화를 비롯하여 전자적인 방식이나 광기술로 정보를 송수신하는 것을 말한다. 반면에 방송이라 함은 전기통신 기술을 기반으로 하여 불특정 다수인에게 정보를 일방적으로 보내주는 것을 말한다. 즉 방송을 수신할 수 있는 수신기를 소유하고 있는 자는 누구든지 방송국에서 송출되는 정보를 수신할 수 있는 것이다.

따라서 통신과 방송의 차이는 기술적으로는 모두 동일한 전기통신 기술을 기반으로 하고 있으며 단지 정보를 특정인들 간에 유통시키는 것인지 불특정인을 대상으로 하여 유통시키는 것인지에 차이가 있을 뿐이다.

13.6.1 DMB(Digital Multimedia Broadcasting)

1) 개념

DMB 서비스는 이동하면서도 각종 단말기를 통해 고화질로 프로그램을 시청할 수 있어 통신·방송 융합 서비스이다. 차 안에서도 흔들림 없이 깨끗한 축구경기나 드라마를 시청할 수 있고, 언제 어디서나 보고 싶은 가수가 나오는 가요 프로그램을 휴대폰으로 볼 수 있다.

DMB에는 지상파 DMB와 위성 DMB 두 종류가 있다. 위성 DMB의 경우 서비스 커버리지는 크게 위성직접 수신 지역과 음영 지역으로 나눌 수 있으며, 위성이 직접 보이는 지역은 전국 어디서나 수신 가능하며, 도심 및 지하 등 음영지역은 별도의 갭필러(Gap Filler)를 통하여 수신 가능하다.

2) 특징

(1) 언제 어디서나 접속 가능한 방송·통신 융합 서비스

- 이동 수신을 목적으로 개발되어 고정 및 이동 수신환경에서 양질의 프로그램 수신을 보장
- 고화질 및 고음질을 추구하는 지상파 디지털 TV와 보완적 관계 구축

(2) 다양한 데이터 서비스 제공

- 전자 프로그램 가이드(EPG: Electronic Program Guide) 정보 전달
- 프로그램과 관련된 다양한 부가정보 제공
- 대화형 서비스 제공

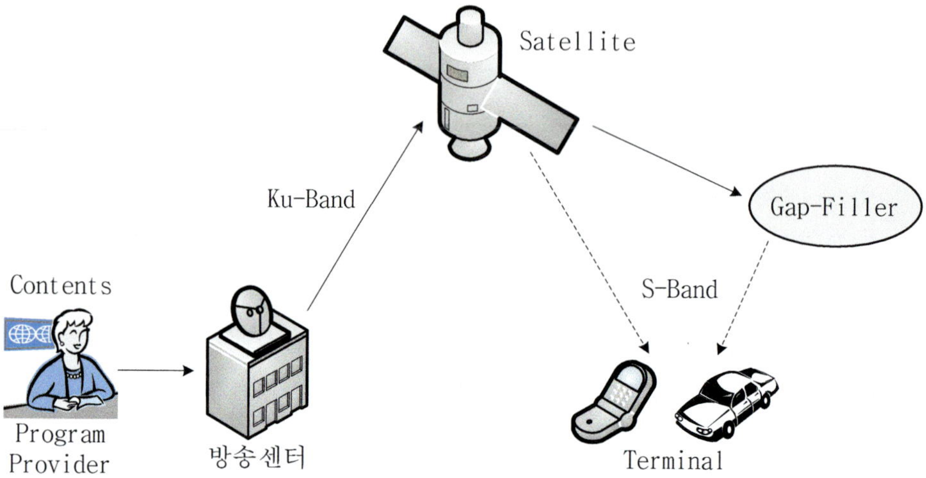

[그림 13.8] 위성 DMB 개념도

(3) 복합적인 부가가치 유발

- 새로운 방송·통신 서비스 창출 및 다채널화에 의한 전송 비용 절감을 통해 방송서비스 산업의 경쟁력 제고
- 기존 라디오 기기를 대체하고 PDA 등 휴대 단말기와의 결합을 통해 기기 및 컨텐츠 산업의 활성화 촉진
- 저렴한 멀티미디어 서비스 제공을 통한 정보 격차(Digital Divide) 해소에 기여

[표 13.4] 데이터 방송 서비스의 종류

서비스 종류	서비스 내용	서비스 사례
프로그램안내서비스 (EPG)	채널 및 프로그램 안내정보	• 채널별, 주제별, 시간대별 안내 • 프로그램 시청 및 녹화예약
연동형 서비스 (Enhanced TV)	방송중인 프로그램의 부가정보 제공	• 드라마 : 줄거리, 등장인물, 배경음악 등 • 스포츠 : 경기전적, 선수 프로필, 일정 등 • 가요, 쇼 : 노래 가사, 출연자 정보 등 • 다큐멘터리 : 용어 해설, 상세 정보 등
독립형 서비스 (Virtual Channel)	프로그램과 무관한 정보 제공	• 생활 정보, 뉴스 속보, 기상 정보 • 주식 정보, 부동산 정보, 홈쇼핑
대화형 서비스 (Interactive Service)	쌍방향 대화형 서비스	• 시청자 참여퀴즈 프로그램 • 대화형 교육방송 • 실시간 여론 설문조사 • T-Commerce, 인터넷 서비스

3) 응용 분야

(1) DMB 2.0

양방향의 커뮤니케이션을 근거로 하는 DMB 서비스이다.

(2) 위치기반 서비스(Location Based Service, LBS)

휴대용 통신단말기의 위치를 추적해 수요자들에게 위치정보를 제공하고 이를 기반으로 긴급구조·구난, 교통안내, 물류관리, 미아·도난차량 추적, 경호서비스 등의 다양한 응용 서비스를 제공한다.

13.6.2 IPTV

1) 개념

BcN의 킬러 애플리케이션으로 주목받고 있는 서비스가 통신·방송 융합 서비스인 IPTV이다. IPTV 서비스는 IP망을 통해 방송이나 동영상 콘텐츠, 정보 등을 TV와 이동 단말에 제공하는 통신·방송 융합 서비스이다.

IPTV 서비스는 양방향(interactive) 서비스가 가능하고 개인화된 서비스를 제공할 수 있다는 점에서 기존의 방송 서비스와 차별성을 가지고 있다. IPTV 서비스가 대중들이 많이 이용하는 서비스가 되기 위해서는 안정적인 품질의 서비스 제공, 다양한 콘텐츠 확보가 선결되어야 한다.

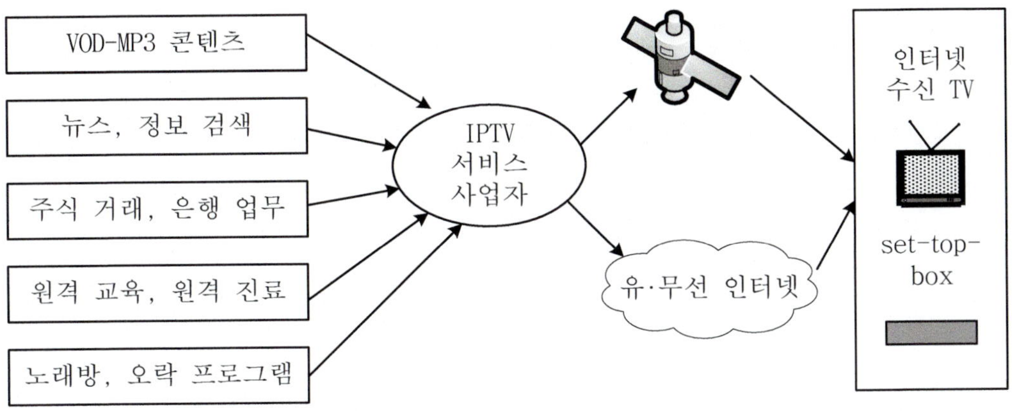

[그림 13.9] IPTV 계통도

2) 서비스 형태

(1) 실시간 쌍방향 서비스

시청자로부터 방송사까지 상향 채널이 구성되기 위해서 실시간으로 시청자가 참여할 수 있는 퀴즈 프로그램과 게임 프로그램의 제작이 필요하다. 또한 실시간 여론 조사 등이 간단하게 이루어질 수 있다.

(2) 홈뱅킹 서비스

홈뱅킹 서비스는 TV 시청 중에 간단히 은행에 접속하여 TV 화면에 나타난 금융 정보를 보면서 거래할 수 있는 편리성을 제공한다. 이런 서비스를 제공하기 위해서는 보안 시스템의 신뢰성 확보가 전제되어야 하며, 은행 등 관련 기업과 제휴하여야 한다.

(3) 소프트웨어 분배 서비스

PC 또는 게임기 등에 사용하는 소프트웨어를 디지털 방송의 데이터 채널을 통해 공급하는 서비스이다. 방송의 광역성을 이용하면 한 번에 다수의 사용자에게 동일한 소프트웨어를 별도의 통신비용 없이 공급할 수 있는 장점이 있다.

(4) T-Commerce(텔레비전 전자상거래)

T-Commerce란 가상 채널을 통한 쇼핑만이 아니라, 뱅킹 서비스, 쌍방향 광고 및 기타 요금이 부과될 수 있는 모든 종류의 서비스들을 포함하는 개념이다. 그러나 일반적으로 클릭만으로 상품에 대한 정보를 검색하고 직접 구매하거나 예약까지 가능한 경우만을 T-Commerce라고 정의할 수 있다.

13.7 이종 산업간의 융합 기술

국내에서는 자동차, 조선, 건설, 섬유산업과 같은 주력산업과 국방, 기계항공, 의료, 교육 등과 같은 미래유망산업과 IT의 융합을 통한 'Mega Convergence' 신산업을 통하여 주력산업의 르네상스를 실현하여 미래 경제 강국으로의 도약을 계획하고 있다. 지금 선진국은 IT 기반 산업간 융합을 21세기를 이끌어갈 국가 전략 기술로 중점을 두고 있고, 융합기술의 육성을 통하여 국민의 복지 증진 및 자국 산업의 경쟁력 강화를 도모하고 있다.

13.7.1 텔레매틱스

1) 개념

텔레매틱스는 차량, 항공, 선박 등 운송 장비 내에서 이동하는 중에 제공되는 무선 데이터 서비스를 말하며 특히 차량 텔레매틱스 서비스가 각광받고 있는데, 이는 이동통신 기술과 GPS를 자동차에 접목, 차량 사고나 도난 감지, 운전경로 안내, 교통 및 생활편의 정보, 게임, e-메일 등을 운전자에게 실시간으로 제공하는 것이다.

자동차 안에서 이메일을 주고받고, 인터넷을 통해 각종 정보도 검색할 수 있는 오토(auto) PC를 이용한다는 점에서 '오토모티브 텔레매틱스'라고도 부른다.

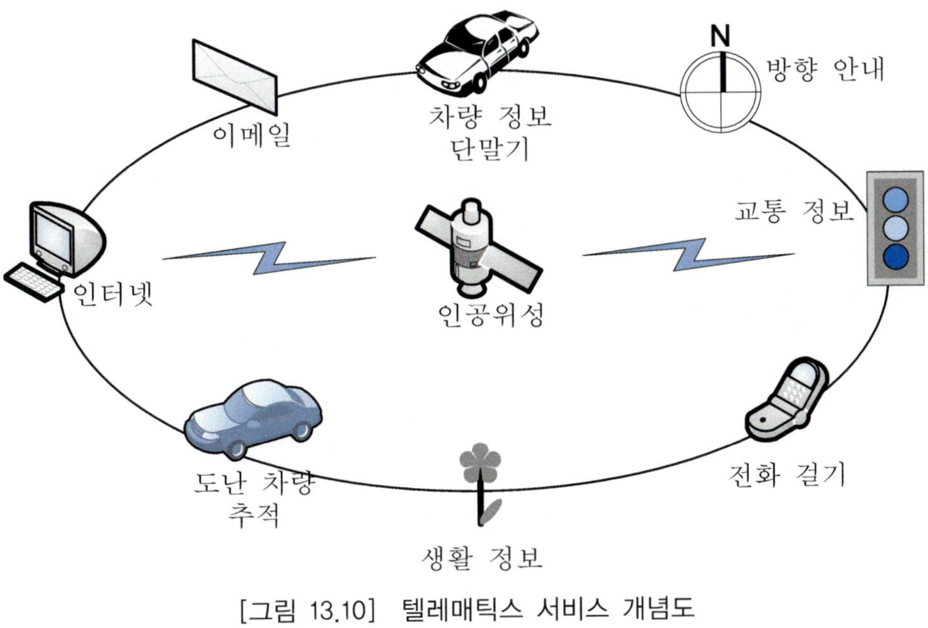

[그림 13.10] 텔레매틱스 서비스 개념도

운전자가 무선 네트워크를 통해 차량을 원격 진단하고, 무선모뎀을 장착한 오토 PC로 교통 및 생활 정보, 긴급구난 등 각종 정보를 이용할 수 있으며, 사무실과 친구들에게 전화 메시지를 전할 수 있음은 물론, 음성 이메일을 주고받을 수도 있고, 오디오북을 다운받을 수도 있다.

2) 필요성

① 전통산업과 첨단 산업의 결합으로 인한 전통산업의 IT화
② 고성장의 고부가가치 산업 육성
③ 국가 첨단교통체계의 기반 구축
④ 시장개발 초기단계의 기술 선점
⑤ 관련 시장의 파급효과 확대
⑥ 텔레매틱스 관련 서비스에 대한 수요 증가

3) 응용 분야

(1) 보안 서비스

응급 구난, 차량 도난 방지, 차량 추적, 차량 상태 원격 진단이다.

(2) 내비게이션(navigation) 서비스

주행 경로 및 실시간 교통 정보를 제공하는 내비게이션(navigation) 서비스이다.

이 밖에 운전자는 자동차에 장착된 무선 모뎀 액정 단말기를 통해 뉴스수신, 주식투자, 전자상거래, 금융거래 등을 할 수 있고 인터넷에 접속해 호텔이나 항공 예약은 물론 팩스 송수신까지 할 수 있다. 또 음성 인식 기술을 이용해 차내 창문이나 에어컨, 오디오 등 기본적으로 장착해 있는 기기들을 음성으로 조정할 수 있다.

13.7.2 스마트 그리드

1) 개념

스마트 그리드는 에너지 네트워크와 통신 네트워크가 합쳐진 지능형 전력망으로 '똑똑한'의 스마트와 전기, 전력을 뜻하는 그리드가 합쳐진 용어이다. 다시 말하면 발전→송배전→판매에 이르는 기존 전력망에 IT를 융합시킨 전력망이다.

지능형 전력망이라는 뜻을 가진 스마트 그리드는 전력회사의 통합제어 센터와 발전소, 송전탑, 전주 그리고 가전제품 등에 설치된 센서가 쌍방향으로 실시간 정보를 교

환하며, 최적의 시간에 전력을 주고받음으로써 가장 효율적인 전력의 생산과 소비가 가능할 수 있다.

2) 도입 배경

(1) 노후화된 전력망의 교체

전력망의 노후화는 시간이 갈수록 큰 문제로 자리 잡아 개인적 · 국가적인 손실을 점점 더 심화시킨다. 전력망이 노후화되면 그만큼 에너지 손실이 증가하고 필요한 전력량은 높아지게 되기 때문이다.

그러므로 교체의 필요성을 고려할 때, 가까운 시기에 새로운 배전망 시스템을 갖추는 것은 효율적인 선택이다.

(2) 직류 전류의 필요성

직류 전류의 수요 증가는 에너지 효율은 높이고 설비비용은 감소시키지만 장거리 송전이 힘들어 현재의 배전망은 교류 전류를 사용하고 있다. 하지만 장거리 송전은 전력용 반도체를 사용하면 실현 가능하다.

(3) 자체 전력 생산의 실현화

긴급한 상황이나 전력사용량이 피크를 이룰 때는 제대로 공급할 수 없을 경우 전력을 생산하는 소규모 네트워크, 이른바 마이크로 그리드(Micro Grid)의 존재성이 요구된다.

(4) 그린 환경의 에너지 생산화

현재의 전력 공급 시스템으로는 미래의 녹색 에너지 시대로 갈 수 없는 것이다. 전력 수요에 따라 전기 생산량을 조절할 수 있고 전기가 남는 지역에서 모자라는 지역으로 옮길 수 있는 효율적인 전력관리 시스템이 필요하다.

3) 핵심 기술

(1) AMI(Advanced Metering Infrastructure)

스마트 그리드의 핵심기술인 AMI는 오픈 아키텍처(Open Architecture)를 통하여 수요자와 공급자간에 정보의 전달을 가능하게 하는 기술로 소비자의 전력 사용정보 등을 보내주는 스마트메터(Smart Meter)와 스마트메터가 생성한 자료를 전송하는 네트워크 시스템 등으로 구성된다.

(2) 수요반응(Demand Response; DR) 기술

DR은 계약 혹은 자의에 의해서 전력피크가 발생할 때 전력사용을 축소시키는 기술 혹은 시스템으로 스마트그리드의 핵심 분야 중의 하나이다.

전력 거래 시장에서 실시간 전력 가격이 형성돼 전력수요가 급증할 때 바로 가격이 상승 및 소비자에게 전달되고 소비자는 전력피크일 때 전기사용을 줄이게 되며 시장 원리에 따라 전력사용량을 감소시킨다.

(3) 전력 저장 기술

초전도 플라이휠(Flywheel)은 여분의 전기에너지를 회전자의 회전에너지로 저장하는 기술로 초전도체를 이용하여 회전자를 부상시키고 마찰을 없애 변환효율이 97[%]에 이를 새로운 전력저장기술이다.

(4) 전력선 통신(Power Line Communication, PLC)

전력선 통신은 스마트 그리드에 필수적인 기술로서 가정이나 사무실에 이미 포설되어 있는 전력선을 통하여 통신 신호를 대역 신호로 바꿔 실어 보내고 이를 대역 필터를 이용, 따로 분리해 신호를 수신하는 방식이다.

13.7.3 GPS(Global Positioning System)

1) 개념

GPS(Global Positioning System)는 인공위성을 이용하여 전 세계적으로 현재의 위치나 시각을 결정할 수 있는, 이른바 측위 기술에 위성 그리고 IT를 융합한 기술이다. 현재 국제적으로 이용되고 있는 대표적인 GPS로는 NAVSTAR(NAVigation System with Time & Ranging)가 있는데 미국이 발사한 24 개의 인공위성과 지상국의 제어국, 사용자의 이동국 또는 고정국으로 어떤 위치에서도 평면상의 위치를 알 수 있다. 이때, 위성과 사용자의 이동국 또는 고정국간의 거리는 전파가 도달하는 데 걸리는 시간으로 계산한다.

2) 측정 원리

GPS는 정확한 위치를 알고 있는 인공위성에서 발사한 전파를 수신하여 관측점까지 소요 시간을 관측함으로써 관측점의 위치를 구할 수 있는 데 위치가 서로 다른 위성에서 지상의 한 지점에 도달하는 전파의 도달시간 차이를 비교하여 그 위치를 계산한다.

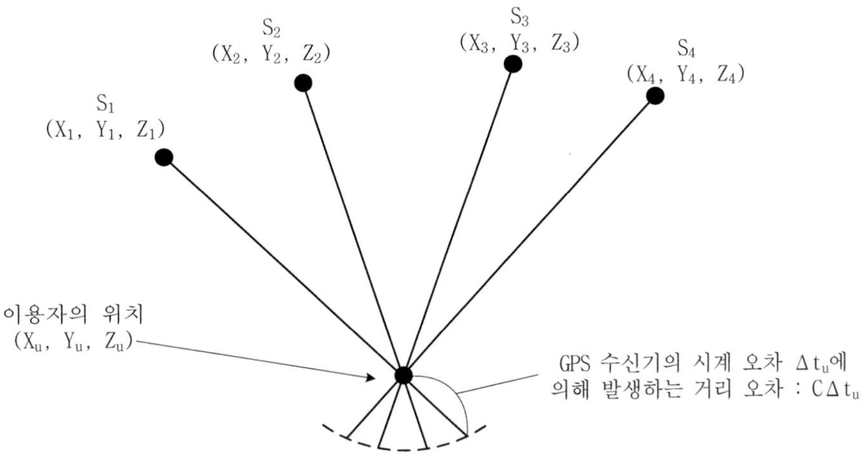

[그림 13.11] GPS의 동작 원리

4개 이상의 위성으로부터 신호를 받으면 측정 지점의 고도까지 알 수 있기 때문에 위성에서 전파를 수신할 수 있는 곳이면 지구상 어느 곳에서나 자신의 위치를 정확히 알 수 있다. 그러나 이 GPS도 육상에서의 고도의 불규칙적인 점 때문에 사용자에게 정확성과 신뢰도를 가져다주지 못하며 이 GPS와 함께 지하에서의 매설 상태를 알려주는 GIS(Geographical Information System)도 함께 가능하다.

GPS 위성이 발사한 시간 신호의 수신 타이밍은 다음 그림과 같다고 가정한다.

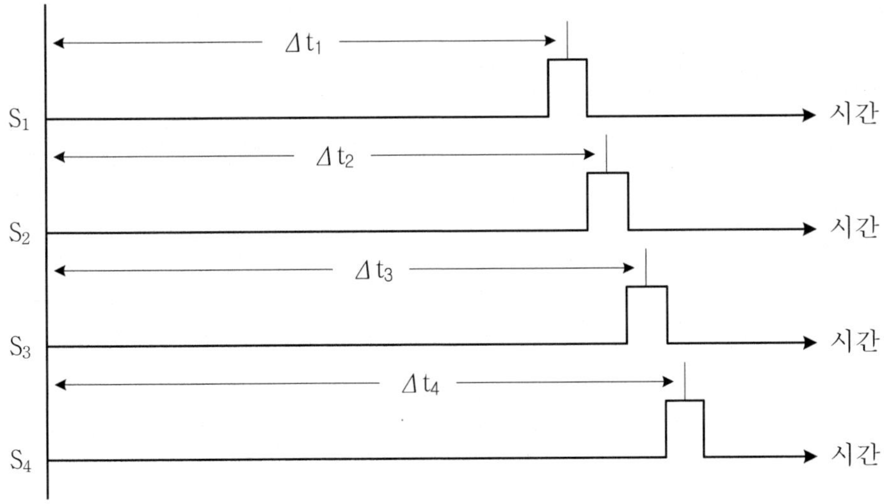

[그림 13.12] 위성이 발사하는 시간 신호의 수신 타이밍

여기서 C는 자유공간에서 전파의 전파속도에 해당되는 광속이라 할 때, 다음 관계식을 유도할 수 있다.

$$(X_1-X_U)^2+(Y_1-Y_U)^2+(Z_1-Z_U)^2=(C\Delta t_1-C\Delta t_U)^2$$
$$(X_2-X_U)^2+(Y_2-Y_U)^2+(Z_2-Z_U)^2=(C\Delta t_2-C\Delta t_U)^2$$
$$(X_3-X_U)^2+(Y_3-Y_U)^2+(Z_3-Z_U)^2=(C\Delta t_3-C\Delta t_U)^2$$
$$(X_4-X_U)^2+(Y_4-Y_U)^2+(Z_4-Z_U)^2=(C\Delta t_4-C\Delta t_U)^2$$

위의 식을 이용하면 이용자의 위치(X_U, Y_U, Z_U) 및 시간오차(Δt_U) 등을 구할 수 있다.

산책로

위성통신

우주 통신의 기본 형식은

① 우주국과 지구국
② 우주국과 우주국
③ 우주국을 중계로 하는 2지구국

의 사이에서 행해지는 통신으로서 이 중 세 번째의 경우를 위성 통신이라고 한다.

13.7.4 DGPS(Differential Global Positioning System)

1) 개념

어두운 바닷속을 수색하려면 육지와는 전혀 다른 새로운 시각 기술이 필요하다. 특수 시각 기술을 갖춘 무인 탐색 시스템이 이런 수색에 동원된다. 또 선박을 발견한 뒤, 정확한 위치를 파악하는 기술도 중요하나. 이 때문에 GPS보다 해상도가 훨씬 좋은 DGPS가 사용된다.

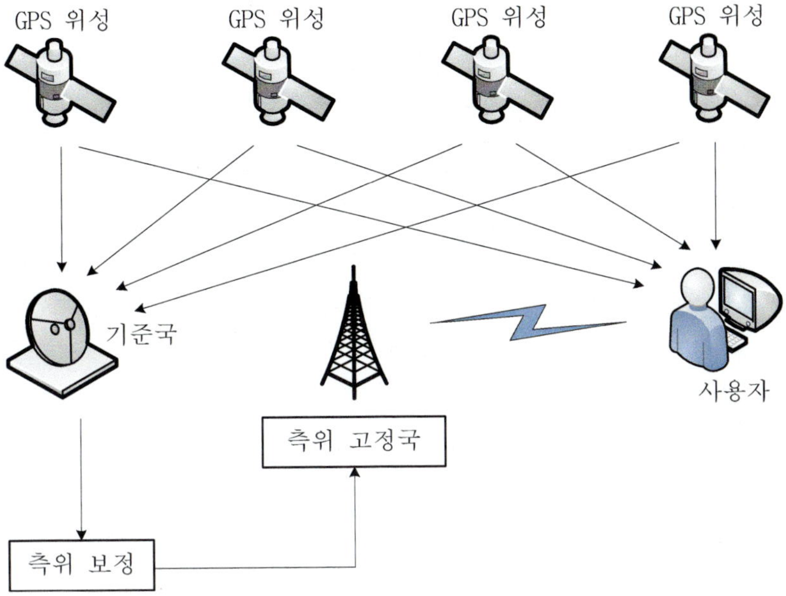

[그림 13.13] DGPS 개념도

DGPS 체계는 기본 GPS에 수반하는 여러 오차요인을 제거함으로써 움직이는 물체에 대해서는 수 m, 정지한 대상에 대해서는 1[m] 이내의 위치 측정을 가능하게 만들어준다. 기본 GPS에 비해 괄목할만한 정밀도를 제공하는 DGPS는 GPS가 배나 비행기의 항법에만 사용될 수 있을 뿐만 아니라 자동차 및 정밀성이 요구되는 측지 등에까지 응용될 수 있는 길을 마련하였다.

2) 신호 처리 방식

부호 위상이나 반송파 위상은 타이밍 측정을 위해 이용하는 신호를 가지고 구분하는 용어이다. 반송파 위상(Carrier Phase) GPS는 일반인들이 사용하는 부호 위상(Code Phase) GPS보다 매우 정밀도가 높은 반면에 장시간의 측정이 필요하고 특별한 소프트웨어가 필요하다는 단점이 있다. 일반적인 GPS 수신기는 수신기 자체에서 의사난수부호(Pseudo Random Code)를 발생시키고 그것을 수신된 위성 부호와 비교함으로써 위성 신호의 전달 시간을 측정한다. 이것들을 이용하여 측위를 보정하는 GPS 방식에 대하여 알아본다.

(1) 후처리 (Post Processing)방식

새로 건설한 도로를 지도에 삽입하고자 할 때는 관측이 먼저 행해지고 이때 저장했던 측량 자료를 후처리하여 위치를 계산할 경우도 있다. 이때 이동하는 수신기는 위성 신호의 수신 자료와 시간만 저장하며 기준국은 동시에 보정 값들을 계산하여 저장한다.

측량이 종료된 후 자료를 보정 값을 이용하여 후처리하면 정밀한 위치 정보를 획득할 수 있다. 이런 경우 기준 수신기와 이동 수신기간의 전파를 이용한 연결 (Radio Link)은 필요하지 않으며 근처에 직접 보정 값을 받을 수 있는 기지국이 없어도 가능하다.

(2) 실시각 (Real-time) DGPS

기본적 개념은 후처리 DGPS와 같지만 차이점은 후처리에서 2 개의 수신기에서 수신된 데이터가 나중에 프로세싱을 위해 다운로드 되는 것과는 달리 수신기가 수신을 받는 즉시 기준 수신기는 보정 값을 계산해서 바로 이동 수신기로 전송을 한다.

[표 13.5] 후처리와 실시각의 비교

후처리 DGPS	실시각 DGPS
• 반송파를 이용하므로 정밀도가 높다. • 무료 DGPS 보정자료를 이용하면 하나의 수신기만 필요하므로 비용이 적다. • 기준 수신기를 따로 구입하면 비용이 많이 든다.	• 반송파를 사용하지 않으므로 정밀도가 떨어진다. • 보정 자료를 즉각 제공할 수 있다. • 필드에 인력이 필요없다.

산책로

위성통신의 특징

구분	내용
장점	• 넓은 범위의 지역에서 통신이 가능하다. • 통신의 전송구간이 지상 통신 지점간의 거리에 관계없이 거의 일정하므로 통신 비용 및 품질이 균일하다. • 지구국만 설치하면 회선 구성이 가능하므로 신속한 통신망의 건설이 가능하다.
단점	• 위성체의 내용 연수가 10년 이내로 짧다. 위성체의 수명은 태양전지의 성능과 추진체(propellent fuel)의 량에 의해 결정된다. • 지상 무선 시스템과 주파수 공용에 제약이 있고 상호 간섭이 발생하지 않도록 지구국의 위치를 선정해야 한다. • 통신 보안을 위해서 암호화 장치가 필요하므로 지구국의 장비 가격이 상승한다.

13.7.5 IT-BT-NT 융합

생명공학(BT, BioTechnology)은 그 자체가 생물학과 기술의 융합 결과이며 나노기술(NT, NanoTechnology)은 화학, 물리학, 공학이 융합된 학문이다. 최근에는 IT와 BT가 융합된 기술(이하 IBT), BT와 NT가 융합된 기술, IT와 NT가 융합된 기술(이하 INT) 그리고 IT, BT, NT가 융합된 기술(이하 IBNT)이라는 개념도 종종 사용된다.

IT, NT, BT 등 신기술 분야의 거대 시장을 선점하기 위한 선진 각국의 노력은 갈수록 강화되고 있으며 중국도 기술개발 촉진 노력을 통해 빠르게 경쟁력을 키우고 있다. 우리나라는 기술을 경쟁우위로 하는 부문에서는 미국이나 일본보다 열세인 것은 사실이지만 전반적으로 개발 초기 단계이고 IT 인프라 등 개발여건이 비교적 양호한 점 등을 감안하면 경쟁력 확보가 가능하고 특히 IBNT 융합 기술 분야에서 세계 시장의 빠른 성장이 전망되고 선진국간 주도권 경쟁이 심화되고 있음을 볼 때 향후 전망은 긍정적이라고 할 수 있다.

산책로

MEMS(Micro Electro Mechanical System)

MEMS는 미세 기술로서 기계 부품, 센서, 액츄에이터, 전자 회로를 하나의 실리콘 기판 위에 집적화한 장치를 가리킨다. 이러한 MEMS의 제작은 전통적인 기계 가공 방법으로 불가능하여 반도체 미세 가공 기술을 이용하여 제작된다. 집적회로 제조 공정 기술을 그대로 이용하므로 대량생산이 가능하고 가격이 저렴하며 소형이고 고밀도 집적화가 가능하다. 하지만 반도체칩은 작고 좁은 면적에 수많은 전기회로를 2차원적으로 집적화한 것이고, MEMS는 3차원적으로 공간을 마련해 회로를 배열하는 점이 다르며, 반도체 소자와는 차별화된 첨단 특수 제작 공정이 필요하다.

대규모 집적회로(Large Scale Integrated circuit, LSI)가 프로세서에 의한 '신호 처리,' 메모리에 의한 '기억' 기능을 수행한다면 MEMS는 외부세계와의 '인터페이스'역할을 한다. LSI가 인간의 두뇌라면 MEMS 디바이스는 눈, 귀, 피부 등에 해당한다고 볼 수 있다.

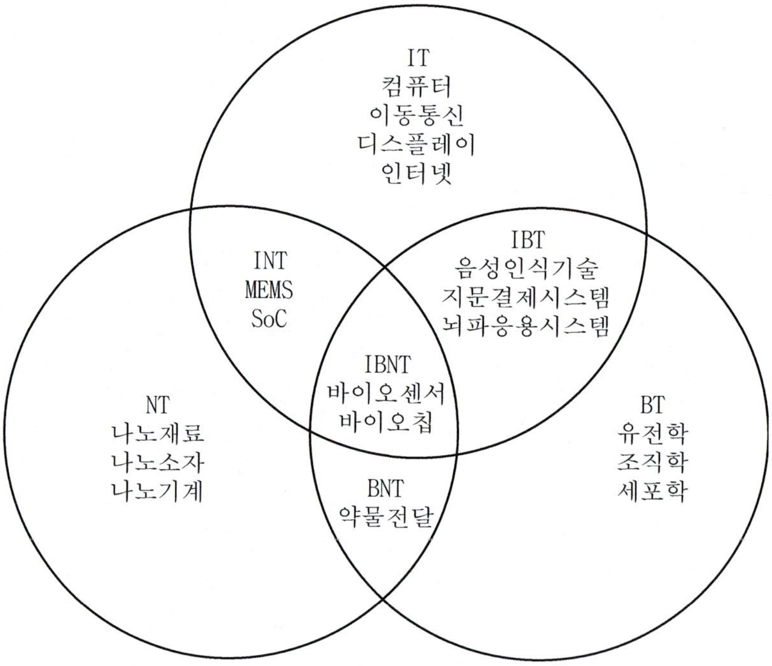

[그림 13.14] IT-BT-NT 융합의 응용분야

요 약

1. 컨버전스(Convergence)는 2가지 이상의 기술과 시스템을 활용하여 목적하는 바를 달성하기 위하여 개선하는 행위, 그리고 신기술이나 신제품을 생성하기 위한 기존 기술이나 시스템의 하이브리드이다.
2. FMC(Fixed Mobile Convergence)는 하나의 휴대전화로 집이나 사무실내에서는 Wi-Fi를 활용한 인터넷전화로, 밖에서는 휴대폰으로 함께 사용하는 개념이다.
3. FMS(Fixed Mobile Substitution)는 이동 통신 사업자들이 이동가입자 기반을 이용하여 기존 유선전화 트래픽을 이동전화 트래픽으로 대체하면서 기존 유선전화 가입자를 이동전화 가입자로 유치하기 위한 서비스이다.
4. 펨토셀은 1,000조분의 1을 뜻하는 펨토(Femto)와 이동 통신에서 1개 기지국이 담당하는 서비스 구역 단위를 뜻하는 셀(Cell)을 합친 이름으로 기존 이동 통신 서비스 반경보다 훨씬 작은 지역을 커버하는 기기를 말한다.
5. WMN(Wireless Mesh Network)은 각 단말기들이 그물망처럼 연결되어 있으므로 네트워크를 확장할 수 있는 대표적인 유·무선 융합의 진화 형태이다.
6. Mobile IP는 유선 인터넷에서 IP 어드레스를 부여받아 사용 중인 개인용 컴퓨터 또는 노트북을 이동통신망에 사용하기 위하여 이동단말기와 연결하여 이동하였을 경우에도 자유롭게 데이터를 전송하기 위하여 도입된 유·무선 융합 기술이다.
7. VoIP는 IP를 하위 통신 프로토콜로 사용하는 통신망의 일부 또는 전체를 음성 전송을 위한 상호 연결(interconnection)에 사용하는 기술이다.
8. DMB 서비스는 이동하면서도 각종 단말기를 통해 고화질로 프로그램을 시청할 수 있어 통신·방송 융합 서비스이다.
9. IPTV 서비스는 IP망을 통해 방송이나 동영상 콘텐츠, 정보 등을 TV와 이동 단말에 제공하는 통신·방송 융합 서비스이다.
10. 텔레매틱스는 차량, 항공, 선박 등 운송 장비 내에서 이동하는 중에 제공되는 무선 데이터 서비스이다.
11. ITS(Intelligent Transportation Systems)는 전자, 정보, 통신, 제어 등의 기술을 교통체계에 접목시킨 지능형 교통 시스템이다.
12. IBS(Intelligent Building System)는 통신과 정보처리에 덧붙여 건축기술의 결합으로 인해 업무의 효율적인 분위기로 변화시키기 위해 제기된 시스템이다.

13. 스마트 그리드는 에너지 네트워크와 통신 네트워크가 합쳐진 지능형 전력망으로 '똑똑한'의 스마트와 전기, 전력을 뜻하는 그리드가 합쳐진 용어이다.
14. GPS(Global Positioning System)는 인공위성을 이용하여 전 세계적으로 현재의 위치나 시각을 결정할 수 있는, 이른바 측위 기술에 위성 그리고 IT를 융합한 기술이다.
15. 기본 GPS에 비해 괄목할만한 정밀도를 제공하는 DGPS는 GPS가 배나 비행기의 항법에만 사용될 수 있을 뿐만 아니라 자동차 및 정밀성이 요구되는 측지 등에까지 응용될 수 있다.
16. IT와 BT가 융합된 기술(이하 IBT), BT와 NT가 융합된 기술, IT와 NT가 융합된 기술(이하 INT) 그리고 IT, BT, NT가 융합된 기술(이하 IBNT)이 사용되고 있다.

연습 문제

1. 융합(convergence)의 정의와 출현 배경에 대하여 설명하시오.

2. 유 · 무선 융합 기술에서 FMC와 FMS의 차이점에 대하여 설명하시오.

3. 펨토셀의 개념을 설명하고 진화단계를 서술하시오.

4. WMN(Wireless Mobile Network)의 개념과 특징에 대하여 설명하시오.

5. Mobile IP의 데이터 전송 절차에 대하여 설명하시오.

6. DMB(Digital Multimedia Broadcasting)의 개념 및 특징에 대하여 설명하시오.

7. DGPS(Differential Global Positioning System)의 개념과 신호 처리 방식에 대하여 살펴보시오.

8. 자동차와 IT를 융합한 기술에 대하여 종류를 들어 설명하시오.

9. 다음 용어를 간단히 설명하시오.
   1) 스마트 그리드　　2) 그린 IT
   3) VoIP　　4) IBNT

약 어

FMC(Fixed Mobile Convergence)
FMS(Fixed Mobile Substitution)
SON(Self-Organizing Network)
WMN(Wireless Mobile Network)
COA(Care Of Address)
MN(Mobile Node)
CN(Correspondent Node)
HA(Home Agent)
VoIP(Voice over IP)
DMB(Digital Multimedia Broadcasting)
EPG(Electronic Program Guide)
LBS(Location Based Service)
ITS(Intelligent Transportation Systems)
ATMS(Advanced Traffic Management System)
ATIS(Advanced Traveler Information System)
APTS(Advanced Public Transportation System)
CVO(Commercial Vehicle Operation)
AVHS(Advanced Vehicle and Highway System)
DSRC(Dedicated Short Range Communication)
IBS(Intelligent Building System)
AMI(Advanced Metering Infrastructure)
DR(Demand Response)
RSE(Road Side Equipment)
OBE(On-Board Equipment)
GPS(Global Positioning System)
DGPS(Differential Global Positioning System)

찾아보기

ㅂ

ㅅ

ㅇ

ㅍ

ㅎ

숫자

A

B

C

D

E

F

G

H

I

L

M

N

O

P

Q

R

S

T

U

V

W

X

Z

참고 문헌

[1] 정진욱 외 3인, 데이터 통신의 이해, 생능출판사, 2010년.
[2] 고응남, 정보통신개론, 한빛미디어, 2009년.
[3] 양순옥 외 2인, 유비쿼터스 컴퓨팅 개론, 한빛미디어, 2008년.
[4] 강철호 외 2인, 신호 및 시스템, 생능출판사, 2009년.
[5] 임승각 외 5인, 디지털통신, 복두출판사, 2008년.
[6] 고훈 외 1인, 인터넷과 정보보안, 정익사, 2004년.
[7] 양승인 외 1인, 현대통신이론, 세진사, 2006년.
[8] 차균현, 통신시스템, 동명사, 2008년.
[9] 강창언, 디지털 통신 시스템, 복두출판사, 2008년.
[10] 이준택, 정보보호학 개론, 생능출판사, 2007년.
[11] 이재수 외, 정보통신개론, 대학교육문화원, 2008년
[12] 조완수, 정보시스템 보안, 홍릉과학출판사, 2003년.
[13] 배현기, u-러닝 사회와 학교교육, 세진사, 2005년.
[14] 정진욱 외 2인, 컴퓨터 네트워크, 생능출판사, 2003년.
[15] 손미숙, "u-Health 서비스 지원을 위한 웨어러블 시스템", 전자통신동향분석 제21권 제3호 2006년 6월.
[16] 김현우 외 5인, "유비쿼터스 지능공간에서 멀티모달센서를 이용한 향상된 u-헬스케어 서비스 구현에 대한 연구", 전자공학회 논문지 제 46권 제2호 2009년 3월.
[17] 이강신, "IT839 정보보호", 정보통신연구진흥원, 제 1217 호, 10월 2005년.
[18] 박재홍 외 3인, "컴퓨터 포렌식 우회기법에 대한 연구", ITA 주간기술동향, 제1155호, 2004년 7월.
[19] 양재수 외 1인, "홈 네트워킹 서비스(유비쿼터스)", 전자신문사, 2008년 1월.
[20] 양순옥 외 2인, "유비쿼터스 컴퓨팅 개론", 한빛미디어, 2008년 6월.
[21] 유준석 외 2인, "Mobile IPv6 표준화 및 기술동향", IITA, 주간기술동향 1131호, 2월, 2004년.
[22] 김대건, "통방 융합서비스(IPTV) 국내외 현황", 한국통신학회지 24권 2호, 2007년 2월.
[23] 박종현 외 1인, "텔레매틱스 기술개발 동향", 제27권 제9호, 정보처리학회지,

2009년 9월.

[24] 키움증권, “스마트그리드”, 산업분석 2009년 6월 2일.

[25] 박승창, “RFID/USN 실증실험 및 시범서비스의 기술개발 방향”, 전자정보센터, 전자부품연구원,11월 2004년.

[26] 김창환, “u-센서 네트워크에서의 RFID 역할”, 전자정보센터, 전자부품연구원,10월 2004년.

[27] 이동하 외1인, “인간과 컴퓨터 상호작용(HCI) 기술 정책 동향”, 전자공학회지, 2007년 6월.

[28] 박승창, “USN 상황인식 컴퓨팅 기술의 최근 동향 분석”, 주간기술동향, IITA, 2004년 7월.

[29] 손미숙, “u-Health 서비스 지원을 위한 웨어러블 시스템”, 전자통신동향분석 제21권 제3호 2006년 6월.

[30] 김재윤 외, “유비쿼터스 컴퓨팅 환경에서의 교육의 미래 모습”, 한국교육학술정보원 연구보고서, 2004년.

[31] 전자신문(http://www.etnews.co.kr)

[32] 디지털 타임즈(http://www.dt.co.kr)

[33] 한국정보통신신문(http://www.koit.co.kr)

[34] http://ko.wikipedia.org/wiki/RFID

[36] http://www.seri.org

저자와의
협의에 의해
인지 생략

정보통신개론

7판 2쇄 2022년 1월 20일

저 자 김창환/이종두/김명생
발행인 송광헌
발행처 복두출판사
주 소 서울특별시 영등포구 경인로82길 3-4
센터플러스 807호
(우) 07371
전 화 02-2164-2580
FAX 02-2164-2584
등 록 1993. 11. 22. 제 10-902 호

정가 : 23,000원

ISBN : 979-11-6675-066-3 93560

한국과학기술출판협회 회원사